LINUX

Shell 编程
从入门到精通

（第2版）

张昊 程国钢 编著

U0262168

Linux

人民邮电出版社
北京

图书在版编目（CIP）数据

Linux Shell编程从入门到精通 / 张昊，程国钢编著
. -- 2版. -- 北京 : 人民邮电出版社，2015.9（2024.1重印）
ISBN 978-7-115-40004-8

Ⅰ. ①L… Ⅱ. ①张… ②程… Ⅲ. ①Linux操作系统
—程序设计 Ⅳ. ①TP316.89

中国版本图书馆CIP数据核字(2015)第191897号

内 容 提 要

本书由浅入深、循序渐进地详细讲解了 Linux Shell 编程的基本知识，主要包括 Shell 编程的基本知识、文本处理的工具和方法、正则表达式、Linux 系统知识等。

本书旨在通过理清 Linux Shell 编程的脉络，从基本概念着手，以丰富、实用的实例作为辅助，使读者能够深入浅出地学习 Linux Shell 编程。本书以丰富的范例、详细的源代码讲解、独到的作者心得、实用的综合案例等为读者全面讲解 Linux Shell 编程。

本书的每章都配有综合案例，这些综合案例不仅可以使读者复习前面所学知识，还可以增强开发项目的经验。这些案例实用性很强，许多代码可以直接应用到 Linux 系统管理实践中。

本书附赠超大容量的 DVD 光盘，包含书中源代码、全程录像的视频讲解光盘，读者可以将视频与书配合使用，可以更快、更好地掌握 Linux Shell 编程技巧。

本书适合于 Linux Shell 编程的初学者和有一定 Linux Shell 编程基础但还需要进一步提高技能的人员。另外，本书对于有一定编程经验的程序员也有很好的参考价值。

◆ 编　著　张　昊　程国钢
　责任编辑　李永涛
　责任印制　杨林杰

◆ 人民邮电出版社出版发行　　北京市丰台区成寿寺路 11 号
　邮编　100164　电子邮件　315@ptpress.com.cn
　网址　http://www.ptpress.com.cn
　固安县铭成印刷有限公司印刷

◆ 开本：787×1092　1/16
　印张：21.25　　　　　　　　　2015 年 9 月第 2 版
　字数：530 千字　　　　　　　2024 年 1 月河北第 21 次印刷

定价：69.00 元（附光盘）

读者服务热线：(010)81055410　印装质量热线：(010)81055316
反盗版热线：(010)81055315

前　言

大一时，我刚刚开始接触 Linux。那时候的我，沉醉于 Linux 华丽的用户界面，沉醉于使用 Beryl 软件（现在叫做 Compiz Fusion）带来的图形效果，并且自我感觉良好：能够在姑娘们面前炫耀她们从没有见过的操作系统，应该算是一个计算机高手了。

直到某一天，参加一个学长（此人现在为南京大学高性能计算机研究所老师）的一个 Linux 讲座。他使用的是最简陋的图形界面（gnome 默认配置），用两台运行着 Ubuntu Linux 系统的机器和一个摄像头，各自打开一个命令行进行演示，让我目瞪口呆。首先，他将两台机器配置成联网状态，然后将一台机器（A 机器）连接摄像头，对着我们，另一台机器（B 机器）连接投影仪，打到大屏幕上。然后，他在 A 机器的命令行中输入了一串长长的命令，又在 B 机器的命令行中输入另一串命令，按回车键。最后，我们发现现场观众的实时动画被投影到大屏幕上！现场一片哗然！他解释道，这是应用管道实现的效果。在 A 机器上用读取命令将图像从摄像头中读取出来，通过管道连接压缩程序，压缩程序将一帧一帧的图像压缩，再传输到管道中；此时管道就通过无线局域网连接到 B 机器上。B 机器上的解压程序从管道出口将压缩帧解压，通过流媒体播放器播放出来，再投放到大屏幕上！

管道！从此我爱上了黑乎乎的命令行，沉醉于它更强大的功能并且更有利于程序间的交互。这让我有种去除表象抓住实质的感觉。后来再见到 Linux 用户炫耀他们华丽的图形界面时，我的脑海中总会蹦出一个单词：Fish（菜鸟）。

的确，Linux 命令行就是 Linux 的灵魂。而用户界面只是运行在灵魂上的皮囊而已。和 Windows 的命令行不同，Linux 命令行的确是一个强大的操纵系统的工具。你可以在命令行里完成几乎一切日常操作，并且比图形界面高效和强大得多。

有许多人用 Linux 当 Windows 用，这样的人大约是得了命令行恐惧症，认为那个黑乎乎的交互界面似乎应该是一些计算机 Geek（极客）才用的。另外，有的人用了多年的 Linux 命令行还仅仅只会 ls、cp、mv 等几个简单命令，如果他的老板让他写一个 Linux Shell 脚本来完成某批处理任务，就一筹莫展了。而真正的 Linux 高手应是能够驾驭复杂的命令行和 Shell 语言的 Linux Shell 编程强人。

让我们一起走进 Linux Shell 编程的世界吧！

本书讲的是什么？

本书是 Linux Shell 编程的入门书籍。与市场上许多介绍 Linux 的书籍不同的是，这本书偏重于 Linux Shell 编程，将 Shell 当作一门语言来讲，而不是只有一两章提到 Shell。实际上，一两章是绝对不够介绍 Shell 编程的，只能算蜻蜓点水而已。

本书内容讲解全面，涵盖了 Linux Shell 编程的方方面面。

第 1 章介绍了 Shell 的一些背景知识。我们从如何运行一个 Shell 程序开始讲起，循序渐进地介绍 Shell 的一些背景知识，如 Shell 运行的环境变量、Shell 的本质等。最后，对 Shell 语言的优势进行探讨。

第 2 章是一个类似于总括的章节，主要讲解 Shell 编程的基础。包括 Shell 脚本参数的传递方式，Shell 中命令的重形象与管道，基本文本检索的方法，UNIX/Linux 系统的设计思想以及 UNIX 编程的基本原则。

第 3 章主要讲编程的基本元素。Linux Shell 编程的基本元素包括变量、函数、条件控制和流程控制，以及非常重要的循环。学习本章将会对这些元素的使用有初步的认识。

第 4 章跳出 Shell 本身的范畴，介绍了正则表达式。Shell 的强大之处在于文本处理，而正则表达式又是文本匹配的利器。关于正则表达式，除了介绍其基本知识外，还以两个案例给出了具体的应用场景，当然是在 Linux Shell 中完成。

第 5 章主要讲基本文本处理。大部分 Linux Shell 脚本都与文本处理相关，因此本章需要读者重点学习掌握。本章主要介绍一些文本处理的功能，如排序、去重、统计、打印、字段处理和文本替换。

第 6 章讲解文件和文件系统。主要介绍文件的查看、寻找与比较，还介绍了文件系统的定义与选择。

第 7 章介绍 sed。sed 也称为流编辑器，它可以对整行文本流进行处理。本章和第 8 章关系紧密，sed 和 awk 常常被一起使用。

第 8 章介绍 awk。与 sed 不同，awk 往往更善于对字段进行处理。awk 也是一门紧凑的语言，包括几乎所有语言的常见属性。

第 9 章主要介绍关于进程一些相关知识。Linux 中的进程很多，本章介绍了进程的查看与管理，进程间通信。此处举了两个例子，一个是 Linux 中的第一个进程 init，另一个是 Linux 系统中进程间管道的实现。然后介绍了 Linux 任务管理工具，最后，将 Linux 中的进程和线程做了一个比较，分析不同的应用场景。

第 10 章主要介绍 Linux 中的工具。包括不同的 Shell，远程登录的工具 SSH，管理多个终端的工具 screen，以及文本编辑工具 VIM。

第 11 章主要讲解了几个 Linux Shell 编程的实例。通过这些实例，巩固前面所学知识，并加深对 Linux Shell 编程的理解。

谁适合读这本书？

本书适合 Linux Shell 编程的初学者和有一定 Linux Shell 编程基础知识，但还希望在此领域进一步学习的人。

另外，本书还适合在 C、C++、JAVA 或 VB 等领域对其中任何一门计算机语言有所了解的专业人员、初学者或爱好者使用。

这本书能帮助你什么？

本书的目标在于，帮助一个 Linux Shell 新手掌握 Linux Shell 脚本编程，从而能更深刻地理解与应用 Linux 系统的交互方式。

当然，仅仅靠本书还是不够的，还需要读者勤加练习。

如何联系作者？

如果您有任何意见或建议，可以通过邮箱联系我们。我们的邮箱是 ollir@live.com。我们将会在第一时间给您回复。

感谢

感谢我曾经的导师和学校（南京大学），他们系统地教会我使用 Shell 编程与实用技巧。

感谢在大学阶段参与创建的一个 Linux 社团 Open Association（http://njuopen.com），是社团促进了我的成长，并带领我走进 Linux 的广袤世界。

感谢我的女朋友，她做出了一定牺牲，让我周末有时间写稿，而不是陪她逛街。

感谢马泽民、逯永广、吕平、高克臻、张云霞、张璐、许小荣、王冬、王龙、张银芳、周新国、陈可汤、陈作聪、苏静、周艳丽、祁招娣、张秀梅、张玉兰、李爽、卿前华、王文婷、肖岳平、肖斌、蔡娜等同志，他们参与了本书的编写和最终的整理。

感谢出版社对稿件的校对和发行做出了极大努力。没有他们，我不可能完成这本书。

编者
2015 年 5 月

目　　录

欢迎来到 Linux Shell 编程世界。让我们开始吧。

在本章中，你将会学习如下知识。

（1）编译型语言与解释型语言的差异，Linux Shell 编程的优势。

（2）如何编写和运行 Linux Shell 程序。

（3）Linux Shell 运行在环境变量中，环境变量的设置。

本章涉及的 Linux 命令有：sh，bash，echo，pwd，chmod，source，rm，more，set，unset，export 和 env。

1.1 第一道菜

许多的 UNIX 书籍的开篇都会从各种 UNIX 版本和分支讲起，内容冗长，缺少实用性，还是让我们跳过这部分吧。

我们先来看一个实例，echo.sh。

实例：echo.sh

```
1    #! /bin/sh
2    cd /tmp
3    echo"hello world!"
```

这是一个完整的，可执行的 Linux Shell 程序。

它是一个相对简单的程序，以至于你一眼就能看出它"葫芦里卖的是什么药"（如果你知道 echo 命令的话）。别急着往后跳，因为程序并不是本章的重点。

现在运行一下这个程序，看看运行结果。

例 1.1 运行实例 echo.sh

```
alloy@ubuntu:~/LinuxShell/ch1$ pwd            #查看当前工作目录
/home/alloy/LinuxShell/ch1                    #当前工作目录
alloy@ubuntu:~/LinuxShell/ch1$ chmod +x echo.sh #修改文件权限为可执行
alloy@ubuntu:~/LinuxShell/ch1$ ./echo.sh      #运行可执行文件
"hello world!"                                #Shell 程序的执行结果
alloy@ubuntu:~/LinuxShell/ch1$ pwd            #再次查看当前的工作目录
/home/alloy/LinuxShell/ch1                    #当前工作目录未发生改变
```

好，程序已经发挥作用了。很简单，不是吗？别高兴得太早，现在我要出 2 个问题，接招吧。

（1）程序第一行"#! /bin/sh"是什么意思？

（2）如何运行程序？

1.2 如何运行程序

运行 Linux 程序有 3 种方法。

（1）使文件具有可执行权限，直接运行文件。

（2）直接调用命令解释器[①]执行程序。

（3）使用 source 执行文件。

第三种方法运行结果和前两种是不同的。例 1.1 中我们运行程序时，采用的是第一种方法。

1.2.1 选婿：位于第一行的#!

当命令行 Shell 执行程序时，首先判断是否程序有执行权限。如果没有足够的权限，则系统会提示用户："权限不够"。从安全角度考虑，任何程序要在机器上执行时，必须判断执行这个程序的用户是否具有相应权限。在第一种方法中，我们直接执行文件，则需要文件具有可执行权限。

---

① 参见 1.4 节"Linux Shell 是解释型语言"。

chmod 命令可以修改文件的权限。+x 参数使程序文件具有可执行权限。

命令行 Shell 接收到我们的执行命令，并且判定我们有执行权限后，则调用 Linux 内核命令新建（fork）一个进程，在新建的进程中调用我们指定的命令。如果这个命令文件是编译型的（二进制文件），则 Linux 内核知道如何执行文件。不幸的是，我们的 echo.sh 程序文件并不是编译型的文件，而是文本文件，内核并不知道如何执行，于是，内核返回 "not executable format file"（不是可执行的文件类型）出错信息。Shell 收到这个信息时说："内核不知道怎么运行，我知道，这一定是个脚本！"

Shell 知道这是个脚本后，启动了一个新的 Shell 进程来执行这个程序。但是现在的 Linux 系统往往拥有好几个 Shell，到底挑选哪个夫婿呢？这就要看脚本中意哪个了。在第一行中，脚本通过 "#! /bin/sh" 告诉命令行："我只和他好，让他来执行吧！"

这种选婿方法有助于执行方式的通用化。用户在编写脚本时，在程序的第一行通过#!来设置运行 Shell 创建一个什么样的进程来执行此脚本。在我们的 echo.sh 中，Shell 创建了一个/bin/sh（标准 Shell）进程来执行脚本。

命令行在扫过第一行，发现#!时，开始试图读取#!之后的字符，搜寻解释器的完整路径。如果在第一行中的解释器也有参数，则一并读取。例如，我们可以这样来引用我们的解释器：

```
#! /bin/bash-l
```

这样，命令行 Shell 会启用一个新的 bash 进程来执行程序的每一行。并且，-l 参数使得这个 bash 进程的反应与登录 Shell 相似。

这种选婿方法，使得我们可以调用任何的解释器，并不局限于 Linux Shell。例如，我们可以创建这样一个 python[①]程序：

```
1 #! /usr/bin/python
2 print"hello world!"
```

当这个文件被赋予可执行权限，并且用第一种方式运行时，就像调用了 python 解释器来执行一样。

NOTE:

填写完整的解释器路径。如果不知道某解释器的完整路径，可使用 whereis 命令查询。

```
alloy@ubuntu:~/LinuxShell/ch1$ whereis bash
bash: /bin/bash /etc/bash.bashrc /usr/share/man/man1/bash.1.gz
```

每个脚本的头都指定了一个不同的命令解释器，为了帮助你打破#!的神秘性，我们可以这样来写一个脚本，如例 1.2 所示。

例 1.2　自删除脚本

```
1 #!/bin/rm
2 # 自删除脚本
3 # 当你运行这个脚本时，基本上什么都不会发生……当然这个文件消失不见了
4 WHATEVER=65
5 echo "This line will never print!"
6 exit $WHATEVER # 不要紧，脚本是不会在这退出的
```

当然，你还可以试试在一个 README 文件的开头加上一个#!/bin/more，并让它具有执行权限。结果将是文档自动列出自己的内容。

---

① 参见 http://www.python.org。

1.2.2　找碴：程序执行的差异

3 种程序运行方法中，如果#!中指定的 Shell 解释器和第二种指定的 Shell 解释器相同的话，这两种的执行结果是相同的。我们来看看第三种方法的执行过程。

例 1.3

```
alloy@ubuntu:~/LinuxShell/ch1$ pwd          #查看当前工作目录
/home/alloy/LinuxShell/ch1                  #当前工作目录
alloy@ubuntu:~/LinuxShell/ch1$ source echo.sh   #执行 echo.sh 文件
"hello world!"                              #输出运行结果
alloy@ubuntu:/tmp$ pwd                      
/tmp                                        #工作目录改变
```

细心的你，一定发现了不同！是的，当前目录发生了改变！

我们再来看例 1.4。

例 1.4

```
alloy@ubuntu:~/LinuxShell/ch1$ pwd          #查看当前工作目录
/home/alloy/LinuxShell/ch1                  
alloy@ubuntu:~/LinuxShell/ch1$cd /tmp       #改变当前工作目录
alloy@ubuntu:/tmp$ pwd                      
/tmp                                        #工作目录改变
```

为什么例 1.3 和例 1.4 的 cd 命令可以改变工作目录，而例 1.1 中的工作目录并没有改变呢？这个问题的答案，我们将在 1.2.3 小节揭晓。

1.2.3　Shell 的命令种类

Linux Shell 可执行的命令有 3 种：内建命令、Shell 函数和外部命令。

（1）内建命令就是 Shell 程序本身包含的命令。这些命令集成在 Shell 解释器中，例如，几乎所有的 Shell 解释器中都包含 cd 内建命令来改变工作目录。部分内建命令的存在是为了改变 Shell 本身的属性设置，在执行内建命令时，没有进程的创建和消亡；另一部分内建命令则是 I/O 命令，例如 echo 命令。

（2）Shell 函数是一系列程序代码，以 Shell 语言写成，它可以像其他命令一样被引用。我们在后面将详细介绍 Shell 函数。

（3）外部命令是独立于 Shell 的可执行程序。例如 find、grep、echo.sh。命令行 Shell 在执行外部命令时，会创建一个当前 Shell 的复制进程来执行。在执行过程中，存在进程的创建和消亡。外部命令的执行过程如下：

① 调用 POSIX 系统 fork 函数接口，创建一个命令行 Shell 进程的复制（子进程）；

② 在子进程的运行环境中，查找外部命令在 Linux 文件系统中的位置。如果外部命令给出了完全路径，则跳过查找这一步；

③ 在子进程里，以新程序取代 Shell 复制并执行（exec），此时父进程进入休眠，等待子进程执行完毕；

④ 子进程执行完毕后，父进程接着从终端读取下一条命令。过程如图 1-1 所示。

NOTE:

（1）子进程在创建初期和父进程一模一样，但是子进程不能改变父进程的参数变量。

（2）只有内建命令才能改变命令行 Shell 的属性设置（环境变量）。

我们回到例 1.1。在这个例子中，我们使用 cd（内建命令）试图改变工作目录。但是未获成功。为了理解失败的原因，图 1-2 说明了执行的过程。

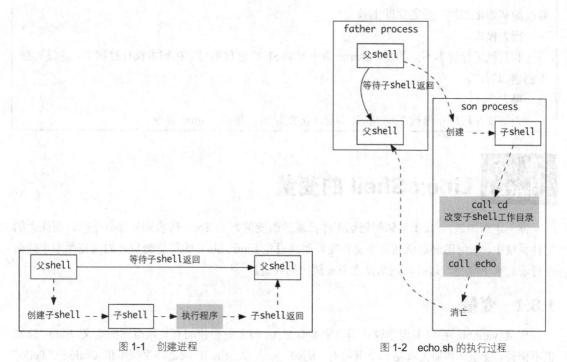

图 1-1　创建进程　　　　　　　　图 1-2　echo.sh 的执行过程

在我们运行 Shell 程序的 3 种方法中，前两种方法的执行过程都可以用图 1-2 解释。

（1）父进程接收到命令"./echo.sh"或"/bin/sh echo.sh"，发现不是内建命令，于是创建了一个和自己一模一样的 Shell 进程来执行这个外部命令。

（2）这个 Shell 子进程用/bin/sh 取代自己，sh 进程设置自己运行环境变量，其中包括$PWD 变量（标识当前工作目录）。

（3）sh 进程依次执行内建命令 cd 和 echo，在此过程中，sh 进程（子进程）的环境变量$PWD 被 cd 命令改变，注意：父进程的环境变量并没有改变。

（4）sh 子进程执行完毕，消亡。一直在等待的父进程醒来继续接收命令。

这样，例 1.1 中 cd 命令失效的原因就可以理解了！聪明的你，一定猜到了例 1.3 中使用 source 命令为什么可以改变命令行 Shell 的环境变量了吧！

这也是在例 1.1 中目录没有改变的原因：父进程的当前目录（环境变量）无法被子进程改变！

NOTE:
使用 source 执行 Shell 脚本时，不会创建子进程，而是在父进程中直接执行！

source

语法：
```
source file
. file
```

描述：

使用 Shell 进程本身执行脚本文件。souce 命令也被称为"点命令"，通常用于重新执行刚修改的初始化文件。使之立即生效。

行为模式：

和其他运行脚本不同的是，source 命令影响 Shell 进程本身。在脚本执行过程中，并没有进程创建和消亡。

警告：

当需要在程序中修改当前 Shell 本身环境变量时，使用 source 命令。

1.3 Linux Shell 的变量

你一定想知道，Shell 是如何记忆工作目录的改变的？当 Shell 接收到外部命令时，在庞大的文件系统中，如何迅速定位到命令文件呢？如何设定 Linux Shell 的环境变量？如何使黑乎乎的命令行看起来更漂亮？这些问题都是本节要解决的问题。

1.3.1 变量

变量（variable）在许多程序设计语言中都有定义，与变量相伴的有使用范围的定义。Linux Shell 也不例外。变量，本质上就是一个键值对。例如，str ="hello"，就是将字符串值（value）"hello"赋予键（key）str。在 str 的使用范围内，我们都可以用 str 来引用"hello"值，这个操作叫做变量替换。

Shell 变量的名称以一个字母或下划线符号开始，后面可以接任意长度的字母、数字或下划线。和许多其他程序设计语言不同的是，Shell 变量名称字符并没有长度限制。Linux Shell 并不对变量区分类型。一切值都是字符串，并且和变量名一样，值并没有字符长度限制。神奇的是，bash 也允许比较操作和整数操作。其中关键因素是：变量中的字符串值是否为数字。例如 1.5 所示。

例 1.5　Linux Shell 中的变量

```
alloy@ubuntu:~/LinuxShell/ch1$ long_str="Linux_Shell_programming"
alloy@ubuntu:~/LinuxShell/ch1$ echo $long_str
Linux_Shell_programming
alloy@ubuntu:~/LinuxShell/ch1$ add_1=100
alloy@ubuntu:~/LinuxShell/ch1$ add_2=200
alloy@ubuntu:~/LinuxShell/ch1$ echo $(($add_1+$add_2))
300
```

由例 1.5 可见，虽然 Linux Shell 中的变量都是字符串类型的，但是同样可以执行比较操作和整数操作，只要变量字符串值是数字。

变量赋值的方式为：变量名称=值，其中"="两边不要有任何空格。当你想使用变量名称来获得值时，在名称前加上"$"。例如，$long_str。当赋值的内容包含空格时，请加引号，例如：

```
alloy@ubuntu:~/LinuxShell/ch1$ with_space="this contains spaces."
alloy@ubuntu:~/LinuxShell/ch1$ echo $with_space
This contains spaces
```

注意：$with_space 事实上只是${with_space}的简写形式，在某些上下文中$with_space 可能会引起错误，这时候你就需要用${with_space}了。

当变量"裸体"出现的时候（没有$前缀的时候），变量可能存在如下几种情况：变量被声明或被赋值；变量被 unset；或者变量被 export。

变量赋值可以使用"="（比如 var=27），也可以在 read 命令中或者循环头进行赋值，例如，for var2 in 1 2 3。

被一对双引号（""）括起来的变量替换是不会被阻止的。所以双引号被称为部分引用，有时候又被称为"弱引用"。但是如果使用单引号的话（' '），那么变量替换就会被禁止了，变量名只会被解释成字面的意思，不会发生变量替换。所以单引号被称为"全引用"，有时候也被称为"强引用"。例如：

```
alloy@ubuntu:~/LinuxShell/ch1$var=123
alloy@ubuntu:~/LinuxShell/ch1$ echo '$var'        #此处是单引号
$var
alloy@ubuntu:~/LinuxShell/ch1$ echo "$var"        #此处是双引号
123
```

在这个例子中，单引号中的$var 没有替换成变量值 123，也就是说，变量替换被禁止了；而双引号中的$var 发生了变量替换。即：单引号为全引用（强应用），双引号为弱引用。

在 Shell 的世界里，变量值可以是空值（"NULL"值），就是不包含任何字符。这种情况很常见，并且也是合理的。但是在算术操作中，这个未初始化的变量常常看起来是 0。但是这是一个未文档化（并且可能是不可移植）的行为。例如：

```
alloy@ubuntu:~/LinuxShell/ch1$ echo "$uninit"          #未初始化变量
                                                       #此行为空，没有输出
alloy@ubuntu:~/LinuxShell/ch1$ let "uninit+= 5"        #未初始化变量加 5
alloy@ubuntu:~/LinuxShell/ch1$ echo "$uninit"
5                                                      #此行输出结果为 5
alloy@ubuntu:~/LinuxShell/ch1$
```

Linux Shell 中的变量类型有两种：局部变量和全局变量。

➤ 顾名思义，局部变量的可见范围是代码块或函数中。这一点与大部分编程语言是相同的。但是，局部变量必须明确以 local 声明，否则即使在代码块中，它也是全局可见的。

➤ 环境变量是全局变量的一种。全局变量在全局范围内可见，在声明全局变量时，不需要加任何修饰词。

例 1.6　测试全局变量和局部变量的适用范围

```
1  #! /bin/sh
2  # 测试全局变量和局部变量的适用范围
3  num=123
4  func1 ()
5  {
6  num=321                        #在代码块中声明的变量
7  echo $num
8  }
9  func2()
10 {
11  local num=456                  #声明为局部变量
12 echo $num
13 }
14 echo $num                       #显示初始时的 num 变量
15 func1                           #调用 func1，在函数体中赋值（声明？）变量
16 echo $num                       #测试 num 变量是否被改变
```

```
17  func2                          #调用 func2，显式声明局部变量
18  echo $num                      #测试 num 变量是否被改变
```

我们看看例 1.5 的运行结果：

```
123              #初始值
321              #func1 内被改变
321              #func1 内的赋值影响到函数体外
456              #func2 内声明局部变量
321              #函数体外的 num 未改变
```

例 1.6 的解释如下。

➤ 我们设置了一个变量 num，初始值赋值为 123。

➤ 调用 func1，func1 中的赋值命令 num=321 将 num 的 123 覆盖。注意，此处虽然位于函数体内，但是还是能够修改全局变量，此处的 num 变量就是全局环境中的 num。

➤ 调用 func2，func2 中定义了局部（local）变量 num，并且赋值 456。在 func2 内部，num 变量的值为 456，此时为局部的；当 func2 返回后，回到全局作用区，此时 num 的值并未改变，为 321。

1.3.2　用 echo 输出变量

例 1.7：

```
alloy@ubuntu:~/LinuxShell/ch1$ echo $PATH
/usr/local/sbin:/usr/local/bin:/usr/sbin:/usr/bin:/sbin:/bin:/usr/games:/usr/local/
arm/4.3.3/bin
alloy@ubuntu:~/LinuxShell/ch1$ echo "hello world!"
Hello world!
```

在例 1.7 中，我们展示了 echo 的使用。echo 命令的任务就是输出一行文本。多用于提示用户或产生数据。

我们将在 echo 的 manpage 中显示更多选项。

---

echo

语法：
```
echo [OPTION]... [STRING]...
```
描述：
允许在标准输出上显示 STRING(s)。

主要选项：
-n 不输出行尾的换行符。

行为模式：
echo 将各个参数打印到标准输出。参数间以一个空格隔开，在输出结束后，换行。它会解释每个字符串里的转义序列（escape sequences）。转义序列可以用来表示特殊字符，以及控制其行为模式。

警告：
echo 命令的-n 选项并不被所有 Linux 版本支持。POSIX 标准中并未包含此选项。

转义字符可以表示程序中难以看得见或者难以输入的特殊字符。当 echo 遇到转义序列时，就会打印相应的字符。echo 支持的转义字符如表 1-1 所示。

表 1-1	echo 的转义字符序列
序列	描述
\a	报警符，ASCII 的 BEL 字符
\b	退格符（Backspace）
\c	禁止尾随。这个字符后面的所有字符（包括换行符，都会被忽略掉，不打印）
\f	换页符（清除屏幕）
\n	换行符（Newline）
\r	回车符（Carriage Return）
\t	水平制表符（Horizontal Tab）
\v	垂直制表符（Vertical Tab）
\\	反斜线

1.3.3　环境变量的相关操作

在通常情况下，每个进程都有自己的"环境"，这个环境是由一组变量组成的，这些变量中存有进程可能需要引用的信息。在这种情况下，Shell 与一般的进程没什么区别。

每次当一个 Shell 启动时，它都将创建适合于自己环境变量的 Shell 变量。更新或者添加一个新的环境变量的话，这个 Shell 都会立刻更新它自己的环境（换句话说，更改或增加的变量会立即生效），并且所有后继生成的 Shell 子进程（即这个 Shell 所执行的命令）都会继承这个环境。

如果一个脚本要设置一个环境变量，那么需要将这些变量"export"出来，也就是需要通知到脚本本地的环境。这是 export 命令的功能。

一个脚本只能够 export 变量到这个脚本所产生的子进程，也就是说只能够对这个脚本所产生的命令和进程起作用。如果脚本是从命令行中调用的，那么这个脚本所 export 的变量是不能影响命令行环境的。也就是说，子进程是不能够 export 变量来影响产生自己的父进程的环境的。但是，当使用 source 命令执行脚本时，因为没有子进程的产生，此时脚本中的 export 命令将会影响父进程的环境。

---

export

语法：

```
export [-fnp][变量名称]=[变量设置值]。
```

描述：

export 命令用于设置或显示环境变量。

主要选项：

-f　代表[变量名称]中为函数名称。

-n　删除指定的变量。变量实际上并未删除，只是不会输出到后续指令的执行环境中。

-p　列出所有的 Shell 赋予程序的环境变量。

行为模式：

export 命令修改当前 Shell 进程的环境变量。若将 export 命令置于脚本中被调用执行，则 export 命令对父 Shell 进程的环境变量没有影响。

> **警告：**
>
> Shell 中执行程序时，Shell 会提供一组环境变量。export 可新增，修改或删除环境变量，供后续执行的程序使用。export 的效力仅及于该此登录操作。

export 命令用于设置当前进程的环境变量。但是有效期仅维持到当前进程消亡为止。下次重新登录到命令行 Shell 时，以前对 Shell 的 export 设置都无法恢复。如果想要把对环境变量的设置永久保存，则可以将 export 命令置于 Shell 登录时执行的启动文件中。例如：

```
# 设置环境变量 PATH
export PATH=/bin:/usr/bin:/usr/X11R6/bin:/usr/local/bin
```

启动文件包含别名和环境变量，正是这些别名和环境变量才使得 Shell 可以作为一个用户 Shell 来运行。当系统初始化之后，这些别名和变量也可被其他的 Shell 脚本调用。

对于从 bash 来说，启动文件在表 1-2 中列出。

表 1-2　　　　　　　　　　　bash 的启动文件/登出文件

启动文件/登出文件	描述
/etc/profile	系统范围的默认值，大部分用来设置环境（所有由 sh 衍生出的 Shell 适用[①]）
/etc/bashrc	特定于 bash 的，系统范围函数与别名
$HOME/.bash_profile	用户定义的，环境默认设置，在每个用户的 home 目录下都可找到（本地副本保存在/etc/profile）
$HOME/.bashrc	用户定义的 bash 初始化文件，可以在每个用户的 home 目录下找到（本地副本保存在/etc/bashrc）。只有交互式的 Shell 和用户脚本才会读取这个文件。请参考 Appendix K，这是一个.bashrc 文件的例子
$HOME/.bash_logout	登出文件，用户定义的指令文件，在每个用户的 home 目录下找到。在登出（bash）Shell 的时候，这个文件中的命令就会得到执行

注意，此处的$HOME 为环境变量，$HOME 变量的值是登录者的用户目录。$HOME 目录下存放有许多用户个人相关的文件和数据，还有对用户定制的配置文件。这些配置文件往往以 "." 开头（隐藏文件）。例如：

```
alloy@ubuntu:~/LinuxShell/ch1$ echo $HOME          #显示环境变量 HOME
/home/alloy
```

对于其他 Shell 的启动文件，请参阅相关章节。

export 命令设置适用于当前 Shell 的环境变量值。修改后维持不变，直到当前 Shell 消亡。env 命令则可以临时改变环境变量值。

```
alloy@ubuntu:~/LinuxShell/ch1$ env-i PATH=./:$PATH echo.sh
```

"-i" 选项使 Shell 在执行 echo.sh 时，清空所有由父 Shell 继承来的环境变量，仅仅设置命令中指定的 PATH 变量（将 "./" 也添加到命令搜寻路径里）。这样，在执行 echo.sh 时，就不需要给出完全路径（./echo.sh），直接给出命令文件名，系统就知道在哪里找该命令了。

unset 命令从当前 Shell 中删除函数或变量。删除变量时，使用 "-v" 选项（默认情况），删除函数时，使用 "-f" 选项。例如：

```
alloy@ubuntu:~/LinuxShell/ch1$ echo $vari
123
alloy@ubuntu:~/LinuxShell/ch1$ unset vari          #删除变量（unset-v vari）
alloy@ubuntu:~/LinuxShell/ch1$ echo $vari
```

---

① 参见 Shell 的发展史

```
                                                         #此行为空，因为 vari 为空
alloy@ubuntu:~/LinuxShell/ch1$ hello() {echo"hello, world!"}    #定义函数
alloy@ubuntu:~/LinuxShell/ch1$ unset-f hello               #删除函数
```

env

语法：
```
env [OPTION]... [-] [NAME=VALUE]... [COMMAND [ARG]...]
```

描述：

在重建的环境中运行程序，设置环境中的每个 NAME 为 VALUE，并且运行 COMMAND。

主要选项：
```
-i,--ignore-environment
```
不带环境变量启动
```
-u,--unset=NAME
```
从环境变量中删除一个变量

行为模式：

未提供 COMMAND 时，显示环境中所有变量的名称和值。提供 COMMAND 时，根据参数重建环境变量后，在新的环境中运行 COMMAND。

unset

语法：
```
unset [-v] variable…
unset-f function…
```

描述：

从当前 Shell 删除变量或函数。

主要选项：
```
-f
```
删除指定的函数：
```
-v
```
删除指定的变量。在没有提供任何选项的情况下，默认此选项。

行为模式：

如果没有提供任何选项，则默认 unset 为删除变量（-v 选项）。如果使用-f 选项，则被视为删除函数操作，参数为函数名称。

NOTE:

Env 函数和 set 函数不同。Env 函数显示的是环境变量，而 set 函数则显示所有的本地变量，包括用户的环境变量。例如，当用户在命令行中设置 var=123 时，set 函数将显示 var 变量，而 env 函数则不显示（var 此时是本地变量，不是环境变量）。如果使用 export var=123 命令，则 set 命令和 env 命令都可以显示 var 变量。

1.3.4　Shell 中一些常用环境变量

Linux 是一个多用户的操作系统。每个用户登录系统后，都会有一个专用的运行环境。通常用户默认的环境都是相同的，这个默认环境实际上就是一组环境变量的定义。用户可以对自己的

运行环境进行定制，其方法就是修改相应的系统环境变量。

表 1-3 列出了一些常见的环境变量。

表 1-3	常见环境变量
变量名	描述
HOME	用户的专属目录，在 Linux 中用 "～" 扩展
PATH	外部命令的搜索路径
HISTSIZE	保存历史命令记录的条数
LOGNAME	当前用户的登录名
HOSTNAME	是指主机的名称，许多应用程序如果要用到主机名的话，通常是从这个环境变量中来取得
SHELL	当前用户使用的 Shell 类型
LANG/LANGUAGE	语言相关的环境变量，使用多种语言的用户可以修改此环境变量
MAIL	当前用户的邮件存放目录
PS1/PS2	PS1 是基本提示符，对于 root 用户是 "#"，对于普通用户是 "$"。PS2 是附属提示符，默认是 ">"。可以通过修改此环境变量来修改当前的命令符

在这些变量中，PATH 变量中存储有一系列路径，路径中以冒号（:）分隔开。格式例如：

/bin:/usr/bin:/usr/X11R6/bin:/usr/local/bin

一般来说，PATH 路径中至少包含/bin 和/usr/bin 两个目录。大部分时候还有/usr/X11R6/bin 等 X 相关的目录。当 Shell 接收到一个命令，并且这个命令非内建命令，也没有给出完整路径时，Shell 则在 PATH 变量中依次从左到右搜索目录，直到找到该命令为止。如果一个命令在 PATH 中两个不同目录下都存在，则位于 PATH 前端的目录中的命令会被执行。

PS1/PS2 变量可以改变 Shell 的提示符。默认情况下，普通用户的提示符是 "$"，root 用户的提示符是 "#"。可以通过修改这两个变量让 Shell 的交互界面更友善。

1.4 Linux Shell 是解释型语言

计算机不能直接理解高级语言，只能直接理解机器语言，所以必须要把高级语言翻译成机器语言，计算机才能执行高级语言编写的程序。

1.4.1 编译型语言与解释型语言

翻译的方式有两种，一种是编译（compile），另一种是解释（interpret）。两种方式只是翻译的时间不同。编译型语言写在程序执行之前，需要一个专门的编译过程，把程序编译成为机器语言的文件，例如，Windows 系统中的 EXE 文件。编译好后运行该文件的话就不用重新翻译了，直接使用编译的结果就行。因为翻译只做了一次，运行时不需要翻译，所以编译型语言的程序执行效率高。Linux 中的许多外部命令都是这种类型，它们的文件格式是二进制文件。

解释型语言则不同，解释型语言的程序不需要编译，省了道工序，但在其运行程序的时候需要翻译，例如，Linux Shell 语言中，专门有一个解释器能够直接执行程序（/bin/sh 或者 bash, zsh, csh

等），每个语句都是执行的时候才翻译。这样解释型语言每执行一句就要翻译一次，效率比较低。

编译型语言与解释型语言的差异如下。

（1）许多中型、大型的程序都是用编译型语言写成。例如，C/C++，Java①，Fortran 等。这些大型语言的源代码（source code）需要经过编译才能转化为目标代码（object code），机器才可读、可执行。

（2）编译型语言的优点是高效。缺点是难以执行上层的一些简单操作，因为编译型语言运行于机器底层。例如，在 C++中就难以对某目录下的所有文件执行批量重命名。

（3）脚本语言都是解释型语言。解释型语言在 UNIX 系统中很常见，例如 Shell、Perl、Python、awk、Ruby 等。

（4）解释型语言的执行层面高于编译型语言，因此可以轻松地进行一些高级操作。功能强大的解释性语言往往被称为胶水语言（如 python），可以迅速地利用各种工具和语言属性搭建想要的功能。脚本语言被广泛应用于系统管理、模型搭建等领域。但解释型语言的劣势也十分明显：执行效率低。

这里要特别讲一下 Python。Python 是一种解释型的语言。但是为了效率考虑，Python 也提供了编译的方法。编译之后是 bytecode 的形式。Python 也提供了和 Java 类似的 VM 来执行这样的 bytecode。不同的是，因为 Python 是一种解释型的语言，所以编译（compile）不是一个强制的操作。事实上，编译是一个自动的过程。多数情况下，你甚至不会留意到它的存在。编译成 bytecode 可以节省加载模块的时间，从而提高效率。

1.4.2 Linux Shell 编程的优势

使用 Linux Shell 作为编程工具的优势在于，它运行在高于系统内核的环境，能够简单地执行一些文件系统级的高级操作。因此，迅速地搭建系统，维护需要的功能变成可能。这种特性，也使得 Linux Shell 的编程效率十倍、百倍的高于其他编译型语言。由于 Linux 众多工具的支持，往往用编译型语言需要若干天的工作，熟练的 Linux Shell 程序员只要几个小时就可以让程序运行地很好。Linux Shell 编程的优势有以下几点。

1. 简洁性
Linux Shell 所处的内核外层环境使得任何高级操作成为可能。

2. 开发容易
GNU 多年的千锤百炼使得 UNIX/Linux 的工具集变成程序员手中的利器，并很好地遵循了 UNIX 哲学使开发前人的积累上变得容易。

3. 便于移植
由于 POSIX 接口的支持，只要你不使用一些危险特性（被部分操作系统支持，但不被 POSIX 接口支持），Linux Shell 只要写一次，往往能无障碍地运行于众多 UNIX/Linux 版本上。

---

① Java 并不是严格地被翻译成机器语言，而是被编译成字节码，然后用解释方式执行字节码。

1.5 小结

我们终于结束了第一章！在本章，我们学习到了如下知识。

➤ Linux Shell 脚本应该以 "#!" 开始，这个机制告诉命令行 Shell 应该选择哪个解释器来解释这个脚本。这种机制提供了一种编程规范，提高编写脚本的灵活性，例如，你可以选择使用其他语言来编写脚本。

➤ Linux Shell 运行在环境中。环境变量在用户登录启动第一个 Shell（登录 Shell）时从启动文件中读取。不同 Shell 的启动文件不相同。环境变量在运行过程中可以通过 export 命令改变。env 命令为了运行命令，能够临时创造全新的环境变量。

➤ Linux Shell 运行命令时，会创建一个和父进程一模一样的子进程。子进程的环境变量继承父进程。所有在子进程中对其环境变量的操作都不会影响到父进程。例如，cd 命令的执行仅仅改变子进程的环境变量。

➤ $PATH 是 Linux 的环境变量之一。$PATH 往往包含了 Linux 各个可执行文件的所在目录。当 Shell 接收到命令发现此命令为非内部命令，并未给出了完整路径时，就会依次在 $PATH 变量中以从前到后的顺序搜寻命令文件，直到找到为止。

➤ 可以将环境变量的改变用 export 写入/etc/profile 或$HOME/.profile 中。后者的优先级高于前者。例如，export PATH=$HOME/bin:$PATH，即向$PATH 路径中添加$HOME/bin 目录。这样，在用户每次登录时都会自动加载环境变量的改变。

➤ 编译型语言的执行效率高于解释型语言。但是解释型语言在开发的容易度、可移植性和简洁性等方面都高于编译型语言。因为 Linux Shell 运行于内核之上，因此可以方便地进行一些文件系统的高级操作。具体使用哪种语言，则视程序的需求而定。

➤ UNIX/Linux 的 Shell 语言是被广泛使用的脚本语言，常见于系统维护中。如果合理地使脚本维持在 POSIX 接口支持的范围内，则可能获得高度的可移植性。即使有问题，也可以通过很小的改动来完成想要做的事情。

最后，欢迎进入 Linux Shell 编程世界！

LINUX

欢迎回来。

在第 1 章里，我们演示了一个全世界最简单的 Shell 脚本，并且讲解了如何运行 Shell 脚本。我们比较了 Shell 编程与其他高级语言（如 C/C++、Java 语言）编程的不同，此外，我们还介绍了 Shell 脚本运行的环境。

在本章你将学到如下知识。

（1）在命令行 Shell 交互时，向脚本传递参数的方法，使脚本的可定制性更强。

（2）Shell 的部分基本也是最核心的元素，例如，重定向与管道，以及一切皆文件的思想。这些往往具有一些 UNIX 哲学（UNIX philosophy）的意味。

本章涉及的 Linux 命令有：grep，>，|，mv，mkdir，ps，cat，head，read，ls。

第 2 章
Shell 编程基础

2.1 向脚本传递参数

为什么要向 Shell 脚本传递参数？参数传递可以将外部的值传递到脚本的内部函数中，提高脚本的灵活性；参数传递可以添加脚本的适用选项，增加脚本的可定制性，以应付不同的情况。在本节中，我们将介绍参数传递的方法，以及 bash Shell 中的各种参数扩展。

2.1.1 Shell 脚本的参数

废话不多说，我们先来看一个例子吧。

例 2.1 Shell 编程中的函数

```
alloy@ubuntu:~/LinuxShell/ch2$ testfunc ()      #从这里开始进入编写函数的状态
>{                                               #此时有提示符>，开始编写函数
>echo "$# parameters";
>echo "$@";
>}
alloy@ubuntu:~/LinuxShell/ch2$ testfunc          #执行函数，没有参数
0 parameters                                     #0 个参数
                                                 #此行为空，因为没有参数输出
alloy@ubuntu:~/LinuxShell/ch2$ testfunc a b c
3 parameters
a b c
alloy@ubuntu:~/LinuxShell/ch2$ testfunc a "b c"
2 parameters
a b c
alloy@ubuntu:~/LinuxShell/ch2$
```

例 2.1 演示了 Shell 函数的参数传递。在交互 Shell 中，我们定义了 testfunc()函数，函数输出两行引用参数，一行是$#的值，一行是$@的值。你一定猜到了吧，$#代表传入函数的参数个数，而$@代表所有参数的内容，这个函数的用途只是告诉我们它所拥有的参数数量并显示这些参数。

Shell 脚本处理参数的方式与函数处理参数的方式相同。实际上，我们会经常发现，脚本往往由很多小型的函数装配而成。

与例 2.1 的函数参数相同，我们还有 Shell 脚本的参数传递，见例 2.2。

例 2.2 Linux Shell 中脚本的参数传递

```
alloy@ubuntu:~/LinuxShell/ch2$ cat testfunc.sh          #注释 1
#!/bin/bash
echo "$# parameters"
echo "$@";
alloy@ubuntu:~/LinuxShell/ch2$ ./testfunc.sh a "b c"    #注释 2
2 parameters
a b c
alloy@ubuntu:~/LinuxShell/ch2$
```

例 2.2 的解释如下。

注释 1：testfunc.sh 脚本输出参数的个数和参数内容。

注释 2：在这里，我们通过命令行传递给 testfunc.sh 脚本两个参数，一个是 "a"，另一个是由引号引起的参数 "b c"，可以看到，正确输出了结果。

在例 2.1 和例 2.2 中，我们都了解了$@和$#的用法。那么，这样的用法还有哪些呢？我们看

表 2-1。

表 2-1	Shell 编程中的参数引用
引用参数	描述
0, 1, 2…	位置参数①。从参数 0 开始。参数 0 引用启动 bash 的程序的名称，如果函数在 Shell 脚本中运行，则引用 Shell 脚本的名称。有关该参数的其他信息，例如，bash 由-c 参数启动，请参阅 bash 手册页面。由单引号或双引号包围的字符串被作为一个参数进行传递，传递时会去掉引号。如果是双引号，则在调用函数之前将对$HOME 之类的 Shell 变量进行扩展。对于包含嵌入空白或其他字符（这些空白或字符可能对 Shell 有特殊意义）的参数，需要使用单引号或双引号进行传递
*	以一个单字符串显示所有向脚本传递的参数，与位置变量不同，此选项参数可超过 9 个
@	从参数 1 开始，显示所有向脚本传递的参数。如果在双引号中进行扩展，则每个参数都会成为一个词，因此"$@"与"$1""$2"等效。如果参数有可能包含嵌入空白，那么要使用这种形式
#	参数数量（不包含参数 0）
$	脚本运行的当前进程 ID 号
!	后台运行的最后一个进程的 ID 号
?	显示最后命令的退出状态，0 表示没有错误，其他任何值表明有错误
-	显示 Shell 使用的当前选项，与 set 命令功能相同

NOTE:

如果拥有的参数多于 9 个，则不能使用$10 来引用第 10 个参数。首先，必须处理或保存第一个参数（$1），然后使用 shift 命令删除参数 1 并将所有剩余的参数下移一位，因此，$10 就变成了$9，依此类推。$#的值将被更新以反映参数的剩余数量。在实践中，最常见的情况是将参数迭代到函数或 Shell 脚本，或者迭代到命令替换使用 for 语句创建的列表，因此这个约束基本不成问题。

在表 2-1 中会发现，Shell 可能将传递参数的列表引用为$*或$@，而是否将这些表达式用引号引用将影响它们的解释方式。对于例 2.1 中的函数而言，使用$*、"$*"、$@或"$@"输出的结果差别不大，但是如果函数更复杂一些，就没有那么肯定了，当分析参数或将一些参数传递给其他函数或脚本时，使用或不用引号的差别就很明显。

2.1.2　参数的用途

讲了这么多，到这里，你可能还是一头雾水：参数传递有那么大用处吗？我们来看些例子吧。

例 2.3　ps.sh

```
1  #! /bin/sh
2  # Shell 参数传递演示，查看系统中某进程是否正在运行
3  # 记得使用 chmod +x 使 ps.sh 可运行
4
5  ps-eLf | grep $1                    #ps 命令查看当前系统进程
```

运行脚本情况如下：

```
alloy@ubuntu:~/LinuxShell/ch2$ chmod +x ps.sh    #将脚本加上可执行权限
alloy@ubuntu:~/LinuxShell/ch2$ ./ps.sh firefox   #测试 firefox 浏览器是否正在运行
alloy   6116  2521  6116  0   1 15:41 pts/0   00:00:00 /bin/sh ./ps.sh firefox
```

---

① 位置参数（positional parameters），即 Shell 脚本的命令行参数（command-line arguments）。

```
alloy     6118   6116  6118  0    1 15:41 pts/0     00:00:00 grep firefox
alloy@ubuntu:~/LinuxShell/ch2$ mv ./ps.sh $HOME/bin
alloy@ubuntu:~/LinuxShell/ch2$
```

在例 2.3 中，我们使用了 ps 命令列出所有系统当前进程（ps 的用法，我们在本书的第 9 章进程中会详细介绍）。另外，我们使用了管道和 grep 命令[①]。这两个命令让我们从众多的进程输出中检索出包含了 firefox 的行。

要使 ps.sh 可以直接运行，chmod +x 使之具有可执行权限。然后，将"firefox"字符串作为参数传递给 ps.sh，在 ps.sh 脚本中，使用$1 位置变量来访问命令行的第一个参数。

因此，命令的效果就相当于：

```
ps-eLf | grep firefox
```

例 2.3 程序中的部分行，我们以#开头，为程序添加注释。这样做有助于理解脚本的用途。当脚本中出现正常的#（不被引号括起或反义）时，#后面的文本在执行时都被忽略。

为程序添加上注释总不会错。注释有助于阅读程序的人理解程序，或一年后的你理解当初那个天才的自己是怎样思考的。注释的添加应当遵循"刚刚好"原则，不啰唆，但也不过分粗略。总之恰到好处。

我们在运行的最后把 ps.sh 文件移到了 $HOME 目录下的 bin 文件夹内。是时候创建一个自己的可执行文件库了！通过不断积累，它将成为你成长为高手的标志。

你可以通过如下命令创建这个文件夹：

```
alloy@ubuntu:~/LinuxShell/ch2$ mkdir ~/bin
alloy@ubuntu:~/LinuxShell/ch2$
```

符号"～"在运行时将被扩展为你的$HOME 目录。我的机器上是/home/alloy。

这个程序还没有达到完美。试想，如果我们不给 ps.sh 传递任何参数，将会发生什么事情？

```
alloy@ubuntu:~/LinuxShell/ch2$ ./ps.sh
用法: grep [选项]... PATTERN [FILE]...
试用 'grep--help' 来获得更多信息。
alloy@ubuntu:~/LinuxShell/ch2$
```

在这个应用中，我们没有传递任何参数给 ps.sh。所以，程序出错了。在后续章节我们将详细讲解如何测试参数数目，如何处理参数数目不符的异常情况。

下面是 mv 命令的 manpage。

---

mv

语法：
```
mv [options]... Source Dest
mv [options]... Source... Directory
```

描述：

移动或重命名文件或目录。

如果最后一个参数是一个已经存在的目录，则"mv"命令将所有前面提到的文件移动到这个目录中。文件名不变；如果给出了两个文件，"mv"命令将第一个文件重命名为第二个文件。

如果最后一个文件不是目录并且文件名个数超过两个，"mv"命令就会报错。

主要选项：
```
-E
```
-E 选项需要下列参数之一。如果省略-E 选项，warn 是默认行为。

---

① 参照本章 2.2.2 小节"管道和重定向"；2.3.1 小节"grep 命令检索文本"。

```
force
```
如果文件的固定范围大小或者空间保留无法保存，则对文件的 mv 操作失败。
```
ignore
```
在保存范围属性时忽略任何错误。
```
warn
```
如果文件的空间保留或者固定范围大小无法保存就发出警告。
```
-f
```
在覆盖现有文件之前不提示。
```
-i
```
移动文件或目录到现有的路径名称之前进行提示，通过后跟问号显示文件名。如果以 y 或语言环境中 y 的相等物开始的一行应答，移动就继续。其他任何应答都阻止移动发生。

警告:

许多经验丰富的程序员也会常常使用 mv 命令覆盖已有文件。所以，最好使用 alias 命令将 mv 命令绑定到 mv-i:
```
alias mv="mv-i"
```
下面是 mkdir 的 manpage。

mkdir

语法:
```
mkdir [-m Mode ] [-p ] Directory ...
```
描述:

创建一个或多个新的目录。

主要选项:
```
-m Mode
```
设置新创建的目录的许可位，其值由变量 Mode 指定。Mode 变量的值与 chmod 命令的 Mode 参数的值一样，以符号形式或者数字形式表现。

当使用符号格式指定-m 标志时，操作符号 +（加）和-（减）都是相对于假设的许可权设置 a=rwx 来进行解释的。+ 向默认方式添加许可权，并且-从默认方式删除许可权。请参阅 chmod 命令以获取许可权的位和格式的完整描述。
```
-p
```
创建丢失中间路径名称目录。如果没有指定-p 标志，则每个新创建的父目录必须已经存在。

中间目录是通过自动调用以下的 mkdir 命令来创建的:
```
mkdir-p-m $(umask-S),u+wx $(dirname Directory) &&
mkdir [-m Mode] Directory
```
其中，[-m Mode]表示随 mkdir 命令的原始调用所提供的任何选项。

mkdir 命令忽略任何命名现有的目录的 Directory 参数。不发出错误提示。

行为模式:

mkdir 命令创建由 Directory 参数指定的一个或多个新的目录。每个新目录包含标准项 .（点）和 ..（点-点）。我们可以使用-m Mode 标志为新的目录指定许可权，可以使用 umask 子例程为 mkdir 命令设置默认方式。

将新目录的拥有者标识和组标识分别设置为进程的有效用户标识和组标识。setgid 位是从父目录中继承下来的。要更改 setgid 位，可以指定-m Mode 标志或者在目录创建后发出 chmod 命令。

注: 要创建新目录，必须在父目录中具有写入权限。

2.2 I/O 重定向

程序总难免输入输出，与外界的交互是程序功能强大与灵活的必要条件。我们在第 1 章中讲解了使用 echo 命令输出参数值的方法，在交互 Shell 界面，你一定看到了 echo 命令将参数的值输出在交互命令行下一行的情况。当我们使用 echo 命令输出时，按下回车键的一瞬间，echo 命令的行为是这样的：

（1）读取 echo 参数中的变量，将所有变量替换成值，变成字符串输出；

（2）在输出的末尾追加换行符，退出程序。

此时，控制又回到了交互 Shell 手中，我们就看到交互 Shell 的提示符。

问题来了：echo 命令从哪里输入？输出到哪里？如果程序运行过程中遇到错误怎么办？

我们将在下面给出答案，请继续往下阅读。

2.2.1　标准输入、标准输出与标准错误

程序是什么？这是个仁者见仁的问题。UNIX 程序员都不会否认这样一个看法：程序读取输入（数据的来源），运算后输出（数据的目的端），以及报告异常和错误。这三者就是标准输入（Standard Input），标准输出（Standard Output）和标准错误（Standard Error）了。

为什么如此肯定 UNIX 程序员都会赞同这个观点呢？啊哈！因为这正是管道[①] 在 UNIX 世界里地位如此崇高的原因！程序不需要知道它的输入和输出背后是什么在支持着，是磁盘上的文件、终端设备、另一个程序还是你的手机与电脑的网络连接端口？程序不想知道。在程序运行的时候，标准输入应该已经打开，供其使用。

许多 UNIX 的程序都遵循这个原则。从标准输入读入，经过处理，再从标准输出输出。遵循这个原则的程序往往被称为过滤器（filter）。过滤器加管道，这是 UNIX 的世界！并且，宽进严出的程序是受人称赞的。

对于交互命令行来说，标准输入，标准输出都是终端。我们来看 cat 的例子：

例 2.4　cat 命令

```
alloy@ubuntu:~/LinuxShell/ch2$ cat
I am cat, not a cat.                                    #由用户输入
I am cat, not a cat.                                    #由程序返回
I read from the standard input, or this Shell.
I read from the standard input, or this Shell.
I write to the standard output, or this Shell.
I write to the standard output, or this Shell.
^D                                                      # "Ctrl+D" 组合键, 文件结尾
alloy@ubuntu:~/LinuxShell/ch2$                          #程序返回
```

这个命令很简单，cat 从标准输入读取数据源，再将数据标准输出。因为对于命令行来说，标准输入和标准输出都对应到终端上，所以你可以看到 cat 像是一只应声虫一样，你说一句，它重复一句。

你可能觉得神奇，既然 cat 只从标准 I/O 操作，那么是谁替执行中的程序初始化了标准输入、

---

① 管道的知识，请参见 2.2.2 小节 "管道与重定向"。

标准输出和标准错误呢？

　　答案是当你登录 UNIX/Linux 系统时，系统便将标准输入、标准输出和标准错误安排到了你的终端，让你能够直接与终端交互。所有从终端派生的程序都继承了这种标准输入和标准输出，直到使用重定向或管道功能将此改变。

　　接下来的章节要讲的内容就是这方面内容。

　　下面是 cat 的 manpage。

cat

语法：

```
cat [-q] [-r] [-s] [-S] [-u] [-n [-b]] [-v [-e] [-t]] [-| File ...]
```

描述：

连接或显示文件。

行为模式：

cat 命令按顺序读取每个 File 参数并将它写至标准输出。如果未指定文件名，cat 命令会从标准输入读取。也为标准输入可以指定-（短划线）的文件名。

　　注意：不要使用重定向符号>（caret）将输出重新定向到输入文件之中。如果这么做了，将会丢失输入文件中的原始数据，因为 Shell 在 cat 命令可读取该文件之前先将它截断了。有关更多信息，请参阅章节 2.2.2 小节"重定向与管道"。

主要参数：

-b　当与-n 标志一起指定时，省略来自空行的行号。

-e　当与-v 标志一起指定时，在每行末尾显示一个 $（美元符号）。

-n　显示在行号之后的输出行，按顺序从 1 开始编号。

-q　如果 cat 命令无法找到输入文件，则不显示消息。该标志等同于-s 标志。

-r　以一个空行来替代多个连续的空行。该标志等同于-S 标志。

-s　如果 cat 命令无法找到输入文件，则不显示消息。该标志等同于-q 标志。

-S　以一个空行来替代多个连续的空行。该标志等同于-r 标志。

-t　如果与-v 标志一起指定，则将跳格字符显示为^I。

-u　不要缓冲输出。默认值为缓冲的输出。

-v

将非打印字符显示为可视字符，除了跳格符、换行符和换页符。ASCII 控制字符（八进制000-037）打印成^n。其中，n 是八进制范围 100-137（@, A, B, C,..., X, Y, Z, [, \,], ^, 和_）内对应的 ASCII 字符；而 DEL 字符（八进制 0177）则打印成^?。其他非打印字符打印成 M-x，其中，x 是由最低七位指定的 ASCII 字符。

当与-v 选项一起使用时，可使用以下选项。

-e

在新行之前的每行末尾将打印一个 $ 字符。

-t

跳格符打印成^I 而换页符打印成^L。

如果未指定-v 选项，会忽略-e 和-t 选项。

-　允许 cat 命令的标准输入。

2.2.2 管道与重定向

从标准输入读入，从标准输出输出，将异常及错误报告到标准错误。这是遵循 UNIX 哲学的软件正确行为。但是，我们总不能将所有的输入和输出都集中在命令行黑乎乎的字符界面，我们还要读写文件、看视频、听音乐、还要打游戏，这些人机交互的输入和输出都来自不同设备或文件。

因此，Shell 提供了数种语法和标记，用以改变默认输入端和输出端。在此处，我们暂时介绍基本使用方法，在后面提供高级应用。

1. 以>改变标准输出

Command >file 将 command 的标准输出重定向到文件中，而不是打印在控制台上。

```
alloy@ubuntu:~/LinuxShell/ch2$ echo"redirect to file." > /tmp/a.txt
alloy@ubuntu:~/LinuxShell/ch2$ cat /tmp/a.txt
redirect to file.
alloy@ubuntu:~/LinuxShell/ch2$
```

2. 以<改变标准输入

Command <file 将 command 的标准输入修改为 file。

```
alloy@ubuntu:~/LinuxShell/ch2$ cat < /tmp/a.txt > /tmp/b.txt
alloy@ubuntu:~/LinuxShell/ch2$
```

这条命令将会复制/tmp/a.txt 文件到/tmp/b.txt，输入重定向符号改变 cat 命令从文件 a.txt 读入，输出到 b.txt 文件。a.txt 文件不会有任何变化。

如果/tmp 目录下没有 b.txt 文件，则输出重定向命令会新建一个，如果/tmp 目录下已经存在 b.txt 文件，则文件会被覆盖，原来的数据丢失。

3. 以>>追加文件

Command >> file 可将 command 的输出追加到文件 file 末尾。

```
for line in /etc/passwd
do
echo $line >> /tmp/b.txt
done
```

这条命令依次读取/etc/passwd 文件的每一行，追加到/tmp/b.txt 末尾。效果就相当于复制/etc/passwd 全部内容到/tmp/b.txt 末尾一样！

在追加操作中，如果 b.txt 不存在，则系统会创建一个新的文件，如果存在，不会覆盖原有数据。

关于 for 循环的介绍，请关注第 3 章 "编程的基本元素"。

4. 以|建立管道

Command1 | command2 将 command1 的标准输出与 command2 的标准输入相连。

```
alloy@ubuntu:~/LinuxShell/ch2$ head-n10 /etc/passwd | grep "prince"
alloy@ubuntu:~/LinuxShell/ch2$
```

这条命令读取/etc/passwd 文件中的前 10 行，将读取的内容从输出端（管道）输出到 grep 命令的输入端，grep 读取内容后，在其中检索包含文本 "prince" 的行。

从理论上讲，管道的功效完全可以用<和>实现。通过创建临时文件，而输入和输出重定向可以分别读取临时文件和写入临时文件。但是管道相较这种做法更高效，它可以直接连接程序的输入、输出，并且没有程序使用个数限制，只要你尚未获得最终处理结果，都可以在命令后继续添加管道。

在使用管道时，你可以想象两根水管拼接起来的样子，而数据就是水管中流动的水。一个程序处理的结果数据（水）通过输出端的水管流入另一个程序输入端的水管。这样做使得我们可以任意拼接程序，来完成更强大的功能。命令行高手对管道和重定向的使用都出神入化！

而重定向，你可以将它想象成一个漏斗。数据（水）从漏斗大的一端流入，而从小的一端流出。

NOTE:

管道的数据共享在 Linux 内核中是通过内存复制实现的。相较于 CPU 的运算，数据的移动往往更消耗时间。因此，在设计管道时，尽量把能够减少数据量的操作置于管道的前端。这样一来数据复制快速，二来程序运算量减少。

例如，在 sort 之前，使用 grep 找出相关数据，可以减少许多 sort 的运算量。

下面展示 head 的 manpage。

---

head

语法：
```
head [ - Count | -c Count |-n Number ] [ File ... ]
```
描述：
显示一个文件或多个文件的前几行或前几个字节。
主要参数：
```
-Count
```
从每一要显示的指定文件的开头指定行数。Count 变量必须是一个正的十进制整数。此标志等价于-n Number 标志，但如果考虑到便携性，就不应该使用。
```
-c End
```
指定要显示的字节数。Number 变量必须是一个正的十进制整数。
```
-n Number
```
指定从每一要显示的指定文件的开头的行数。Number 变量必须是一个正的十进制整数。此标志等价于- Count 标志。
行为模式：
head 命令把每一指定文件或标准输入的指定数量的行或字节写入标准输出。如果不为 head 命令指定任何标志，默认显示前 10 行。File 参数指定了输入文件名。输入文件必须是文本文件。当指定多个文件时每一文件的开始应与下列一致。

显示一组短文件并对其进行识别，请输入：
```
example% head-9999 filename1 filename2...
```

2.2.3　文件描述符

内核（kernel）利用文件描述符（file descriptor）来访问文件。文件描述符是非负整数。打开现存文件或新建文件时，内核会返回一个文件描述符。读写文件也需要使用文件描述符来指定待读写的文件。

理解文件描述符、系统文件表和内存索引节点表 3 个概念至关重要。

➤ 文件描述符表　用户区的一部分，除非通过使用文件描述符的函数，否则程序无法对其进行访问。对进程中每个打开的文件，文件描述符表都包含一个条目。

➤ 系统文件表　为系统中所有的进程共享。对每个活动的 open，它都包含一个条目。每个系统文件表的条目都包含文件偏移量、访问模式（读、写、或读-写）以及指向它的文件描述符表的条目计数。

每个进程的文件表在系统文件表中的区域都不重合。理由是，这种安排使每个进程都有它自己的对该文件的当前偏移量。

➤ 内存索引节点表　对系统中的每个活动的文件（被某个进程打开了），内存中索引节点表都包含一个条目。几个系统文件表条目可能对应于同一个内存索引节点表（不同进程打开同一个文件）。

每个进程维护自己的文件描述表。当进程调用文件描述符相关的函数或命令时，会对其进行修改操作；文件描述表中的每一项指向系统文件表；系统文件表被所有进程共享，处于内核区，它与内存中的索引节点表对应。这样，进程通过对文件描述表的操作，访问被内存中的索引节点表控制的文件。

习惯上，标准输入（Standard Input）的文件描述符是 0，标准输出（Standard Output）是 1，标准错误（Standard Error）是 2。尽管这种习惯并非 UNIX 内核的特性，但是因为一些 Shell 和很多应用程序都使用这种习惯，因此，如果内核不遵循这种习惯的话，很多应用程序将不能使用。这也是当我们重定向标准错误时，使用（2>）的原因。

POSIX 定义了 STDIN_FILENO、STDOUT_FILENO 和 STDERR_FILENO 来代替 0、1、2。这 3 个符号常量的定义位于头文件 unistd.h。

文件描述符的有效范围是 0 到 OPEN_MAX。一般来说，每个进程最多可以打开 64 个文件（0～63）。对于 FreeBSD 5.2.1、Mac OS X 10.3 和 Solaris 9 来说，每个进程最多可以打开文件的多少取决于系统内存的大小、int 的大小以及系统管理员设定的限制。Linux 2.4.22 强制规定最多不能超过 1 048 576。

文件描述符是由无符号整数表示的句柄，进程使用它来标识打开的文件。文件描述符与包括相关信息（如文件的打开模式、文件的位置类型、文件的初始类型等）的文件对象相关联，这些信息被称作文件的上下文。

进程获取文件描述符最常见的方法是通过本机子例程 open 或 create 获取或者从父进程继承。后一种方法允许子进程同样能够访问由父进程使用的文件。文件描述符对于每个进程一般是唯一的。当用 fork 子例程创建某个子进程时，该子进程会获得其父进程所有文件描述符的副本，这些文件描述符在执行 fork 时打开。在由 fcntl、dup 和 dup2 子例程复制或复制某个进程时，会发生同样的复制过程。

2.2.4　特殊文件的妙用

Linux 系统中有些神奇的文件。例如，/dev/null、/dev/zero 还有/dev/tty。对 UNIX/Linux 文件系统比较熟悉的朋友对/dev 目录一定不会陌生，它是系统中所有设备文件存放的地方。那么，null 和 zero 是什么设备文件呢？

1．/dev/null

我们可以把/dev/null 想象为一个"黑洞"。它类似于一个只写文件。所有写入它的内容都不可读取。但是，对于命令行和脚本来说，/dev/null 却非常有用。

我们来看两个实例吧。

例 2.5   /dev/null 的应用

```
1  #! /bin/sh
2  # 这个脚本演示/dev/null 的应用

3  # 读取/tmp/b.txt 文件，但是将读取的内容输出到/dev/null
4  cat /tmp/b.txt >/dev/null
5  # 检索/etc 下所有包含 alloy 字符串的文件行，但是如果有错误信息，则输出到/dev/null
6  grep "alloy" /etc/* 2> /dev/null
7  # 下面的命令不会产生任何输出
8  # 如果 b.txt 文件存在，则读取的内容输出到/dev/null
9  # 如果 b.txt 文件不存在，则错误的信息输出到/dev/null
10  cat /tmp/b.txt >/dev/null 2>/dev/null
11  # 这个命令和上一条命令是等效的
12  cat /tmp/b.txt &>/dev/null
13  # 清空 messages 和 wtmp 文件中的内容，但是让文件依然存在并且不改变权限
14  cat /dev/null > /var/log/messages
15  cat /dev/null > /var/log/wtmp
```

此脚本只作为演示文件。

脚本存在的问题。

➢   随便举了一些文件例子，可定制性的脚本，至少应该传入文件检索的参数。

➢   如果要把输出写到/dev/null，干嘛还要用 cat 读取。

脚本中出现的一些新的知识。

➢   所有写入/dev/null 的信息都消失了。而如果将标准输出和标准错误重定向到/dev/null，你就能让终端闭嘴。

➢   如果是重定向标准输出，直接使用>就可以了，或者也可以用（1>）表示，而如果是重新向标准错误，则用 2>。如果是标准输入呢？那就要用（0<）表示。而（&>）则代表标准输出和标准错误。

➢   如果从/dev/null 读取信息，你什么也读不到。但是可以用这个性质在保持文件权限不变的情况下清空文件内容。

来看看/dev/null 文件的一些妙用吧！

例 2.6   delete_cookie.sh[①]

```
1  #! /bin/sh
2  # 演示/dev/null 文件的妙用
3  # 自动删除 cookie，并且禁止以后网站再写入 cookie
4
5  # 自动清空日志文件的内容（特别适用于处理那些由商业站点发送的，令人厌恶的"cookie"）
6  if [-f ~/.mozilla/cookies ]  # 如果存在，就删除
7  then
8  rm-f ~/.mozilla/cookies
9  fi
10
11  # 以后所有的 cookie 都被自动扔到黑洞里去，这样就不会保存在我们的磁盘中了
12  ln-s /dev/null ~/.mozilla/cookies
```

这个应用很神奇，不是吗？另外，此应用还需要注意以下几点。

➢   你系统中的 cookie 文件不一定存放在~/.mozilla 目录中，需要自己寻找。

➢   记得曾经做过的操作，否则，当发现无法记录的 cookie 时，很难找到原因。

---

① Shell 编程的 if 条件判断语句，请参照第 3 章 "编程的基本元素"。

➤ 把 delete_cookie.sh 文件移动到$HOME/bin 目录下吧，记得加上可执行权限。

2. /dev/zero

我们看过了/dev/null 文件，那么，/dev/zero 文件有什么用呢？类似于/dev/null，/dev/zero 也是一个伪文件，但事实上它会产生一个 null 流（二进制的 0 流，而不是 ASCII 类型）。如果你想把其他命令的输出写入/dev/zero 文件的话，那么写入的内容会消失，而且如果你想从/dev/zero 文件中读取一连串 null 的话，也非常的困难，虽然可以使用 od 或者一个 16 进制编辑器来达到这个目的。/dev/zero 文件的主要用途就是用来创建一个指定长度，并且初始化为空的文件，这种文件一般都用作临时交换文件。

例 2.7 演示了如何使用/dev/zero 来建立一个交换文件。

例 2.7　用/dev/zero 创建交换文件

```
1  #!/bin/bash
2  # 创建一个交换文件
3
4  ROOT_UID=          # Root 用户的$UID 为 0
5  E_WRONG_USER=      # 不是 root
6
7  FILE=/swap
8  BLOCKSIZE=1024
9  MINBLOCKS=40
10  SUCCESS=0
11
12  # 这个脚本必须获得 root 权限才能运行，使用 sudo 命令
13  if [ "$UID"-ne "$ROOT_UID" ]
14    then
15    echo; echo "You must be root to run this script."; echo
16    exit $E_WRONG_USER
17  fi
18
19  blocks=${1:-$MINBLOCKS}            #  如果没在命令行上指定
20                                     #+ 默认设置为 40 块
21  # 上边这句等价于下面这个命令块
22  #-----------------------------------------------------
23  # if [-n "$1" ]
24  # then
25  #   blocks=$1
26  # else
27  #   blocks=$MINBLOCKS
28  # fi
29  #-----------------------------------------------------
30
31  if [ "$blocks"-lt $MINBLOCKS ]
32  then
33    blocks=$MINBLOCKS                # 至少要有 40 块
34  fi
35
36  echo "Creating swap file of size $blocks blocks (KB)."
37  dd if=/dev/zero of=$FILE bs=$BLOCKSIZE count=$blocks  # 用零填充文件
38
39  mkswap $FILE $blocks               # 将其指定为交换文件（译者注：或称为交换分区）
40  swapon $FILE                       # 激活交换文件
41
42  echo "Swap file created and activated."
43
44  exit $SUCCESS
```

/dev/zero 文件还有其他的应用场合，例如，当你出于特殊目的，需要"用 0 填充"一个指定大小的文件时，就可以使用它。

3. /dev/tty

/dev/tty 是一个很实用的文件。当程序打开这个文件时，UNIX/Linux 会自动将它重定向到当前所处的终端。输出到此的信息只会显示在当前工作的终端显示器上。在某些时候例如，设定了脚本输出到/dev/null 时，而你又想在当前终端上显示一些很重要的信息，你就可以调用这个设备，写入重要信息。这样做可以强制信息显示到终端（像不像流氓做法）。

/dev/tty 文件作为输入端时，也非常有用，见例 2.8。

例 2.8　/dev/tty 的使用

```
printf"Enter new passwd:"              #提示输入
stty-echo                              #关闭自动打印输入字符的功能
read pass < /dev/tty                   #读取密码
printf"Enter again"
read pass2< /dev/tty                   #再读一次，以便确认
stty echo                              #记得重新打开自动打印输入字符功能
...
```

例 2.8 中两次从终端读入密钥用于比对。关于 stty 的用法，请参见 stty(1)的 manpage。

下面展示 read 的 manpage。

---

read

语法：
```
read [-p ][ -r ][-s ][-u[ n ] ] [ VariableName?Prompt ]
[ VariableName ... ]
```

描述：

从标准输入中读取一行。

主要参数：

-p

用 |&（管道，& 的记号名称）读取由 Korn Shell 运行进程的输出作为输入。

注：-p 标志的文件结束符引起该进程的清除，因此将产生另外一个进程。

-r

指定读取命令把一个\（反斜杠）处理为输入行的一部分，而不把它作为一个控制字符。

-s

把输入作为一个命令保存在 Korn Shell 的历史记录文件中。

-u [n]

读取一位数的文件描述符号码 n 作为输入。文件描述符可以用 ksh exec 内置命令打开。n 的默认值是 0，表示的是键盘。数值 2 表示标准错误。

VariableName?Prompt

指定一个变量的名称和一个要使用的提示符。当 Korn Shell 是交互式时，它将把提示符写到标准错误，并执行输入。当 Prompt 中包含多字时，必须用单引号或双引号引起来。

VariableName...

指定一个或多个由空格分隔的变量名。

行为模式：

read 命令从标准输入中读取一行，并把输入行的每个字段的值指定给 Shell 变量，用 IFS（内部字段分隔符）变量中的字符作为分隔符。VariableName 参数指定 Shell 变量的名称，Shell 变量获取输入行一个字段的值。由 VariableName 参数指定的第一个 Shell 变量指定给每一个字段的值，由 VariableName 参数指定的第二个 Shell 变量指定给第二个字段的值，以此类推，直到最后一个字段。如果标准输入行的字段比相应的由 VariableName 参数指定的 Shell 变量的字

段个数多，把全部余下的字段的值赋给指定的最后的 Shell 变量。如果比 Shell 变量的个数少，则剩余的 Shell 变量被设置为空字符串。

> **警告：**
>
> 如果省略了 VariableName 参数，变量 REPLY 用作默认变量名。
>
> 由 read 命令设置的 Shell 变量影响当前 Shell 执行环境。

2.3 基本文本检索

Linux 设计中有这样一种关键思想："一切皆文件"。Linux 文件系统中有各式各样的文本文件，他们既便于阅读，又便于修改。特别是在/etc 目录下，是系统配置文件的集中点。在这样的情况下，Linux 系统的文本处理就变得至关重要。本书有将近一半的内容是关于文本处理的。

在本节中，我们将讲解最简单的文本检索，grep 的用法。

grep 命令检索文本

在前面的章节中，我们多次用到 grep 命令。例如：

```
alloy@ubuntu:~/LinuxShell/ch2$ ps-eLf | grep firefox
```

grep 命令提供了在文本中检索特定字符串的方法。此命令的强大之处在于 grep 命令支持正则表达式。

grep 命令常常与管道连用，用于在文本流中过滤出符合条件的文本行。

历史上出现的 grep 程序有 3 种：grep、egrep 和 fgrep。

> **grep** 最早的文本匹配程序。支持 POSIX 定义的基本正则表达式（Basic Regular Expression，简称写为 BRE）。

> **egrep** egrep 和 fgrep 的命令只跟 grep 有很小的差别。egrep 是 grep 的扩展，支持更多的 re 元字符。

> **fgrep** fgrep 就是 fixed grep 或 fast grep，它们把所有的字母都看作单词，也就是说，正则表达式中的元字符表示回其自身的字面意义，不再特殊。

Linux 使用 GNU 版本的 grep。它的功能更强大，可以通过-G、-E、-F 命令行选项来使用 egrep 和 fgrep 的功能。

grep 的工作方式是在一个或多个文件中搜索字符串模板。如果模板包括空格，则必须被引用，模板后的所有字符串被看作文件名。搜索的结果被送到屏幕，不影响原文件内容。

grep 可用于 Shell 脚本，因为 grep 通过返回一个状态值来说明搜索的状态。如果模板搜索成功，则返回 0；如果搜索不成功，则返回 1；如果搜索的文件不存在，则返回 2。我们利用这些返回值可进行一些自动化的文本处理工作。

grep 最强大的地方在于对正则表达式的支持。正则表达式将在第 4 章中详细讲解。

下面来看一个简单的 grep 实例。

例 2.9 grep 实例

```
alloy@ubuntu:~/LinuxShell/ch2$ cat /etc/passwd
root:x:0:0:root:/root:/bin/bash
```

```
daemon:x:1:1:daemon:/usr/sbin:/bin/sh
bin:x:2:2:bin:/bin:/bin/sh
sys:x:3:3:sys:/dev:/bin/sh
sync:x:4:65534:sync:/bin:/bin/sync
games:x:5:60:games:/usr/games:/bin/sh
man:x:6:12:man:/var/cache/man:/bin/sh
lp:x:7:7:lp:/var/spool/lpd:/bin/sh
mail:x:8:8:mail:/var/mail:/bin/sh
news:x:9:9:news:/var/spool/news:/bin/sh
uucp:x:10:10:uucp:/var/spool/uucp:/bin/sh
proxy:x:13:13:proxy:/bin:/bin/sh
www-data:x:33:33:www-data:/var/www:/bin/sh
backup:x:34:34:backup:/var/backups:/bin/sh
list:x:38:38:Mailing List Manager:/var/list:/bin/sh
irc:x:39:39:ircd:/var/run/ircd:/bin/sh
gnats:x:41:41:Gnats Bug-Reporting System (admin):/var/lib/gnats:/bin/sh
nobody:x:65534:65534:nobody:/nonexistent:/bin/sh
libuuid:x:100:101::/var/lib/libuuid:/bin/sh
syslog:x:101:103::/home/syslog:/bin/false
messagebus:x:102:105::/var/run/dbus:/bin/false
colord:x:103:108:colord colour management daemon,,,:/var/lib/colord:/bin/false
lightdm:x:104:111:Light Display Manager:/var/lib/lightdm:/bin/false
whoopsie:x:105:114::/nonexistent:/bin/false
avahi-autoipd:x:106:117:Avahi autoip daemon,,,:/var/lib/avahi-autoipd:/bin/false
avahi:x:107:118:Avahi mDNS daemon,,,:/var/run/avahi-daemon:/bin/false
usbmux:x:108:46:usbmux daemon,,,:/home/usbmux:/bin/false
kernoops:x:109:65534:Kernel Oops Tracking Daemon,,,:/:/bin/false
pulse:x:110:119:PulseAudio daemon,,,:/var/run/pulse:/bin/false
rtkit:x:111:122:RealtimeKit,,,:/proc:/bin/false
speech-dispatcher:x:112:29:Speech Dispatcher,,,:/var/run/speech-dispatcher:/bin/sh
hplip:x:113:7:HPLIP system user,,,:/var/run/hplip:/bin/false
saned:x:114:123::/home/saned:/bin/false
alloy:x:1000:1000:alloy,,,:/home/alloy:/bin/bash
sshd:x:115:65534::/var/run/sshd:/usr/sbin/nologin
alloy@ubuntu:~/LinuxShell/ch2$ cat /etc/passwd | grep bash
#看看那些用户的登录 Shell 是 bash
root:x:0:0:root:/root:/bin/bash
alloy:x:1000:1000:alloy,,,:/home/alloy:/bin/bash
alloy@ubuntu:~/LinuxShell/ch2$
```

在例 2.9 中，grep 从/etc/passwd 文件中读取所有行，检索出行内含有 bash 字符串的行。在这里，是以固定字符串 bash 进行查找。

下面是 grep 命令的 manpage。

grep

语法：
```
grep [-E |-F ] [-i ] [-h ] [-s ] [-v ] [-w ] [-x ] [-y ] [ [ [-b ] [-n ] ] | [-c |-l
|-q ] ] [-p [ Separator ] ] { [-e PatternList ... ] [-f PatternFile ... ] | PatternList ... }
[文件... ]
```

描述：
搜索文件中的模式。

主要参数：
-b　在每行之前添加找到该行时所在的块编号。使用这个参数有助于通过上下文来找到磁盘块号码。-b 参数不能用于来自标准输入和管道的输入的命令。

-c　仅显示匹配行的计数。

-E　将每个指定模式视作扩展正则表达式（ERE）。ERE 的空值将匹配所有的行。

注：带有-E 参数的 grep 命令等价于 egrep 命令，只不过它们的错误和使用信息不同以及-s

参数的作用不同。

　　-e PatternList　指定一个或多个搜索模式。其作用相当于一个简单模式，但在模式以-（减号）开始的情况下，这将非常有用。模式之间应该用换行符分隔。连续使用两个换行符或者在引号后加上换行符（"\n）可以指定空模式。除非同时指定了-E 或-F 参数，否则每个模式都将被视作基本正则表达式（BRE）。grep 可接受多个-E 和-F 参数。在匹配行时，所有指定的模式都将被使用，但评估的顺序没有指定。

　　-F　将每个指定的模式视作字符串而不是正则表达式。空字符串可匹配所有的行。

　　注：带有-F 参数的 grep 命令等价于 fgrep 命令，只不过它们的错误和使用信息不同以及-s 参数具有不同的作用。

　　-f PatternFile　指定包含搜索模式的文件。模式之间应该用换行符加以分隔，空行将被认为是空模式。每种模式都将被视作基本正则表达式（BRE），除非同时指定了-E 或-F 参数。

　　-h　禁止在匹配行后附加包含此行的文件的名称。当指定多个文件时，将禁止文件名。

　　-i　在进行比较时忽略字母的大小写。

　　-L　仅列出（一次）包含匹配行的文件的名称。文件名之间用换行符加以分隔。如果搜索到标准输入，将返回标准输入的路径名。-L 参数同-c 和-n 参数任意一个组合一起使用时，其作用类似于仅使用了-L 参数。

　　-n　在每一行之前放置文件中相关的行号。每个文件的起始行号为 1，在处理每个文件时，行计数器都将被复位。

　　-p[Separator]　显示包含匹配行的整个段落。段落之间将按照 Separator 参数指定的段落分隔符加以分隔，这些分隔符是与搜索模式有着相同格式的模式。包含段落分隔符的行将仅用作分隔符，它们不会被包含在输出中。默认段落分隔符是空白行。

　　-q　禁止所有写入到标准输出的操作，不管是否为匹配行。如果选择了输入行，则以零状态退出。-q 参数同 -c、-l 和-n 参数中的任意一个组合一起使用时，其作用类似于仅使用了-q 参数。

　　-s　禁止通常因为文件不存在或不可读取而写入的错误信息。其他的错误信息并未被禁止。

　　-v　显示所有与指定模式不匹配的行。

　　-w　执行单词搜索。

　　-x　显示与指定模式精确匹配而不含其他字符的行。

　　-y　当进行比较时忽略字符的大小写。

　　PatternList　指定将在搜索中使用的一个或多个模式。这些模式将被视作如同是使用-e 参数指定的。

　　File　指定将对其进行模式搜索的文件的名称。如果未给出 File 变量，将使用标准输入。

行为模式：

　　grep 命令用于搜索由 Pattern 参数指定的模式，并将每个匹配的行写入标准输出中。这些模式是具有限定的正则表达式，它们使用 ed 或 egrep 命令样式。grep 命令使用压缩的不确定算法。

　　如果在 File 参数中指定了多个名称，grep 命令将显示包含匹配行的文件的名称。对 Shell 有特殊含义的字符（$, *, [, |, ^, (,), \）出现在 Pattern 参数中时必须带双引号。如果 Pattern 参数

不是简单字符串，通常必须用单引号将整个模式括起来。在如[a-z], 之类的表达式中，–（减号）cml 可根据当前正在整理的序列来指定一个范围。整理序列可以定义等价的类以供在字符范围中使用。如果未指定任何文件，grep 会假定为标准输入。

警告：

行被限制为 2 048 个字节。

段落（使用-p 参数时）长度当前被限制为 5 000 个字符。

请不要对特殊文件运行 grep 命令，这样做可能产生不可预计的结果。

输入行不应包含空字符。

输入文件应该以换行符作为结束。

正则表达式不会对换行符进行匹配。

虽然一些参数可以同时被指定，但其中的某些参数会覆盖其他参数。例如，-l 选项将优先于其他参数。另外，如果同时指定了-E 和-F 参数，则后指定的那个会有优先权。

2.4 UNIX/Linux 系统的设计与 Shell 编程

这一节，我们要涉及一些与操作系统相关的东西。虽然在 PC 市场上，Windows 还是一家独大，但是在服务器市场，Linux/UNIX 占有绝对优势。是什么样的设计系统带来了这样的优势呢？它的优势对 Shell 编程有什么帮助？本节，我们将讲述 UNIX 系统的精髓，或者说 UNIX 哲学。

2.4.1 一切皆文件

你一定注意到了，我们在前面的章节中多次提到 Linux 系统设计的一个设计思想：一切皆文件。

UNIX/Linux 认为，系统和所有硬件设备的交互都应当如同文件操作一般简单易行。例如，我们可以和/dev/tty 交互操作终端，和/dev/sda 交互操作硬盘，和/dev/sound 交互操作音响。没有什么不是文件。

UNIX/Linux 还认为，文件是不应该和应用程序绑定的。没有人规定 doc 文件就应该被 Microsoft Word 打开，也没有人规定 notepad 软件只能读取 txt 文件。事实上，你可以用 cat 命令读取任何文件（如果有意义的话）。例如：

```
alloy@ubuntu:~/LinuxShell/ch2$ cat /dev/sound > /tmp/record_sound.wav #开始录音
^D                                              # "Ctrl-D" 组合键结束录音
alloy@ubuntu:~/LinuxShell/ch2$ mplayer /tmp/record_sound.wav        #播放录音
```

而 doc 文件也能被用于和管道交互：

```
alloy@ubuntu:~/LinuxShell/ch2$ antiword file.doc | grep Linux        #检索 doc 文件中
包含字符串"Linux"的行
```

antiword 软件读取 doc 文件的内容，需要另外安装。

在本小节里，我们将讲解与 Linux 文件相关的一些知识：Linux 文件后缀名的规范，Linux 下的 5 种文件类型等。

1. Linux 文件的后缀名

UNIX/Linux 系统中文件的概念和 Windows 有很大不同。一谈到文件类型，大家就能想到

Windows 的文件类型，例如，file.txt、file.doc、file.sys、file.mp3、file.exe 等，根据文件的后缀就能判断该文件的类型。但在 Linux 中一个文件是否能被执行，和后缀名没有太大的关系，主要与文件的属性有关。但了解 Linux 文件的后缀名还是有必要的，特别是当我们创建一些文件时，最好还是加后缀名，这样做的目的仅仅是为了我们在应用时方便。

现在的 Linux 桌面环境和 Windows 一样智能化，文件的类型是和相应的程序关联的。在我们打开某个文件时，系统会自动判断用哪个应用程序打开。如果从这方面来说，Linux 桌面环境和 Windows 桌面没有太大的区别。

在 Linux 中，带有扩展名的文件，只能代表程序的关联，并不能说明文件是可执行的，由此可以看出，Linux 的扩展名没有太大的意义。

file.tar.gz file.tgz file.tar.bz2 file.rar file.gz file.zip ...

这些大家都熟悉，是归档文件。要通过相应的工具来解压或提取。

➢ **file.php** 这类文件能用 php 语言解释器进行解释，能用浏览器打开的文件。

➢ **file.so** 这类是库文件。

➢ **file.doc file.obt** 这是 OpenOffice 能打开的文件。

… …

用不同工具创建的文件，其后缀也不相同。例如，Gimp、gedit、OpenOffice 等工具，创建出来的文件后缀名是不同的。

2．Linux 文件类型

Linux 文件类型和 Linux 文件的文件名所代表的意义是两个不同的概念。我们通过一般应用程序创建如 file.txt、file.tar.gz 等，虽然要用不同的程序来打开，但放在 Linux 文件类型中衡量的话，大多是常规文件（也称为普通文件）。

Linux 文件类型常见的有：普通文件、目录、字符设备文件、块设备文件、符号链接文件等。接下来我们这些文件类型进行一个简要的说明。

（1）普通文件

```
alloy@ubuntu:~/LinuxShell/ch2$ ls-lh install.log
-rw-r--r-- 1 root root 53K 5月14 11:39 install.log
```

我们用 ls-lh 来查看某个文件的属性，可以看到有类似-rw-r--r--，值得注意的，它的第一个符号是-，这样的文件在 Linux 中就是普通文件。这些文件一般是用一些相关的应用程序创建，例如图像工具、文档工具、归档工具或 cp 工具等。这类文件的删除方式是用 rm 命令。

（2）目录

```
alloy@ubuntu:~/LinuxShell/ch2$ ls-lh
总用量20K
-rwxrwxr-x 1 alloy alloy  452 5月14 16:38 delete_cookie.sh
-rwxrwxr-x 1 alloy alloy  743 5月14 16:36 null.sh
-rwxrwxr-x 1 alloy alloy  180 5月14 15:40 ps.sh
-rwxrwxr-x 1 alloy alloy   49 5月14 15:38 testfunc.sh
-rwxrwxr-x 1 alloy alloy 1.2K 5月14 16:49 zero.sh
alloy@ubuntu:~/LinuxShell/ch2$
```

当我们在某个目录下执行命令，看到有类似 drwxr-xr-x 命令时，这样的文件就是目录，目录在 Linux 是一个比较特殊的文件。注意，它的第一个字符是 d。创建目录可以用 mkdir 命令或 cp 命令。cp 可以把一个目录复制为另一个目录。删除目录用 rm 或 rmdir 命令。

（3）字符设备或块设备文件

如果进入/dev 目录，列一下文件，会看到类似如下的格式：

```
alloy@ubuntu:~/LinuxShell/ch2$ ls-la /dev/tty
crw-rw-rw- 1 root tty 5, 0  5月14 16:47 /dev/tty
crw-rw-rw- 1 root tty 5, 0 04-19 08:29 /dev/tty
alloy@ubuntu:~/LinuxShell/ch2$ ls-la /dev/sda1
brw-rw---- 1 root disk 8, 1  5月14 11:39 /dev/sda1
```

我们看到/dev/tty 的属性是 crw-rw-rw-。注意，前面第一个字符是 c，表示字符设备文件，如猫等串口设备。

我们看到/dev/sda1 的属性是 brw-r-----。注意，前面的第一个字符是 b，表示块设备，如硬盘光驱等设备。

这种文件，是用 mknode 来创建，用 rm 来删除。目前，在最新的 Linux 发行版本中，一般不用自己来创建设备文件，因为这些文件是和内核是相关联的。

（4）套接口文件

当我们启动 MySQL 服务器时，会产生一个 mysql.sock 的文件。

```
alloy@ubuntu:~/LinuxShell/ch2$ ls-lh /var/lib/mysql/mysql.sock
srwxrwxrwx 1 mysql mysql 0 5 月 14 11:39 /var/lib/mysql/mysql.sock
```

注意，这个文件的属性的第一个字符是 s。我们了解一下就行了。

（5）符号链接文件

```
alloy@ubuntu:~/LinuxShell/ch2$ ls-lh setup.log
lrwxrwxrwx 1 root root 11 5 月 14 11:39 setup.log-> install.log
```

当我们查看文件属性时，会看到有类似 lrwxrwxrwx 的命令。注意，第一个字符是 l，这类文件是链接文件。是通过 ln-s 源文件产生新文件名 。上面的例子，表示 setup.log 是 install.log 的软链接文件。这和 Windows 操作系统中的快捷方式有点相似。

符号链接文件的创建方法举例：

```
alloy@ubuntu:~/LinuxShell/ch2$ ls-lh kernel-2.6.15-1.2025_FC5.i686.rpm
-rw-r--r-- 1 root root 14M 5 月 14 11:39 kernel-2.6.15-1.2025_FC5.i686.rpm

alloy@ubuntu:~/LinuxShell/ch2$ ln-s kernel-2.6.15-1.2025_FC5.i686.rpm  kernel.rpm
alloy@ubuntu:~/LinuxShell/ch2$ ls-lh kernel*

-rw-r--r-- 1 root root 14M 5 月 14 11:39 kernel-2.6.15-1.2025_FC5.i686.rpm
lrwxrwxrwx 1 root root  33 5 月 14 11:39 kernel.rpm-> kernel-2.6.15-1.2025_FC5.i686.rpm
```

更多文件方面的知识，请参见第 6 章"文件和文件系统"。

下面是 ls 的 manpage。

---

ls

语法：

显示目录或文件名的内容。

```
    ls [-A ] [-C ] [-F ] [-a ] [-c ] [-d ] [-i ] [ File ... ]
```

显示目录内容：

```
    ls-f [-C ] [-d ] [-i ] [-m ] [-s ] [-x ] [-1 ] [ Directory ... ]
```

描述：

显示目录内容。

行为模式：

ls   此命令将每个由 Directory 参数指定的目录或者每个由 File 参数指定的名称写到标准

输出，以及您所要求的和参数一起的其他信息。如果不指定 File 或 Directory 参数，ls 命令将显示当前目录的内容。

主要参数：

-A　列出所有条目，除了 .（点）和 ..（点-点）。

-a　列出目录中所有项，包括以 .（点）开始的项。

-c　使用索引节点中最近一次修改的时间，用以排序（当带-t 参数使用时）或者用以显示（当带-l 参数使用时）。该参数必须和-t 或-l 参数或者两者一起使用。

-C　以多列纵向排序输出。当往终端输出时，此输出方式为默认方法。

-d　仅仅显示指定目录信息。目录和文件一样处理，这在当使用-l 参数获取目录状态时非常有用。

-F　如果文件是目录，在文件名后面放置一个 /（斜杠），如果文件可执行，则放置一个 *（星号），如果文件为套接字，则放置一个 =（等号），如果为 FIFO，则放置一个 |（管道）符号，如果文件是符号链接，则放置一个 @。

-i　显示每个文件报告第一列中的索引节点数目。

如果文件是符号链接，打印所链接到的文件的路径名，其前放置->，显示符号链接的属性。-n、-g、和-o 参数覆盖-l 参数。

警告：

符号链接文件后跟一个箭头，然后是符号链接的内容。

2.4.2　UNIX 编程的基本原则

我们常常思考，为什么 UNIX 来到世界将近 40 年（发明于 1971 年），硬件更新了一代又一代，各种天才程序员层出不穷，而 UNIX 上的经典工具和命令还是被广泛使用着，几十年没有更改，还是工作得很好？不仅如此，UNIX 还在 Linux 的发展中获得了新生。而今，绝大多数的大型机和巨型机上运行着 Linux 系统，而天才的程序员们不断为 UNIX/Linux 添砖加瓦，来自世界各地的 UNIX/Linux 程序往往不经调谐就能在 UNIX 上很好地协作（通过管道），为什么？他们之间有什么合作协议吗？答案是：他们都是 UNIX "教徒"！

UNIX 奉行一些教条，所有 UNIX/Linux 的爱好者，在接触系统的同时，就开始受到发明这些系统和软件的巨人的影响。当他们步步成长，不断发明创造时，他们又成了 UNIX "宗教的传教士"，于是，UNIX 的哲学在一代代程序员中得以传承。

这些思想，使 UNIX 的软件都有着同样的风格（一股 UNIX 的味道），软件之间可以很好地协作（即使他们从来没有想象过的协作方式），使软件都健壮易用。

这些思想和原则是什么呢？

（1）所有的 UNIX 哲学可以浓缩为一条铁律，那就是被各地编程大师们奉为圭臬的 "K.I.S.S" 原则。

UNIX 哲学起源于 Ken Thompson 早期关于如何设计一个服务接口简洁、小巧精干的操作系统的思考，随着 UNIX 文化在学习如何尽可能发掘 Thompson 设计思想的过程中不断成长，同时一路上还从其他地方博采众长。

（2）UNIX 管道的发明人、传统的奠基人之一 Doug McIlroy 在[McIlroy78]中曾经说过以下原则。

➢ 让每个程序就做好一件事。如果有新任务，就重新开始，不要往原程序中加入新功能而搞得复杂。

➢ 假定每个程序的输出都会成为另一个程序的输入，哪怕那个程序还是未知的。

➢ 输出中不要有无关的信息干扰。避免使用严格的分栏格式和二进制格式输入。不要坚持使用交互式输入。

➢ 尽可能早地将设计和编译的软件投入试用，哪怕是操作系统也不例外，理想情况下，应该是在几星期内。对拙劣的代码别犹豫，扔掉重写。

➢ 优先使用工具而不是拙劣的帮助来减轻编程任务的负担。工欲善其事，必先利其器。

UNIX 哲学是：一个程序只做一件事，并做好；程序之间要能协作；程序要能处理文本流，因为这是最通用的接口。

（3）Rob Pike，最伟大的 C 语言大师之一，在 *Notes on C Programming* 一书中从另一个稍微不同的角度表述了 UNIX 的哲学。

原则 1　你无法断定程序会在什么地方耗费运行时间。问题经常出现在想不到的地方，所以别急于胡乱找个地方改代码，除非你已经证实那儿就是问题所在。

原则 2　估量。在你没对代码进行估量，特别是没找到最耗时的那部分之前，别去优化速度。

原则 3　花哨的算法在 n 很小时通常很慢，而 n 通常很小。花哨算法的常数复杂度很大。除非你确定 n 总是很大，否则不要用花哨算法（即使 n 很大，也优先考虑原则 2）。

原则 4　花哨的算法比简单算法更容易出 bug，更难实现。尽量使用简单的算法配合简单的数据结构。

原则 5　数据压倒一切。如果已经选择了正确的数据结构并且把一切都组织得井井有条，正确的算法也就不言自明。编程的核心是数据结构，而不是算法。

原则 6　没有原则 6。

（4）Ken Thompson——UNIX 最初版本的设计者和实现者，禅宗偈语般地对 Pike 的原则 4 作了强调：拿不准就穷举。

UNIX 哲学中更多的内容不是这些先哲们口头表述出来的，而是由他们所作的一切和 UNIX 本身所作出的榜样体现出来的。从整体上来说，可以概括为以下几点。

模块原则　使用简洁的接口拼合简单的部件。

清晰原则　清晰胜于机巧。

组合原则　设计时考虑拼接组合。

分离原则　策略同机制分离，接口同引擎分离。

简洁原则　设计要简洁，复杂度能低则低。

吝啬原则　除非确无它法，不要编写庞大的程序。

透明性原则　设计要可见，以便审查和调试。

健壮原则　健壮源于透明与简洁。

表示原则　把知识叠入数据以求逻辑质朴而健壮。

通俗原则　接口设计避免标新立异。

缄默原则　如果一个程序没什么好说的，就沉默。

补救原则　出现异常时，马上退出并给出足够错误信息。

经济原则　宁花机器一分，不花程序员一秒。

生成原则　避免手工 hack，尽量编写程序去生成程序。

优化原则　雕琢前先要有原型，跑之前先学会走。

多样原则　决不相信所谓"不二法门"的断言。

扩展原则　设计着眼未来，未来总比预想来得快。

如果从实际实现上来说，UNIX 的设计主要有这几点魅力：接口的设计、策略与机制的分离、程序的简单与健壮性。

1．接口的设计

在接口的设计上，UNIX 程序员认为：如果程序彼此之间不能有效通信，那么软件就难免会陷入复杂的泥淖。

在输入输出方面，UNIX 传统极力提倡采用简单、文本化、面向流、设备无关的格式。

在经典的 UNIX 下，多数程序都尽可能采用简单过滤器的形式，即将一个输入的简单文本流处理为一个简单的文本流输出。

抛开世俗眼光，UNIX 程序员偏爱这种做法并不是因为他们仇视图形用户界面，而是因为如果程序不采用简单的文本输入输出流，它们就极难衔接。

要想让程序具有组合性，就要使程序彼此独立。在文本流这一端的程序应该尽可能不要考虑文本流另一端的程序。将一端的程序替换为另一个截然不同的程序，而完全不惊扰另一端应该很容易做到。

图形用户界面（Graphical Users Interface，以下简称 GUI）是个好东西。有时竭尽所能也不可避免复杂的二进制数据格式。但是，在做 GUI 前，最好还是想想可不可以把复杂的交互程序跟干粗活的算法程序分离开，每个部分单独成为一块，然后用一个简单的命令流或者是应用协议将其组合在一起。

程序之间的组合往往通过文本作为中间数据传输格式。在构思精巧的数据传输格式前，有必要实地考察一下，是否能利用简单的文本数据格式；以微小的格式解析的代价，换得可以使用通用工具来构造或解读数据流的好处是值得的。当程序无法自然地使用序列化、协议形式的接口时，正确的 UNIX 设计至少是把尽可能多的编程元素组织为一套定义良好的应用程序编程接口（API）。这样，至少你可以通过链接调用应用程序，或者可以根据不同任务的需求粘合使用不同的接口。

2．策略与机制

将策略同机制剥离，就有可能在探索新策略的时候不足以打破机制。另外，我们也可以更容易为机制写出较好的测试（因为策略太短命，不值得花太多精力在这上面）。

一种方法是将应用程序分成可以协作的前端和后端进程，通过套接字上层的专用应用协议进行通讯；前端实现策略，后端实现机制。比起仅用单个进程的整体实现方式来说，这种双端设计方式大大降低了程序整体复杂度和 bug 出现的概率，从而降低程序的寿命周期成本。

3. 程序简单强壮

来自多方面的压力常常会让程序变得复杂（由此产生的代价更高，bug 更多），其中一种压力就是来自技术上的虚荣心理。程序员们都很聪明，常常以能玩转复杂东西和耍弄抽象概念的能力为傲，这一点也无可厚非。但正因如此，他们常常会与同行比试，看看谁能够设计出最错综复杂的美妙程序。正如我们经常所见，他们的设计能力大大超出他们的实现和排错能力，结果便是设计出代价高昂的废品。

UNIX 程序员还总结出一个"吝啬原则"。说：除非确无它法，不要编写庞大的程序。

"大"有两重含义：体积大，复杂程度高。程序大了，维护起来就困难。由于人们对花费了大量精力才做出来的东西难以割舍，结果导致在庞大的程序中把投资浪费在注定要失败或者并非最佳的方案上。大多数软件禁不起磕碰，毛病很多，就是因为过于复杂，很难通盘考虑。如果不能够正确理解一个程序的逻辑，就不能确信其是否正确，也就不能在出错的时候修复它。

让程序健壮的方法就是让程序的内部逻辑更易于理解。要做到这一点设计时主要有两个原则：透明化和简洁化。

软件的透明性就是指一眼就能够看出来是怎么回事。如果人们不需要绞尽脑汁就能够推断出所有可能的情况，那么这个程序就是简洁的。程序越简洁，越透明，也就越健壮。数据要比编程逻辑更容易驾驭。所以接下来，如果要在复杂数据和复杂代码中选择一个，那么选择前者。在设计过程中，我们应该主动将代码的复杂度转移到数据之中去。

最易用的程序就是用户需要学习新东西最少的程序——或者，换句话说，最易用的程序就是最切合用户已有知识的程序。

因此，接口设计应该避免毫无来由的标新立异和自作聪明。如果你编制一个计算器程序，'+'应该永远表示加法。而设计接口的时候，尽量按照用户最可能熟悉的同样功能接口和相似应用程序来进行建模。

UNIX 中最古老最持久的设计原则之一就是：若程序没有什么特别之处可讲，就保持沉默。行为良好的程序员应该默默工作，决不唠唠叨叨，碍手碍脚。沉默是金。

其实，操作系统的先哲和大师们早就对 UNIX 的哲学有所阐述。例如，下面三位就一语中的地说明了 UNIX 的风格。

"错综复杂的美妙事物"听起来自相矛盾。UNIX 程序员相互比的是谁能够做到"简洁而漂亮"并以此为荣，这一点虽然只是隐含在这些规则之中，但还是很值得公开提出来强调一下。

——Doug McIlroy

我认为"简洁"是 UNIX 程序的核心风格。一旦程序的输出成为另一个程序的输入，就很容易把需要的数据挑出来。站在人的角度上来说——重要信息不应该混杂在冗长的程序内部行为信息中。如果显示的信息都是重要的，那就不用找了。

——Ken Arnold

我最有成效的一天就是扔掉了 1 000 行代码。

——Ken Thompson

2.5 小结

我们结束了第 2 章。本章重要的知识如下。

> UNIX/Linux 的参数传递是一个有用的机制。让 Shell 的使用者将外部参数传入到 Shell
> 脚本内部，通过位置参数变量访问。这种机制提高了 Shell 脚本编程的灵活性和可定制
> 性，使脚本被真正广泛应用成为可能。

> UNIX 哲学：一个程序只做一件事，并做好；程序之间要能协作；程序要能处理文本流，
> 因为这是最通用的接口。这种哲学规则奠定了管道在 UNIX 系统中的地位。我们通过管
> 道拼接程序，协同 UNIX 下的程序为我们工作。我们还通过重定向改变标准输入，标准
> 输出和标准错误。在这样的哲学领导下，UNIX/Linux 的软件大都简洁、健壮。符合
> "K.I.S.S" 原则。

> UNIX 系统进程使用文件描述符来访问文件。对于进程来说，有 3 个文件描述符往往在
> 进程创建初期就已经打开。他们分别是标准输入（0）、标准输出（1）和标准错误（2）。

> UNIX/Linux 下存在一些特殊的文件。例如，/dev 下的 null 和 zero 文件。null 文件相当于
> UNIX 系统的一个黑洞，它非常接近于一个只写文件。所有写入 null 文件的内容都会永
> 远丢失。而如果想从它那读取内容，则什么也读不到。而 zero 文件则可以读出一串二进
> 制的 0。tty 文件与当前的控制终端直接相连。

> grep 命令用于文本检索。它读入文本，输出包含有特定字符串的文本行。支持正则表达
> 式是它最强大的功能。grep 命令常常与管道连用。

你是否被本章内容弄糊涂了？没关系，UNIX 的哲学需要在不断实践中渐渐体会。休息一下，
让我们进入第 3 章吧。

LINUX

第3章
编程的基础元素

经历过第 1 章和第 2 章的洗礼，你应该对 Linux 下的 Shell 编程有一个宏观的了解。在第 2 章，我们讲解了 UNIX 中最重要的概念：管道和重定向。它们是 UNIX 下程序写作的基础。此外，我们讲解了 UNIX 编程中被称为哲学的东西，它使程序更有 UNIX 的风格。

在本章中，你将学到如下知识。

（1）Linux Shell 编程的基本元素，包括变量、判断、循环、函数等基本知识。

（2）Shell 编程中基础知识的实际应用。

本章涉及的 Linux 命令有：for，if，while。

3.1 再识变量

曾记否？我们在 1.3 节 "Linux Shell 的变量" 曾经介绍过 Linux 下的变量定义，以及一些环境变量的用途和操作。在 1.3 节里，我们的立足点是介绍 Shell 编程的环境。本章，我们将以从编程本身介绍 Shell 编程的变量。

变量对于编程语言来说很重要。编程语言使用变量来存储数据，执行运输。按照变量类型区分，语言可分为四类：

静态类型语言

一种在编译期间就确定数据类型的语言。大多数静态类型语言是通过要求在使用任一变量之前声明其数据类型来保证这一点的。Java 和 C 语言是静态类型语言。

动态类型语言

一种在运行期间才去确定数据类型的语言，与静态类型相反。VBScript 和 Python 是动态类型的语言，因为它们确定一个变量的类型是在第一次给它赋值的时候。

强类型语言

一种总是强制类型定义的语言。Java 和 Python 是强制类型定义的。与有一个整数时，如果不明确地进行转换，不能将把它当成一个字符串。

弱类型语言

一种类型可以被忽略的语言，与强类型相反。VBScript 是弱类型的语言。在 VBScript 中，我们可以将字符串'12'和整数 3 进行连接得到字符串'123'，然后可以把它看成整数 123，所有这些都不需要任何的显示转换。

例 3.1　不同语言中的变量

```
int a = 123;                      #C 语言，静态类型语言，强类型语言
a = 123;                          #python 语言，动态类型语言，强类型语言
a = 123;                          #Shell 语言，动态类型语言，弱类型语言
```

Linux Shell 是一种动态类型语言（不使用显式数据声明）和弱类型语言（变量类型操作根据需求而不同）。Shell 编程中的变量是不分类型的（都是字符串类型），但是依赖于具体的上下文，Shell 编程也允许比较操作和整数操作。

看 3.2 中的例子，可以看出 Shell 的变量性质。

例 3.2　variable.sh

```
1   #!/bin/bash
2   # 整型还是字符串？
3
4   a=2334                        # 整型
5   let "a += 1"
6   echo "a = $a "                # a = 2335
7   echo                          # 还是整型
8
9
10  b=${a/23/BB}                  # 将"23"替换成"BB"
11                                # 这将把变量 b 从整型变为字符串
12  echo "b = $b"                 # b = BB35
```

```
13  declare-i b                           # 即使使用 declare 命令也不会对此有任何帮助
14  echo "b = $b"                         # b = BB35
15
16  let "b += 1"                          # BB35 + 1 =
17  echo "b = $b"                         # b = 1
18  echo
19
20  c=BB34
21  echo "c = $c"                         # c = BB34
22  d=${c/BB/23}                          # 将"BB"替换成"23"
23                                        # 这使得变量$d变为一个整形
24  echo "d = $d"                         # d = 2334
25  let "d += 1"                          # 2334 + 1 =
26  echo "d = $d"                         # d = 2335
27  echo
28
29  # null 变量会如何呢?
30  e=""
31  echo "e = $e"                         # e =
32  let "e += 1"                          # 算术操作允许一个 null 变量
33  echo "e = $e"                         # e = 1
34  echo                                  # null 变量将被转换成一个整型变量
35
36  # 如果没有声明变量会怎样?
37  echo "f = $f"                         # f =
38  let "f += 1"                          # 算术操作能通过么
39  echo "f = $f"                         # f = 1
40  echo                                  # 未声明的变量将转换成一个整型变量
41
42  # 所以 Bash Shell 中的变量都是不区分类型的
43  exit 0
```

在这个例子中,我们提到了 Shell 中变量的各种操作,你会看到变量似乎被作为各种类型进行处理,但是仅仅是假象,因为,Shell 语言中的一切变量都是字符串类型的!

Shell 是弱类型语言。这既是幸事也是不幸。一方面,它允许你在编程时更灵活;另一方面,它也是变量操作错误的根源,并且让你养成糟糕的编程习惯。

因此,Shell 程序员需要自己维护变量类型,并谨慎操作。

NOTE:

在这里,要特地提一下 erlang 语言中的变量。Erlang 是一种通用的面向并发的编程语言,它由瑞典电信设备制造商爱立信所辖的 CS-Lab 开发,目的是创造一种可以应对大规模并发活动的编程语言和运行环境。

在 erlang 语言中,变量是一个异类,不是真正的变量,例如。

X = 12832.

如果再执行 X=1244.,则报错了。

在 erlang 中,=不是赋值操作符。而模式匹配,变量只能被赋值一次。当我们第一次输入 X=12832. 时,Erlang 会问自己,"要怎么做才能让这样语句的值变为 true?"(注:erlang 的每一个语句都会有值),由于 X 没有被赋值,因此可以把 12832 绑定到 X 上。同时也使得语句有效。

Shell 中有 3 种变量:用户变量、位置变量(Processing Parameter)、环境变量。其中,用户变量在编程过程中使用最多,位置变量在对参数判断和命令返回值判断时会使用,环境变量主要是在程序运行的时候需要设置。

3.1.1　用户变量

用户变量就是用户在 Shell 编程过程中定义的变量，分为全局变量和局部变量。默认情况下，用户定义的 Shell 变量为全局变量，如果要指定局部变量，则需使用 local 限定词。

定义变量的语法如下：

```
varname=value
```

等号两边必须没有空格。如果变量值多于一个单词，则必须用引号引起来。要在命令中引用变量值，则在其名字前加上符号$。例如：

```
alloy@ubuntu:~/LinuxShell/ch3$ str=how are you?        #错误，因为变量值多于一个单词，
应该用引号
alloy@ubuntu:~/LinuxShell/ch3$ str = "how are you?"     #错误，因为等号两边有空格
alloy@ubuntu:~/LinuxShell/ch3$ str="how are you?"       #正确
alloy@ubuntu:~/LinuxShell/ch3$ echo str      #错误，如果要引用 str 的值，必须使用$符号
alloy@ubuntu:~/LinuxShell/ch3$ echo $str                #正确
```

命令 unset varname 可以删除变量。但是正常情况下并不这样使用。因为如果使用了 Shell 选项 unset，则 Shell 在遇到未定义变量时返回错误，而默认情况下返回空字符串（""）。

1. Shell 中的特殊符号

查看变量值的最简单的方法是使用 echo 命令，命令如下：

echo $varname

Shell 会简单地打出变量值。如果变量未定义，则打出空行。如例 3.3 所示。

例 3.3　实例

```
alloy@ubuntu:~/LinuxShell/ch3$ varname=ollir
#注释 1
alloy@ubuntu:~/LinuxShell/ch3$ echo "the value of \$varname is \"$varname\"."
#注释 2
The value of $varname is "ollir".
```

例 3.3 注释如下。

注释 1：给变量 varname 赋值，为 "ollir"

注释 2：在 echo 命令中打印 varname 的值。其中，第一个$符号被转义，所以正常打出，而第二个$跟随变量名编程变量的值。

Shell 中存在一些特殊字符，它们在 Shell 中有特殊的含义，所以当我们要打印这些特殊字符本身时，需要使用记号 "\ " 来转义之，才能正常显示。例如，\$，\~等。

这些特殊字符如表 3-1 所示。

表 3-1　　　　　　　　　　　　Linux Shell 中的特殊字符

特殊字符	含义
~	主目录，相当于$HOME
`	命令替换，例如，`pwd`返回 pwd 命令执行的结果字符串
#	Shell 脚本中的注释
$	变量表达式符号
&	后台作业，将此符号置于命令末端则让命令于后台运行
*	字符串通配符
(	启动子 Shell

续表

特殊字符	含义
)	停止子 Shell
\	转义下一个字符
|	管道
[	开始字符集通配符号
]	结束字符集通配符号
{	开始命令块
}	结束命令块
;	Shell 命令分隔符
'	强引用
"	弱引用
<	输入重定向
>	输出重定向
/	路径名目录分隔符
?	单个任意字符
!	管道行逻辑 NOT

我们来看一个例子。

例 3.4 实例

```
alloy@ubuntu:~/LinuxShell/ch3$ echo "The # here does not begin a comment."
#注释 1
The # here does not begin a comment.
alloy@ubuntu:~/LinuxShell/ch3$ echo 'The # here does not begin a comment.'
#注释 2
The # here does not begin a comment.
alloy@ubuntu:~/LinuxShell/ch3$ echo The \# here does not begin a comment.
#注释 3
The # here does not begin a comment.
alloy@ubuntu:~/LinuxShell/ch3$ echo The # 这里开始一个注释.
#注释 4
The
alloy@ubuntu:~/LinuxShell/ch3$ cd ~
#注释 5
alloy@ubuntu:~/LinuxShell/ch3$
```

例 3.4 注释如下。

注释 1：使用双引号特殊字符。在双引号中，其他的特殊字符将被执行。例如，$var 将被替换成 var 变量的值，然后与其他部分一同输出。

注释 2：使用单引号特殊字符。在单引号中，其他的特殊字符将不被执行，而是原样输出。

注释 3：使用转义字符。转义字符当应用于特殊字符时，将去除特殊字符的含义而还其本身，因此，此处的#正常输出。

注释 4：这条命令开始于#。这个#符号标志着注释的开始，在这一行#符号之后的所有内容都被认为是注释而不被执行或显示。

注释 5：此处的 cd ～命令意思是进入用户根目录。在这里，～符号被扩展成$HOME 的内容。

更多的特殊字符的特殊含义，我们将在下面的章节具体讲解。

2. 强引用和弱引用

在此，请注意强引用（单引号）和弱引用（双引号）。在前面的例子里，我们使用了双引号来包含变量。强引用和弱引用在这方面的行为是不同的。双引号中的某些特殊字符也会被解释，而单引号不会。且看下面的例子。

```
alloy@ubuntu:~/LinuxShell/ch3$ varname=ollir
alloy@ubuntu:~/LinuxShell/ch3$ echo "My name is $varname"          #弱引用
My name is ollir                          #弱引用中的变量被替换了
alloy@ubuntu:~/LinuxShell/ch3$ echo 'My name is $varname'          #强引用
My name is $varname                       #强引用中的变量并没有被替换
alloy@ubuntu:~/LinuxShell/ch3$
```

双引号也允许使一些其他字符生效。我们在后面将介绍这方面内容。

3. 变量语法的真面目

在介绍更多关于变量的知识前，我们必须指出一点，即变量的表示方式$varname 实际上是常用语法${varname}的简略形式。

为什么会有这两种不同语法呢？原因有两个。

（1）如果代码中的位置参数超过 9 个，当要引用第 10 个位置参数时，必须要用语法${10}而不是$10。

（2）如果要在用户 ID 后面放置一个下划线，例如，echo $UID_则 Shell 会试图使用 UID_作为变量名。还记得 Shell 变量的命名规范吗？可以以一个字母或下划线符号开始，后面可以接任意长度的字母、数字或下划线。因此，在这里 Shell 就分不清到底 UID 是变量还是 UID_是变量。正确的写法是 echo ${UID}_如果变量名后面跟的是一个非小写字符、数字或下划线，则使用第一种写法。

4. 字符串操作符

大括号操作符允许我们使用 Shell 字符串操作的更多高级功能，如字符串处理运算符。字符串处理运算符允许你完成如下操作。

- ➢ 确保变量存在且有值。
- ➢ 设置变量的默认值。
- ➢ 捕获未设置变量而导致的错误。
- ➢ 删除匹配模式的变量的值部分内容。

表 3-2 所示的字符串处理运算符用于测试变量的存在状态，以及在某种条件下允许默认值的替换。

表 3-2   替换运算符

变量运算符	替换
${varname:-word}	如果 varname 存在且非 null，则返回 varname 的值；否则，返回 word 用途：如果变量未定义，则返回默认值 范例：如果 loginname 未定义，则${loginname:-ollir}的值为 ollir
${varname:=word}	如果 varname 存在且非 null，则返回 varname 的值；否则将其置为 word，然后返回其值 用途：如果变量未定义，则设置变量为默认值 word 范例：如果 loginname 未定义，则${loginname:-ollir}的值为 ollir，并且 loginname 被设置为 ollir

续表

变量运算符	替换
${varname:?message}	如果 varname 存在且非 null，则返回 varname 的值；否则打印 message，并退出当前脚本。省如果省略 message 的话，Shell 返回 parameter null or not set 用途：用于捕捉由于变量未定义而导致的错误 范例：如果 loginname 未定义，则 ${loginname:?"undefined!"} 则显示 loginname: undefined!，然后退出
${varname:+word}	如果 varname 存在且非 null，则返回 word；否则返回 null 用途：用于测试变量存在 范例：如果 loginname 已定义，则${loginname:+1}返回 1

表 3-2 中每个冒号都是可选的。如果省略冒号，则将每个定义中的"存在且非 null"改为"存在"，即：变量运算符只判定变量是否存在。

除了上述变量替换运算符之外，还有模式匹配运算符，可以对值进行操作，通常用于切割路径名称，例如，文件名后缀和路径前缀。在表 3-3 中，我们假设 path 的值为/home/prince/desktop/long.file.name。模式匹配如表 3-3 所示。

表 3-3　　　　　　　　　　　　　　　模式匹配运算符

变量运算符	替换
${varname#pattern}	如果模式匹配变量取值的开头处，则删除匹配的最短部分，并返回剩下部分 范例：${path#/*/}为 prince/desktop/long.file.name 这个范例删除了字符串开头/的部分
${varname##pattern}	如果模式匹配变量取值的开头处，则删除匹配的最长部分，并返回剩下部分 范例：${path#/*/}为 long.file.name 这个范例提取了文件路径中的文件名
${varname%pattern}	如果模式匹配变量取值的结尾处，则删除匹配的最短部分，并返回剩下部分 范例：${path%.*}为/home/prince/desktop/long.file 这个范例去除文件路径中最后一个点号（.）之后的部分
${varname%%pattern}	如果模式匹配变量取值的结尾处，则删除匹配的最长部分，并返回剩下部分 范例：${path%.*}为/home/prince/desktop/long 这个范例去除范例中第一个点号（.）之后的部分
${varname/pattern/string} ${varname//pattern/string}	将 varname 中匹配模式的最长部分替换为 string。第一种格式中，只有匹配的第一部分被替换；第二种格式中，varname 中所有匹配的部分都被替换。如果模式以#开头，则必须匹配 varname 的开头，如果模式以%开头，则必须匹配 varname 的结尾。如果 string 为空，匹配部分被删除。如果 varname 为@或*，操作被依次应用于每个位置参数并且扩展为结果列表 范例：${path//prince/ollir}则为:/home/ollir/desktop/long.file.name 这个范例将字符串 prince 替换成 ollir

在我们的范例中，用到了两种模式，一种是/*/，它表示匹配两个斜线和之间的内容；另一种是.*，它表示匹配点号和后面的内容。

来看个小例子吧。我们知道 PATH 中存储着 Shell 外部命令的搜索路径：

```
alloy@ubuntu:~/LinuxShell/ch3$ echo ${PATH}
/usr/local/sbin:/usr/local/bin:/usr/sbin:/usr/bin:/sbin:/bin:/usr/games:/usr/local/
arm/4.3.3/bin
alloy@ubuntu:~/LinuxShell/ch3$
```

但是，路径使用冒号隔开，这使得我们很难区分。因此，我们使用一种简单的方式来显示路径，一行一个：

```
alloy@ubuntu:~/LinuxShell/ch3$ echo ${PATH//:/'\n'}-e
/usr/local/sbin
/usr/local/bin
/usr/sbin
/usr/bin
/sbin
/bin
/usr/games
/usr/local/arm/4.3.3/bin
alloy@ubuntu:~/LinuxShell/ch3$
```

在这个变量替换中，我们将所有的冒号（:）都替换成了\n。-e 选项允许 echo 将\n 解释为一个 LINEFEED。这是因为我们使用了替换中的第二种（两个/），如果使用第一种，则只能替换第一个冒号（:）。

其实，sed 也能很简单地实现上述替换功能，命令如下：

```
alloy@ubuntu:~/LinuxShell/ch3$ echo $PATH | sed 's/:/\n/g'
/usr/local/sbin
/usr/local/bin
/usr/sbin
/usr/bin
/sbin
/bin
/usr/games
/usr/local/arm/4.3.3/bin
alloy@ubuntu:~/LinuxShell/ch3$
```

这个操作同样适用 sed 的替换命令将冒号替换成了换行符，因此，我们可以看到简洁的输出。

关于 sed 的知识，我们将在 sed 的相关章节讲解。

再举一个例子。对于字符串 arg=123 来说，我们如何才能将 arg 和 123 字符串分别取出呢？

例 3.5 实例

```
alloy@ubuntu:~/LinuxShell/ch3$ echo $line
arg=123
alloy@ubuntu:~/LinuxShell/ch3$ echo ${line%\=*}          #注释 1
arg
alloy@ubuntu:~/LinuxShell/ch3$ echo ${line#*=}           #注释 2
123
alloy@ubuntu:~/LinuxShell/ch3$
```

例 3.5 注释如下。

注释 1：命令删除=之后的所有字符，并且连同=一起删除。命令执行后剩余的部分就是变量名。

注释 2：命令产出=之前的所有字符，连同=一起删除。剩余的部分就是变量值。

此例中，分别用模式匹配等号前面和后面的内容，并删除，获得的字符串就是需要的字符串。

还有一个参数值得一提：${#varname}返回 varname 值字符串中的字符个数。例如：

```
alloy@ubuntu:~/LinuxShell/ch3$ alphabet=abcdefghijklmnopqrstuvwxyz
alloy@ubuntu:~/LinuxShell/ch3$ echo There are ${#alphabet} characters in $alphabet
There are 26 characters in abcdefghijklmnopqrstuvwxyz
alloy@ubuntu:~/LinuxShell/ch3$
```

5. 命令替换

到现在为止，我们介绍了两种获取变量值的方式：通过赋值语句与通过用户将其作为命令行参数给出。我们在这里要介绍第三种方式，它允许你使用命令的标准输出，就像它是一个变量值一样。

命令替换的语法是：

```
`command`
```

注意，符号为反引号（`），它的位置在标准键盘的左上角，就是数字 1 的左边。它将命令的输出作为表达式值。例如：

```
alloy@ubuntu:~/LinuxShell/ch3$ echo `pwd`
/home/alloy/LinuxShell/ch3
alloy@ubuntu:~/LinuxShell/ch3$
```

这个命令执行 pwd，并且将 pwd 命令的输出字符串作为参数传递给 echo 命令，然后输出。其实这样做的效果和直接运行 pwd 是一样的，多此一举的是为了演示反引号的作用。

3.1.2 位置变量

位置变量，我们在 2.1 节 "向脚本传递参数" 中已经有所涉及。位置变量也称系统变量或位置参数，是 Shell 脚本运行时传递给脚本的参数，同时也表示在 Shell 函数内部的函数参数。它们的名称是以数字命名（出自历史原因，直接引用的位置参数只能从 0～9，即$0～$9，超过这个范围则必须用括号括起来，如${10}）。

在3.1.1小节中我们介绍了用做参数值测试和模式匹配运算符，同样也可运用于位置变量，例如：

```
${1#/#/*/}                    #当位置参数$1为文件完整路径时，此操作返回文件名
```

同样，在 2.1 节中提到的一些特殊的变量，它们支持对所有参数进行一些处理，其中使用得比较多得是 $n、$#、$0、$?。如例 3.3 所示。

例 3.6　process.sh

```
1  #!/bin/sh
2  # 解释位置变量参数的含义
3  echo "the number of parameter is $# "           # 注释1
4  echo "the return code of last command is $?"     # 注释2
5  echo "the script name is $0 "                    # 注释3
6  echo "the parameters are $* "                    # 注释4
7  echo "\$1 = $1 ; \$2 = $2 "                       # 注释5
```

下面是运行结果示例：

```
alloy@ubuntu:~/LinuxShell/ch3$ ./process.sh winter stlchina
the number of parameter is 2
the return code of last command is 0
the script name is ./chapter2.1.sh
the parameters are winter stlchina
$1 = winter ; $2 = stlchina
```

例 3.6 注释如下。

注释 1：输出变量的个数。

注释 2：输出上条命令的结束值。

注释 3：输出命令的名字。

注释 4：输出命令的所有参数。

注释 5：在双引号中演示使用反斜杠转义美元（$）符号。

这个例子太简单了，一点也不实用，下面来个实用的，如例 3.4 所示。如果你看不懂，没有关系，后面的内容将会对 if 语句有详细解释。

例 3.7　process2.sh

```
1  #!/bin/sh
2  if [ $#-ne 2 ] ;
3  then
4    echo "Usage: $0 string file";
```

```
5   exit 1;
6 fi
7 grep $1 $2 ;
8
9 if [ $?-ne 0 ] ;
10  then
11    echo "Not Found \"$1\" in $2";
12    exit 1;
13  fi
14  echo "found \"$1\" in $2";
```

例 3.7 使用了$0，$1，$2，$#，$?等变量，下面是程序的解释。

➤ 判断运行参数个数，如果不等于 2，显示使用"用法帮助"，其中 $0 表示就是脚本自己。

➤ 用 grep 在$2 文件中查找$1 字符串。

➤ 判断前一个命令运行后的返回值（一般成功都会返回 0，失败都会返回非 0）。

➤ 如果没有成功则显示没找到相关信息，否则显示找到了。

➤ 其中\"表示转义，在""里面还需要显示"号，则需要加上转义符\"。

下面是运行的例子：

```
alloy@ubuntu:~/LinuxShell/ch3$ ./process2.sh usage process2.sh
Not Found "usage" in chapter2.2.sh
alloy@ubuntu:~/LinuxShell/ch3$ ./process2.sh Usage process2.sh
echo "Usage: $0 string file";
found "Usage" in process2.sh
```

Shell 内置了一个 shift 命令，shift 命令可以"截去"参数列表最左端的一个。执行了 shift 命令后，$1 的值将永远丢失，而$2 的旧值会被赋值给$1，依此类推。表达参数总数的$#将会减一。shift 是个可带参数的命令，例如，shift 2 表示截去两个参数，而单纯的 shift 命令的含义是 shift 1。如范例 3.8 所示。

例 3.8 shift 的应用 use_shift.sh

```
1 #! /bin/sh
2 # 依次读取文件
3 while [-e $1 ];
4 do
5   cat $1                              #此处可以替换成其他的文件处理
6   Shift
7 done
```

运行过程如下：

```
alloy@ubuntu:~/LinuxShell/ch3$ ./use_shift.sh file1 file2 file3        #此处
可以有任意多 file 参数
...                                    #依次读取每个 file 内容
alloy@ubuntu:~/LinuxShell/ch3$
```

例 3.8 演示了 shift 的使用，将文件名作为参数传入到脚本中，每次读取一个文件。其实同样的功能还可以通过其他方式实现：

```
for file in $*
do
  cat $file
done
```

3.1.3 环境变量

Shell 的环境变量我们在 1.3 节已经做过介绍，这里列出常用的 Shell 变量。

表 3-4　　　　　　　　　　常用的 Shell 环境变量

名称	描述
PATH	命令搜索路径,以冒号为分隔符。注意与 DOS 下不同的是,当前目录不在系统路径里
HOME	用户 home 目录的路径名,是 cd 命令的默认参数
COLUMNS	定义了命令编辑模式下可使用命令行的长度
EDITOR	默认的行编辑器
VISUAL	默认的可视编辑器
FCEDIT	命令 fc 使用的编辑器
HISTFILE	命令历史文件
HISTSIZE	命令历史文件中最多可包含的命令条数
HISTFILESIZE	命令历史文件中包含的最大行数
IFS	定义 Shell 使用的分隔符
LOGNAME	用户登录名
MAIL	指向一个需要 Shell 监视其修改时间的文件。当该文件修改后,Shell 将发消息 You hava mail 给用户
MAILCHECK	Shell 检查 MAIL 文件的周期,单位是秒
MAILPATH	功能与 MAIL 类似,但可以用一组文件,以冒号分隔,每个文件后可跟一个问号和一条发向用户的消息
SHELL	Shell 的路径名
TERM	终端类型
TMOUT	Shell 自动退出的时间,单位为秒,若设为 0 则禁止 Shell 自动退出
PROMPT_COMMAND	指定在主命令提示符前应执行的命令
PS1	主命令提示符
PS2	二级命令提示符,命令执行过程中要求输入数据时用
PS3	select 的命令提示符
PS4	调试命令提示符
MANPATH	寻找手册页的路径,以冒号分隔
LD_LIBRARY_PATH	寻找库的路径,以冒号分隔

　　当需要保存修改的环境变量时,我们使用 export 命令将变量修改写进启动文件里。对于不同的启动 Shell,启动文件不同。

3.1.4　启动文件

　　Shell 使用一些启动文件来协助创建一个运行环境,其中每个文件都有特定的用途,对登录和交互环境的影响也各不相同。/etc 目录下的文件提供全局设置,如果用户主目录下存在同名文件,它将覆盖全局设置。

　　使用/bin/login 读取/etc/passwd 文件成功登录后,启动了一个交互登录 Shell。用命令行可以启动一个交互非登录 Shell(如[prompt]$/bin/bash)。非交互 Shell 通常出现在 Shell 脚本运行的时候,之所以称为非交互 Shell，因为它正在运行一个脚本，而且命令与命令之间并不等待用户的输入。

无论运行什么 Shell，文件/etc/environment 先运行。即使用 rexedc 和 rshd 开始的 Shell，也应该设置定义在/etc/environment 文件中的环境变量。

/etc/environment 设置如最小搜索路径、时区、语言等用户环境。这个文件不是一个 Shellscript 并且只接受以下数据格式。

```
name=<Value>
（环境变量名=变量值）
```

init 开始的所有进程都要执行这个文件，它影响所有的登录 Shell。

除了这两个文件，不同的 Shell 执行的后续程序有所不同，参见表 3-5。

表 3-5　　　　　　　　　　　　　　不同 Shell 的启动文件

Korn Shell	C Shell	Bourne Shell	Bourne-again Shell
/etc/environment	/etc/environment	/etc/environment	/etc/environment
/etc/profile	/etc/csh.cshrc	/etc/profile	/etc/profile
	/etc/csh.login		/etc/bashrc
$HOME/.profile	$HOME/.cshrc	$HOME/.profile	$HOME/.bash_profile
$HOME/.kshrc	$HOME/.login		$HOME/.bashrc

NOTE:

$HOME/.login 和/etc/csh.login(csh)，$HOME/.profile 和/etc/profile(ksh and bsh)仅在登录时执行。

/etc/.cshrc 和$HOME/.cshrc(csh)，$HOME/.kshrc(ksh)在子 Shell 调用的时候执行。它们一般被用于定义别名和 Shell 变量（如 noclobber、ignoreeof 等），建议只在这些程序中使用内建（built-in）命令，因为非内建命令可能提高启动时间。

Shell 启动文件定义搜索路径，设置 Shell 提示符、历史文件 csh 和 ksh 以及终端类型。

例 3.9 中给出了 csh 的启动文件，而例 3.6 中给出了 ksh 的启动文件。

例 3.9　$HOME/.login—csh 的启动文件

```
1  #!/bin/csh
2  #######################
3  #SAMPLE .login file #
4  #######################
5  #define search path                                    #定义搜索路径
6  set path=(/bin /usr/bin $HOME/bin /etc .)
7  #set prompt to reflect the current working directory   #设置提示符
8   alias cd 'chdir \!* > /dev/null; set prompt="$cwd %"'
9  #set up history file                                   #建立历史文件
10   set history=20
11  #set up terminal type                                 #设置终端类型
12     eval `tset-s-Q-m ':?ibm3151'`
13  #-s flag prompts the C Shell setenv process.
14  #The above line prompts users to set
15  #the TERM environment variable,
16  #hitting enter will set TERM to ibm3151
```

例 3.10　$HOME/.profile ksh 的启动文件

```
1  #!/bin/ksh
2  #######################
3  #SAMPLE .profile file #
4  #######################
5  #define search path
```

```
 6     PATH=/bin:/usr/bin:$HOME/bin:/etc:.
 7  #set prompt to refect the current working directory
 8     PS1='$PWD $'
 9  # To include variables LOGNAME and HOSTNAME to the PS1
10  # variable- set PS1 as follows
11  # PS1='${LOGNAME} @${HOSTNAME} ${PWD} $'
12  #set up history file
13     HISTFILE=$HOME/.my_history #default is $HOME/.sh_history
14     HISTSIZE=20
15  #set up terminal type
16     TERM=`termdef`
17     export PATH, PS1, TERM
```

csh 的启动文件风格和 ksh 稍有不同，如 path 变量的设定。

当我们需要对 Shell 做全局性的设置，并且在每次启动时自动加载设置时，我们就可以将命令写入启动文件中。

3.2 函数

作为一种完整的编程语言，Linux Shell 必定不能缺少函数（function）支持。函数是一段独立的程序代码，用于执行一个完整的单项工作。函数复用是优质代码的一大特征，故在大型程序里，我们常常可以见到函数的身影。

当 Shell 执行函数时，并不独立创建子进程。常用的做法是，将函数写入其他文件中，当需要的时候才将它们载入脚本。

下面，我们将从 3 个部分讲解函数，分别是 Shell 执行命令的顺序、函数的使用规则和自动加载。

（1）Shell 执行命令的顺序。

交互 Shell 在获得用户输入时，并不是直接就在 PATH 路径中查找，而是按照固定顺序依次寻找命令位置。搜索顺序如下。

别名   即使用 alias command="..." 创建的命令。

关键字   如 if, for。

函数   本主题。

内置命令   如 cd, pwd 等命令。

外部命令   即脚本或可执行程序，这才在 PATH 路径中查找。

由此可见，在同名时，函数的优先级高于脚本。可以使用内置命令 command、buildin 和 enable 改变优先级顺序。它允许你将函数、别名和脚本文件定义成相同的名字，并选择执行其中之一。

如果想要知道执行的命令是哪个类型，可以使用 type 命令。当重名时，type 命令会告诉你真正被执行的命令的来源是别名、函数或外部命令。例如：

```
alloy@ubuntu:~/LinuxShell/ch3$ type ls
ls 是`ls--color=auto' 的别名
alloy@ubuntu:~/LinuxShell/ch3$ type echo
echo 是 Shell 内嵌
alloy@ubuntu:~/LinuxShell/ch3$ type cat
cat 已被哈希 (/bin/cat)
alloy@ubuntu:~/LinuxShell/ch3$
```

此例中，type 命令分别显示 3 个命令（ls，echo，cat）的来源，ls 来自 alias，为了显示不同文件种类的颜色，我们把 ls 绑定到 "ls—color=auto"；echo 来自 Shell 内置命令；而 cat 则是外部命令。

下面是 type 的命令的 manpage。

---

type

用途：

写命令类型的描述。

语法：

```
type CommandName ...
```

描述：

type 命令的标准输出包含有关指定命令的信息，并标识该命令是否为 Shell 内置命令、子例程、别名或关键字。type 命令表示如何解释指定的命令（如果使用了该命令）。如果适用的话，type 命令将显示相关的路径名。

因为 type 命令必须知道当前 Shell 环境的内容，所以该命令将作为 Korn Shell 或 POSIX Shell 常规内置命令提供。如果在独立的命令执行环境中调用 type 命令，则该命令可能无法产生精确的结果。以下示例中正是这种情况。

```
nohup type writer
find .-type f | xargs type
```

退出状态：

此命令返回以下退出值。

0   成功完成。

>0   发生错误。

（2）函数的使用规则。

函数使用时，应遵循一些重要规则。

➢ 函数必须先定义，后使用。

➢ 函数在当前环境下运行，共享调用它的脚本中的变量，并且，函数允许你以给位置参数赋值的方式向函数传递参数。函数体内部可以使用 local 限定词创建局部变量。

➢ 如果在函数中使用 exit 命令，会退出脚本。如果想退回到原本调用函数的地方，则使用 return 命令。

➢ 函数的 return 语句返回函数执行最后一条命令的退出状态。

➢ 使用内置命令 export-f 可以将函数导出到子 Shell 中。

➢ 如果函数保存在其他文件中，可以使用 source 或 dot 命令将它们装入当前脚本中。

➢ 函数可以递归调用，并且没有调用限制。

➢ 可以使用 declare-f 找到登录会话中定义的函数。函数会按照字母顺序打印所有的函数定义。这个定义列表可能会很长，需要使用文本阅读器 more 或 less 查看。如果仅仅想看函数名，则使用 declare-F 语句。

（3）函数的自动加载。

如果想在每次启动系统时自动加载函数，则只需要将函数写入启动文件中。例如，$HOME/.profile

中即可。则每次启动时，source $HOME/.profile 都会自动加载函数。

3.2.1　函数定义

要定义一个函数，可以使用下面两种形式：

```
function funcname ()              #在这种情况下，空圆括号并不是必须的
{
Shell commands
}
```

或者

```
funcname ()
{
Shell commands
}
```

两者没有功能上的区别。就像删除变量一样，函数定义也可以通过 unset-f funcname 删除。其中，-f 参数提示 unset 命令删除的是函数。

来个函数的例子如例 3.11 所示。

例 3.11　user_login.sh

```
1  #! /bin/bash
2  # 查看用户是否登录
3  # 语法: user_login loginname
4
5  function user_login ()
6  {
7    if who | grep $1 >/dev/null
8    then
9      echo "User $1 is on."
10    else
11     echo "User $1 is off."
12    fi
13  }
```

这个脚本查看作为参数传入的用户名是否登录在本地机器上。看看执行效果：

```
alloy@ubuntu:~/LinuxShell/ch3$ source user_login.sh
alloy@ubuntu:~/LinuxShell/ch3$ user_login alloy
User alloy is on.
alloy@ubuntu:~/LinuxShell/ch3$ user_login root
User root is off.
alloy@ubuntu:~/LinuxShell/ch3$
```

首先通过 source 命令将函数从文件中读入，函数就如同命令一样变得可调用。然后，分别将 prince 和 ollir 作为参数传入函数体，判定用户是否在线。

3.2.2　函数的参数和返回值

由于函数是在当前 Shell 中执行，所以变量对于函数和 Shell 都可见。在函数内部对变量做的任何改动也会影响 Shell 的环境。

参数　你可以像使用命令一样，向函数传递位置参数。位置参数是函数私有的，对位置参数的任何操作并不会影响函数外部使用的任何参数。

局部变量限定词 local　当使用 local 时，定义的变量为函数的内部变量。内部变量在函数退出时消失，不会影响到外部同名的变量。

返回方式 return　return 命令可以在函数体内返回函数被调用的位置。如果没有指定 return 的参数，则函数返回最后一条命令的退出状态。return 命令同样也可以返回传给它的参数。按照规

定，return 命令只能返回 0~255 之间的整数。如果在函数体内使用 exit 命令，则退出整个脚本。
还是来看个例子。

例 3.12　演示函数的返回值

```
alloy@ubuntu:~/LinuxShell/ch3$ cat add.sh
#! /bin/bash
# 数字相加

add ()
{
  let "sum=$1+$2"
  return $sum
}
alloy@ubuntu:~/LinuxShell/ch3$ source add.sh
alloy@ubuntu:~/LinuxShell/ch3$ add 3 4
alloy@ubuntu:~/LinuxShell/ch3$ echo $?
7
alloy@ubuntu:~/LinuxShell/ch3$
```

例 3.12 中演示了如何使用函数实现数字相加。

➢ 参数$1 和$2 分别对应于函数的两个位置参数，正是在函数内部获取位置参数，将它们相加。

➢ return 返回两个位置参数的和。

➢ source 读入包含函数的文件 add.sh。

➢ $?中保存的是上一条命令的返回值，正是如此，我们在执行了 add 3 4 之后，可以使用 echo $?来获取执行的返回结果。

3.3　条件控制与流程控制

所谓条件控制，就是条件测试和执行。根据条件测试的结果执行不同代码。常见的条件测试有 if-else，此外，条件测试往往根据条件的退出状态进行判断。

3.3.1　if/else 语句

和大多数编程语言一样，最简单的 Shell 流程控制语句是 if/else 语句。if/else 是 Shell 内置的，用于判断当某条件成立时，则执行某些命令。常见于选择项不多的情况。if/else 条件测试情况包括 Shell 变量的值、文件字符特性、命令运行结果等其他因素。

if/else 结构语法如下：

```
if condition
then
statements
[elif condition
then statements...]
[else
statements ]
fi
```

在最简形式中（没有 elif 语句和 else 语句），只有当条件（condition）为真时，才执行 statements 语句。如果加入 else 语句，则 if/else 语句成为一个分叉路口：为真时执行 statements 语句，为假时执行另外一个语句。elif 语句可以有任意多个，它可以选择更多的条件，提供更多的选择。而此时的 else 语句则可认为当所有 if 和 elif 的 condition 都为假时执行的语句。

3.3.2 退出状态

每一条命令或函数，在退出时都会返回一个小的整数值给调用它的程序。这就是命令或函数的退出状态（exit status）。与 C 语言稍有不同的是，在判断语句中，条件（condition）实际上是语句列表，而不是一般的布尔表达式。

按照惯例，函数以及命令的退出状态用 0 来表示成功，而非 0 表示失败。注意：这和 C/C++ 语言中的使用习惯相反。但是这样设计是有其道理的，成功状态往往只有一种情况，而失败退出却有各种各样的情况，所以，我们用广泛的非 0 数可以区分失败的原因。内置变量$?可以返回上一条语句的退出状态，例如：

```
alloy@ubuntu:~/LinuxShell/ch3$ cat /etc/passwd
root:x:0:0:root:/root:/bin/bash
daemon:x:1:1:daemon:/usr/sbin:/bin/sh
bin:x:2:2:bin:/bin:/bin/sh
sys:x:3:3:sys:/dev:/bin/sh
sync:x:4:65534:sync:/bin:/bin/sync
games:x:5:60:games:/usr/games:/bin/sh
man:x:6:12:man:/var/cache/man:/bin/sh
lp:x:7:7:lp:/var/spool/lpd:/bin/sh
mail:x:8:8:mail:/var/mail:/bin/sh
news:x:9:9:news:/var/spool/news:/bin/sh
uucp:x:10:10:uucp:/var/spool/uucp:/bin/sh
proxy:x:13:13:proxy:/bin:/bin/sh
www-data:x:33:33:www-data:/var/www:/bin/sh
backup:x:34:34:backup:/var/backups:/bin/sh
list:x:38:38:Mailing List Manager:/var/list:/bin/sh
irc:x:39:39:ircd:/var/run/ircd:/bin/sh
gnats:x:41:41:Gnats Bug-Reporting System (admin):/var/lib/gnats:/bin/sh
nobody:x:65534:65534:nobody:/nonexistent:/bin/sh
libuuid:x:100:101::/var/lib/libuuid:/bin/sh
syslog:x:101:103::/home/syslog:/bin/false
messagebus:x:102:105::/var/run/dbus:/bin/false
colord:x:103:108:colord colour management daemon,,,:/var/lib/colord:/bin/false
lightdm:x:104:111:Light Display Manager:/var/lib/lightdm:/bin/false
whoopsie:x:105:114::/nonexistent:/bin/false
avahi-autoipd:x:106:117:Avahi autoip daemon,,,:/var/lib/avahi-autoipd:/bin/false
avahi:x:107:118:Avahi mDNS daemon,,,:/var/run/avahi-daemon:/bin/false
usbmux:x:108:46:usbmux daemon,,,:/home/usbmux:/bin/false
kernoops:x:109:65534:Kernel Oops Tracking Daemon,,,:/:/bin/false
pulse:x:110:119:PulseAudio daemon,,,:/var/run/pulse:/bin/false
rtkit:x:111:122:RealtimeKit,,,:/proc:/bin/false
speech-dispatcher:x:112:29:Speech Dispatcher,,,:/var/run/speech-dispatcher:/bin/sh
hplip:x:113:7:HPLIP system user,,,:/var/run/hplip:/bin/false
saned:x:114:123::/home/saned:/bin/false
alloy:x:1000:1000:alloy,,,:/home/alloy:/bin/bash
sshd:x:115:65534::/var/run/sshd:/usr/sbin/nologin
alloy@ubuntu:~/LinuxShell/ch3$ echo $?
0                          #这里的退出状态值是 0，正常退出
alloy@ubuntu:~/LinuxShell/ch3$ cat /etc/shadow
cat: /etc/shadow: 权限不够
alloy@ubuntu:~/LinuxShell/ch3$ echo $?
1                #这里的退出状态值是 1，表示上条命令执行出现异常
alloy@ubuntu:~/LinuxShell/ch3$
```

当我们作为普通账户访问/etc/passwd 时，可以读取，执行后的 echo $?返回 0 时访问成功。而当我们作为普通账户试图读取/etc/shadow 时，权限不够，访问失败，因此，执行后的 echo $?返回

1 失败了。

POSIX 中定义了退出状态的值与之对应的含义，如表 3-6 所示。

表 3-6　　　　　　　　　　　　　　　　退出状态值

退出状态值	含义
0	命令成功退出
>0	在重定向或单词展开期间（～、变量、命令、算数展开、单词切割）失败
1～125	命令退出失败。特定退出值的定义，参见不同命令的定义
126	命令找到，但无法执行命令文件
127	命令无法找到
>128	命令因收到信号而死亡

在 Shell 脚本中，怎样返回一个退出值给函数调用者呢？只要将数字作为参数传给 exit，脚本会立即退出，而调用脚本的地方则收到这个数字作为退出值，例如：

```
exit 42                        #宇宙的终极答案①
```

当退出状态遭遇 if/else 时，我们就能检验条件的执行，并且根据执行结果进行相应处理。例如，可以写出下面伪代码：

```
if command 运行成功
then
    欢呼吧
else
    找出错误原因
fi
```

这段伪代码检测 command 是否运行成功，如果成功则执行 then 中的代码块，如果失败则执行 else 中的代码块。

3.3.3　退出状态与逻辑操作

Shell 语法的一个神奇之处在于它允许你在逻辑上操作退出状态，这种支持给我们在编码中带来诸多方便。常见的逻辑操作有 NOT，AND 与 OR。

1. NOT

当我们需要在条件判定失败时进行某些操作时，用 NOT 更方便，使用方法是将惊叹号（！）置于条件判定前，例如：

```
if ! condition
then
statements
fi
```

这种方式在 condition 条件判断后，用惊叹号取反，再测试选择执行语句。在早期的 Shell 脚本中，你可能会看到冒号（:）命令，冒号命令表示不做任何操作，只是为了处理如下情况：

```
if condition
then
    statements
else
    statements
fi
```

---

① 参见《银河系漫游指南》，宇宙的终极答案是 42。

用这种语句进行和上面 NOT 相同的操作。

2. AND

AND 操作可以让我们一次测试多个条件（如果 Susan 在家，并且她烦人的丈夫不在家……）。AND 操作符是&&，当使用&&连接两个条件时，Shell 会首先执行第一个条件判断，如果成功，则接着执行第二个。这和 C 语言中是一样的。如果第二个也执行成功，则整个判断语句视为成功：

```
if condition1 && conditon2
then
    statement
fi
```

3. OR

与 AND 相反，OR 操作则是只要两个或多个条件中有一个成功，则整个判断成功：

```
if condition1 || conditon2
then
statement
fi
```

AND 和 OR 都是短路运算符，即只要判断出整个语句的真假，则直接返回，不向后继续判断。即使后面的语句根本无法执行。

3.3.4 条件测试

在本小节里，我们将讲解如下知识：if 语句的使用，字符串的比较，文件属性检查以及 case 语句。

1. if 语句

if 语句唯一可以测试的内容是退出状态。不能用于检测表达式的值。但是通过 test 命令，你可以将表达式值的测试与 if 语句连用。

test 命令有另一种形式，以[...]的语法，和使用 test 命令结果相同。因此，下面的两个测试语句是等效的：

```
if test "2>3"
then
...
fi
```

和

```
if [ "2>3" ]
then
...
fi
```

NOTE:

用中括号做判断时，"["后和"]"前的空格是必须加的，初学者在这里常犯错误。

test 命令的 manpage 如下。

<table>
<tr><td colspan="1" align="center">test</td></tr>
</table>

用途：

评估条件表达式。

语法：

```
test Expression
```

或

```
[ Expression ]
```

描述：

test 命令评估 Expression 参数，如果表达式值为 True，test 命令返回一个零（true）退出值。否则，test 命令返回一个非零（false）退出值。如果没有参数，test 命令也返回一个非零退出值。

注：在命令的第二种格式中，[ ]（方括号）必须被空白包围。

必须在 C Shell 中对文件名进行显式测试。文件名替换（全局）导致 Shell 脚本退出。

函数与运算符被 test 命令当作独立的参数。Expression 参数指的是一个需要被检查为 true 或 false 的条件的语句。具体的参数构造在下面的章节会详细讲解。

退出状态：

命令返回以下退出值。

0　Expression 参数为 true。

1　Expression 参数为 false 或丢失。

>1　发生错误。

2．字符串比较

Shell 支持字符串比较。接合 test 命令（或[...]），我们就能判断字符串比较的结果，再进行相关操作。在表 3-7 中，我们列出 str1 和 str2 两个字符串操作的含义。

表 3-7　字符串操作符及其含义

操作符	如果...则为真
Str1 = str2	str1 匹配 str2
Str1 != str2	str1 不匹配 str2
Str1 < str2	str1 小于 str2
Str1 > str2	str1 大于 str2
-n str1	str1 为非 null（长度大于 0）
-z str1	str1 为 null（长度为 0）

我们来看 test 的两个例子：

为测试一个文件是否存在且非空，输入：

```
if test !-s "$1"
then
  echo $1 does not exist or is empty.
fi
```

如果被第一个位置的参数指定给 Shell 过程的文件，$1 不存在，test 命令显示一条出错消息。如果 $1 存在且大于 0，test 命令什么也不显示。

NOTE:

在-s 函数与文件名之间必须有一空格。

$1 两边的引号能确保即使值 $1 为空字符串，test 也可正常工作。如果引号被省略且 $1 是空字符串，test 命令将显示出错消息 test：期望参数。

为做一复杂比较，输入：

```
if [ $#-lt 2-o !-e "$1" ]
then
```

```
    exit
fi
```

如果给出的 Shell 过程少于两个位置参数或被 $1 指定的文件不存在，则 Shell 过程退出。特殊 Shell 变量$#表示了在命令行输入的用以运行 Shell 过程的位置参数的个数。

我们可以演示这样一个例子，判断某个用户是否存在如例 3.9 所示。

例 3.13　判断用户是否存在

```
1  #! /bin/sh
2  # 判断某用户是否存在
3
4  line = `grep $1 /etc/passwd`          #查找用户名是否在/etc/passwd 中
5  if [-z line ]
6   echo "user $1 exists."
7  fi
```

3．文件属性检查

另外一些 test 的参数用于检查文件属性。我们常用的检查参数的操作符及其含义见表 3-8。

表 3-8　　　　　　　　　　　　常用的操作符及其含义

操作符	如果...则为真
-b file	file 为块设备文件
-c file	file 为字符设备文件
-d file	file 为目录
-e file	file 存在
-f file	file 为一般文件
-g file	File 有设置它的 setgid 位
-h file	file 为符号连接
-L file	同-h
-p file	file 为管道
-r file	file 可读
-S file	file 为套接字（socket）
-s file	file 非空
-u file	file 有设置它的 setuid 位
-w file	file 可写
-x file	file 可执行，如果是目录，则 file 可被查找
-O file	你是 file 的所有者
-G file	file 的组 ID 匹配你的 ID
file1-nt file2	file1 比 file2 新
file1-ot file2	file1 比 file2 旧

我们同样可以使用逻辑操作符来连接带参数的判断语句，例如：

```
if [ ! condition1 ] && [ condition2 ];then
```

也可以使用逻辑操作符将条件表达式和 Shell 命令组合在一起：

```
if command && [ condition ]; then
```

看一个例子吧。

例 3.14　test_alg.sh

```
1  #! /bin/sh
2  # 测试文件判断操作
3  file=$1
4
5  if [-d $file ]                                          #注释 1
6  then
7    echo "$file is a directory."
8  elif [-f $file ]                                        #注释 2
9  then
10   if [-r $file ] && [-w $file ] && [-x $file ]          #注释 3
11   then
12     echo "You have read, write and execute permission on $file."
13   fi
14  else
15   echo "$file is neither a file nor a directory." #注释 4
16  fi
```

例 3.14 的解释如下。

注释 1：判断文件是否为目录。

注释 2：确定文件存在。

注释 3：判定文件是否同时具有可读，可写，可执行权限。

注释 4：如果上面所有判定都不通过，则显示文件既非普通文件也非目录。

我们来看看执行举例吧。

例 3.15　实例

```
alloy@ubuntu:~/LinuxShell/ch3$ ls-l
总用量 32
-rwxrwxr-x 1 alloy alloy  181  5月14 23:38 process2.sh
-rwxrwxr-x 1 alloy alloy  234  5月14 23:36 process.sh
drwxrwxr-x 2 alloy alloy 4096  5月15 08:25 test
-rwxrwxr-x 1 alloy alloy  293  5月15 08:23 test_alg.sh
-rwxrwxr-x 1 alloy alloy  154  5月15 08:18 user_exists.sh
-rwxrwxr-x 1 alloy alloy  129  5月14 23:52 user_login.sh
-rwxrwxr-x 1 alloy alloy  124  5月14 23:42 use_shift.sh
-rwxrwxr-x 1 alloy alloy 1381  5月14 22:14 variable.sh
alloy@ubuntu:~/LinuxShell/ch3$ ./test_alg.sh test/
test/ is a directory.
alloy@ubuntu:~/LinuxShell/ch3$ ./test_alg.sh test_alg.sh
You have read, write and execute permission on test_alg.sh.
alloy@ubuntu:~/LinuxShell/ch3$
```

在例 3.15 中，我们使用 ls-l 命令列出所有文件，其中有 1 个目录文件（ls-l 命令中，返回的首字母为 d 的文件），7 个普通文件（返回首字母为-）。当我们将目录文件 test 传递给 test_alg.sh 时，显示其为目录，将 test_alg.sh 本身传递给命令时，显示具有可读，可写，可执行权限。

4．case 语句

case 也是一个流程控制结构。Parscal 中的 case 语句和 C 语言中的 switch 语句被用来测试诸如整数和字符的简单值。Shell 中的 case 语句，可以依据可包含通配符的模式测试字符串。

我们可以通过 if-elif 语句配合 test 一起达到相同的功能。例如，当我们对 Shell 脚本的参数进行处理时可用 if 进行条件选择，如例 3.16 所示。

例 3.16　用 if 进行条件选择

```
if [ "$1" = "-f" ]
then
…                           #对-f 选项作相应处理
elif ["$1" = "-d"]
```

```
then
…                      #对-d选项作相应处理
else
echo $1: unknown option >&2
exit 1
fi
```

在例 3.16 中，我们使用 if-elif 语句组合对 Shell 脚本的参数进行判断，对不同的参数执行不同的命令。但是，当我们的参数个数超过一定数目时，这种格式就会体现出它的局限性：语句太长。

case 语句可以用更精细的方式表达 if-elif 类型的语句。语法如下：

```
case expression in
pattern1)
    statements;;
pattern2)
    statements;;
pattern3 | pattern4)
    statements;;
…
esac
```

任何 pattern 之间都可以由管道字符（|）分割的几个模式组成。在这样的情况下，如果 expression 匹配其中任意一个模式，其相应的语句即被执行。模式匹配按照顺序依次执行，直到匹配上为止。如果都无法匹配，则不执行任何操作。

case 语句以 esac 结束。你一定注意到了，esac 即为 case 字符串颠倒（reverse）的结果。这和 if 语句的结束（fi）是一样的。

那么，使用 case 语句实现例 3.16 中的语句如下。

例 3.17　case 的用法

```
case $1 in
-f)
    …                      #执行-f参数相关的语句
-d)
    …                      #执行-d参数相关的语句
esac
```

例 3.17 中的写法就明显简洁，与例 3.16 相比，更加清晰，容易理解。case 语句常常被用于对单个参数有大量判断语句的情形。我们再来看一个例子。

例 3.18　readfile.sh

```
case $1 in
*.jpg)   gqview $1;;
*.txt)   gvim $1;;
*.avi | *.wmv)   mplayer $1;;
*.pdf)   acroread $1;;
*)   echo $1: Don't know how to read this file;;
esac
```

readfile.sh 判断文件后缀，然后根据文件后缀选择不同的读取方式。在这个例子里，最后一个 * 匹配所有其他匹配不上的形式，相当与 C 语言中的 defualt。

3.4 循环控制

在众多高级语言中，循环总是不可缺少的元素。循环让我们控制某些代码的重复行为，或允许对多个对象操作。

3.4.1 for 循环

for 循环是最简单的循环，我们在许多编程语言中都可以见到它的身影。噢，我们其实早就用过 for 循环了，只是你没有注意到而已。在前面讲的小例子里就有它。和 C 语言中的 for 循环一样，for 用于遍历整个对象/数字列表，依次执行每个独立对象/数字的循环内容。在 Shell 脚本里，对象可以是命令行参数、文件名或者任何可以以列表格式建立的东西。

来看个 for 循环的语法吧：

```
for name [in list]          #遍历 list 中的所有对象
do
…                           #able to use $name，执行与$name 相关的操作
done
```

list 为名称列表，我们在 for 循环中对名称列表中的每个对象进行相应操作。我们可以通过命令/模式匹配等操作来获取名称列表，例如：

```
for file in `find  .-iname "*.mp3"`    #遍历当前目录中所有 mp3 文件
do
mpg123 $file                           #mpg123 时命令行程序，播放 mp3 文件
done
```

又如：

```
for file in *.mp3                       #和上面不同的是，这仅仅遍历当前目录下所有文件
do
mpg123   $file
done
```

这两个例子都可以遍历 mp3 文件，并且依次播放。但是，使用 find 命令和直接列出不同的是，find 命令会层层深入文件夹，依次查找，而直接列出只会包含当前目录的文件夹。

注意，本例中 list 上的两个反单引号（``）。还记得它们的含义吗？执行反单引号之间的命令，引用结果作为字符串。

在 for 循环中，如果 in list 被省略，则默认为 in "$@"，即命令行参数的引用列表。就好像你已经输入了 for name in "$@"

```
for name                    #循环命令行参数
do
case $name    in
    -f) …                   #进行-f 参数相关的操作
    -d) …                   #进行-d 参数相关的操作
esac
done
```

看出来了吗？省略了 list，进行命令行参数相关处理。在处理过程中，我们使用了例 3.17 中 case 语句的使用方法，对不同情况下的参数进行处理。

3.4.2 while/until 循环

Shell 编程中的 while 和 until 循环，与传统程序语言中的 while 和 do/until 相似。它们允许代码段在某些条件为真（或直到其为真）时重复运行。语法为：

```
while condition
do
statements...
done
```

至于 until 语句，语法几乎和 while 一样：

```
until condition
do
```

```
statements...
done
```

仅仅简单地将 while 替换成 until 即可。while 语句与 until 语句唯一不同的地方在于，如何判断 condition 的退出状态。在 while 语句中，当 condtion 的退出状态为真时，循环继续运行，否则退出循环。而在 until 中，当 condition 的退出状态为真时，循环退出，否则继续执行循环体。

因此，你可以使用简单的否定将 until 转换为 while。两种语句的差异就像是我们平时的交谈语句的区别一样，一个是，只要一直……，我们就做……；另一个是，除非……我们才不做……。如果用否定（!）达到相同的效果，总是比较别扭。

在 while/until 中的 condition，可以是简单的命令/列表，或者是包含&&或||连接的命令。和 if 语句中的 test 一样。

举个例子吧，我们可以使用 while 来遍历$PATH 路径。

例 3.19　遍历 PATH 路径

```
path=$PATH:                    #将$PATH 复制到一个参数 path 中，并在末尾加上一个冒号

while [-n $path ];             #当 path 不为空时
do
ls-ld ${path%%:*}             #我们使用 ls-ld 列出显示 path 中的第一个目录
path=${path#*:}               #在这里，我们截去 path 中的第一个目录和冒号
done
```

我们执行的循环体从前到后遍历 path 路径。对于每一个路径，列出路径内容，然后截去 path 中的第一个目录。在 while 中，当 path 被截成空字符串（""）时，退出循环。

3.4.3　跳出循环

熟悉 C 语言的读者，一定对 C 语言中的 break 和 continue 记忆犹新。break 和 continue 语句允许对循环的运行精确控制：跳出循环或重新执行循环。

如果我们使用 break 重写例 3.19，则可以写成如例 3.20 的形式。

例 3.20　无限循环的用法

```
path=$PATH

while true
do
if [-z $path ]
then
    break                      #如果 path 为空（""），则退出循环
fi
ls-ld ${path%%:*}
path=${path#*:}
done
```

while true 是一种惯用用法，使用 while true 创造一个无限循环、永久执行的命令。但是，在编写无限循环时，必须注意设置退出语句（break）。当 break 条件被满足时，循环退出。这种方式允许更自由地编写代码，不必局限于将循环条件首先列出。与 while true 功能相同的，有 until false 语句。

continue 语句则是用于在循环体中提早开始下一轮循环，即达到循环体一次全部运行完之前。

当循环体的嵌套次数超过 1 层时，可以传递给 break 或 continue 参数来控制它们跳出或继续几层循环。例如：

```
while condition1               #第一层循环体
do  ...
while condition2               #第二层循环体
```

```
do   ...
      break 2                              #跳出两层循环
done
done
...                                        #break 跳到此处继续执行
```

在这个例子中，我们使用 break 语句跳出了外层循环，继续执行命令。在 Shell 编程中的 break 和 continue 的这种能力弥补了没有 goto 的不足。

3.4.4　循环实例

到现在为止，循环的基本知识就介绍完毕了。我们现在以一个完整的实例来介绍循环的使用。

我们在 3.1.2 小节曾经介绍过 shift 命令，它的作用是在处理命令行参数时，截去第一个为止参数，而将其他位置参数左移（1=$2，2=$3，...）$#的值会逐渐减小。shift 可以接受可选参数，用以指定一次要移动几位。

好，我们就用 shift、while 和 break 来构建一个简单的命令行参数处理程序。

例 3.21　命令行参数处理

```
author=false
list=false
file=""

while [ $#-gt 0 ]
do
case $1 in
-f) file=$2                              #将-f 参数的下一个参数（file）获取至 file 变量
    shift                                #截去下一个参数
    ;;
-l) list=true
    ;;
-a) author=true
    ;;
--) shift                                #传统上，以--结束选项
    break
    ;;
-*) echo $0: $1: unrecognized option
    ;;
*)  break                                #无选项参数时，在循环中跳出
    ;;
esac
shift                                    #参数偏移
done
```

例 3.21 中依次读取命令行参数，并对相应参数进行处理。例如，-f 参数，读取-f 参数下一个文件参数。

在 Shell 中，有 getopt 命令，可以简化选项处理。使用 getopt 重写例 3.21。

例 3.22　getopt 的使用

```
author=false
list=false
file=""

while getopt alf: opt
do
case $opt in
f)  file=$OPTARG                         #将-f 参数的下一个参数（file）获取至 file 变量
    ;;
l)  list=true
    ;;
```

```
a)    author=true
      ;;
esac
done

shift ${{OPTIND-1}}                        #删除选项，留下参数
```

例 3.22 可以明显看出比例 3.21 简化了很多。首先，在 case 中对$opt 的测试仅仅是字母，开头的-被去除了；然后，循环中的 shift 也被 getopt 处理了，不需要自己控制；再次，--的 case 也不见了，getopt 自动处理；最后，针对不合法选项的处理默认下 getopt 也会显示错误信息。

getopt 命令能够理解 POSIX 中将多个选项字母连在一起的用法，也能依次读取命令行的参数。它的第一个参数是一个字符串，每个字符是命令的一个选项。如果参数后还需要跟其他参数，则该字符后面接一个冒号（:），而紧跟的参数则会放入$OPTARG 变量中。例如，例 3.22 中的 file 遍历。另外，有一个变量 OPTIND 包含下一个要处理的参数的索引值。Shell 会把它初始化为 1。

NOTE:

OPTIND 变量是父脚本和被它引用的任何函数共享的。如果使用 getopt 命令来解析函数参数，应该将 OPTIND 重新设置为 1。

---

getopt 的 manpage 如下。

---

getopt

用途：

分析命令行标志和参数。

语法：

```
getopt Format Tokens
```

描述：

getopt 命令对一列使用指定预期标志和参数的格式的记号进行分析。标志是一个单一的 ASCII 字母，当其后跟有冒号时，预期会有一个参数，可能或可能不用一个或多个制表符或空格将此参数和标志分开。参数中可以包括多字节字符，但是不能作为标志字母。

当 getopt 命令读取完所有记号，或者当它遇到特殊标记--（双连字符）时即完成处理。然后〕getopt 命令输出处理过的标志，--和任何其余标记。

如果标记不能与标志相匹配，getopt 命令将会对标准错误写出一条消息。

3.5 小结

我们终于走到了这里。本章，我们讲解了 Shell 编程的一些基本元素，例如，变量、函数、条件测试和循环控制。

➤ Shell 中的变量都是无类型的，换句话说，都是字符串变量。然而，我们能够对这样的字符串变量进行算数操作。Shell 中的变量有 3 种：用户变量，位置变量和环境变量。用户

变量就是普通变量，默认是全局的，当要使用局部变量时，需加 local 限定词；位置变量是 Shell 命令行的参数，分别是$1、$2...；环境变量则为 Shell 创造执行环境，如果想要在 Shell 启动时自动加载，则必须写入启动文件中。

➢ Shell 中的函数就是可执行代码块，同样可以接受函数的位置参数。

➢ Shell 中支持 if-else 的条件控制。命令运行都有其退出状态，if-else 支持对退出状态判断。并且，在条件测试时，可以使用逻辑操作符连接退出状态。

➢ Shell 中的循环控制语句有 for、while、until。使用 break 和 continue 控制循环。

怎么样？感觉不错吧。本章都是些基础知识，将在后面的章节中应用到。

LINUX

经过前面三章，我们已经讲解了 Shell 语言的基本元素，如流程控制变量、判断等。相信你已经对 Shell 作为一门语言有了宏观的了解，并且有信心根据需求构建相应的 Shell 脚本。

从本章开始，我们就要涉及 Shell 脚本的一些高级元素，从正则表达式开始。

正则表达式被众多语言支持，并且应用广泛。我们常常需要查询符合某些复杂规则的字符串，这些规则正是由正则表达式描述。

本章你将学到如下知识。

（1）什么是正则表达式？

（2）正则表达式的流派与差异。

（3）正则表达式在 Shell 命令与编程中的广泛应用。

本章涉及的命令有：grep，sed，awk，more，vi。

4.1 什么是正则表达式

在编写处理字符串的程序或网页时，经常会有查找符合某些复杂规则的字符串的需要。正则表达式就是用于描述这些规则的工具。换句话说，正则表达式就是记录文本规则的代码。

很可能你使用过 Windows/Dos 下用于文件查找的通配符（wildcard），也就是*（星号）和?（问号）。如果你想查找某个目录下的所有的 Word 文档的话，你会搜索*.doc。在这里，*会被解释成任意的字符串。和通配符类似，正则表达式也是用来进行文本匹配的工具，只不过比起通配符，它能更精确地描述你的需求，当然，代价就是更复杂。例如，你可以编写一个正则表达式，用来查找所有以 0 开头，后面跟着 2～3 个数字，然后是一个连字符 "-"，最后是 7 位或 8 位数字的字符串（如 010-12345678 或 0376-7654321）。

4.1.1 正则表达式的广泛应用

正则表达式在 UNIX/Linux 系统中得以广泛结合与应用，来强化工具本身的功能。常见的 UNIX 下支持正则表达式的工具有。

> 用于匹配文本行的 grep 工具族。
> 用于改变输入流的 sed 流编辑器（stream editor）。
> 用于处理字符串的语言，如 awk，python，perl，Tcl 等语言。
> 文件查看程序，或分页程序，如 more，page，less。
> 文本编辑器，如 ed，vi，emacs，vim 等。

由于正则表达式被广泛的支持和应用，所以，我们应该尽早将它们掌握。别被下面那些复杂的表达式吓倒，只要跟着我一步一步来，你会发现正则表达式其实并没有你想像中的那么困难。当然，如果你学习完本章之后，发现自己明白了很多，却又几乎什么都记不得，那也是很正常的——我认为，没接触过正则表达式的人在看完本章后，能把提到过的语法记住 80%以上的可能性为 0。本章只是让你明白基本的原理，还需要你多练习、使用，才能熟练掌握正则表达式。

我们对字符串的处理也有很多方法，例如，可以使用 cut 和 join 等字符串工具，但它们仅限于处理最简单的情况。如果你要解决的问题利用字符串函数能够完成，你应该使用它们。它们快速、简单且容易阅读，而快速、简单、可读性强的代码可以说出很多好处。但是，如果你发现你使用了许多不同的字符串函数和 if 语句来处理一个特殊情况，或者你组合使用了 cut、join 等函数而导致用一种奇怪的甚至读不下去的方式理解列表，此时，你也许需要应用正则表达式了。

尽管正则表达式语法较之普通代码相对麻烦一些，但是却可以得到更可读的结果，与用一长串字符串函数来解决方案相比要好很多。在正则表达式内部有多种方法嵌入注释，从而使之具有自文档化（self-documenting）的能力。

4.1.2 如何学习正则表达式

学习正则表达式的最好方法是从例子开始，理解例子之后再对例子进行修改、实验。下面给出了不少简单的例子，并对它们作了详细的说明。

假设你在一篇英文小说里查找 hi，你可以使用正则表达式 hi。

这几乎是最简单的正则表达式了，它可以精确匹配这样的字符串：由两个字符组成，前一个字符是 h，后一个是 i。通常，处理正则表达式的工具会提供一个忽略大小写的选项，如果选中了这个选项，它可以匹配 hi、HI、Hi、hI 这 4 种情况中的任意一种。

不幸的是，很多单词里包含 hi 这两个连续的字符，比如 him、history、high 等。用 hi 来查找的话，这些单词里的 hi 也会被找出来。如果要精确地查找 hi 这个单词的话，我们应该使用\bhi\b 命令。

\b 是正则表达式规定的一个特殊代码（好吧，某些人叫它元字符，metacharacter），代表着单词的开头或结尾，也就是单词的分界处。虽然通常英文的单词是由空格、标点符号或者换行来分隔的，但是\b 并不匹配这些单词分隔字符中的任何一个，它只匹配一个位置。

NOTE:

如果需要更精确的说法，\b 匹配这样的位置：它的前一个字符和后一个字符不全是（一个是，一个不是或不存在）\w。

假如你要找的是 hi 后面不远处跟着一个 Lucy，应该用\bhi\b.*\bLucy\b 命令。

这里，.（点）是另一个元字符，匹配除了换行符以外的任意字符。*（星号）同样是元字符，不过它代表的不是字符，也不是位置，而是数量——它指定星号前边的内容可以连续重复使用任意次以使整个表达式得到匹配。因此，点和星号连在一起就意味着任意数量的不包含换行的字符。现在\bhi\b.*\bLucy\b 的意思就很明显了：先是一个单词 hi，然后是任意个任意字符（但不能是换行字符），最后是 Lucy 这个单词。

换行符就是'\n'，ASCII 编码为 10（十六进制 0x0A）的字符。

如果同时使用其他元字符，我们就能构造出功能更强大的正则表达式。例如，下面这个例子。

0\d\d-\d\d\d\d\d\d\d\d 匹配这样的字符串：以 0 开头，然后是两个数字，然后是一个连字符"-"，最后是 8 个数字（也就是中国的电话号码形式）。当然，这个例子只能匹配区号为 3 位的情形）。

这里的\d 是个新的元字符，匹配一位数字（0～9）。-（连字符）不是元字符，只匹配它本身（连字符，或者减号，或者中横线，或者随你怎么称呼它）。

为了避免重复，我们也可以这样写这个表达式：0\d{2}-\d{8}。这里\d 后面的{2}（{8}）的意思是前面\d 必须连续重复匹配 2 次（8 次）。

4.1.3 如何实践正则表达式

编写正则表达式和打游戏一样，常常需要 Save&Load，进行不断地修改和测试。在命令行中，我们可以使用 grep 来测试正则表达式。

grep 程序用以查找（匹配）文本，如例 4.1 所示。

例 4.1 grep 的用法

```
alloy@ubuntu:~/LinuxShell/ch4$cat /etc/passwd
#看看系统里都有哪些人
root:x:0:0:root:/root:/bin/bash
daemon:x:1:1:daemon:/usr/sbin:/bin/sh
```

```
bin:x:2:2:bin:/bin:/bin/sh
sys:x:3:3:sys:/dev:/bin/sh
sync:x:4:65534:sync:/bin:/bin/sync
games:x:5:60:games:/usr/games:/bin/sh
man:x:6:12:man:/var/cache/man:/bin/sh
lp:x:7:7:lp:/var/spool/lpd:/bin/sh
mail:x:8:8:mail:/var/mail:/bin/sh
news:x:9:9:news:/var/spool/news:/bin/sh
uucp:x:10:10:uucp:/var/spool/uucp:/bin/sh
proxy:x:13:13:proxy:/bin:/bin/sh
www-data:x:33:33:www-data:/var/www:/bin/sh
backup:x:34:34:backup:/var/backups:/bin/sh
list:x:38:38:Mailing List Manager:/var/list:/bin/sh
irc:x:39:39:ircd:/var/run/ircd:/bin/sh
gnats:x:41:41:Gnats Bug-Reporting System (admin):/var/lib/gnats:/bin/sh
nobody:x:65534:65534:nobody:/nonexistent:/bin/sh
libuuid:x:100:101::/var/lib/libuuid:/bin/sh
syslog:x:101:103::/home/syslog:/bin/false
messagebus:x:102:105::/var/run/dbus:/bin/false
colord:x:103:108:colord colour management daemon,,,:/var/lib/colord:/bin/false
lightdm:x:104:111:Light Display Manager:/var/lib/lightdm:/bin/false
whoopsie:x:105:114::/nonexistent:/bin/false
avahi-autoipd:x:106:117:Avahi autoip daemon,,,:/var/lib/avahi-autoipd:/bin/false
avahi:x:107:118:Avahi mDNS daemon,,,:/var/run/avahi-daemon:/bin/false
usbmux:x:108:46:usbmux daemon,,,:/home/usbmux:/bin/false
kernoops:x:109:65534:Kernel Oops Tracking Daemon,,,:/:/bin/false
pulse:x:110:119:PulseAudio daemon,,,:/var/run/pulse:/bin/false
rtkit:x:111:122:RealtimeKit,,,:/proc:/bin/false
speech-dispatcher:x:112:29:Speech Dispatcher,,,:/var/run/speech-dispatcher:/bin/sh
hplip:x:113:7:HPLIP system user,,,:/var/run/hplip:/bin/false
saned:x:114:123::/home/saned:/bin/false
alloy:x:1000:1000:alloy,,,:/home/alloy:/bin/bash
sshd:x:115:65534::/var/run/sshd:/usr/sbin/nologin
alloy@ubuntu:~/LinuxShell/ch4$ cat /etc/passwd |grep alloy
#看看有没有叫 alloy 的家伙
alloy:x:1000:1000:alloy,,,:/home/alloy:/bin/bash
```

在例 4.1 中，我们直接检索固定字符串 alloy。事实上，我们可以将固定字符串替换为任何 grep 支持的正则表达式进行检索。当正则表达式匹配上某行中的字符串时，该行就被打印出来。

我们不是机器，总会犯错误。一般情况下，正则表达式不可能一次写正确。这就需要我们不断修改正则表达式，逼近正确的写法，直到恰好达到我们想要的结果。具体调试方法，请参见我们 4.3.3 小节的案例"解析电话号码"。

NOTE:

历史上曾经出现过 3 种 grep 可以用于匹配文本。

---

grep　最早的文本匹配程序。使用 POSIX 支持的基本正则表达式（Basic Regular Expression, BRE）

egrep　扩展的 grep（extended grep）。使用扩展正则表达式（Extended Regular Expression, ERE）

fgrep　快速 grep（fast grep）。这个版本用于匹配固定字符串而不是正则表达式。

在 1992 年发布的 POSIX 标准中，3 个 grep 版本合而为一。POSIX 可以通过参数来支持多个正则表达式模式，无论是 BRE 还是 ERE。fgrep 和 egrep 还是可以在所有的 UNIX/Linux 系统上使用，但是被标记为 deprecated（不推荐）。

4.2 正则基础

在 4.1 节里，我们知道正则表达式有两种不同标准：基本正则表达式（BRE）和扩展正则表达式（ERE）。本节，我们将讲解正则表达式的构成与编写正则表达式的方法，以及 BRE 与 ERE 的异同。

4.2.1 元字符

在 4.1 节中，我们提到，正则表达式是描述某种匹配规则的工具。从最基本的角度讲，正则中有两种基本字符匹配，特殊字符（Meta Character，元字符）和一般字符。一般字符指没有任何特殊意义的字符，而特殊字符则赋予了它表达匹配的某些含义的专用字符。本章我们将使用 meta 字符来表示元字符。

我们来看看 POSIX 中的 meta 字符有哪些如表 4-1 和表 4-2 所示。

表 4-1   POSIX BRE 和 ERE 都支持的 meta 字符

字符	BRE/ERE	模式含义
^	BRE, ERE	锚定行或字符串的开始，如：'^grep'匹配所有以 grep 开头的行。BRE：仅仅在正则表达式结尾处具有特殊含义。ERE：在正则表达式任何地方都有特殊含义
$	BRE, ERE	锚定行或字符串的结束，如：'grep$'匹配所有以 grep 结尾的行。BRE：仅仅在正则表达式结尾处具有特殊含义。ERE：在正则表达式任何地方都有特殊含义
.	BRE, ERE	匹配一个非换行符的字符，如：'gr.p'匹配 gr 后接一个任意字符，然后是 p
*	BRE, ERE	匹配个数为 0 或匹配多个先前字符。如：'*grep'匹配所有一个或多个空格后紧跟 grep 的行。.（点）和*（星号）一起用代表任意字符
[...]	BRE, ERE	方括号表达式（Bracket Expression），匹配方括号内任意一个字符，如：'[Gg]rep'匹配 Grep 和 grep。其中，-（连字符）表示连续字符的范围，如："[0-9]"匹配所有单个数字。如果^符号位于方括号的开始，则表示不匹配方括号中的任意字符。如：'[^A-FH-Z]rep'匹配不包含 A-R 和 T-Z 的一个字母开头，紧跟 rep 的行
\	BRE, ERE	用于打开或关闭后续字符的特殊含义。如：\(\)。含义请参见表 4-2

表 4-2   POSIX BRE 和 ERE 支持不同的 meta 字符

字符	BRE/ERE	模式含义
\(\)	BRE	标记匹配字符，这个元字符将\(和\)之间的模式存储在保留空间（Holding Space）中，在后续的正则表达式中可以通过转义序列引用这些匹配的模式。如：'\(grep\).*\1'就匹配两个 grep 中间带有任意数目的字符，第二个 grep 使用\1 来引用。最多可以保存 9 个独立的模式，即从\1～\9
\n	BRE	重复在\(与\)内的第 n 个模式。n 为 1~9，n 是数字
x\{m,n\}	BRE	区间表达式（Interval Expression），匹配 x 字符出现的次数区间。x\{n\}是指 x 出现 n 次；x\{m,\}是指 x 出现至少 m 次；x\{m,n\}指 x 至少出现 m 次，至多出现 n 次
x{m,n}	ERE	和上一条 BRE 一样，不过方括号没有反斜杠
+	ERE	匹配前面正则表达式的一个或多个实例
?	ERE	匹配前面正则表达式的零个或一个实例
|	ERE	匹配|前面或后面的正则表达式
()	ERE	匹配用括号括起来的正则表达式群

GNU 版本的 grep 中支持的 meta 字符集与此处列出的稍有不同。首先，Linux 使用 GNU 版本的 grep。它功能更强，可以通过-G、-E、-F 命令行选项来使用 egrep 和 fgrep 的功能。然后，GNU 版本的 grep 还支持一些其他的 meta 字符写法，如表 4-3 所示。

表 4-3 　　　　　　　　　　　　　grep 程序支持的 meta 字符

字符	模式含义
\<	锚定单词的开始，如:'\<grep'匹配包含以 grep 开头的单词的行
\>	锚定单词的结束，如'grep\>'匹配包含以 grep 结尾的单词的行
\w	匹配文字和数字字符，也就是[A-Za-z0-9]，如：'G\w*p'匹配以 G 后跟零个或多个文字或数字字符，然后是 p
\W	\w 的反置形式，匹配一个或多个非单词字符，如点号、句号等
\b	单词锁定符，如: '\bgrep\b'只匹配 grep

我们来看些正则表达式的实例吧。

例 4.2　正则表达式实例

```
ls-l | grep '^a'
```
通过管道过滤 ls-l 输出的内容，只显示以 a 开头的行。

```
grep 'test' d*
```
显示所有以 d 开头的文件中包含 test 的行。

```
grep 'test' aa bb cc
```
显示在 aa，bb，cc 文件中匹配 test 的行。

```
grep '[a-z]\{5\}' aa
```
显示所有包含每个字符串至少有 5 个连续小写字符的字符串的行。

```
grep 'w\(es\)t.*\1' aa
```
如果 west 被匹配，则 es 就被存储到内存中，并标记为 1，然后搜索任意个数的字符（.*），这些字符后面紧跟着另外一个 es(\1)，找到就显示该行。如果用 egrep 或 grep-E，就不用"\"号进行转义，直接写成'w(es)t.*\1'就可以了。

为了在不同国家的字符编码中保持一致，POSIX（The Portable Operating System Interface）增加了特殊的字符类，如[:alnum:]是 A-Za-z0-9 的另一个写法。要把它们放到[]号内才能成为正则表达式，如[A- Za-z0-9]或[[:alnum:]]。在 Linux 下的 grep 除 fgrep 外，都支持 POSIX 的字符类。方括号表达式除了上面提到的字符外，还支持以下组成形式。

POSIX 字符集（POSIX Character Class）

在前文提到的方括号表达式中，除了字面上的字符（a-z, 0-9, ;等），还可以使用 POSIX 字符集。POSIX 字符集是以[:和:]括起来的字符。不同关键字描述不同的字符集，如英文字母字符、数字字符集等。见表 4-4。

排序符号（Collating Symbol）

排序符号将多个字符序列视为一个元素。它使用[.和.]将字符组合括起来。例如，[.cn.]表示 cn 字符序列，而单独的 c 或 n 都不行。

等价字符集（Equivalence Class）

等价字符集表示应视为等值的一族字符，它使用[=和=]将字符括起来。例如，e 和 é，在法语的 locale 里，[[=e=]]可能匹配于 e/é/ê/ë/è。

字符集	匹配字符
[:alnum:]	文字数字字符，等效于 A- Za-z0-9
[:alpha:]	文字字符
[:blank:]	空格（space）和定位（tab）字符
[:digit:]	数字字符
[:graph:]	非空字符（非空格、控制字符）
[:lower:]	小写字符
[:cntrl:]	控制字符
[:print:]	非空字符（包括空格）
[:punct:]	标点符号
[:space:]	所有空白字符（新行，空格，制表符）
[:upper:]	大写字符
[:xdigit:]	十六进制数字（0-9, a-f, A-F）

表 4-4 的标题为 POSIX 字符集

正则表达式允许将 POSIX 字符集与其他字符集混用。如[[:alpha:]!]匹配任意一个英文字母或者感叹号（!）。

我们来看一个 POSIX 方括号的实例：

```
>>> cat /tmp/a.txt
123
hello, nicky.
this num is 123_456, please.

>>> grep-E "[[:digit:]_]+" /tmp/a.txt
123

this num is 123_456, please.
>>>
```

在本例中，我们使用了[[:digit:]_]+的正则表达式。这个正则表达式匹配一个或多个数字字符或下划线（_）。我们使用 grep 的-E 参数来支持 ERE。

关于方括号表达式的更多讲解，我们将在下面的章节详细说明。

4.2.2 单个字符

我们由简入难。首先，掌握单个字符的匹配方法，然后，结合额外的 meta 字符，进行多字符匹配。

匹配单个字符的方式有 4 种：一般字符、转义的 meta 字符、.（点号）meta 字符，和方括号表达式。

一般字符 一般字符指未列于表 4-1 中的字符。一般字符包括文字和数字字符、空白字符和标点符号字符。一般字符匹配的就是它们自身。例如，正则表达式 a 就匹配字符串"Lily is a girl"中的字符 a。而正则 china 就匹配单词 china，而不匹配 China，如果同时想要匹配前者和后者，就需要用方括号表达式。

转义的 meta 字符 表 4-1 中列出了一些 meta 字符，表示一些特殊情况下的含义。当 meta 字符无法表示自己而我们需要这些字符时，转义符号的作用就体现出来了：在字符前置一个反斜杠（\）。例如，\.只表示一个点，而不是任意字符；\[匹配左方括号，而\\表示反斜杠本身。如果将转义字符置于一般字符前，则转义字符会被忽略。

.（点号）字符 点号字符表示"任一字符"。例如，".hina"正则表达式匹配 china，也匹配 China。但是它也同时匹配 dhina。我们很少单独使用点号字符，多与其他 meta 字符混用来匹配多个字符。

方括号表达式 方括号表达式（Bracket Expression）在前面已经提到，用以匹配不同的情况。例如，[cC]hina 只匹配 china 和 China。这是最简单的方括号表达式的用法，即直接将字符列表置于方括号中。

如果将^符号至于方括号的开头（[^abc]），就是取反的意思。即不在方括号中出现的任意字符。例如，[^abd]hina 匹配除了 abd 三个小写字母外的任意字母，加上 hina，但是，这种情况也包括所有大写字母、数字、标点符号等，如 Ahina。

如果要将所有的备选字母都在方括号中列出来是件很烦的事。例如，你可能写出[abcdefghijklmnopqrstuvwxyz]或[0123456789]。而实际上，你只要用[a-z], [0-9]就可以了。你也可以将几个这样形式的表达方法连用，例如[a-zA-Z0-9]。

在 4.2.1 小节中，我们曾经介绍过 POSIX 字符集、排序符号和等价字符集。这些都是方括号表达式的组成部分。下面我们将介绍它们的使用。

POSIX 字符将单词置于[[:和:]]之间，可以表示一类字符。例如，[[:space:]]就匹配所有空白字符。POSIX 字符可以与其他表示方法连用，如[[:alpha:]!]匹配任意一个英文字母或者感叹号（!）。

排序符号用于表示一个字符序列，它常常用于一些非英语国家的 locale。排序符号以[.和.]括起来。例如，汉语拼音中，ing 三个字母连用才有意义，而任何单独的字母都无意义，我们需要匹配 ing 或者 in，则可以写成[[.ing.][.in.]]，它匹配 ing 或者 in，而不是 i, n, 或者 g。

等价字符集也常用于非英语国家的 locale，它让不同的字符在匹配时视为相同字符。等价字符集以[=和=]括起来。例如，在法语的 locale 下，[[=e=]]可能匹配于 e/é/ê/ë/è。

NOTE:
在方括号表达式中，所有的 meta 字符都会失去其含义。例如，[\.]匹配反斜杠和点号，而不是匹配句点。

在 BRE 和 ERE 中，单个字符的表示方法是相同的。

4.2.3 单个表达式匹配多个字符

基本正则表达式中，最简单的表示多个字符的方法是将多个字符连接起来。例如，china 五个字母的连接就匹配 china 字符串；[[:blank:]]me[:blank:]]则能匹配 me 这个单词，而 meet, callme 这样的组合都不行（因为表达式中 me 前后有空白匹配）。不过，这样的表达多个字符的方法局限很多，对于灵活的情况就显得力不从心。

另外，点号字符和方括号表达式提供了灵活匹配单个字符的能力。但是，Shell 正则表达式的真正迷人之处在于修饰符 meta 字符的应用上。这类字符跟在正则表达式之后，提供了灵活的匹配能力。

最常用的就是星号（*）字符。我们来看些例子。

例 4.3　星号 meta 字符的应用

ab*c 正则表达式匹配如下字符串：ac, abc, abbc, abbbc...你一定看出来了，星号 meta 字符匹配零个或多个星号前面的单个字符。注意，匹配零个或多个字符并不是任意字母，例如，ab*c 就不匹配 adc。

a.*c 当点号和星号一起用时是表示字母 a 和 c 中匹配任意长度的字符串，例如，ac, abc, adc, abbc, acccc 等。

a.c 它的含义是字母 a 和字母 c 之间匹配任意一个字母，但是只能是一个，不能多也不能少。例如，acc, abc, aac, a!c 等。

星号 meta 字符很好用，但是你不能指望它能在表达式中间放 3 个字符，而不是 4 个或更多。你可以使用一个复杂的方括号表达式来实现这个功能，也能使用区间表达式，区间表达式是将一个或两个数字置于\{和\}之间。如例 4.4 所示。

例 4.4　区间表达式的应用

ab\{3\}c a 字母和 c 字母之间的 b 字母重现 3 次，即，ab\{3\}c 正则表达式匹配 abbbc。

ab\{3,\}c a 字母和 c 字母之间的 b 字母重现至少 3 次，即，ab\{3\}c 正则表达式匹配 abbbc, abbbbc, abbbbbc...

ab\{3,5\}c a 字母和 c 字母之间的 b 字母重现 3~5 次，即，ab\{3\}c 正则表达式匹配 abbbc, abbbbc, abbbbbc。

区间表达式的应用，使得"重现 5 个 a"或者，"重现 7~10 个 b"这样的具体需求变得简单。如 a\{5\}，b\{7,10\}。

ERE 在匹配多个字符方面，和 BRE 的很相似，但是支持更多的表达式。星号表达式和 BRE 中的几乎一样，而 ERE 中的区间表达式则不需要转义字符（反斜杠）。那么，在 BRE 中的"重现 5 个 a"或者，"重现 7~10 个 b"这样的需求在 ERE 中就是 a{5} 和 b{7,10}。ERE 中的\{和\}用于表达花括号本身。

除了上面提到的 ERE 中的字符外，ERE 还有两个 meta 字符可以用于匹配多个字符。

? 匹配 0 个或一个前置正则表达式

+ 匹配 1 个或多个前置正则表达式

我们来看一组实例。

例 4.5　ERE 中匹配多个字符实例

ab?c 这个正则表达式只匹配两种字符串：ac 和 abc

ab+c 这个正则表达式匹配 abc, abbc, abbbc...但是不匹配 ac

"+"字符的概念和"*"字符有点相似。但是"+"字符要求前置正则表达式至少出现一次。

4.2.4　文本匹配锚点

还有两个有趣的 meta 字符，他们是^锚点字符（和$锚点字符）。他们用于匹配字符串的开头和结尾。下面来看字符串 abcxxxABCabcxxxefg 的实例。

例 4.6　锚点实例

^abc 匹配字符串开头的 3 个字母 abc，例如，abcxxxABCabcxxxefg。

^ABC 因为锚定了字符串开头，所以这个正则表达式无法匹配。

Abc 匹配字符串开头的 3 个字母 abc 和中间的字母 abc。即 abcxxxABCabcxxxefg。

**efg$** 匹配结尾处的 efg。和开头一样，$符号锚定了字符串的结尾，即 abcxxxABCabcxxxefg。

^[[:alpha:]]\{3\} 匹配字符串开始的前三个字符，即 abcxxxABCabcxxxefg。

如果将字符^和$一起使用，则两者之间的正则表达式就匹配了整个或整行正则表达式。有时我们使用^$来匹配空的字符串或者空行。

BRE 和 ERE 在锚点上有些许差异。在 BRE 中，锚点仅仅在正则表达式的开始和结尾处才是

meta 字符，而在正则表达式中间的锚点字符，则仅仅代表它们本身；在 ERE 中，锚点字符永远是 meta 字符，正则表达式中间包含锚点字符仍是有意义的，只是无法匹配上任何字符串。例如，正则表达式 abc^defg 在 BRE 中匹配上字符串"abc^defg"，而在 ERE 中，它永远也匹配不上任何东西。

4.2.5　运算符优先级

因为 BRE 和 ERE 的 meta 字符集不同，我们将两种正则表达式的运算符优先级分开介绍。

运算符优先级指在不同的 meta 字符同时出现时，高优先级的 meta'字符将比低优先级的 meta 字符先处理。表 4-5 中显示了 BRE 的运算优先级。

表 4-5　　　　　　　　　　　　　　　BRE 的运算优先级

运算符	含义
[..] [==] [::]	方括号符号
\meta	转义的 meta 字符
[]	方括号表达式
\(\) \n	后向引用表达式
* \{ \}	区间表达式和星号表达式
无符号	连续
^ $	锚点

BRE 中的后向引用我们尚未讲解，将在下面的章节中详细介绍。

表 4-6　　　　　　　　　　　　　　　ERE 中的运算优先级

运算符	含义
[..] [==] [::]	方括号符号
\meta	转义的 meta 字符
[]	方括号表达式
()	分组
* + ? {}	重复前置的正则表达式
无符号	连续
^ $	锚点
|	交替

我们发现，与 BRE 运算优先级相比，ERE 中的运算优先级少了一种运算符，但多出了两种不同的运算符，分别是分组和交替。我们将在 4.2.6 小节中讲解。

4.2.6　更多差异

到这里为止，我们几乎讲解了 BRE 和 ERE 的大部分内容，接下来，介绍后向引用，分组和交替。

1．后向引用

BRE 中提供一种机制名为后向引用（backreferences），含义是：匹配的是之前正则表达式选定的部分。我们使用\1~\9 来引用之前选定的模式，而使用\（和\）括起想要之后引用的部分。来看点实例吧。

例 4.7　后向引用

\\(ab\\)\\(cd\\)[efg]*\1\2
匹配如下一些字符串：abcdabcd，abcdeabcd，abcdfabcd，abcdgabcd

\\(go\\).*\1
匹配一行中前后出现两个 go

2．交替

交替是 ERE 才有的特性。当我们使用方括号表达式时，表示可以"匹配这个字符，或者那个字符"。但是我们无法"匹配这个字符序列或那个字符序列"。当我们需要这个功能时，在 ERE 中，我们就用到交替。交替是在不同序列之间用管道符号隔开。例如，you|me 匹配 you 或者 me。

交替字符可以和管道符号一样，在一个正则表达式中使用多个交替字符来提供多种选择。因为交替字符的优先级最低，所以交替字符会一直扩展到新的交替字符，或正则表达式结束为止。

3．分组

在 BRE 中，我们使用一些 meta 字符修饰前置字符，匹配重复的情况。但是这样的操作仅仅能对单个字符操作。在 ERE 中，分组功能能够让 meta 字符修饰前置字符串。分组符号就是使用（和）将式子括起来。例如，（go）+表示匹配一个或多个连续的 go。

在使用交替时，分组就非常有用。例如，(Lily|Lucy) will visit my house today. 在这个正则表达式中，分组限定了访问我家的是 Lily 或者 Lucy。

看些实例吧。

例 4.8　分组的应用

man|woman+
这个正则表达式匹配下列字符串：man，woman，womann，womannn...。或许我们想要的功能是一个或多个 man 或者 woman。那如何实现呢？

(man|woman)+
这个正则表达式匹配下列字符串：man，woman，manman，womanwoman...。这才是我们想要的功能！

4.3　正则表达式的应用

正则表达式之所以如此重要，一个原因是许多程序（包括 UNIX/Linux 下的和 Windows 下的）都使用正则表达式为自己提供扩展，以支持更强大的功能。

正则表达式的风格有两种，BRE 和 ERE，这是历史遗留的产物。egrep 风格的正则表达式在 UNIX 开发的早期就已经出现，但是 UNIX 的创始人 Ken Thompson 觉得不需要在 ed 编辑器中使用这样全方位的正则表达式支持，ed 的标准后来演化为 BRE。

ed 又成为 grep 和 sed 的基础，因此，grep 和 sed 支持的正则表达式类型是 BRE。在 pre-V7 时期，egrep 被发明出来，egrep 是使用的 ERE 风格正则。但是，当 egrep，grep，fgrep 合并成一个 grep 程序时，grep 就同时支持不同风格的正则表达式（通过-E 选项支持 ERE）。与此同时，虽然 POSIX 标准不支持 egrep 命令，但是许多 UNIX/Linux 发行版本仍然支持 egrep 命令，而且许多历史遗留脚本仍然在使用 egrep，虽然标准做法应该是 grep-E。

使用 ERE 风格正则表达式的部分程序有 egrep、awk 和 lex。lex 是一个词法分析器构建程序，除了特殊情况下，很少在 Shell 编程中用到。所以本书不作介绍。awk 我们将在后面的章节介绍。

4.3.1　还有扩展

除了我们在前面提到的 BRE 和 ERE 这两种标准正则表达式支持外，许多程序根据需求提供正则表达式的语法扩展。最常见的扩展是\<和\>，分别匹配单词开头和单词结尾。

单词的开头有两种情况，一种是位于行的起始位置，一种是紧跟在非单词组成字符后面；同样，单词的结尾也是两种情况：行的末尾和尾随一个非单词组成字符。

我们看一下实例。

例 4.9　单词的开头结尾匹配

```
alloy@ubuntu:~/LinuxShell/ch4$ echo 'this is a word.' |grep "\<word\>"
#匹配单词开头+word+单词结尾
this is a word.

alloy@ubuntu:~/LinuxShell/ch4$ echo 'these are words.' |grep "\<word"
#匹配单词开头+word
these are words.

alloy@ubuntu:~/LinuxShell/ch4$ echo 'these are words.' |grep "\<word\>"
#匹配单词开头+word+单词结尾，匹配失败
alloy@ubuntu:~/LinuxShell/ch4$ echo 'these are words.' |grep "\<are\>"
#匹配单词开头+are+单词结尾
these are words.
```

虽然 POSIX 标准中只有 ex 编辑器，但是在所有商用的 UNIX 上，ed、ex 以及 vi 编辑器都支持单词匹配，并且几乎都已经成为标准。此外，GNU/Linux 与 BSD 的相应版本也支持单词匹配。通常 grep 和 sed 也会支持，但是最好使用程序的 manpage 确认一下。

GNU 对正则表达式做了许多扩展，添加了额外的正则表达式运算符。见表 4-7。

表 4-7　　　　　　　　　　　GNU 支持的额外正则表达式运算符

运算符	含义
\w	匹配任何单词组成字符，等同于[[:alnum:]]
\W	匹配任何非单词组成字符，等同于[[:alnum:]_]
\< \>	匹配单词的开头和结尾
\b	匹配单词开头和结尾处所找到的空字符串。\bword 就等同于\<word\> 注意：awk 中使用\b 表示后退字符，因此，GNU awk 使用\y 表示此功能
\B	匹配两个单词组成字符间的空字符串
\` \'	分别匹配 emacs 缓冲去的开头和结尾。GNU 程序通常将他们视为与^和$同义

4.3.2　案例研究：罗马数字

你可能经常看到罗马数字，即使你没有意识到它们。你可能曾经在老电影或者电视中看到它们（"版权所有 MCMXLVI"而不是"版权所有 1946"），或者在某图书馆或某大学的贡献墙上看

到它们（"成立于 MDCCCLXXXVIII"而不是"成立于 1888"）。你也可能在某些文献的大纲或者目录上看到它们。这是一个表示数字的系统，它实际上能够追溯到古罗马帝国（因此而得名）。

在罗马数字中，利用 7 个不同字母进行重复或者组合来表达各式各样的数字。

- ➢　I = 1
- ➢　V = 5
- ➢　X = 10
- ➢　L = 50
- ➢　C = 100
- ➢　D = 500
- ➢　M = 1000

下面是关于构造罗马数字的一些通用规则的介绍。

（1）I 表示 1，II 表示 2，而 III 表示 3。VI 表示 6（字面上为逐字符相加，5 加 1），VII 表示 7，VIII 表示 8。

（2）含十字符（I、X、C 和 M）最多可以重复 3 次。对于 4，你则需要利用下一个最大的含五字符进行减法操作得到：你不能把 4 表示成 IIII，而应表示为 IV（比 5 小 1）。数字 40 写成 XI（比 50 小 10），41 写成 XII，42 写成 XIII，43 写成 XIIII，而 44 写成 XIIV（比 50 小 10 和比 5 小 1）。

（3）同样，对于数字 9，你必须利用下一个含十字符进行减法操作得到。8 表示为 VIII，而 9 则表示为 IX（比 10 小 1），而不是 XIIII（因为字符 I 不能连续重复使用 4 次）。数字 90 表示为 XC，900 表示为 CM。

（4）含 5 的字符不能重复。数字 10 常表示为 X，而从来不用 VV 来表示。数字 100 常表示为 C，也从来不表示为 LL。

罗马数字一般从高位到低位书写，从左到右阅读，因此，不同顺序的字符意义大不相同。DC 表示 600；而 CD 是一个完全不同的数字（为 400，也就是比 500 小 100）。CI 表示 101；而 IC 甚至不是一个合法的罗马字母（因为你不能直接从数字 100 减去 1，而需要写成 XCIX，意思是比 100 小 10，然后加上数字 9，也就是比 10 小 1 的数字）。

1. 校验千位数

怎样校验任意一个字符串是否为一个有效的罗马数字呢？我们每次只看一位数字，由于罗马数字一般是从高位到低位书写。我们从千位开始。对大于或等于 1 000 的数字，千位由一系列的字符 M 表示。

例 4.10　校验千位数

```
alloy@ubuntu:~/LinuxShell/ch4$  echo 'M' |grep-E "^M?M?M?$"
M
alloy@ubuntu:~/LinuxShell/ch4$  echo 'MM' |grep-E "^M?M?M?$"
MM
alloy@ubuntu:~/LinuxShell/ch4$  echo 'MMM' |grep-E "^M?M?M?$"
MMM
alloy@ubuntu:~/LinuxShell/ch4$  echo 'MMMM' |grep-E "^M?M?M?$"
alloy@ubuntu:~/LinuxShell/ch4$
```

在这个实例中，我们使用了"^M?M?M?$"这个正则表达式。它分 3 部分。

- ➢　^表示仅在一个字符串的开始匹配其后的字符串内容。如果没有这个字符，这个模式将匹配出现在字符串任意位置上的 M，而这并不是你想要的。你要确认的是字符串中是否出现字符 M，如果出现，则必须是在字符串的开始。

- M? 可选地匹配单个字符 M，由于它最多可重复出现 3 次，你可以在一行中匹配 0 ～3 次字符 M。?meta 字符是 ERE 提供的支持，所以必须使用 grep-E 参数。

- $ 字符限制模式只能够在一个字符串的结尾匹配。当和模式开头的字符^结合使用时，这意味着模式必须匹配整个串。

关于这个例子的解释如下。

第一条命令：'M' 能匹配上是因为第一个可选的 M 匹配上，而忽略掉第二、第三个 M。

第二条命令：'MM' 能匹配上是因为第一和第二个可选的 M 匹配上，而忽略掉第三个 M。

第三条命令：'MMM' 能匹配上因为三个 M 都匹配上了。

第四条命令：'MMMM' 没有匹配上。因为三个 M 都匹配完了，但是正则表达式还有字符串尾部的限制（由于字符 $），而字符串又没有结束（因为还有第四个 M 字符），因此什么也没有返回（什么也没有返回和返回空行是有区别的，注意！）。

有趣的是，一个空字符串也能够匹配这个正则表达式，因为所有的字符 M 都是可选的。

2．校验百位数

与千位数相比，百位数识别起来要困难得多，这是因为有多种相互独立的表达方式都可以表达百位数，而具体用哪种方式表达和具体的数值有关。

- 100 = C
- 200 = CC
- 300 = CCC
- 400 = CD
- 500 = D
- 600 = DC
- 700 = DCC
- 800 = DCCC
- 900 = CM

因此，有 4 种可能的模式。

- CM
- CD
- 0～3 次出现 C 字符 （出现 0 次表示百位数为 0）
- D，后面跟 0～3 个 C 字符

后面两个模式可以结合到一起。

- 一个可选的字符 D，加上 0～ 3 个 C 字符。

下面的例子显示如何有效地识别罗马数字的百位数。

例 4.11　校验百位数

```
alloy@ubuntu:~/LinuxShell/ch4$  echo 'MCM' |grep-E "^M?M?M?(CM|CD|D?C?C?C?)$"
MCM

alloy@ubuntu:~/LinuxShell/ch4$  echo 'MD' |grep-E "^M?M?M?(CM|CD|D?C?C?C?)$"
MD
```

```
alloy@ubuntu:~/LinuxShell/ch4$  echo 'MMMCCC' |grep-E "^M?M?M?(CM|CD|D?C?C?C?)$"
MMMCCC

alloy@ubuntu:~/LinuxShell/ch4$  echo 'MCMC' |grep-E "^M?M?M?(CM|CD|D?C?C?C?)$"

alloy@ubuntu:~/LinuxShell/ch4$  echo '' |grep-E "^M?M?M?(CM|CD|D?C?C?C?)$"

alloy@ubuntu:~/LinuxShell/ch4$
```

我们使用了模式"^M?M?M?(CM|CD|D?C?C?C?)$"。这个模式的首部和上一个模式相同，检查字符串的开始（^），接着匹配千位数（M?M?M?），然后才是这个模式的新内容。在括号内，定义了包含3个互相独立的模式集合，由垂直线隔开：CM、CD 和 D?C?C?C?（D 是可选字符，接着是 0~3 个可选的 C 字符）。正则表达式解析器依次检查这些模式（从左到右），如果匹配上第一个模式，则忽略剩下的模式。

关于这个例子的解释如下。

第一条命令：'MCM' 匹配上，因为第一个 M 字符匹配，第二和第三个 M 字符被忽略掉，而 CM 匹配上（因此 CD 和 D?C?C?C? 两个模式不再考虑）。MCM 表示罗马数字 1900。

第二条命令：'MD' 匹配上，因为第一个字符 M 匹配上，第二第三个 M 字符忽略，而模式 D?C?C?C? 匹配上 D（模式中的 3 个可选的字符 C 都被忽略掉了）。MD 表示罗马数字 1500。

第三条命令：'MMMCCC' 匹配上，因为 3 个 M 字符都匹配上，而模式 D?C?C?C? 匹配上 CCC（字符 D 是可选的，此处忽略）。MMMCCC 表示罗马数字 3300。

第四条命令：'MCMC' 没有匹配上。第一个 M 字符匹配上，第二、第三个 M 字符忽略，接着是 CM 匹配上，但是接着是 $ 字符没有匹配，因为字符串还没有结束（你仍然还有一个没有匹配的 C 字符）。C 字符也不匹配模式 D?C?C?C? 的一部分，因为与之相互独立的模式 CM 已经匹配上。

第五条命令：有趣的是，一个空字符串也可以匹配这个模式（注意最后一条命令的执行结果），因为所有的 M 字符都是可选的，它们都被忽略，并且一个空字符串可以匹配 D?C?C?C? 模式，此处所有的字符也都是可选的，并且都被忽略。

你看，正则表达式能够多快变得难以理解？仅仅表示了罗马数字的千位和百位上的数字。如果根据类似的方法，十位数和各位数的表示方法就非常简单了，因为是完全相同的模式。

你还记得区间表达式么？让我们来看看怎样使用区间表达式来实现。

3．区间表达式

还记得千位么？我们使用正则表达式匹配 0~3 个 M。现在，我们可以使用区间表达式实现相同的功能。

例4.12 区间表达式的应用

```
alloy@ubuntu:~/LinuxShell/ch4$  echo 'M' |grep-E "^M{0,3}$"        #1个M
M

alloy@ubuntu:~/LinuxShell/ch4$  echo 'MM' |grep-E "^M{0,3}$"       #2个M
MM

alloy@ubuntu:~/LinuxShell/ch4$  echo 'MMM' |grep-E "^M{0,3}$"      #3个M
MMM

alloy@ubuntu:~/LinuxShell/ch4$  echo 'MMMM' |grep-E "^M{0,3}$"     #4个M
alloy@ubuntu:~/LinuxShell/ch4$
```

我们使用了"^M{0,3}$"这个模式。模式意思是说："匹配字符串的开始，接着匹配 0～3 个 M 字符，然后匹配字符串的结尾。"这里的 0 和 3 可以改成其他任何数字；如果你想要匹配至少 1 次，最多 3 次字符 M，则可以写成 M{1,3}。

关于例 4.12 的解释如下。

第一条命令：这个模式匹配字符串的开始，接着匹配 3 个可选 M 字符中的一个，最后是字符串的结尾。

第二条命令：这个模式匹配字符串的开始，接着匹配 3 个可选 M 字符中的两个，最后是字符串的结尾。

第三条命令：这个模式匹配字符串的开始，接着匹配 3 个可选 M 字符中的 3 个，最后是字符串的结尾。

第四条命令：这个模式匹配字符串的开始，接着匹配 3 个可选 M 字符中的 3 个，但是没有匹配上字符串的结尾。正则表达式在字符串结尾之前最多只允许匹配 3 次 M 字符，但是实际上有 4 个 M 字符，因此，模式没有匹配上这个字符串，返回一个 None。

4．校验十位数和个位数

现在我们来扩展一下关于罗马数字的正则表达式，以匹配十位数和个位数，下面的例子展示十位数的校验方法。

例 4.13　校验十位数

```
alloy@ubuntu: ~ /LinuxShell/ch4$    echo 'MCMXL' |grep-E  "^M?M?M?(CM|CD|D?C?C?C?)
(XC|XL|L?X?X?X?)$"
MCMXL

alloy@ubuntu: ~ /LinuxShell/ch4$    echo 'MCML' |grep-E  "^M?M?M?(CM|CD|D?C?C?C?)
(XC|XL|L?X?X?X?)$"
MCML

alloy@ubuntu: ~ /LinuxShell/ch4$    echo 'MCMLX' |grep-E  "^M?M?M?(CM|CD|D?C?C?C?)
(XC|XL|L?X?X?X?)$"
MCMLX

alloy@ubuntu: ~ /LinuxShell/ch4$    echo 'MCMLXXX' |grep-E  "^M?M?M?(CM|CD|D?C?C?C?)
(XC|XL|L?X?X?X?)$"
MCMLXXX

alloy@ubuntu: ~ /LinuxShell/ch4$    echo 'MCMLXXXX' |grep-E  "^M?M?M?(CM|CD|D?C?C?C?)
(XC|XL|L?X?X?X?)$"
alloy@ubuntu:~/LinuxShell/ch4$
```

这里，我们使用了"^M?M?M?(CM|CD|D?C?C?C?)(XC|XL|L?X?X?X?)$"这个模式。

关于例 4.13 的解释如下。

第一条命令：模式匹配字符串的开始，接着是第一个可选字符 M，接着是 CM，接着 XL，接着是字符串的结尾。请记住，(A|B|C) 这个语法的含义是"精确匹配 A、B 或者 C 其中的一个"。此处匹配了 XL，因此不再匹配 XC 和 L?X?X?X?，接着就匹配到字符串的结尾。MCMXL 表示罗马数字 1940。

第二条命令：这个模式匹配字符串的开始，接着是第一个可选字符 M，接着是 CM，接着 L?X?X?X?。在模式 L?X?X?X? 中，它匹配了 L 字符并且跳过所有可选的 X 字符，接着匹配字符串的结尾。MCML 表示罗马数字 1950。

第三条命令：这个模式匹配字符串的开始，接着是第一个可选字符 M，接着是 CM，接着是可选的 L 字符和可选的第一个 X 字符，并且跳过第二、第三个可选的 X 字符，接着是字符串的结尾。MCMLX 表示罗马数字 1960。

第四条命令：这个模式匹配字符串的开始，接着是第一个可选字符 M，接着是 CM，接着是可选的 L 字符和所有的 3 个可选的 X 字符，接着匹配字符串的结尾。MCMLXXX 表示罗马数字 1980。

第五条命令：这个模式匹配字符串的开始，接着是第一个可选字符 M，接着是 CM，接着是可选的 L 字符和所有的 3 个可选的 X 字符，接着就未能匹配 字符串的结尾 ie，因为还有一个未匹配的 X 字符。所以整个模式匹配失败并返回一个 None. MCMLXXXX 不是一个有效的罗马数字。

对于个位数的正则表达式有类似的表达方式，我们省略细节，直接展示结果，正则表达式为：

`"^M?M?M?(CM|CD|D?C?C?C?)(XC|XL|L?X?X?X?)(IX|IV|V?I?I?I?)$"`

如果使用区间表达式来表达上述正则表达式，会是什么语法呢？我们来看一下实例。

例 4.14 罗马数字的区间表达式实现

```
alloy@ubuntu: ~ /LinuxShell/ch4$    echo 'MDLV' |grep-E "^M{0,3}(CM|CD|D?C{0,3})
(XC|XL|L?X{0,3})(IX|IV|V?I{0,3})$"
MDLV

alloy@ubuntu: ~ /LinuxShell/ch4$    echo 'MMDCLXVI' |grep-E "^M{0,3}(CM|CD|D?C{0,3})
(XC|XL|L?X{0,3})(IX|IV|V?I{0,3})$"
MMDCLXVI

alloy@ubuntu:~/LinuxShell/ch4$ echo 'MMMDCCCLXXXVIII' |grep-E "^M{0,3}(CM|CD|D?C{0,3})
(XC|XL|L?X{0,3})(IX|IV|V?I{0,3})$"
MMMDCCCLXXXVIII

alloy@ubuntu: ~ /LinuxShell/ch4$    echo 'I' |grep-E "^M{0,3}(CM|CD|D?C{0,3})
(XC|XL|L?X{0,3})(IX|IV|V?I{0,3})$"
I

alloy@ubuntu:~/LinuxShell/ch4$
```

这里，我们使用了"^M{0,3}(CM|CD|D?C{0,3})(XC|XL|L?X{0,3})(IX|IV|V?I{0,3})$"的模式。

关于例 4.14 的解释如下。

第一条命令：这个模式匹配字符串的开始，接着匹配 3 个可选的 M 字符的一个，接着匹配 D?C{0,3}，此处，仅仅匹配可选的字符 D 和 0 个可选字符 C。继续向前匹配，匹配 L?X{0,3}，此处，匹配可选的 L 字符和 0 个可选字符 X，接着匹配 V?I{0,3}，此处，匹配可选的 V 和 0 个可选字符 I，最后匹配字符串的结尾。MDLV 表示罗马数字 1555。

第二条命令：这个模式匹配字符串的开始，接着是 3 个可选的 M 字符的两个，接着匹配 D?C{0,3}，此处为一个字符 D 和 3 个可选 C 字符中的一个，接着匹配 L?X{0,3}，此处为一个 L 字符和 3 个可选 X 字符中的一个，接着匹配 V?I{0,3}，此处为一个字符 V 和 3 个可选 I 字符中的一个，接着匹配字符串的结尾。MMDCLXVI 表示罗马数字 2666。

第三条命令：这个模式匹配字符串的开始，接着是 3 个可选的 M 字符的所有字符，接着匹配 D?C{0,3}，此处为一个字符 D 和 3 个可选 C 字符中所有字符，接着匹配 L?X{0,3}，此处为一个 L 字符和 3 个可选 X 字符中所有字符，接着匹配 V?I{0,3}，此处为一个字符 V 和 3 个可选 I 字符中所有字符，接着匹配字符串的结尾。MMMDCCCLXXXVIII 表示罗马数字 3888，这个数字是不用扩展语法可以写出的最大的罗马数字。

第四条命令：仔细看看！真是个神奇的实现！这个模式匹配字符串的开始，接着匹配 3 个可选 M 字符的 0 个，接着匹配 D?C{0,3}，此处，跳过可选字符 D 并匹配 3 个可选 C 字符的 0 个，接着匹配 L?X{0,3}，此处，跳过可选字符 L 并匹配 3 个可选 X 字符的 0 个，接着匹配 V?I{0,3}，此处跳过可选字符 V 并匹配 3 个可选 I 字符的一个，最后匹配字符串的结尾。

4.3.3 案例研究：解析电话号码

迄今为止，你主要是匹配整个模式，不论是匹配上，还是没有匹配上。但是正则表达式还有比这更为强大的功能。当一个模式确实匹配上时，你可以获取模式中特定的片断，你可以发现具体匹配的位置。

这个例子来源于我遇到的另一个现实世界的问题：解析一个美国电话号码。客户要能（在一个单一的区域中）输入任何数字，然后存储区号、干线号、电话号和一个可选的独立的分机号到公司数据库里。为此，我通过网络找了很多正则表达式的例子，但是没有一个能够完全满足我的要求。

这里列举了我必须能够接受的电话号码。

➢ 800-555-1212
➢ 800 555 1212
➢ 800.555.1212
➢ (800) 555-1212
➢ 1-800-555-1212
➢ 800-555-1212-1234
➢ 800-555-1212x1234
➢ 800-555-1212 ext. 1234
➢ work 1-(800) 555.1212 #1234

格式可真够多的！我需要知道区号是 800，干线号是 555，电话号的其他数字为 1212。对于那些有分机号的，我需要知道分机号为 1234。

我们先来做第一次尝试，试图发现其中的数字如例 4.15 所示。

例 4.15　发现数字

```
alloy@ubuntu:~/LinuxShell/ch4$ echo '800-555-1212' |grep-E "^[[:digit:]]{3}-[[:digit:]]
{3}-[[:digit:]]{4}$"
800-555-1212

alloy@ubuntu:~/LinuxShell/ch4$ echo '800-555-1212-1234' |grep-E "^[[:digit:]]{3}-[[:digit:]]
{3}-[[:digit:]]{4}$"
alloy@ubuntu:~/LinuxShell/ch4$
```

我们通常以从左到右的顺序阅读正则表达式。这个正则表达式先匹配字符串的开始，接着匹配[[:digit:]]{3}。[[:digit:]]{3}是什么呢？好吧，{3}的含义是"精确匹配 3 个数字"；这是曾在前面见到过的{n,m}语法的一种变形。[[:digit:]]的含义是"任何一个数字"（0～9），还记得 POSIX 字符集吗？接着匹配一个连字符，接着是另外一个精确匹配 3 个数字位的组，接着另外一个连字符，接着另外一个精确匹配 4 个数字为的组，接着匹配字符串的结尾。

但是，我们发现，仅仅在电话号码后接上分机号（800-555-1212-1234）就无法识别了。这个正则表达式不是最终的答案，因为它不能处理在电话号码结尾有分机号的情况，为此，我们需要扩展这个正则表达式。

例4.16 发现分机号

```
alloy@ubuntu: ~ /LinuxShell/ch4$   echo '800-555-1212-1234' |grep-E "^[[:digit:]]
{3}-[[:digit:]]{3}-[[:digit:]]{4}-[[:digit:]]+$"
800-555-1212-1234

alloy@ubuntu: ~ /LinuxShell/ch4$   echo '800 555 1212 1234' |grep-E "^[[:digit:]]
{3}-[[:digit:]]{3}-[[:digit:]]{4}-[[:digit:]]+$"

alloy@ubuntu: ~ /LinuxShell/ch4$       echo '800-555-1212'  |grep-E  "^[[:digit:]]
{3}-[[:digit:]]{3}-[[:digit:]]{4}-[[:digit:]]+$"
alloy@ubuntu:~/LinuxShell/ch4$
```

例4.16 的正则表达式和例4.15 几乎相同，正像前面的那样，匹配字符串的开始，接着匹配一个有3个数字位的组，接着是一个连字符，接着是一个有3个数字位的组，接着是一个连字符，接着是一个有4个数字位的组。不同的地方是你接着又匹配了另一个连字符，然后是一个有一个或者多个数字位的组，最后是字符串的结尾。

不幸的是，这个正则表达式也不是最终答案，因为它假设电话号码的不同部分是由连字符分割的。如果一个电话号码是由空格符、逗号或者点号分割呢？你需要一个更一般的解决方案来匹配几种不同的分割类型。

啊呀！这个正则表达式不仅不能解决你想要的任何问题，反而性能更弱了，因为现在你甚至不能解析一个没有分机号的电话号码了。这根本不是你想要的，如果有分机号，你要知道分机号是什么，如果没有分机号，你仍然想要知道主电话号码的其他部分是什么。

让我们更进一步，处理不同分隔符的情况。

例4.17 处理不同分隔符

```
alloy@ubuntu:~/LinuxShell/ch4$   echo '800 555 1212 1234' |grep-E "^[[:digit:]]{3}
[^[:digit:]]+[[:digit:]]{3}\
[^[:digit:]]+[[:digit:]]{4}[^[:digit:]]+[[:digit:]]+$"
800 555 1212 1234

alloy@ubuntu:~/LinuxShell/ch4$   echo '800-555-1212-1234' |grep-E "^[[:digit:]]{3}
[^[:digit:]]+[[:digit:]]{3}\
[^[:digit:]]+[[:digit:]]{4}[^[:digit:]]+[[:digit:]]+$"
800-555-1212-1234

alloy@ubuntu: ~ /LinuxShell/ch4$     echo '80055512121234' |grep-E  "^[[:digit:]]{3}
[^[:digit:]]+[[:digit:]]{3}\
[^[:digit:]]+[[:digit:]]{4}[^[:digit:]]+[[:digit:]]+$"

alloy@ubuntu: ~ /LinuxShell/ch4$     echo '800-555-1212'  |grep-E  "^[[:digit:]]{3}
[^[:digit:]]+[[:digit:]]{3}\
[^[:digit:]]+[[:digit:]]{4}[^[:digit:]]+[[:digit:]]+$"
alloy@ubuntu:~/LinuxShell/ch4$
```

是不是看得很吃力？来看看这些都是什么。

当心啦！首先匹配字符串的开始，接着是一个3个数字位的组，接着是[^[:digit:]]+，这是个什么东西？好吧，[^[:digit:]]匹配任意字符，除了数字位，+表示"1个或者多个"，因此，[^[:digit:]]+匹配一个或者多个不是数字位的字符。这就是你替换连字符为了匹配不同分隔符所用的方法。

下面是关于例4.17 的解释。

第一条命令：使用[^[:digit:]]+代替- 意味着现在你可以匹配中间是空格符分割的电话号码了。

第二条命令：当然，用连字符分割的电话号码也能够被识别。

第三条命令：不幸的是，这个正则表达式仍然不是最终答案，因为它假设电话号码一定有分隔符。如果电话号码中间没有空格符或者连字符的情况会怎样呢？

第四条命令：我的天！这个正则表达式也没有达到我们对于分机号识别的要求。现在你面临两个问题，但是你可以利用相同的技术来解决它们。

下一个例子展示正则表达式处理没有分隔符的电话号码的情况。

例 4.18 处理没有分隔符的数字

```
alloy@ubuntu: ~ /LinuxShell/ch4$    echo '80055512121234' | grep-E "^[[:digit:]]{3}
[^[:digit:]]*[[:digit:]]{3}\
[^[:digit:]]*[[:digit:]]{4}[^[:digit:]]*[[:digit:]]*$"
80055512121234

alloy@ubuntu:~/LinuxShell/ch4$ echo '800.555.1212 x1234' | grep-E "^[[:digit:]]{3}
[^[:digit:]]*[[:digit:]]{3}\
[^[:digit:]]*[[:digit:]]{4}[^[:digit:]]*[[:digit:]]*$"
800.555.1212 x1234

alloy@ubuntu: ~ /LinuxShell/ch4$    echo '800-555-1212'  |grep-E  "^[[:digit:]]{3}
[^[:digit:]]*[[:digit:]]{3}\
[^[:digit:]]*[[:digit:]]{4}[^[:digit:]]*[[:digit:]]*$"
800-555-1212

alloy@ubuntu:~/LinuxShell/ch4$ echo '(800)5551212 x1234' |grep-E "^[[:digit:]]{3}
[^[:digit:]]*[[:digit:]]{3}\
[^[:digit:]]*[[:digit:]]{4}[^[:digit:]]*[[:digit:]]*$"
alloy@ubuntu:~/LinuxShell/ch4$
```

神啊，看看我们都干了什么！

和上一步相比，你所做的唯一变化就是把所有的+变成*。在电话号码的不同部分之间不再匹配[^[:digit:]]+，而是匹配[^[:digit:]]*。还记得+的含义是"1 或者多个"吗?*的含义是"0 或者多个"。因此，现在你应该能够解析没有分隔符的电话号码了。

下面是关于例 4.18 的解释。

第一条命令：你瞧，它真的可以胜任。为什么？首先匹配字符串的开始，接着是一个有 3 个数字位 800，接着是 0 个非数字字符，接着是一个有 3 个数字位 555，接着是 0 个非数字字符，接着是一个有 4 个数字位 1212，接着是 0 个非数字字符，接着是一个有任意数字位 1234，最后是字符串的结尾。

第二条命令：对于其他的变化也能够匹配。例如，点号分隔符，在分机号前面既有空格符又有 x 符号的情况也能够匹配。

第三条命令：最后，你已经解决了长期存在的一个问题，现在分机号是可选的了。如果没有分机号，*号也能应付这种情况。

第四条命令：我不喜欢做一个坏消息的传递人，但是此时你并没有完全结束这个问题。还有什么问题呢？当在区号前面还有一个额外的字符时,而正则表达式假设区号是一个字符串的开始，因此不能匹配。这不是什么大问题，你可以利用相同的技术"0 或者多个非数字字符"来跳过区号前面的字符。

下面让我们来解决电话号码前有其他字符的情况。

例 4.19　处理开始字符

```
alloy@ubuntu:~/LinuxShell/ch4$ echo '(800)5551212 ext. 1234' |grep-E "^[^[:digit:]]*
[[:digit:]]{3}\
[^[:digit:]]*[[:digit:]]{3}[^[:digit:]]*[[:digit:]]{4}[^[:digit:]]*[[:digit:]]*$"
(800)5551212 ext. 1234

alloy@ubuntu: ~ /LinuxShell/ch4$      echo '800-555-1212'  |grep-E "^[^[:digit:]]*
[[:digit:]]{3}\
[^[:digit:]]*[[:digit:]]{3}[^[:digit:]]*[[:digit:]]{4}[^[:digit:]]*[[:digit:]]*$"
800-555-1212

alloy@ubuntu: ~ /LinuxShell/ch4$      echo 'work 1-(800)  555.1212  #1234'  |grep-E
"^[^[:digit:]]*[[:digit:]]{3}\
[^[:digit:]]*[[:digit:]]{3}[^[:digit:]]*[[:digit:]]{4}[^[:digit:]]*[[:digit:]]*$"
alloy@ubuntu:~/LinuxShell/ch4$
```

我们能处理的电话号码越来越复杂了。

例 4.19 的正则表达式和例 4.18 的几乎相同，但它在区号前面匹配[^[:digit:]]*，0 或者多个非数字字符。

例 4.19 的解释如下：

第一条命令：你可以成功地解析电话号码，即使在区号前面有一个左括号。（在区号后面的右括号也已经被处理，它被看成非数字字符分隔符，由第一个记忆组后面的[^[:digit:]]* 匹配。）

第二条命令：进行仔细的检查，保证你没有破坏前面能够匹配的任何情况。由于首字符是完全可选的，这个模式匹配字符串的开始，接着是 0 个非数字字符，接着是一个有 3 个数字字符 800，接着是 1 个非数字字符（连字符），接着是一个有 3 个数字字符 555，接着是 1 个非数字字符（连字符），接着是一个有 4 个数字字符 1212，接着是 0 个非数字字符，接着是 0 个数字位，最后是字符串的结尾。

第三条命令：此处是正则表达式让人抓狂。为什么这个电话号码没有匹配上？因为在它的区号前面有一个 1，但是你认为在区号前面的所有字符都是非数字字符（\D*）。唉！

例 4.20　就快好了！

```
alloy@ubuntu:~/LinuxShell/ch4$ echo 'work 1-(800) 555.1212 #1234' |grep-E "[[:digit:]]
{3}[^[:digit:]]*[[:digit:]]{3}\
[^[:digit:]]*[[:digit:]]{4}[^[:digit:]]*[[:digit:]]*$"
work 1-(800) 555.1212 #1234

alloy@ubuntu: ~ /LinuxShell/ch4$      echo '800-555-1212'  |grep-E "[[:digit:]]
{3}[^[:digit:]]*[[:digit:]]{3}\
[^[:digit:]]*[[:digit:]]{4}[^[:digit:]]*[[:digit:]]*$"
800-555-1212

alloy@ubuntu: ~ /LinuxShell/ch4$      echo '80055512121234'  |grep-E  "[[:digit:]]
{3}[^[:digit:]]*[[:digit:]]{3}\
[^[:digit:]]*[[:digit:]]{4}[^[:digit:]]*[[:digit:]]*$"
80055512121234

alloy@ubuntu:~/LinuxShell/ch4$
```

好吧，终于找到一个貌似工作正常的正则表达式了。看看我们干了什么。

注意，在这个正则表达式的开始少了一个^字符。你不再匹配字符串的开始了，也就是说，你需要用你的正则表达式匹配整个输入字符串，除此之外没有别的意思了。正则表达式引擎将要努力计算出开始匹配输入字符串的位置，并且从这个位置开始匹配。

下面是例 4.20 的解释。

第一条命令：现在你可以成功解析一个电话号码了，无论这个电话号码的首字符是不是数字，无论在电话号码各部分之间有多少任意类型的分隔符。

第二条命令：仔细检查，这个正则表达式仍然工作得很好。

第三条命令：还是能够工作。

看看一个正则表达式能够失控得多快！返回看看之前的例子，你还能区别它们吗？

4.4 小结

好了，又到小结的时候了。

本章，我们专注于正则表达式，讲解了正则表达式的两种不同风格，BRE 和 ERE。

出现这两种风格的原因是历史遗留问题，不同的 UNIX 工具支持不同的正则表达式风格，具体使用哪种风格需要注意。

UNIX 下使用正则表达式来扩展自身功能的工具很多，如 grep，ed，awk，vi 等。掌握正则表达式对 Shell 编程的意义重大。

我们总结了 meta 字符和一般字符的区别，以及常用 meta 字符的含义。在此基础上，我们从表示单个字符到表示多个字符。其中，BRE 和 ERE 在部分语法上有所区别。

最后，我们使用罗马数字和电话号码两个例子来总结我们本章学习的知识，由易到难。

LINUX

第 4 章，我们讲解了正则表达式的相关知识，包括两种不同的正则风格和正则表达式在 UNIX 中的使用。

本章我们将介绍 UNIX/Linux 下一些常见的文本处理工具，这些工具能有效提高文本处理工作的效率，并且，管道让不同工具协同工作，使 Linux 下的文本处理操作变成一种享受。

本章你将学习到如下知识。

1. Linux 下的常用文本处理命令，如 sort，uniq 等；

2. 文本处理命令的组合，来定制需要的功能。

本章涉及的命令有：sort, uniq, cut, join, head, tail, grep, wc, fmt, fold, pr, tr。

5.1 排序文本

文本处理是 UNIX/Linux Shell 编程中几乎最重要的一部分。在 UNIX/Linux 的设计中，一切都是文件，而系统中许多程序的协同工作是通过文本或者文本流来实现的。因此，UNIX/Linux 中的文本的处理以及文本流的设计就成了重要的环节。

管道是 UNIX/Linux 中的一个重要发明，管道连接了各种处理工具，组建文本流。在 UNIX/Linux 中，文本处理工具常常被设计成过滤器的形式。通过管道连接不同过滤器，这样，通过简单的拼接就能实现需求的功能。

下面提供 Linux 中排序文本的 sort 命令的 manpage，你可以先跳过这部分，在你需要它的时候，反过来查询。

下面是 sort 命令的 manpage。

Sort
语法：
| ```
sort [arg] [ File ... ]
``` |

描述：

排序文件、对已排序的文件进行合并，并检查文件以确定它们是否已排序。

排序行：

sort 命令对 File 参数指定的文件中的行排序，并将结果写到标准输出。如果 File 参数指定多个文件，那么 sort 命令将这些文件连接起来，并当作一个文件进行排序。–（减号）代替文件名指定标准输入。如果不指定任何文件名，那么该命令对标准输入排序。可以使用–o 标志指定输出文件。

如果不指定任何标志，sort 命令基于当前语言环境的整理顺序对输入文件的所有行排序。

排序关键字：

排序关键字是输入行的一部分，由字段号和列号指定。字段是输入行的组成部分，由字段分隔符分隔。默认字段分隔符是由一个或多个连续空格字符组成的序列。使用-t 标志可指定不同的字段分隔符。在 C 语言和英语语言环境下，制表符和空格字符都是空格符。

使用排序关键字时，sort 命令首先根据第一个排序关键字的内容对所有行排序。然后，根据第二个排序关键字的内容，对所有第一个排序关键字相同的行排序，如此进行下去。按照排序关键字在命令行中出现的顺序给它们编号。如果两行对所有排序关键字的排序都相同，则对全部行依据当前语言环境的整理顺序进行比较。

对字段中的列进行编号时，默认字段分隔符中的空格符将作为后继字段计数。前导空格不计作第一字段的一部分，-t 标志指定的字段分隔符将不作为字段的一部分计数。可使用-b 标志忽略前导空格符。

可使用下列方法定义排序关键字：

➢ -k KeyDefinition

使用-k 标志定义排序关键字，-k KeyDefinition 标志采用下列形式：
```

> -k [FStart [.CStart]] [Modifier] [, [FEnd [.CEnd]][Modifier]]

排序关键字包括所有以 FStart 变量指定的字段和 CStart 变量指定的列开头及以 FEnd 变量指定的字段和 CEnd 变量指定的列结束的字符。如果不指定 Fend，就假定行的最后一个字符。如果不指定 CEnd，就假定 FEnd 字段的最后一个字符。KeyDefinition 变量中的任何字段号或列号都可以省略。默认值为：

> FStart　行开头
> CStart　字段第一列
> FEnd　行结束
> CEnd　字段最后一列

如果字段间有任意空格，sort 就把它们看作分隔的字段。

Modifier 变量的值可以是字母 b、d、f、i、n 或 r 中的一个或多个。修饰符仅应用于它们连接的字段定义，与同一字母的标志有同样的效果。修饰符字母 b 仅应用于其连接的字段定义的末尾。例如：

> -k 3.2b,3r

指定排序关键字，从第三字段的第二非空格列开始并扩展至第三字段结束，对这个关键字的排序以逆向整理顺序完成。如果 FStart 变量和 CStart 变量在命令行末尾以外或在 FEnd 变量和 CEnd 变量之后，那么该排序关键字被忽略。

排序关键字也可用下列方式指定：

```
[+[FSkip1] [.CSkip1] [Modifier] ] [-[FSkip2] [.CSkip2] [Modifier]]
```

+FSkip1 变量指定跳过的字段数以到达排序关键字第一字段，+CSkip 变量指定在该字段中跳过的列数以到达排序关键字第一个字符。-FSkip 变量指定跳过的字段数以到达排序关键字后的第一个字符，-CSkip 变量指定在该字段中跳过的列数。可以省略任何要跳过的字段和列。默认值为：

> FSkip1　行开头
> CSkip1　零
> FSkip2　行结束
> CSkip2　零

Modifier 变量指定的修改量与-k 标志关键字排序定义中的相同。

因为+FSkip1.CSkip1 变量指定到达排序关键字前要跳过多少字段和列，所以这些变量指定的字段号和列号通常比排序关键字本身的字段号和列号小 1。例如：

> +2.1b-3r

指定排序关键字，从第三字段的第二非空格列开始并扩展至第三字段结束，对这个关键字的排序以逆向整理顺序完成。语句+2.1b 指定跳过两个字段，然后跳过前导空格和另一列。如果+FSkip1.CSkip1 变量在命令行末尾以外或在-FSkip2.CSkip2 变量之后，则忽略该排序关键字。

注：一行的最大字段数为 10。

主要参数：

-A　使用 ASCII 整理顺序代替当前语言环境的整理顺序在逐字节的基础上排序。

-b　忽略前导空格和制表符，找出字段的第一或最后列。

-c　　检查输入是否已按照标志中指定的排序规则进行排序。如果输入文件排序不正确，就返回一个非零值。

　　-d　　使用字典顺序排序。比较中仅考虑字母、数字和空格。

　　-f　　比较前将所有小写字母改成大写字母。

　　-I　　比较中忽略所有非打印字符。

　　-k KeyDefinition　　指定排序关键字。KeyDefinition 选项的格式为：

　　[FStart [.CStart]] [Modifier] [, [FEnd [.CEnd]][Modifier]]

　　-m　　只合并多个输入文件；假设输入文件已经排序。

　　-n　　按算术值对数字字段进行排序。数字字段可包含前导空格、可选减号、十进制数字，千分位分隔符和可选基数符。对包含任何非数字字符的字段进行数字排序会出现无法预知的结果。

　　-o OutFile　　将输出指向 OutFile 参数指定的文件，而不是标准输出。OutFile 参数值可以与 File 参数值相同。

　　-r　　颠倒指定排序的顺序。

　　-t Character　　指定 Character 为单一的字段分隔符。

　　-u　　禁止按照排序关键字和选项的所有等同排序（每一组行中一行除外）。

　　-T Directory　　将创建的所有临时文件放入 Directory 参数指定的目录中。

　　-y[Kilobytes]　　用 Kilobytes 参数指定的主存储的千字节数启动 sort 命令，并根据需要增加存储量。（如果 Kilobytes 参数指定的值小于最小存储站点或大于最大存储站点，就以这个最小存储站点或最大存储站点取代）。如果省略-y 标志，sort 命令以默认的存储大小启动。-y0 标志用最小存储启动，而-y 标志（不带 Kilobytes 值）用最大存储启动。sort 命令使用的存储量显著地影响性能。以大存储量对小文件排序将很浪费。

　　-z RecordSize　　如果正在排序的任一行大于默认的缓冲区大小，要防止出现异常终止。指定-c 或-m 标志时，省略排序阶段，使用系统的默认缓冲大小。如果已排序行超出这一大小，排序异常终止。-z 选项指定排序阶段最长行的记录，因而可在合并阶段分配足够的缓冲区。RecordSize 必须指明等于或大于要合并的最长行的字节值。

　　退出状态：

　　该命令返回以下出口值。

　　0　　所有输入文件成功输出，或指定了-c 且正确排序了输入文件。

　　1　　在-c 选项下，文件没有按指定排序，或如果指定-c 和-u 选项，找到了两个具有相同关键字的输入行。

　　>1　　发生错误。

5.1.1　sort 命令的行排序

　　许多数据（文本）文件都按照一定的格式组织，这些文本文件以可读的方式提供信息检索和处理。一般来说，这种有格式的文本文件都可以排序。排序后的文本文件更利于检索。

　　常见的排序算法很多，例如，冒泡排序，归并排序，快速排序等。但是排序效率各不相同。UNIX/Linux 下提供的排序工具 sort 可以高效工作，并且，通常情况下，它比你写的排序算法高效很多。因此，即使不了解排序的具体实现细节，你也可以放心大胆地使用 sort 排序。

　　sort 命令将输入看成是具有多条记录的数据流，而记录由字段组成，记录是以换行符为界定符号，每行对应于一条记录。字段则是以空白字符为界定，sort 命令也提供用户指定字段界定字符的参数。

　　在未提供参数的情况下，sort 命令会根据当前字符集（locale）所定义的次序排序。例如，在传统的 C locale 中，sort 命令会按照 ASCII 顺序排序，如果需要改变排序规则，我们可以修改当前字符集。

　　先看个例子吧。

例 5.1　使用 sort 命令按照 ASCII 顺序排序文本

```
alloy@ubuntu:~/LinuxShell/ch5$ cat fruits.txt
banana
orange
Persimmon
apple
%%banana
apple
ORANGE
alloy@ubuntu:~/LinuxShell/ch5$ LANG=En_US sort fruits.txt
%%banana
ORANGE
Persimmon
apple
apple
banana
orange
alloy@ubuntu:~/LinuxShell/ch5$
```

　　例 5.1 展示了 sort 命令的一个应用。在这个例子中，我们构建了一个文本，文本内容是水果的名字，每个一行。但是，部分水果的开头大写，部分水果以%%符号开头。我们在设置了 LANG=En_US 后对其排序，排序规则是 ASCII。ASCII 的序列中，%（百分号）在大写字母前，大写字母在小写字母前。如果您当前的语言环境指定 ASCII 之外的字符集，结果可能不同。

　　如果要以字典序为 fruits.txt 进行排序，例子如下。

例 5.2　字典序

```
alloy@ubuntu:~/LinuxShell/ch5$ sort-d fruits.txt
ORANGE
Persimmon
apple
apple
%%banana
banana
orange
alloy@ubuntu:~/LinuxShell/ch5$
```

　　此命令序列排序和显示 fruits.txt 文件的内容，并且只比较字母、数字和空格。在这个例子中，-d 标志忽略 %（百分号）字符，因为它不是字母、数字或空格。（即 %%banana 被 banana 取代）。

　　很多时候，我们希望忽略程序对数据的大小写处理：大小写对我们来说是一样的，不是吗？我们来看一下例 5.3。

例 5.3　忽略大小写差异

```
alloy@ubuntu:~/LinuxShell/ch5$ sort-d-f fruits.txt
apple
apple
banana
%%banana
orange
ORANGE
Persimmon
```

```
alloy@ubuntu:~/LinuxShell/ch5$  sort-d-f-u fruits.txt
apple
banana
orange
Persimmon
alloy@ubuntu:~/LinuxShell/ch5$
```

在例 5.3 中，我们使用了两个参数，-d 和-f。-d 标志忽略特殊字符，-f 标志忽略大小写差异。
在 ASCII 顺序下的输出结果。而在第二条命令中的-u 参数告诉 sort 命令去除选项中的重复内行。

注意，在第二条命令中，不但 apple 的重复行被去除，而且 banana 与 orange 的重复行同样被
去除。这是因为-d 参数忽略了 banana 前的%%符号，而-f 参数忽略了 orange 的大小写差异。

5.1.2　sort 命令的字段排序

除了我们在 5.1.1 小节提到的行排序外，sort 命令还可以对字段进行排序。在 sort 的参数列表中，
-k 参数可以选定排序字段，而-t 参数可以选择字段分界符，如果没有设定，则默认是空白字符。

我们来看下一个实例。

例 5.4　字段排序

```
alloy@ubuntu:~/LinuxShell/ch5$  cat /etc/group


root:x:0:
daemon:x:1:
bin:x:2:
sys:x:3:
adm:x:4:alloy
tty:x:5:
disk:x:6:
lp:x:7:
mail:x:8:
news:x:9:
uucp:x:10:
man:x:12:
proxy:x:13:
kmem:x:15:
dialout:x:20:
fax:x:21:
voice:x:22:
cdrom:x:24:alloy
floppy:x:25:
tape:x:26:
sudo:x:27:alloy
audio:x:29:pulse
dip:x:30:alloy
www-data:x:33:
backup:x:34:
operator:x:37:
list:x:38:
irc:x:39:
src:x:40:
gnats:x:41:
shadow:x:42:
utmp:x:43:
video:x:44:
sasl:x:45:
plugdev:x:46:alloy
staff:x:50:
games:x:60:
users:x:100:
nogroup:x:65534:
```

```
libuuid:x:101:
crontab:x:102:
syslog:x:103:
fuse:x:104:
messagebus:x:105:
bluetooth:x:106:
scanner:x:107:
colord:x:108:
lpadmin:x:109:alloy
ssl-cert:x:110:
lightdm:x:111:
nopasswdlogin:x:112:
netdev:x:113:
whoopsie:x:114:
mlocate:x:115:
ssh:x:116:
avahi-autoipd:x:117:
avahi:x:118:
pulse:x:119:
pulse-access:x:120:
utempter:x:121:
rtkit:x:122:
saned:x:123:
alloy:x:1000:
sambashare:x:124:alloy
alloy@ubuntu:~/LinuxShell/ch5$ sort -t:-k3-n /etc/group
root:x:0:
daemon:x:1:
bin:x:2:
sys:x:3:
adm:x:4:alloy
tty:x:5:
disk:x:6:
lp:x:7:
mail:x:8:
news:x:9:
uucp:x:10:
man:x:12:
proxy:x:13:
kmem:x:15:
dialout:x:20:
fax:x:21:
voice:x:22:
cdrom:x:24:alloy
floppy:x:25:
tape:x:26:
sudo:x:27:alloy
audio:x:29:pulse
dip:x:30:alloy
www-data:x:33:
backup:x:34:
operator:x:37:
list:x:38:
irc:x:39:
src:x:40:
gnats:x:41:
shadow:x:42:
utmp:x:43:
video:x:44:
sasl:x:45:
plugdev:x:46:alloy
staff:x:50:
games:x:60:
users:x:100:
libuuid:x:101:
crontab:x:102:
```

```
syslog:x:103:
fuse:x:104:
messagebus:x:105:
bluetooth:x:106:
scanner:x:107:
colord:x:108:
lpadmin:x:109:alloy
ssl-cert:x:110:
lightdm:x:111:
nopasswdlogin:x:112:
netdev:x:113:
whoopsie:x:114:
mlocate:x:115:
ssh:x:116:
avahi-autoipd:x:117:
avahi:x:118:
pulse:x:119:
pulse-access:x:120:
utempter:x:121:
rtkit:x:122:
saned:x:123:
sambashare:x:124:alloy
alloy:x:1000:
nogroup:x:65534:
alloy@ubuntu:~/LinuxShell/ch5$
```

在这个实例中，我们读取/etc/group 文件，并且按照一定规则进行排序。要理解规则的内容，需从 group 文件的含义说起。

UNIX/Linux 下的/etc/group 文件与/etc/passwd 文件格式类似，它也是一个纯文本文件，定义了每个组中的用户。每行的格式是：

```
group_name:passwd:GID:user_list
```

它们的含义如表 5-1 所示。

表 5-1   /etc/group 的含义

域	说明
group_name	组名
password	组口令。此域中的口令是加密的。如果此域为空，表明该组不需要口令
gid	指定 GID
user_list	该组的所有用户，用户名之间用逗号隔开

我们要对/etc/group 文件中的数据行按照 gid 的大小进行排序。/etc/group 数据使用冒号分隔不同的数据字段，gid 字段在第三列。对此，sort 命令使用了 3 个参数。

-t：-t 参数会重新定义 sort 命令使用的分隔符。默认情况下是空格，但是，在这里我们紧随着-t 选项一个冒号(:)，意味着我们使用冒号作为分隔符。这样，我们就能隔开/etc/group 数据行的各个字段。

-k3 -k 参数告诉 sort 命令将比较的键值字段。例如，-k3 参数将比较第三个字段。在/etc/group 中，第三个字段正是 gid 所在的字段。-k 参数也有复杂的使用方法，例如，-k1,2,3,4 这种格式告诉 sort 命令从第一个字段的第二个字符开始比较，一直比较到第三个字段的第四个字符。

如果出现多个-k 选项时，会从第一个键值字段开始排序，找到匹配该键值的记录后，再进行第二个键值字段的排序，以此类推。

-n -n 参数让 sort 命令按照整数数字进行比较。在例 5.4 中，sort 命令截取了第三个字段，然后将第三个字段作为整数值进行排序并显示。

通过这三个参数的组合，我们完成了想要的功能：按照 gid 的大小排序。

5.1.3　sort 小结

sort 是一个重要的命令，你可以在许多重要的 UNIX/Linux Shell 中见到它的身影：只要有数据存在并有检索的需求，往往就有 sort 的支持。如果给 UNIX/Linux 下的命令论资排辈，sort 的重要性绝对可以进入前十名。

在我们本小节讲解的 sort 命令还仅仅是沧海一粟，sort 命令的强大之处远远不止于此。除了对文本行和字段进行排序，sort 命令和其他命令的结合使用（它本身就被设计成过滤器的模式）将为命令带来强大的功能。例如，可以对文本块进行排序处理等。

并且，sort 命令的效率是值得称道的：自从 sort 命令问世起，许多人对它进行研究、优化和调整。它几乎可以肯定比你写的排序算法工作得更好，相信它而不要尝试去重复发明轮子（编写冗余的脆弱的排序算法实现）。

但是，注意，sort 命令是不稳定的。排序算法的稳定性指的是两条相同的记录输入顺序和输出顺序保持不变。例如，我们来看这样一下例 5.5。

例 5.5　sort 命令不稳定性演示

```
alloy@ubuntu:~/LinuxShell/ch5$ cat num.txt
1:2: 3
1:2
3:4:5
2:7
alloy@ubuntu:~/LinuxShell/ch5$ sort-t:-k1 num.txt
1:2
1:2:3
2:7
3:4:5
alloy@ubuntu:~/LinuxShell/ch5$
```

在这个例子中，我们对第一个字段进行排序。原来 1:2:3 记录是在 1:2 记录上面的，但是，sort 排序后的结果 1:2:3 却到了 1:2 的下面。说明这种排序是不稳定的。

排序字段都相同，但是输出和输入的顺序却不一致。所以 sort 并不是稳定的排序实现。GNU 的 coreutils 包中的 sort 命令弥补了这个不足，现在，你可以通过--stable 选项来使输入输出的相同记录顺序不变了，但是，这个参数相应会降低 sort 命令的效率（采用稍微低效的排序算法来获得稳定性）。

在 sort 作为过滤器在管道中使用时，排序算法的稳定性就变得重要了。因此，你需要注意是否稳定性（stable）对自己命令重要，来决定是否采用—stable 参数。

5.2 文本去重

我们在前面已经讲过了 sort 命令中文本去重的选项：-u。u 参数使得 sort 命令丢弃所有具有相同键值的记录，只留下第一条。但是，注意了，sort 命令的-u 参数只有对键值段有效，即使其他的部分不同，sort 对于相同键值段的记录还是会丢弃。

如例 5.6 所示，虽然两条记录并不完全相同，但是他们被用于 sort 的键值是相同的，所以第二条记录被丢弃了。

　　UNIX/Linux 系统中有另一条命令用于数据记录去重，它是 uniq。uniq 命令会去除数据流中重复的记录，只留下第一条记录。它常常被用于管道中。例如，接在 sort 命令之后用于去重。

　　uniq 的 manpage 如下。

---

uniq

用途：

报告或删除文件中重复的行。

语法：

```
uniq [ -c |-d |-u ] [ InFile [ OutFile ] ]
```

描述：

　　uniq 命令删除文件中的重复行。uniq 命令读取由 InFile 参数指定的标准输入或文件。该命令首先比较相邻的行，然后除去第二行和该行的后续副本。重复的行一定相邻。（在发出 uniq 命令之前，请使用 sort 命令使所有重复行相邻。）最后，uniq 命令将最终单独的行写入标准输出或由 OutFile 参数指定的文件。InFile 和 OutFile 参数必须指定不同的文件。

　　输入文件必须是文本文件。文本文件是包含组织在一行或多行中的字符的文件。这些行的长度不能超出 2 048 个字节（包含所有换行字符），并且其中不能包含空字符。

　　如果执行成功，uniq 命令退出，返回值 0。否则，命令退出返回值大于 0。

标志：

-c　在输出行前面加上每行在输入文件中出现的次数。

-d　仅显示重复行。

-u　仅显示不重复的行。

退出状态：

该命令返回以下退出值：

0　　命令运行成功。

>0　　发生错误。

---

　　uniq 命令主要有 3 个选项，-c 选项用于显示出现重复行的计数，-d 选项仅显示重复行，-u 选项仅显示不重复的行。我们来看些范例说明。

例 5.6　uniq 命令的使用

```
alloy@ubuntu:~/LinuxShell/ch5$ cat fruits.txt          #注意文本内容和例 5.1 相比发生了改变
apples
apples
peaches
pears
bananas
cherries
cherries
alloy@ubuntu:~/LinuxShell/ch5$ uniq fruits.txt                      #注释 1
apples
peaches
pears
bananas
cherries
alloy@ubuntu:~/LinuxShell/ch5$ sort fruits.txt | uniq-c            #注释 2
      2 apples
```

```
         1 bananas
         2 cherries
         1 peaches
         1 pears
alloy@ubuntu:~/LinuxShell/ch5$ sort fruits.txt | uniq-d        #注释 3
apples
cherries
alloy@ubuntu:~/LinuxShell/ch5$ sort fruits.txt | uniq-u        #注释 4
bananas
peaches
pears
```

例 5.6 的解释如下。

注释 1：我们使用 uniq 命令对 fruits.txt 文件数据进行去重。uniq 命令删除 fruits.txt 文件中完全相同的行。uniq 命令依次读取文本中的每一行，如果发现某一行与前面的重复，则根据参数做相应处理（默认是只显示一次）。但是，这里 uniq 并没有做其他操作。

注释 2：在使用 uniq 命令之前，我们先使用 sort 命令将相同的行靠在一起。并且，我们使用 uniq 的-c 选项，这个选项将在显示数据行前显示被重复的次数。例如，fruits.txt 中的 apple 和 cherries 被重复两次。

注释 3：在这条命令中，我们使用-d 参数来仅仅显示数据中的重复的记录。

注释 4：在这条命令中，使用-u 参数来仅仅显示未重复的记录。

uniq 命令常常与其他工具结合使用，来去除文本中的冗余。例如，当和 diff 联用的时候，能够迅速地在两个相似的数据流中找到不同之处。uniq 命令已经成为 POSIX 标准的一部分。

uniq 也有其他选项，例如，-f 参数和-s 参数。你可以通过 manpage 查看到。但是，它们并不常见，当你需要时，你再去翻看手册不迟。

uniq 和 sort-u 的区别可以总结为如下。

（1）uniq 必须针对完全相同的行进行行判断，而 sort-u 可以针对域进行判断。

（2）uniq 只会处理连续的行，对不连续的行不会进行处理，而 sort-u 针对全部行进行处理。

5.3 统计文本行数、字数以及字符数

UNIX/Linux 中的 wc 命令可以提供文本的行数、字数、字符数统计。wc 命令也是 POSIX 标准的一部分，我们可以放心大胆地使用。

先来看一个例子吧。

例 5.7　wc 的使用

```
alloy@ubuntu:~/LinuxShell/ch5$ wc /etc/passwd             # 注释 1
  35   57 1708 /etc/passwd
 alloy@ubuntu:~/LinuxShell/ch5$  wc-c /etc/passwd          # 注释 2
1708 /etc/passwd
alloy@ubuntu:~/LinuxShell/ch5$ wc-w /etc/passwd           # 注释 3
57 /etc/passwd
alloy@ubuntu:~/LinuxShell/ch5$ wc-l /etc/passwd           # 注释 4
35 /etc/passwd
alloy@ubuntu:~/LinuxShell/ch5$
```

例 5.7 的注释如下。

注释 1：wc 的默认用法，显示了/etc/passwd 文件中有 35 行，57 个单词（以空格为分隔符），

以及 1 708 个字符。

注释 2：-c 参数含义是让 wc 命令显示字符的个数。

注释 3：-w 参数显示单词的个数。

注释 4：-l 参数显示文件文本行的行数。

来看点高级应用吧。

例 5.8　wc 的高级应用

```
alloy@ubuntu:~/LinuxShell/ch5$sudo find /etc-iname "*.conf" |wc-l      # 注释 1
[sudo] password for alloy:
495
alloy@ubuntu:~/LinuxShell/ch5$ grep bash /etc/passwd |wc-l             # 注释 2
2
alloy@ubuntu:~/LinuxShell/ch5$
```

例 5.8 的解释如下。

注释 1：找出/etc 文件夹下的 conf 文件的个数，由于该文件夹下某些文件和文件夹的访问需要 root 权限，所以加上了 sudo 命令。

注释 2：找出/etc/passwd 文件中包含 bash 字符串的行的个数。一般来说，就是系统中启动 Shell 为 bash 的用户的个数。

其实，…|grep str |wc-l 命令有更简便的写法，它已经被集成进入了 grep 命令，通过-c 参数实现。例如，5.8 的第二条命令就可以这样实现。

```
alloy@ubuntu:~/LinuxShell/ch5$ grep-c bash /etc/passwd
2
alloy@ubuntu:~/LinuxShell/ch5$
```

你看，效果是一样的。grep 的-c 参数可以统计输出的行数。

wc 还能同时计算多个文件中的数据，并且可以将数据汇总。如例 5.9 所示。

例 5.9　wc 统计多个文件

```
alloy@ubuntu:~/LinuxShell/ch5$ wc /etc/*rc
   64   290  2076 /etc/bash.bashrc
   77   261  3095 /etc/drirc
   66   255  1721 /etc/inputrc
  299  1364  8453 /etc/nanorc
  126   797  4496 /etc/wgetrc
  632  2967 19841 总用量
alloy@ubuntu:~/LinuxShell/ch5$
```

在例 5.9 中，wc 命令统计/etc 下所有以 rc 结尾的文件，统计它们中的字符数、单词数和行数，并且在最后一行将总计的结果打印出来。

NOTE:

wc 命令的执行会随着 locale 的设定有不同结果。因为不同的 locale 会影响 wc 命令解释字节序列时的字符或单词分隔器。

5.4 打印和格式化输

Linux 下打印和格式化文本的工具很多，例如，pr，fmt，fold 等。它们各有不同的用途。

5.4.1 使用 pr 打印文件

UNIX/Linux 的 pr 命令可以用来将文本转换成适合打印的文件。这个工具的一个基本用途就是将较大的文件分割成多个页面，并为每个页面添加标题。

例如，pr 可以将一个 150 行文本的文件转换成 3 个文本页，方便用户进行打印。

在默认情况下，每个页面会包含 66 行文本，不过通过 pr 的-l 参数，用户可以改变这一规则。

可以用来控制文本输出效果的参数很多，一般来说，每页的标题就是这个文档的文件名。当然，用户也可以自行定义标题，例如：$ pr-h "My report" file.txt。

如果不使用上面的-h 参数，打印的页面会用 "file.txt" 作为标题，而加上-h 参数后，页面会使用该参数后指定的 "My report" 作为标题。

用户还可以使用 pr 命令将文本分列打印。这对于语句短小的文本来说比较有用，如果语句比较长，pr 会在适当的位置进行换行。例如，要将 file.txt 文件按两列打印，可以使用以下命令：$ pr-2-h "My report" file.txt。

在默认情况下，pr 会为每个页面加入换行符（如空行），不过用户也可以使用制表符来代替空行。可以使用下面这段命令使制表符来代替空行：$ pr-f file.txt。

如果用户只是想打印文件，而不想保存它，那么这个功能比较合适，但是如果用户同时也要保存文件，那么添加的制表符会让文件看起来比较乱。

需要记住的是，pr 是一个标准的输出工具，可以直接输出到打印机，如果你希望将结果保存在文件中，则需要重定向它的输出，如$ pr file.txt >file.output。

我们来看一个实例吧。

例 5.10　pr 命令的使用

```
alloy@ubuntu:~/LinuxShell/ch5$ cat Linux.wiki
Linux
is
a
generic
term
referring
to
Unix-like
computer
operating
systems
based
on
the
Linux
kernel.
alloy@ubuntu:~/LinuxShell/ch5$ pr-c5-t Linux.wiki
Linux        term         Unix-like    systems      the
is           referring    computer     based        Linux
a            to           operating    on           kernel.
generic
alloy@ubuntu:~/LinuxShell/ch5$
```

在例 5.10 中，我们使用了 pr 命令的两个参数。

-c -c5 参数告诉 pr 命令将文本作为 n 栏输出。此处是 5 栏。如果设定的数目过大，以至于没有足够的长度空间容纳这么多栏，pr 命令将截断单词来支持显示。见例 5.11。

-t t 参数使 pr 命令不显示标题。

例 5.11 当纸张行长度无法容纳 pr 栏数时

```
alloy@ubuntu:~/LinuxShell/ch5$ pr-10-t Linux.wiki
Linux  a     term  to    comput system on    the    Linux   kernel
is     generi referr Unix-l operat based
alloy@ubuntu:~/LinuxShell/ch5$
```

在例 5.11 中，因为我们要求输出 10 栏，pr 无法满足我们正常显示的需求，因此，pr 选择截断某些栏的长度。例如，computer 就被截断成 comput。

NOTE:

在 pr 命令里，直接使用-10 的效果和-c10 是一样的。是因为 pr 有一个参数是-Column，这个参数即直接在连字符后面接数字，表示输出的栏数。

Pr 命令的 manpage 如下。

pr

用途：

向标准输出写文件。

语法：

pr [options] [files]

描述：

pr 命令把指定文件写到标准输出。如果指定-（减号）参数代替 File 参数，或者不指定，pr 命令读取标准输入。页眉包含页数、日期、时间和文件名称，页眉把输出分成多页。

除非被指定，列的宽度相同，并且至少用一个空格分割列。超过页面宽度的行被剪切。如果标准输出是工作站，pr 命令在结束前不显示错误消息。

标志：

-Column

设置列的个数，由 Column 变量指定。默认值是 1。这个选项不能与-m 标志一起使用。-e和-i 标志被假定是为多列输出。文本列不应超出页的长度（参阅-l 标志）。当-Column 标志和-t标志一起使用，使用最小的行数写输出。

-a

修改-Column 标志的效果，使多个列从左到右水平填充。例如，如果有两列，第一个输入行从第一列开始，第二行从第二列开始，第三行成为第一列的第二行，依此类推。如果-a 标志没有指定，列就会被垂直创建。

-d

产生两个空格的输出。

-F

使用一个填写表格的字符开始新的一页。（否则 pr 命令发出一串填写行的字符。）如果标准输出是工作站，则在第一页开始之前暂停。这个标志与-f 标志等价。

-f

使用填写表格字符开始新的页。（否则 pr 命令发出一串填写行的字符。）如果标准输出是工作站，在第一页开始之前先暂停。该标志与-F 标志等同。

-h Header

使用指定的头字符串作为页眉。如果-h 标志没有使用，页眉的默认值由 File 参数指定。

```
    -l Lines
```
　　覆盖 66 行的默认值，按照 Lines 变量值指定的值重新设置页的长度。如果 Lines 值小于头和尾部的深度和（用行计算），头和尾部就被取消（好像-t 标志起作用一样）。
```
    -m
```
　　合并文件。标准输出有格式，所以 pr 命令从每个由 File 参数指定的文件写一行，并列地写入基于列位置的数目而固定等宽的文本列。这个标志不能用于-Column 标志。
```
    -o Offset
```
　　每行缩进由 Offset 变量指定的字符位置的数目。每行字符位置总数就是宽度和偏移量的和。Offset 的默认值是 0。
```
    -t
```
　　不要显示五行的标识头和五行的页脚。每个文件最后一行在该页最后没有空格后就停止。
```
    -w Width
```
　　设置行的宽度到列位置的宽度，这仅适用于多个文本列的输出。如果-w 选项和-s 选项没有指定，默认的宽度是 72。如果-w 选项没有指定而-s 选项指定，默认值是 512。对单一列的输入，请输入行没有截短。

　　退出状态：

　　这个命令返回下列出口值。

　　0　　全部文件成功写入。

5.4.2　使用 fmt 命令格式化文本

　　除了 pr 命令，UNIX/Linux 下还有一条 fmt 命令可以格式化文本段落，使文本不要超出可见的屏幕范围。fmt 指令会从指定的文件里读取内容，将其依照指定格式重新编排后，输出到标准输出设备。若指定的文件名为"-"，则 fmt 指令会从标准输入设备读取数据。

　　我们来看一个例子。

　　例 5.12　fmt 命令的使用

```
alloy@ubuntu:~/LinuxShell/ch5$  cat Linux.wiki
Linux is a generic term referring to Unix-like computer operating systems based on the
Linux kernel. Their development is one of the most prominent examples of free and open source
software collaboration; typically all the underlying source code can be used, freely modified,
and redistributed by anyone under the terms of the GNU GPL and other free software licences.
Linux is predominantly known for its use in servers, although it is installed on a wide
variety of computer hardware, ranging from embedded devices and mobile phones to
supercomputers. Linux distributions, installed on both desktop and laptop computers, have
become increasingly commonplace in recent years, partly owing to the popular Ubuntu
distribution and the emergence of netbooks.
alloy@ubuntu:~/LinuxShell/ch5$  cat Linux.wiki |fmt-w 66-s
Linux is a generic term referring to Unix-like computer operating
systems based on the Linux kernel. Their development is one of
the most prominent examples of free and open source software
collaboration; typically all the underlying source code can be
used, freely modified, and redistributed by anyone under the
terms of the GNU GPL and other free software licences.
Linux is predominantly known for its use in servers, although
it is installed on a wide variety of computer hardware, ranging
from embedded devices and mobile phones to supercomputers. Linux
distributions, installed on both desktop and laptop computers,
have become increasingly commonplace in recent years, partly
owing to the popular Ubuntu distribution and the emergence
of netbooks.
alloy@ubuntu:~/LinuxShell/ch5$
```

在这个例子中，我们使用了 fmt 的两个参数。

-w 66 - w 参数告诉 fmt 命令每行的最大字符数。当 fmt 命令在打印时发现某行已经到达了最大字符数但是某个单词未能完全显示，则 fmt 会将该单词置于下一行来显示。

-s -s 参数告诉 fmt 命令只拆开字数超出每列字符数的列，但不合并字数不足每列字符数的列。

fmt 命令还有些其他的选项，它的 manpage 如下。

---

fmt(fromat)

功能说明：

编排文本文件。

语法：

fmt [-cstu][-p<列起始字符串>][-w<每列字符数>][--help][--version][文件...]

补充说明：

fmt 指令会从指定的文件里读取内容，将其依照指定格式重新编排后，输出到标准输出设备。若指定的文件名为 "-"，则 fmt 指令会从标准输入设备读取数据。

参数：

-c 或--crown-margin

每段前两列缩排。

-p<列起始字符串>或-prefix=<列起始字符串>

仅合并含有指定字符串的列，通常运用在程序语言的注解方面。

-s 或--split-only

只拆开字数超出每列字符数的列，但不合并字数不足每列字符数的列。

-t 或--tagged-paragraph

每列前两列缩排，但第 1 列和第 2 列的缩排格式不同。

-u 或--uniform-spacing

每个字符之间都以一个空格字符间隔，每个句子之间则两个空格字符分隔。

-w<每列字符数>或--width=<每列字符数>或-<每列字符数>

设置每列的最大字符数。

--help

在线帮助。

--version

显示版本信息。

NOTE:

警告，无论是 pr 还是 fmt，在不同版本的系统中的行为都不尽相同。因此你需要在不同版本的系统上通过查阅 manpage 来确定格式化输出工具的功能。

5.4.3　使用 fold 限制文本宽度

UNIX/Linux 下的 fold 指令会从指定的文件里读取内容，将超过限定列宽的列加入增列字符后，输出到标准输出设备。若不指定任何文件名称，或是所给予的文件名为 "-"，则 fold 指令会从标准输入设备读取数据。

例如，我们看下面这个例子：

```
alloy@ubuntu:~/LinuxShell/ch5$ cat Linux.wiki
Linux is a generic term referring to Unix-like computer operating systems based on the
Linux kernel. Their development is one of the most prominent examples of free and open source
software collaboration; typically all the underlying source code can be used, freely modified,
and redistributed by anyone under the terms of the GNU GPL and other free software licences.
    Linux is predominantly known for its use in servers, although it is installed on a wide
variety of computer hardware, ranging from embedded devices and mobile phones to
supercomputers. Linux distributions, installed on both desktop and laptop computers, have
become increasingly commonplace in recent years, partly owing to the popular Ubuntu
distribution and the emergence of netbooks.
alloy@ubuntu:~/LinuxShell/ch5$ fold -w 75 Linux.wiki
Linux is a generic term referring to Unix-like computer operating systems b
ased on the Linux kernel. Their development is one of the most prominent ex
amples of free and open source software collaboration; typically all the un
derlying source code can be used, freely modified, and redistributed by any
one under the terms of the GNU GPL and other free software licences.
Linux is predominantly known for its use in servers, although it is install
ed on a wide variety of computer hardware, ranging from embedded devices an
d mobile phones to supercomputers. Linux distributions, installed on both d
esktop and laptop computers, have become increasingly commonplace in recent
years, partly owing to the popular Ubuntu distribution and the emergence o
f netbooks.
alloy@ubuntu:~/LinuxShell/ch5$
```

在本例中，我们使用了 fold 命令的-w 参数。fold 命令的-w 75 参数限定了文件输出行最宽为 75 个字符，如果超过这个字符就会被截断。

NOTE:

注意，fold 的-w 参数和 fmt 的-w 参数并不相同。fold 的-w 参数很生硬地将文本输出行截断，但是并不判断是否单词也被截断。而 fmt 的-w 参数则会判断单词是否能够正常显示(不被截断显示)，如果遇到无法正常显示的，fmt 会将该单词整体移到下一行，而 fold 会将之拦腰截断。

---

fold 命令的 manpage 如下。

fold
语法格式：
`fold [-b ] [-s ] [-w Width] [ File... ]`
使用说明：
fold 命令是折叠有限宽度的输出设备的长行的过滤器。
作为默认值，该命令折叠标准输入的内容，阻断那些达到 80 行宽的行。
您也可以指定一个或者多个文件作为该命令的输入。
fold 命令在输入行中插入一个换行字符，这样每个输出行就可以尽可能的宽而不超过设定的 Width 参数值。
如果指定了-b 标志，行宽就可以按字节来计数。如果没有指定-b 标志：
宽度按照被 LC_CTYPE 环境变量所决定的列来计数。
一个退格字符减少输出行的长度 1。
一个制表符跳到下一个列，它的位置是列增加 8。
fold 命令接受在包含制表符的文件中 8 的倍数的-w 宽度值。
当文件包含制表符时，要用其他宽度值，应该在使用 fold 命令以前使用 expand 命令。

注：

fold 命令可能影响当前的下划线。

fold 命令不能在多字节的字符中间插入换行字符，即使使用-b 标志也不行。

主要参数：

-b　　按字节计数宽度。默认值是按列计数。

-s　　当最右面的空格是在宽度限制之内，在空格后阻断该行，如果一个输出行段包含任何空字符。

默认值是阻断行使得每一个输出行段都尽可能宽。

-w　Width　　以变量 Width 的值指定最大行宽。默认值为 80。

5.5 提取文本开头和结尾

有时候，我们阅读文件的需求很简单，就是读取文件开头和结尾的几行。例如，当我们要查看某个程序代码的说明时（往往集中在开头部分），并不需要将代码文件整个加载到内存中阅读，而是只提取文件开头的 n 行。例如：

```
alloy@ubuntu:~/LinuxShell/ch5$ head /usr/include/stdio.h
/* Define ISO C stdio on top of C++ iostreams.
   Copyright (C) 1991, 1994-2010, 2011 Free Software Foundation, Inc.
   This file is part of the GNU C Library.

   The GNU C Library is free software; you can redistribute it and/or
   modify it under the terms of the GNU Lesser General Public
   License as published by the Free Software Foundation; either
   version 2.1 of the License, or (at your option) any later version.

   The GNU C Library is distributed in the hope that it will be useful,
alloy@ubuntu:~/LinuxShell/ch5$ head-4 /usr/include/stdio.h
/* Define ISO C stdio on top of C++ iostreams.
   Copyright (C) 1991, 1994-2010, 2011 Free Software Foundation, Inc.
   This file is part of the GNU C Library.
alloy@ubuntu:~/LinuxShell/ch5$
```

例子的解释如下。

第一条命令：展示了用 head 提取/usr/include/stdio.h 的头几行。默认情况下，head 命令显示前 10 行。

第二条命令：用参数限定 head 命令显示头 4 行，这种写法可以是-4，-n 4，或者-4。-4 的写法并不被 POSIX 支持，但是在目前的大部分版本中都是可以使用的。

head 命令的 manpage 如下。

head
用途：
显示一个文件或多个文件的前几行或前几个字节。
语法：
head [- Count 　|-c Count |-n 　Number 　] [　File 　...]
描述：
head 命令把每一指定文件或标准输入的指定数量的行或字节写入标准输出。如果不为 head

命令指定任何标志，默认显示前 10 行。File 参数指定了输入文件名。输入文件必须是文本文件。当指定多个文件时每一文件的开始应与下列一致。

```
==> 文件名 <==
```

显示一组短文件并对每一个进行识别，请输入：

```
example% head-9999 filename1 filename2...
```

标志：

```
-Count
```

从每一要显示的指定文件的开头指定行数。Count 变量必须是一个正的十进制整数。此标志等价于 **-n Number** 标志，但如果考虑到便携性，就不应该使用。

```
-c End
```

指定要显示的字节数。Number 变量必须是一个正的十进制整数。

```
-n Number
```

指定从每一要显示的指定文件的开头的行数。Number 变量必须是一个正的十进制整数。此标志等价于 **- Count** 标志。

退出状态：

此命令返回下列出口值：

0   成功完成。

>0   发生错误。

可以看到，head 命令还可以实现其他一些功能，例如，指定显示的字节数等。Linux 系统中总有一些相反的命令，head 有一个完全相反的命令 tail，可以查阅文件结尾的几行。tail 在参数和行为上，和 head 命令完全一样。

例如：

```
alloy@ubuntu:~/LinuxShell/ch5$ tail  /usr/include/stdio.h
#endif
#ifdef __LDBL_COMPAT
# include <bits/stdio-ldbl.h>
#endif

__END_DECLS

#endif /* <stdio.h> included. */

#endif /* !_STDIO_H */
alloy@ubuntu:~/LinuxShell/ch5$ tail-4 /usr/include/stdio.h

#endif /* <stdio.h> included. */

#endif /* !_STDIO_H */
alloy@ubuntu:~/LinuxShell/ch5$
```

tail 命令的参数支持和 head 完全相同。

5.6 字段处理

5.6.1 字段的使用案例

Linux 下许多的配置文件都以文本形式组织。为了能够方便地读取数据，并且便于用户理解修改，Linux 下的文本文件多采用每行一条记录，并且每条记录都以字段存储信息。字段的分隔符多种多样，/etc 下的配置文件多以冒号(:)分隔。例如，/etc/passwd:。

```
alloy@ubuntu:~/LinuxShell/ch5$ cat /etc/passwd
root:x:0:0:root:/root:/bin/bash
daemon:x:1:1:daemon:/usr/sbin:/bin/sh
bin:x:2:2:bin:/bin:/bin/sh
sys:x:3:3:sys:/dev:/bin/sh
sync:x:4:65534:sync:/bin:/bin/sync
games:x:5:60:games:/usr/games:/bin/sh
man:x:6:12:man:/var/cache/man:/bin/sh
lp:x:7:7:lp:/var/spool/lpd:/bin/sh
mail:x:8:8:mail:/var/mail:/bin/sh
news:x:9:9:news:/var/spool/news:/bin/sh
uucp:x:10:10:uucp:/var/spool/uucp:/bin/sh
proxy:x:13:13:proxy:/bin:/bin/sh
www-data:x:33:33:www-data:/var/www:/bin/sh
backup:x:34:34:backup:/var/backups:/bin/sh
list:x:38:38:Mailing List Manager:/var/list:/bin/sh
irc:x:39:39:ircd:/var/run/ircd:/bin/sh
gnats:x:41:41:Gnats Bug-Reporting System (admin):/var/lib/gnats:/bin/sh
nobody:x:65534:65534:nobody:/nonexistent:/bin/sh
libuuid:x:100:101::/var/lib/libuuid:/bin/sh
syslog:x:101:103::/home/syslog:/bin/false
messagebus:x:102:105::/var/run/dbus:/bin/false
colord:x:103:108:colord colour management daemon,,,:/var/lib/colord:/bin/false
lightdm:x:104:111:Light Display Manager:/var/lib/lightdm:/bin/false
whoopsie:x:105:114::/nonexistent:/bin/false
avahi-autoipd:x:106:117:Avahi autoip daemon,,,:/var/lib/avahi-autoipd:/bin/false
avahi:x:107:118:Avahi mDNS daemon,,,:/var/run/avahi-daemon:/bin/false
usbmux:x:108:46:usbmux daemon,,,:/home/usbmux:/bin/false
kernoops:x:109:65534:Kernel Oops Tracking Daemon,,,:/:/bin/false
pulse:x:110:119:PulseAudio daemon,,,:/var/run/pulse:/bin/false
rtkit:x:111:122:RealtimeKit,,,:/proc:/bin/false
speech-dispatcher:x:112:29:Speech Dispatcher,,,:/var/run/speech-dispatcher:/bin/sh
hplip:x:113:7:HPLIP system user,,,:/var/run/hplip:/bin/false
saned:x:114:123::/home/saned:/bin/false
alloy:x:1000:1000:alloy,,,:/home/alloy:/bin/bash
sshd:x:115:65534::/var/run/sshd:/usr/sbin/nologin
alloy@ubuntu:~/LinuxShell/ch5$
```

/etc/passwd 中每行记录一个用户的信息，每行有 7 个字段，用 6 个冒号隔开。每个字段分别表示以下内容。

> 用户名。
> 加密格式的口令。
> 数字的 user id。
> 数字的 group id。
> 全名或账户的其他说明。
> 家目录。
> 登录 Shell（登录时运行的程序）。

当 Linux 启动时，就从/etc/passwd 中读取有效用户名及相关信息。例如，我们可以将某用户的登录 Shell 改成 zsh，这仅仅需要将最后一个字段/bin/bash 替换成/bin/zsh 就可以了。

Linux 下也有部分文本文件的字段是以空格分隔字段的。例如，/etc/fstab 文件。

```
alloy@ubuntu:~/LinuxShell/ch5$ cat /etc/fstab
/dev/VolGroup_ID_19679/LogVol1 / ext3 defaults 1 1
/dev/VolGroup_ID_19679/LogVol4 /var ext3 defaults 1 2
/dev/VolGroup_ID_19679/LogVol5 /usr ext3 defaults 1 2
```

```
/dev/VolGroup_ID_19679/LogVol2 /tmp ext3 defaults 1 2
LABEL=/boot /boot ext3 defaults 1 2
tmpfs /dev/shm tmpfs defaults 0 0
devpts /dev/pts devpts gid=5,mode=620 0 0
sysfs /sys sysfs defaults 0 0
proc /proc proc defaults 0 0
/dev/VolGroup_ID_19679/LogVol0 swap swap defaults 0 0
/dev/VolGroup_ID_19679/LogVolHome /home ext3 defaults 1 2
alloy@ubuntu:~/LinuxShell/ch5$
```

/etc/fstab 文件存放的是系统中的文件系统信息。当正确的设置了该文件，则可以通过"mount /directoryname"命令来加载一个文件系统，每种文件系统都对应一个独立的行，每行中的字段都用空格或"Tab"键分开。同时，fsck，mount，umount 等的命令都利用该程序。

fstab 文件每个字段的解释如下。

第一项：您想要 mount 的储存装置的实体位置，如 hdb 或/dev/hda6。

第二项：您想要将其加入至哪个目录位置，如/home 或/,这其实就是在安装时提示的挂入点。

第三项：即所谓的 local filesystem，包含了以下格式：如 ext，ext2，msdos，iso9660，nfs，swap 等，或如 ext2，可以参见/prco/filesystems 说明。

第四项：您 mount 时，所要设定的状态，如 ro（只读）或 defaults（包括了其他参数如 rw，suid，exec，auto，nouser，async），可以参见「mount nfs」。

第五项：提供 DUMP 功能，在系统 DUMP 时是否需要 BACKUP 的标志位，其内定值是 0。

第六项：设定此 filesystem 是否要在开机时做 check 的动作，除了 root 的 filesystem 其必要的 check 为 1 之外，其他皆可视需要设定，内定值是 0。

UNIX/Linux 下的文本数据采用字段来组织的案例远远不止上面列举的两个，其他文件如表 5-2 所示。

表 5-2   采用字段的配置文件举例

文件	含义
/etc/group	以冒号作为分隔符，Linux 下的用户组定义
/etc/passwd	以冒号作为分隔符，Linux 下的用户信息定义
/etc/inittab	以冒号作为分隔符，init 的配置文件，在 Linux 启动时扮演重要角色
/etc/shadow	以冒号作为分隔符，Linux 下用户密码的存放地址
/etc/crontab	按空格键或 Tab 作为分隔符，cron(定期执行命令的程序)的配置文件

Linux 下的文本文件多数采用按空格键或制表符键或者冒号作为字段的分隔符。这种用法被许多工具认可并且很好支持。在我们编写程序并且使用文本文件作为配置文件或存储信息时，最好也使用这种方式来组织文本。

在下面的小节里，我们将讲解如何使用 Linux 下的命令编程操作字段。

5.6.2 使用 cut 取出字段

有时我们经常会遇到这样一些问题：有一页电话号码薄，上面按顺序规则地写着人名、家庭住址、电话、备注等，此时我们只想取出所有人的名字和其对应的电话号码，有几种方法可以实现呢？

cut 被设计出来以解决这样类似的问题。cut 命令可以从一个文本文件或者文本流中提取文本列。

例5.13　cut 的使用

```
alloy@ubuntu:~/LinuxShell/ch5$ cut-d ':'-f 1,7 /etc/passwd |grep bash        # 注释 1
root:/bin/bash
alloy:/bin/bash
alloy@ubuntu:~/LinuxShell/ch5$ cut-d ':'-f 1,6,7 /etc/passwd |grep bash |cut-d ':'-f
1,2                                                                         # 注释 2
root:/root
alloy:/home/alloy
alloy@ubuntu:~/LinuxShell/ch5$
```

这个例子使用 cut 来操作/etc/passwd 文件，使用了 cut 的两个参数。

-d ':'　-d 参数规定了 cut 命令接受的字段分隔符。我们在这里需要解析/etc/passwd 文件，所以我们设定 cut 命令接受的分隔符为冒号(:)。

-f 1,7　-f 参数规定了 cut 命令获取的字段列。例如，此处的-f 1,7 使 cut 截取每行的第一列字段和第七列字段。

关于这个例子的解释如下。

注释 1：读取/etc/passwd 文件，按照冒号(:)进行字段分割，获取分割后的第一列字段和第七列字段。按照第七列字段的定义，为用户的登录 Shell。我们通过管道将输出的结果与 grep 相连，过滤出使用 bash 作为登录 Shell 的用户。输出格式为用户名:登录 Shell。

注释 2：这个命令稍微有点复杂。但是也是用管道连接不同的部分，让我们慢慢来理解。

a）获取/etc/passwd 文件的第一，第六，第七列，这三列文件分别是用户名，用户根目录和用户登录 Shell；

b）过滤出使用 bash 作为登录 Shell 的用户。在前面一个操作中，保留第七列的用意就在于此，去除非 bash 用户；

c）在剩下的用户数据中截取第一行和第六行。

经过这样的操作，我们就获取了那部分使用 bash 用户的用户根目录。

相信你已经看到了 cut 命令的神奇，我们来看 cut 的 manpage。

---

cut

用途：

从文件的每个行中写出选定的字节、字符或字段。

语法：

```
cut-c list [ file…]
cut-f list [-d delim ] [ file…]
```

描述：

cut 命令从文件的每一行剪切字节、字符和字段并将这些字节、字符和字段写至标准输出。如果不指定 File 参数，cut 命令将读取标准输入。

必须指定-b、-c 或-f 标志之一。List 参数为一个以逗号、空格或连字符分隔的整数的列表（顺序递增）。连字符分隔符表示范围。以下条目是 List 参数的一些示例，它可以用来指代字节、字符或字段：

```
1,4,7
1-3,8
-5,10
```

3-

其中，-5 为从第一个到第五个的简写形式，3- 为从第三个到最后一个的简写形式。

如果将 cut 命令用于字段，则由 List 参数指定的字段的长度可以从字段到字段，从行到行发生变化。字段定界符字符（如制表符）的位置，确定字段长度。

您还可以使用 grep 命令来对一个文件进行水平剪切，和使用 paste 命令来将文件复原。要更改文件中列的次序，使用 cut 和 paste 命令。

标志：

-b List 指定字节位置。这些字节位置将忽略多字节字符边界，除非也指定了-n 标志。

-c List 指定字符位置。例如，如果您指定-c 1-72，cut 命令将写出文件每一行的头 72 个字符。

-d Character 使用 Character 变量指定的字符作为指定-f 标志时的字段定界符。您必须在对 Shell 有特殊意义的字符（如空格字符）上加上引号。

-f List 指定文件中设想被定界符（默认情况下为制表符）隔开的字段的列表。例如，如果指定-f 1,7，cut 命令将仅写出每个行的第一和第七个字段。如果行中不包含字段定界符，cut 命令将通过它们而不对其进行任何操作（对表格的副标题有用），除非指定了-s 标志。

-n 取消分割多字节字符。仅和-b 标志一起使用。如果字符的最后一个字节落在由-b 标志的 List 参数指示的范围之内，该字符将被写出；否则，该字符将被排除。

-s 取消不包含定界符的行。仅和-f 标志一起使用。

退出状态：

该命令返回以下退出值。

0 所有输入文件被成功输出。

>0 发生一个错误。

5.6.3　使用 join 连接字段

Linux 下的 join 命令可以连接不同的文件，使得具有相同 key 值的记录信息连到一起。它会根据指定栏位，找到两个文件中指定栏位内容相同的行，将他们合并，并根据要求的格式输出内容。该命令对于比较两个文件的内容很有帮助。

例如，我们来看下面这个例子：

例 5.14　join 命令的使用

```
alloy@ubuntu:~/LinuxShell/ch5$ cat employee.txt
100 Jason Smith
200 John Doe
300 Sanjay Gupta
400 Ashok Sharma
alloy@ubuntu:~/LinuxShell/ch5$ cat bonus.txt
100 $5,000
200 $500
300 $3,000
400 $1,250
alloy@ubuntu:~/LinuxShell/ch5$ join employee.txt bonus.txt
100 Jason Smith $5,000
200 John Doe $500
300 Sanjay Gupta $3,000
400 Ashok Sharma $1,250
alloy@ubuntu:~/LinuxShell/ch5$
```

在例 5.14 中，employee.txt 文件包含的是雇员的编号、姓名。每行一条记录。而 bonus.txt 文件包含的是雇员的编号以及奖金。两个文件的编号字段是重合的。在这种情况下，我们想要使得相同编号的信息整合到一起，使用 join 命令，会根据文件信息字段的 key 值（此处是编号）来连接字段。例如，在上面的例子中，employee.txt 文件中的 Jason Smith 行编号 100 和 bonus.txt 中编号为 100 的行 key 值一样，所以他们在 join 命令后就被连接成一行。

如果要使 join 命令显示不匹配的行，则我们使用如例 5.15 所示。

例 5.15   join 显示不匹配的行

```
alloy@ubuntu:~/LinuxShell/ch5$ cat employee.txt
100 Jason Smith
150 ollir zhang
200 John Doe
300 Sanjay Gupta
350 uncle wang
400 Ashok Sharma
alloy@ubuntu:~/LinuxShell/ch5$ cat bonus.txt
100 $5,000
200 $500
300 $3,000
400 $1,250
500 $3,128
alloy@ubuntu:~/LinuxShell/ch5$ join employee.txt bonus.txt-a1        # 注释 1
100 Jason Smith $5,000
150 ollir zhang
200 John Doe $500
300 Sanjay Gupta $3,000
350 uncle wang
400 Ashok Sharma $1,250
alloy@ubuntu:~/LinuxShell/ch5$ join employee.txt bonus.txt-a2        # 注释 2
100 Jason Smith $5,000
200 John Doe $500
300 Sanjay Gupta $3,000
400 Ashok Sharma $1,250
500 $3,128
alloy@ubuntu:~/LinuxShell/ch5$
```

在这个例子中，我们使用了 join 的一个参数：

-a FileNumber

参数限定了 join 输出的记录行，由-a 紧跟的 FileNumber 决定。FileNumber 必须是 1 或者 2，分别对应于 join 命令的第一个文件参数和第二个文件参数。在使用-a 参数时，join 的每一行记录和 FileNumber 指定的文件中的记录行一一对应。如果在查找另一个文件中的记录，发现该文件中没有对应的 key 时，则仅仅显示 FileNumber 中的该行记录。

例 5.15 的解释如下。

注释 1：–a1 参数限定 join 的输出结果和 employee.txt 中的记录一一对应。当在 bonus.txt 中有匹配不上的 key（雇员编号）时，则仅仅显示 emplyee.txt 中的记录。例如，350 uncle wang，并没有奖金记录。值得注意的是，在这种情况下，并不显示在 bonus.txt 中所有的记录，例如，500 $3,128 就不显示。

注释 2：–a2 参数限定 join 的输出结果和 bonus.txt 中的记录一一对应。此时 join 的输出以 bonus.txt 为准，行为和-a1 相同。

join 的 manpage 如下。

---

join

用途：

连接两个文件的数据字段。

语法：
```
join [ -a FileNumber | -v FileNumber ] [ -e String ] [ -o List ] [ -t Character ]
[-1 Field ] [ -2 Field ] File1 File2
```
描述：

　　join 命令读取由 File1 和 File2 参数指定的文件，根据标志连接文件中的行，并且把结果写到标准输出中。File1 和 File2 参数必须为文本文件。File1 和 File2 都必须以-b 字段的整理顺序排序，它们将按照此字段在调用 join 命令之前连接。

　　对于出现在两个文件中的每一个相同连接字段，在输出中只出现一行。连接字段是在输入文件中由 join 命令来确定包含在输出文件中的字段。输出行包含连接字段、File1 参数指定的文件的其余行和由 File2 参数指定的文件的其余行。通过用-（划线）代替文件名，来指定标准输入来代替 File1 或者 File2 参数。两个输入文件都不能带-（划线）来指定。

　　字段通常由一个空格、一个制表符或换行符来分割。这样，join 命令把连续的分隔符作为一个并废弃前导分隔符。

标志：

　　-1 Field　用由 File1 输入文件中的 Field 变量指定的字段来连接两个文件。Field 变量的值必须为一个正的十进制整数。

　　-2 Field　用由 File2 输入文件中的 Field 变量指定的字段来连接两个文件。Field 变量的值必须为一个正的十进制整数。

　　-a FileNumber　给由 FileNumber 变量指定的文件的每一行产生一个输出行，此变量的连接字段和其他的输入文件中的任何一行都不匹配。产生输出行，除了默认输出之外。FileNumber 变量的值必须为 1 或 2，各自相对应于由 File1 和 File2 参数指定的文件。如果这个标志和-v 标志一起指定，则忽略该标志。

　　-e String　用 String 变量指定的字符串来代替空输出字段。

标志：

　　-o List　构造一个输出行来包含由 List 变量指定的字段。适用于 List 变量的格式之一：FileNumber.Field

　　其中，FileNumber 是一个文件号，Field 是一个十进制整数字段号。用，（逗号）或空格字符来分割多个字段，并且前后用引号引起来。

　　0（零）

　　表示连接字段。-o 0 标志本质上是选择连接字段的联合。

　　-t Character　用由 Character 参数指定的字符作为输入和输出的字段分隔符。在行上出现的每一个字符都是有效数字。默认的分隔符是一个空格。有了默认字段分割符，整理顺序是 sort-b 命令的结果。如果指定了-t，顺序是一个简单的排序。指定了一个制表符，把它包括在单引号中。

　　-v FileNumber　为由 FileNumber 变量指定的文件的每一行产生一个输出行，此变量的连接字段和其他的输入文件的任何一行都不匹配。默认输出是不产生。FileNumber 变量的值必须为 1 或 2，各自相应于由 File1 和 File2 参数指定的文件。如果此标志和-a 标志一起指定，则忽略-a 标志。

> **退出状态：**
> 此命令返回下列退出值。
> 0   成功完成。
> >0   发生一个错误。

5.6.4 其他字段处理方法

其实 UNIX/Linux 下的字段处理远远不止 cut 和 join 两种命令，因为有一个强大到甚至可以称之为语言的工具存在，它就是 awk。awk 的设计的精髓在于字段与记录的处理上，使用它能够帮助我们完成强大的字段处理功能。

不用着急，我们将有完整的一章讲解 awk 的神奇应用。

5.7 文本替换

UNIX/Linux 下的文本替换有很多种实现，例如，可以通过 sed 命令。如果在文本编辑器中，则有更多的选择。但是，最简单的命令还是 tr。

5.7.1 使用 tr 替换字符

tr 命令从标准输入删除或替换字符，并将结果写入标准输出。在命令需要小范围内做文本替换时，tr 命令非常有用。

tr 命令一般有两种格式。

➤ tr String1 String2。

➤ tr {-d |-s } String1。

相应于这两种格式，tr 命令可以完成 3 种操作。

1. 转换字符

如果 String1 和 String2 两者都已指定，但-d 标志没有指定，则 tr 命令就会从标准输入中将 String1 中所包含的每一个字符都替换成 String2 中相同位置上的字符。

2. 使用-d 标志删除字符

如果-d 标志已经指定，则 tr 命令就会从标准输入中删除 String1 中包含的每一个字符。

3. 用-s 标志除去序列

如果-s 标志已经指定，则 tr 命令就会除去包含在 String1 或 String2 中的任何字符串系列中的除第一个字符以外的所有字符。对于包含在 String1 中的每一个字符，tr 命令会从标准输出中除去除第一个出现的字符以外的所有字符。对于包含在 String2 中的每一个字符，tr 命令会除去标准输出的字符序列中除第一个出现的字符以外的所有字符。

下面我们来看个例子吧。

例 5.16　tr 的替换操作

```
alloy@ubuntu:~/LinuxShell/ch5$ cat Linux.wiki
Linux is a generic term referring to Unix-like computer operating systems based on the
```

Linux kernel. Their development is one of the most prominent examples of free and open source software collaboration; typically all the underlying source code can be used, freely modified, and redistributed by anyone under the terms of the GNU GPL and other free software licences.
　　Linux is predominantly known for its use in servers, although it is installed on a wide variety of computer hardware, ranging from embedded devices and mobile phones to supercomputers. Linux distributions, installed on both desktop and laptop computers, have become increasingly commonplace in recent years, partly owing to the popular Ubuntu distribution and the emergence of netbooks.
```
alloy@ubuntu:~/LinuxShell/ch5$  tr 'a-z' 'A-Z' <Linux.wiki >Linux.wiki.upper
alloy@ubuntu:~/LinuxShell/ch5$  cat Linux.wiki.upper
```
LINUX IS A GENERIC TERM REFERRING TO UNIX-LIKE COMPUTER OPERATING SYSTEMS BASED ON THE LINUX KERNEL. THEIR DEVELOPMENT IS ONE OF THE MOST PROMINENT EXAMPLES OF FREE AND OPEN SOURCE SOFTWARE COLLABORATION; TYPICALLY ALL THE UNDERLYING SOURCE CODE CAN BE USED, FREELY MODIFIED, AND REDISTRIBUTED BY ANYONE UNDER THE TERMS OF THE GNU GPL AND OTHER FREE SOFTWARE LICENCES.
　　LINUX IS PREDOMINANTLY KNOWN FOR ITS USE IN SERVERS, ALTHOUGH IT IS INSTALLED ON A WIDE VARIETY OF COMPUTER HARDWARE, RANGING FROM EMBEDDED DEVICES AND MOBILE PHONES TO SUPERCOMPUTERS. LINUX DISTRIBUTIONS, INSTALLED ON BOTH DESKTOP AND LAPTOP COMPUTERS, HAVE BECOME INCREASINGLY COMMONPLACE IN RECENT YEARS, PARTLY OWING TO THE POPULAR UBUNTU DISTRIBUTION AND THE EMERGENCE OF NETBOOKS.
```
alloy@ubuntu:~/LinuxShell/ch5$
```
这个例子很简单，将所有小写字母替换成大写字母：

（1）tr 命令从标准输入读入，此处是通过重定向符号从 Linux.wiki 中读入（<Linux.wiki）；

（2）tr 命令将标准输入中的所有小写字母替换成大写字母，此处，tr 命令将字母 a~z 替换成字母 A~Z，两个字母序列中的替换项一一对应；

（3）tr 命令使用重定向将标准输出重定向到 Linux.wiki.upper 文件。

tr 命令类似的应用很多，如例 5.17 所示。

例 5.17　tr 的更多例子

```
#若要将大括号转换为小括号，请输入：
alloy@ubuntu:~/LinuxShell/ch5$  tr '{}' '()' < textfile > newfile          # 注释 1

#若要将大括号转换成方括号，请输入：
alloy@ubuntu:~/LinuxShell/ch5$  tr '{}' '\[]' < textfile > newfile         # 注释 2

#若要创建一个文件中的单词列表，请输入：
alloy@ubuntu:~/LinuxShell/ch5$  tr-cs '[:lower:][:upper:]' '[\n*]' < textfile >
newfile
                                                                          # 注释 3

#若要从某个文件中删除所有空字符，请输入：
alloy@ubuntu:~/LinuxShell/ch5$  tr-d '\0' < textfile > newfile             # 注释 4

#若要用单独的换行替换每一序列的一个或多个换行，请输入：
alloy@ubuntu:~/LinuxShell/ch5$  tr-s '\n' < textfile > newfile
                                                                          # 注释 5
 #或
alloy@ubuntu:~/LinuxShell/ch5$  tr-s '\012' < textfile > newfile           # 注释 6

#若要以"？"(问号)替换每个非打印字符(有效控制字符除外)，请输入：
alloy@ubuntu:~/LinuxShell/ch5$  tr-c '[:print:][:cntrl:]' '[?*]' < textfile > newfile
                                                                          # 注释 7

#若要以单个"#"字符替换 <space> 字符类中的每个字符序列，请输入：
alloy@ubuntu:~/LinuxShell/ch5$  tr-s '[:space:]' '[#*]'                    # 注释 8
```

关于上面命令的解释如下。

注释 1：将每个 {（左大括号）转换成（（左小括号），并将每个 }（右大括号）转换成)（右小括号）。所有其他的字符都保持不变。

注释 2：这便将每个 {（左大括号）转换成 [（左方括号），并将每个 }（右大括号）转换成]（右方括号）。左方括号必须与一个"\"（反斜杠）转义字符一起输入。

注释 3：这便将每一序列的字符（除大、小写字母外）都转换成单个换行符。*（星号）可以使 tr 命令重复换行符足够多次以使第二个字符串与第一个字符串一样长。

注释 4：tr 的-d 选项会删除标准输入中出现在给定字符串中的每一个字符。

注释 5：tr 的-s 选项在重复字符序列中除去除第一个字符以外的所有字符。此处就会用单独的换行替换每个序列中的一个或多个换行。

注释 6：此处是用 ASCII 码替换直接的换行符号。

注释 7：这行命令便对不同语言环境中创建的文件进行扫描，以查找当前语言环境下不能打印的字符。

注释 8：这行命令以单个"#"字符替换<space>字符类中的每个字符序列。

怎么样，tr 很强大吧。我们来看看 tr 的 manpage 吧。

---

tr

用途：

转换字符。

语法：

```
tr [-c | -cds | -cs | -C | -Cds | -Cs | -ds | -s ] [-A] String1 String2
tr {-cd | -cs | -Cd | -Cs | -d | -s } [-A] String1
```

描述：

tr 命令从标准输入删除或替换字符，并将结果写入标准输出。根据由 String1 和 String2 变量指定的字符串以及指定的标志，tr 命令可执行 3 种操作。

标志：

-A 使用范围和字符类 ASCII 整理顺序、一个字节一个字节地执行所有操作，而不是使用当前语言环境整理顺序。

-C 指定 String1 值用 String1 所指定的字符串的补码替换。String1 的补码是当前语言环境的字符集中的所有字符，除了由 String1 指定的字符以外。如果指定了-A 和-c 标志都已指定，则与所有 8 位字符代码集合有关的字符将被补足。如果指定了-c 和-s 标志，则-s 标志适用于String1 的补码中的字符。

如果没有指定-d 选项，则由 String1 指定的字符的补码将放置到升序排列的数组中（如LC_COLLATE 的当前设置所定义）。

标志：

-c 指定 String1 值用 String1 所指定的字符串的补码替换。String1 的补码是当前语言环境的字符集中的所有字符，除了由 String1 指定的字符以外。如果指定了-A 和-c 标志都已指定，则与所有 8 位字符代码集合有关的字符将被补足。如果指定了-c 和-s 标志，则-s 标志适用于String1 的补码中的字符。

如果没有指定-d 选项，则由 String1 指定的值的补码将放置到通过二进制值升序排列的数组中。

-d　　从标准输入删除包含在由 String1 指定的字符串中的每个字符。

注：

当-C 选项和-d 选项一起指定时，将删除所有除 String1 指定的那些字符以外的字符。忽略 String2 的内容，除非也指定了-s 选项。

当-c 选项和-d 选项一起指定时，将删除所有除 String1 指定的那些字符以外的字符。忽略 String2 的内容，除非也指定了-s 选项。

-s　　在重复字符序列中除去除第一个字符以外的所有字符。将 String1 所指定的字符序列在转换之前从标准输入中除去，并将 String2 所指定的字符序列从标准输出中除去。

String1　　指定一个字符串。

String2　　指定一个字符串。

退出状态：

该命令返回以下出口值。

0　　所有输入处理成功。

5.7.2　其他选择

其实，tr 的文本替换功能仅仅实现了最简单的功能，如果有更复杂的需求，如有条件判断等逻辑，就需要更强大和复杂的工具了。而这类工具，往往都可以称之为语言。

Linux 下具有这类功能的工具常见的有以下几种。

perl　强大的正则表达式支持在 UNIX/Linux 世界无出其右，文本替换自然是小菜一碟。

sed　sed 工具处理文本流，亦可以轻松地实现文本替换。关于 sed 的知识，我们后面将有专门章节讲解。

awk　awk 语言具有逻辑判断与循环等语言特性支持，并且，在进行文本处理时强大的可定制性功能也是 awk 长盛不衰的原因。

python　作为目前 UNIX/Linux 社区最流行的语言之一，python 的文本处理模块相当强大，也可以完成几乎你想要的替换功能。但是，python 的执行效率比较慢，并且，使用 python 处理简单的文本操作似乎有点大材小用。

我们将在后面的部分章节陆续讲到这些工具，此处，就先将我们的文本替换告一段落。

5.8　一个稍微复杂的例子

5.8.1　实例描述

这个例子改编自千橡公司校园招聘的一条 Linux 题目，千橡的出题官出的这条题目也是平时工程中的一个应用。

千橡的人人网每天都会有数以亿计的访问者，每个访问者的访问行为在千橡的服务器中都会留下访问记录。访问记录里有许多信息，其中包含有两个字段：访问者的 ip，访问者的用户 id。

格式如下：

```
alloy@ubuntu:~/LinuxShell/ch5$  cat record.txt
10:20          202.114.112.5     32123453
10:21          213.89.113.21     34234234
…              …                 …
alloy@ubuntu:~/LinuxShell/ch5$
```

每条记录分为 3 个字段，第一个字段是用户的访问时间，第二个字段是用户的访问 ip，第三个字段是用户的 id。中间以空格隔开。这样的记录有什么用呢？千橡的工程师每天晚上都会分析这些用户数据：

（1）分析哪些 ip 的访问异常。例如，出现短时间内大量访问的情况（可能是用机器人爬网页的结果）；

（2）分析哪些用户为活跃用户；

（3）分析哪些用户的账户存在异常（例如，瞬间换另一个 ip 登录）。

那么，如何判断用户的 ip 访问短时间内出现大量请求呢？因为一个连接请求一条记录，所以我们可以读取每天 ip 访问次数最高的前 100 名，对这些用户进行分析。

试试看，使用我们本章学习的知识，能不能达到这样的目的。

5.8.2　读取记录的 ip 字段和 id 字段

cut 命令可以读取格式化文本中的需要字段。在这里，我们需要读取其中的 ip 字段和 id 字段，而时间字段，我们先行丢弃。

尝试一下例 5.18 所用的方法。

例 5.18　取出 ip 字段和 id 字段

```
alloy@ubuntu:~/LinuxShell/ch5$  cat record.txt
10:20 202.114.112.5 32123453
10:21 213.89.113.21 34234234
10:22 202.114.112.5 32123453
10:23 113.89.113.21 44474237
10:23 220.14.112.5 12123053
10:24 219.89.13.21 24134738
…
alloy@ubuntu:~/LinuxShell/ch5$  cut-d ' ' -f 2,3 record.txt
202.114.112.5 32123453
213.89.113.21 34234234
202.114.112.5 32123453
113.89.113.21 44474237
220.14.112.5 12123053
219.89.13.21 24134738

alloy@ubuntu:~/LinuxShell/ch5$
```

例 5.18 是用了 cut 命令的-d 选项和-f 选项。-d 选项定义了字段分隔符，此处为空格，而-f 选项要求 cut 读取记录中的第二个字段和第三个字段。

经过这个命令后，我们成功将 ip 地址和用户 id 独立出来。

5.8.3　将记录按照 ip 顺序排序

下一步，我们要将记录按照 ip 的顺序排序。这样做的目的是为了将相同的 ip 地址放在一起，便于后面统计相同 ip。我们使用的命令如下。

例 5.19 使用 sort 排序

```
alloy@ubuntu:~/LinuxShell/ch5$ cut-d ' ' -f 2,3 record.txt
202.114.112.5 32123453
213.89.113.21 34234234
202.114.112.5 32123453
113.89.113.21 44474237
220.14.112.5 12123053
219.89.13.21 24134738
...
alloy@ubuntu:~/LinuxShell/ch5$ cut-d ' ' -f 2,3 record.txt |sort
113.89.113.21 44474237
202.114.112.5 32123453
202.114.112.5 32123453
213.89.113.21 34234234
219.89.13.21 24134738
220.14.112.5 12123053
...
alloy@ubuntu:~/LinuxShell/ch5$
```

在这里，我们使用 sort 命令让相同的记录相连，这样做的原因是方便 uniq 统计重复记录。

请思考，如果我们不使用 sort 命令，能否直接使用 uniq 命令呢？请继续往下看。

5.8.4 使用 uniq 统计重复 ip

我们要找出 top100 的访问 ip，必须要统计每个 ip 访问次数。什么命令可以达到这个效果呢？uniq。

例 5.20 使用 uniq 统计重复 ip

```
alloy@ubuntu:~/LinuxShell/ch5$ cut-d ' ' -f 2,3 record.txt |sort
113.89.113.21 44474237
202.114.112.5 32123453
202.114.112.5 32123453
213.89.113.21 34234234
219.89.13.21 24134738
220.14.112.5 12123053
...
alloy@ubuntu:~/LinuxShell/ch5$ cut-d ' ' -f 2,3 record.txt |sort |uniq-c
      1 113.89.113.21 44474237
      2 202.114.112.5 32123453
      1 213.89.113.21 34234234
      1 219.89.13.21 24134738
      1 220.14.112.5 12123053
    ...
alloy@ubuntu:~/LinuxShell/ch5$
```

好了，经过这一个过滤器，我们已经统计出相同 ip 访问的次数。例如，来自 202.114.112.5 的记录为访问两次。

我们回到 5.8.3 小节结束时提到的问题，如果不使用 sort 命令而直接用 uniq，会是什么结果呢？我们来看实例：

```
alloy@ubuntu:~/LinuxShell/ch5$ cut-d ' ' -f 2,3 record.txt |uniq-c
      1 202.114.112.5 32123453
      1 213.89.113.21 34234234
      1 202.114.112.5 32123453
      1 113.89.113.21 44474237
      1 220.14.112.5 12123053
      1 219.89.13.21 24134738
alloy@ubuntu:~/LinuxShell/ch5$
```

你看，如果不使用 sort 而直接 uniq 的话，相同记录并不会合并。这是因为 uniq 在去重时并不会考虑相同记录相隔很远的情况。这一点一定要注意。

到这里，离我们想要的目标已经越来越近了。

5.8.5   根据访问次数进行排序

不多说，再根据访问次数来次 sort 吧。

例 5.21   根据访问次数排序

```
alloy@ubuntu:~/LinuxShell/ch5$ cut-d ' ' -f 2,3 record.txt |sort |uniq-c
     1 113.89.113.21 44474237
     2 202.114.112.5 32123453
     1 213.89.113.21 34234234
     1 219.89.13.21 24134738
     1 220.14.112.5 12123053
     …
alloy@ubuntu:~/LinuxShell/ch5$ cut-d ' ' -f 2,3 record.txt |sort |uniq-c |sort-r
     2 202.114.112.5 32123453
     1 220.14.112.5 12123053
     1 219.89.13.21 24134738
     1 213.89.113.21 34234234
     1 113.89.113.21 44474237
     …
alloy@ubuntu:~/LinuxShell/ch5$
```

很简单吧，我们使用了 sort 的-r 选项，告诉排序使用倒序显示。经过这个过滤器，我们的访问次数就由大到小显示出来，最前面的当然是 ip 访问最多的。

5.8.6   提取出现次数最多的前 100 条

不多说了，直接上 head 命令吧。

例 5.22   提取访问次数前 100 条

```
alloy@ubuntu:~/LinuxShell/ch5$ cut-d ' ' -f 2,3 record.txt |sort |uniq-c |sort-r
     2 202.114.112.5 32123453
     1 220.14.112.5 12123053
     1 219.89.13.21 24134738
     1 213.89.113.21 34234234
     1 113.89.113.21 44474237
     …
a    alloy@ubuntu:~/LinuxShell/ch5$ cut-d ' '-f 2,3 record.txt |sort |uniq-c |sort-r
|head-n100
     2 202.114.112.5 32123453
     1 220.14.112.5 12123053
     1 219.89.13.21 24134738
     1 213.89.113.21 34234234
     1 113.89.113.21 44474237
     …
alloy@ubuntu:~/LinuxShell/ch5$
```

我们使用 head 的参数-n 来显示访问记录的前 100 条。至此，已经完成了我们想要的需求：获取当天访问 ip 最多的前 100 条！很简单吧。

NOTE:

此处为了演示方便，仅仅截取了几条记录。所以你看到的访问记录次数很少。

LINUX

5.9 小结

呼，又到小结了。

本章我们一股脑儿讲了许多文本处理的基本命令。来看一下都学了些什么吧。

sort　排序文本，并且，可以通过修改参数对字段按照规则排序。

uniq　将文本中重复的记录去除，并且可以显示重复的情况。

wc　统计文本出现的行数、字数以及字符数。

pr, fmt, fold　格式化文本输出，但是，他们三者的应用又适用于不同的情况。注意，在不同的系统上，他们的运行结果并不完全相同，所以你要根据自己的系统安全使用这些命令；

head/tail　分别提取文本的开头和结尾。

cut/join　字段处理，可以对进行字段取出、拼接等操作；

tr　完成简单的文本替换，如果需要更强大的功能，可能你需要一个文本处理语言支持。

最后，我们以一个完整的实例完成了命令的介绍。这个例子使用管道结合了不同文本处理命令，很神奇吧！

第6章 文件和文件系统

欢迎回来。

我们在 2.4.1 小节"一切皆文件"中，已经讲解了部分文件的知识。我们知道 Linux 下存在 5 种文件类型，分别是：

> 普通文件
> 目录
> 字符设备文件
> 块设备文件
> 符号链接文件

它们组成了整个 Linux 系统的结构基础，使得几乎所有对设备的操作都可以转化为对文件的操作。

相信你对于 Linux 下"一切皆文件"的思想已经有所体会，在这一章里，你将对 UNIX/Linux 中的文件系统有更深刻的认识。在本章中，你将学到的知识有：

（1）文件的类型、权限位和修改时间等相关知识；

（2）在 UNIX/Linux 系统中查找和遍历文件的方法；

（3）如何比较文件差异，一般都是对于文本文件的操作；

（4）UNIX/Linux 文件系统的结构、类型以及相关操作。

本章涉及的命令有：ls, cat, chown, chgrp, chmod, umask, mkdir, touch, find, xargs, comm, diff, vimdiff, fdisk, mkfs, df, mount。

6.1 文件

当提及文件时，许多人想到的是 Windows 系统下各种各样的后缀名，例如，exe 表示可执行文件，txt 纯文本文件，html 网页文件，rar 压缩文件等。这些标志着 Windows 下的文件类型。每一种文件都有相对应的程序与之关联，例如，当双击 html 文件时，默认启动浏览器（IE/Firefox），然后使用浏览器来阅读文件。

与 Windows 系统中的文件相此，UNIX/Linux 有两点不同的地方。

（1）UNIX/Linux 系统中的文件的概念远远广于 Windows 系统中的文件概念，如上面列出的所有文件在 UNIX/Linux 中都被归结为普通文件的范畴，除此之外，还有设备文件，符号链接文件等。

（2）UNIX/Linux 中的文件并没有显式的可执行程序与之关联。你可以使用 cat 读取文本文件，同样 vi 也能完成相同的操作。

在下面的章节里，我们将介绍 UNIX/Linux 下文件的更多知识。

6.1.1 列出文件

当我们在 Windows 下要查看或者访问某个文件时，我们的操作往往是打开桌面上的"我的电脑"图标，然后一层一层地进入相应文件夹，直到找到这个文件。然后，我们才能对此文件进行操作。UNIX/Linux 下，在命令行中，可以实现相同的功能。如例 6.1 所示。

例 6.1　列出文件

```
alloy@ubuntu:~/LinuxShell/ch6$ ls /tmp                    # 注释 1
cleanuprc.py  hsperfdata_root  Linux.wiki  lost+found  mapping-root  record2.txt
record.txt  scim-panel-socket:0-root
alloy@ubuntu:~/LinuxShell/ch6$ ls /tmp/Linux.wiki         # 注释 2
/tmp/Linux.wiki
alloy@ubuntu:~/LinuxShell/ch6$ ls-l /tmp                  # 注释 3
总计 64
-r-xr-xr-x 1 root root   353 2008-12-24 cleanuprc.py
drwxr-xr-x 2 root root  4096 09-14 13:12 hsperfdata_root
-rw-r--r-- 1 root root   759 09-10 12:20 Linux.wiki
drwx------ 2 root root 16384 2008-12-24 lost+found
srwxr-xr-x 1 root root     0 2008-12-25 mapping-root
-rw-r--r-- 1 root root   136 09-14 21:01 record2.txt
-rw-r--r-- 1 root root   172 09-14 20:51 record.txt
srw------- 1 root root     0 2008-12-25 scim-panel-socket:0-root
alloy@ubuntu:~/LinuxShell/ch6$ ls /etc/*.conf             # 注释 4
/etc/autofs_ldap_auth.conf      /etc/host.conf              /etc/libuser.conf
/etc/pam_smb.conf      /etc/updatedb.conf
/etc/cdrecord.conf                   /etc/idmapd.conf       /etc/logrotate.conf
/etc/prelink.conf      /etc/warnquota.conf
/etc/conman.conf        /etc/initlog.conf  /etc/ltrace.conf  /etc/reader.conf
/etc/webalizer.conf
/etc/dhcp6c.conf        /etc/jwhois.conf  /etc/mke2fs.conf  /etc/resolv.conf
/etc/wvdial.conf
/etc/dnsmasq.conf                    /etc/kdump.conf       /etc/modprobe.conf
/etc/scrollkeeper.conf /etc/xinetd.conf
/etc/dovecot.conf        /etc/krb5.conf    /etc/mtools.conf  /etc/sensors.conf
/etc/yp.conf
```

```
    /etc/esd.conf              /etc/ldap.conf        /etc/multipath.conf  /etc/sestatus.conf
/etc/yum.conf
    /etc/gpm-root.conf         /etc/ld.so.conf       /etc/nscd.conf        /etc/smartd.conf
    /etc/grub.conf             /etc/lftp.conf        /etc/nsswitch.conf   /etc/sysctl.conf
    /etc/gssapi_mech.conf      /etc/libaudit.conf  /etc/ntp.conf          /etc/syslog.conf
alloy@ubuntu:~/LinuxShell/ch6$
```

这个例子的解释如下。

注释 1：ls 接目录名/tmp，这条命令列出/tmp 下除了隐藏文件外的所有文件。

注释 2：ls 接文件名，这条命令列出文件名。

注释 3：ls 接参数-l。这条命令列出文件或文件夹的详细信息。

注释 4：ls 支持*，这条命令列出/etc 下所有 conf 后缀的文件。

在这个例子中，我们使用了 ls 的一个选项-l。-l 选项可以列出文件的详细信息，每行一条记录。记录的字段包括以下内容。

文件类型　说明文件的类型，Linux 下有 5 种文件类型。

权限位　文件或者目录的访问权限，设置可读、可写、可执行的权限。

链接数　被链接到该对象的文件或者目录的数目。

所有者　创建或者拥有该文件或目录的用户。

所有者群组　拥有该文件或目录的用户组。

文件大小　文件或者目录的大小。注意，此处目录的大小仅仅指目录本身的大小，而不是目录下所有文件大小的总和。

修改时间　文件最近被修改的时间，或者目录中内容最近被修改的时间（对目录中的文件进行添加，重命名或者删除时，修改目录中的文件内容不算）。

文件名　该文件或者目录的名称。

关于这些字段的详细解释，我们在下面的章节将会慢慢讲解。

ls 的命令很强大，除了-l 参数外，还有许多其他参数可用，如例 6.2 所示。

例 6.2　ls 的参数

```
alloy@ubuntu:~/LinuxShell/ch6$  ls-a
.             .bash_history    .bash_profile     bin                     download       .kde
Linux.x64_11gR1_database_1013.zip  mochiconntest  .mozilla  .zshrc
..            .bash_logout     .bashrc           database    .emacs       .lesshst       log
mochiweb-org  .viminfo
alloy@ubuntu:~/LinuxShell/ch6$  ls-lt
总计 1870892
drwxr-xr-x  2 root root      12288 09-03 10:07 download
-rw-r--r--  1 root root       7018 09-03 09:25 log
drwxr-xr-x  2 root root       4096 08-21 23:38 bin
drwxr-xr-x 11 root root       4096 2009-03-02 mochiconntest
drwxr-xr-x 11 root root       4096 2009-02-26 mochiweb-org
drwxr-xr-x  6 root root       4096 2009-02-19 database
-rw-r--r--  1 root root 1913850002 2008-10-14 Linux.x64_11gR1_database_1013.zip
alloy@ubuntu:~/LinuxShell/ch6$
```

在这个例子中，我们使用了 ls 的两个参数。

-a　显示目录中的隐藏文件。在 Linux 下，隐藏文件以点号开头。例如，在例 6.2 中的.bash_history 文件。

-t　以修改时间排序文件，最近修改的文件被列在最前面。为了使显示看上去更清晰，在上面的例子中，我们同样添加了-l 参数。

我们还是来看看 ls 的 manpage 吧。

---

ls

用途：

显示目录内容。

语法：

显示目录或文件名的内容。

```
ls [arg] [ File ... ]
```

显示目录内容。

```
ls-f [arg] [ Directory ... ]
```

描述：

ls 命令将每个由 Directory 参数指定的目录或者每个由 File 参数指定的名称写到标准输出，以及我们所要求的和标志一起的其他信息。如果不指定 File 或 Directory 参数，ls 命令显示当前目录的内容。

标志：

-a   列出目录下的所有文件，包括以"."开头的隐含文件。

-b   把文件名中不可输出的字符用反斜杠加字符编号（就像 C 语言一样）的形式列出。

-c   输出文件的 i 节点的修改时间，并以此排序。

-d   将目录像文件一样显示，而不是显示其下的文件。

-e   输出时间的全部信息，而不是输出简略信息。

-f   -U 对输出的文件不排序。

标志：

-g   无用。

-i   输出文件的 i 节点的索引信息。

-k   以 k 字节的形式表示文件的大小。

-l   列出文件的详细信息。

-m   横向输出文件名，并以","作分格符。

-n   用数字的 UID,GID 代替名称。

-o   显示文件的除组信息外的详细信息。

-p-F 在每个文件名后附上一个字符以说明该文件的类型，"*"表示可执行的普通文件；"/"表示目录；"@"表示符号链接；"|"表示 FIFOs；"="表示套接字（sockets）。

-q   用?代替不可输出的字符。

-r   对目录反向排序。

-s   在每个文件名后输出该文件的大小。

-t   以时间排序。

-u   以文件上次被访问的时间排序。

-x   按列输出，横向排序。

-A   显示除"."和".."外的所有文件。

-B   不输出以"～"结尾的备份文件。

-C   按列输出，纵向排序。

-G   输出文件的组的信息。

-L   列出链接文件名而不是链接到的文件。

-N   不限制文件长度。

-Q   把输出的文件名用双引号引起来。

-R   列出所有子目录下的文件。

-S   以文件大小排序。

-X   以文件的扩展名（最后一个"."后的字符）排序。

-1   一行只输出一个文件。

--color=no不显示彩色文件名。

--help   在标准输出上显示帮助信息。

--version   在标准输出上输出版本信息并退出。

退出状态：

此命令返回以下退出值。

0   写所有文件成功。

>0   产生错误。

ls 的选项很多，我们要根据不同的需求选择使用。

6.1.2   文件的类型

如果你关注上面 ls 的-l 参数的输出，你一定对第一列字段的许多字母感兴趣。我们在 2.4.1 小节也曾经介绍过 UNIX/Linux 下的文件类型，这里复习一下都有哪些类型吧。

例 6.3   用 ls 显示文件类型

```
alloy@ubuntu:~/LinuxShell/ch6$  ls-l /tmp/cleanuprc.py
-r-xr-xr-x 1 root root 353 2008-12-24 /tmp/cleanuprc.py
alloy@ubuntu:~/LinuxShell/ch6$  ls-ld /tmp
drwxrwxrwt 6 root root 4096 09-15 16:40 /tmp
alloy@ubuntu:~/LinuxShell/ch6$  ls-l /dev/sda
brw-r----- 1 root disk 8, 0 09-03 16:50 /dev/sda
alloy@ubuntu:~/LinuxShell/ch6$  ls-l /dev/tty
crw-rw-rw- 1 root tty 5, 0 09-09 23:46 /dev/tty
alloy@ubuntu:~/LinuxShell/ch6$  ls-l /bin/csh
lrwxrwxrwx 1 root root 4 2009-02-26 /bin/csh-> tcsh
alloy@ubuntu:~/LinuxShell/ch6$  ls-l /dev/log
srw-rw-rw- 1 root root 0 09-03 08:50 /dev/log
alloy@ubuntu:~/LinuxShell/ch6$
```

在例 6.3 中，我们仅仅关注所有 ls 输出的第一列字段。第一列字段由 10 个字符组成，我们只看每个字段的第一个字符。在这里，出现了以下 6 种不同的字符。

-如果这个字符显示的是连接符（-），则表示此文件是普通文件。我们在本章开始列出的 txt、rar、html 文件都是这个范畴。exe 文件呢？当然也是，二进制文件也是普通文件，只是 UNIX/Linux 下无法直接执行针对 Windows 编码的二进制文件（exe）而已。

D   d 字符标志着这个文件是个文件夹。不要怀疑，Linux 下的文件夹也是文件的一种。文件夹这个文件中，包含着该文件夹下所有文件的名字等信息（注意，这些并不是文件本身包含的，而是它所在的文件夹包含的）。

B 　b 字符标志着这个文件是个块设备文件。常见的块设备文件有硬盘（/dev/sda 或者 /dev/hda）、光盘（/dev/cdrom），等等。这是因为读取这些文件的方法是以块数据为单位的。

C 　哈，与 b 字符相对应的，就是 c 字符了，即字符设备文件。和块设备文件一样，字符设备文件一般都在/dev 目录中。常见的字符设备文件有内存（/dev/mem）、终端（/dev/tty），甚至还有我们之前说的黑洞（/dev/null），哈哈，奇妙吧！

要查看所有的字符设备文件，可以这样做：

```
ls-l /dev | grep "^c"
```

通常情况下，我们将字符设备文件和块设备文件归到同一个文件类别里。

L 　l 字符就是表示这个文件是一个软链接文件了。一般在我们使用-l 参数列出文件的详细参数时，在末尾会显示这个链接。例如，在最后一条命令中，查看/bin/csh 时，就显示它其实不过是 tcsh 的一个软链接罢了。

s 　s 字符说明文件是一个套接字文件。这种文件类型不常见，这里不再详细描述。除此之外，还有一个 p 字符。

NOTE:

在例 6.3 的 ls–ld /tmp 命令中，我们使用了 ls 的 d 参数。d 参数使得 ls 的输出仅仅对目录本身，而不是显示目录下的所有文件。

6.1.3　文件的权限

在 Linux 中的每一个文件或目录都包含有访问权限，这些访问权限决定了谁能访问和如何访问这些文件和目录。

本节主要介绍 4 个方面知识：用户分组、文件访问权限、文件权限的数字表示法以及特殊权限。

1. 用户分组

对于一个文件来说，可以针对 3 种不同的用户类型设置不同的访问权限。这 3 种用户类型如下。

OWNER 　所有者，指创建文件的用户。

GROUP 　用户组，用户组是指一组相似用户。用户组中的单个用户能够设置其所在的用户组访问该用户文件的权限。例如，某一类或某一项目中的所有用户都能够被系统管理员归为一个用户组，其中的组成员能够授予项目组中的其他成员他所创建的文件的访问权限。

OTHER 　其他用户，用户也将自己的文件向系统内的所有用户开放。在这种情况下，系统内的所有用户都能够访问用户的目录或文件。在这种意义上，系统内的其他所有用户就是 other 用户类。

通过设定权限可以从以下 3 种访问方式限制访问权限：只允许用户自己（owner）访问；允许一个预先指定的用户组中的用户（group）访问；允许系统中的任何用户（other）访问。

ls 命令的-l 参数能够查看文件所属的用户和用户组信息，例如：

```
alloy@ubuntu:~/LinuxShell/ch6$ ls-l /dev
crw------- 1 root root 442, 4097 09-03 08:50 usbdev3.2_ep00
crw------- 1 root root 442, 4097 09-03 08:50 usbdev3.2_ep81
crw------- 1 root root 442, 4097 09-03 08:50 usbdev3.2_ep82
```

```
crw------- 1 root root 442, 6144 09-03 08:50 usbdev4.1_ep00
crw------- 1 root root 442, 6144 09-03 08:50 usbdev4.1_ep81
crw------- 1 vcsa tty   7,    0 09-03 08:50 vcs
crw------- 1 vcsa tty   7,    1 09-03 08:50 vcs1
crw------- 1 vcsa tty   7,    2 09-03 08:51 vcs2
crw------- 1 vcsa tty   7,    3 09-03 08:51 vcs3
crw------- 1 vcsa tty   7,    4 09-03 08:51 vcs4
…
alloy@ubuntu:~/LinuxShell/ch6$
```

本例中显示了不同的文件是属于不同用户和用户组的。例如，/dev 下的 usbdev3.2_ep00 文件是属于 root 用户的，并且属于 root 用户组，而 vcs 文件属于 vcsa 用户，隶属于 tty 用户组。

我们可以通过查看/etc/passwd 文件来寻找和修改用户信息，例如：

```
alloy@ubuntu:~/LinuxShell/ch6$ cat /etc/passwd |head
root:x:0:0:root:/root:/bin/bash
daemon:x:1:1:daemon:/usr/sbin:/bin/sh
bin:x:2:2:bin:/bin:/bin/sh
sys:x:3:3:sys:/dev:/bin/sh
sync:x:4:65534:sync:/bin:/bin/sync
games:x:5:60:games:/usr/games:/bin/sh
man:x:6:12:man:/var/cache/man:/bin/sh
lp:x:7:7:lp:/var/spool/lpd:/bin/sh
mail:x:8:8:mail:/var/mail:/bin/sh
news:x:9:9:news:/var/spool/news:/bin/sh
alloy@ubuntu:~/LinuxShell/ch6$
```

本例中显示 passwd 文件的前 10 条记录。/etc/passwd 每个记录由 7 个字段组成，分别是用户名，加密格式的口令，数字的 user id，数字的 group id，全名或账户的其他说明，家目录和登录 Shell（登录时运行的程序）。

而/etc/group 文件中保存着用户的分组信息，例如：

```
alloy@ubuntu:~/LinuxShell/ch6$ cat /etc/group|head
root:x:0:
daemon:x:1:
bin:x:2:
sys:x:3:
adm:x:4:alloy
tty:x:5:
disk:x:6:
lp:x:7:
mail:x:8:
news:x:9:
alloy@ubuntu:~/LinuxShell/ch6$
```

这个例子显示/etc/group 文件的前 10 条记录。当我们想要让某个用户加入到一个组中时，只需要将用户名加入到这个组最后一个字段中。

文件的所有者和所属用户组是可以改变的。

当想要改变文件的所有者时（将文件的所有权归为其他用户），可以使用 chown 命令。当想要改变文件的用户组时，可以用 chgrp 命令。

例 6.4　使用 chown，chgrp 命令

```
alloy@ubuntu:~/LinuxShell/ch6$ touch file
alloy@ubuntu:~/LinuxShell/ch6$ ls-l file
-rw-rw-r-- 1 alloy alloy 0  5月15 23:06 file
alloy@ubuntu:~/LinuxShell/ch6$ chown oracle file
alloy@ubuntu:~/LinuxShell/ch6$ chgrp mysql file
alloy@ubuntu:~/LinuxShell/ch6$ ls-l file
-rw-r--r-- 1 oracle mysql 0 09-16 11:36 file
alloy@ubuntu:~/LinuxShell/ch6$
```

在例 6.4 中，我们使用 alloy 账户创建了 file 文件。ls–l 命令显示 file 文件的所有者为 alloy，属组也为 root。当我们使用 chown 命令时，改变 file 的属主为 oracle，而 chgrp 命令改变 file 的属组为 mysql。因此，再当 ls–l 时，显示出 file 文件的属组和属主发生改变。

我们还是来看一下 chown 的 manpage 吧。

---

chown

用途：

更改与文件关联的所有者或组。

语法：

```
chown [-f ] [-h ] [-R ] Owner [ :Group ] { File ... | Directory ... }
chown-R [-f ] [-H |-L |-P ] Owner [ :Group ] { File ... | Directory ... }
```

描述：

chown 命令将 File 参数指定的文件的所有者更改为 Owner 参数指定的用户。Owner 参数的值可以是可在/etc/passwd 文件中找到的用户标识或登录名，还可以选择性地指定组。Group 参数的值可以是在/etc/group 文件中找到的组标识或组名。

只有 root 用户可以更改文件的所有者。只有 root 用户或拥有该文件的情况下才可以更改文件的组。如果拥有文件但不是 root 用户，则只可以将组更改为其成员的组。

虽然-H、-L 和-P 标志是互斥的，指定不止一个也不认为是错误。指定的最后一个标志确定命令拟稿将演示的操作。

标志：

-f　禁止除用法消息之外的所有错误消息。

-h　更改遇到的符号链接的所有权，而非符号链接指向的文件或目录的所有权。

当遇到符号链接而未指定-h 标志时，chown 命令更改链接指向的文件或目录的所有权，而非链接本身的所有权。

如果指定-R 标志，chown 命令递归地降序指定的目录。

-H　如果指定了-R 选项，并且引用类型目录的文件的符号链接在命令行上指定，chown 变量会更改由符号引用的目录的用户标识（和组标识，如果已指定）和所有在该目录下的文件层次结构中的所有文件。

-L　如果指定了-R 选项，并且引用类型目录的文件的符号在命令行上指定或在遍历文件层次结构期间遇到，chown 命令会更改由符号链接引用的目录的用户标识（和组标识，如果已指定）和在该目录之下的文件层次结构中的所有文件。

-P　如果指定了-R选项并且符号链接在命令行上指定或者在遍历文件层次结构期间遇到，则如果系统支持该操作，则 chown 命令会更改符号链接的所有者标识（和组标识,如果已指定）。chown 命令不会执行至文件层次结构的任何其他部分的符号链接。

-R　递归地降序目录，更改每个文件的所有权。当遇到符号链接并且链接指向目录时，更改该目录的所有权，但不进一步遍历目录。不过-h、-H、-L 或-P 标志也未指定，则当遇到符号链接并且该链接指向到目录时，该目录的组所有权更改但不会进一步遍历目录。

退出状态：

该命令返回以下出口值。

---

0   命令执行成功并已执行所有请求的更改。

>0   发生错误。

下面是 chgrp 的 manpage，chgrp 的使用方法几乎和 chown 类似。

chgrp

用途：

更改文件或目录的组所有权。

语法：

```
chgrp [-f ] [-h ] [-R ] Group { File ... | Directory ... }
chgrp-R [-f ] [-H |-L |-P ] Group { File... | Directory... }
```

描述：

chgrp 命令将与指定文件或目录相关联的组更改为指定组名或组标识号。当遇到符号链接并且没有指定-h or-P 标志时，chgrp 命令更改通过链接指定到的文件或目录的组所有权，而非链接本身的组所有权。

虽然-H、-L 和-P 标志是互斥的，指定不止一个也不认为是错误。指定的最后一个标志确定命令将演示的操作。

标志：

-f   取消除用法消息以外的所有错误消息。

-h   更改遇到的符号链接的组所有权，而非通过符号链接所指向的文件或目录的组所有权。

如果指定-h 标志和-R 标志，chgrp 命令递归降序指定的目录，并且当遇到符号链接时，更改链接本身的组所有权，而非通过链接所指向的文件或目录的组所有权。

-H   如果指定了-R 选项，并且引用类型目录的文件的符号链接在命令行上指定，chgrp 将更改由符号链接引用的目录组以及在该目录之下的文件目录中的所有文件。

-L   如果指定了-R 选项并且引用类型目录的文件的符号链接在命令行上指定或者在遍历文件层次结构期间遇到，chgrp 将更改由符号链接引用的目录组以及在该目录下的文件目录中的所有文件。

-P   如果指定了-R 选项并且符号链接在命令行上指定或在遍历文件层次结构期间遇到，则如果系统支持该操作，chgrp 将更改符号链接的组标识。chgrp 实用程序不会执行至文件层次结构的任何其他部分的符号链接。

-R   递归降序目录，为每个文件设置指定的组标识。当遇到符号链接且该链接指向目录，则会更改该目录的组所有权，但不再进一步遍历目录。如果-h、-H、-L or-P 标志也未指定，则当遇到符号链接并且该链接指向到目录时，该目录的组所有权更改但不会进一步遍历目录。

退出状态：

该命令返回以下退出值。

0   成功完成。

>0   发生一个错误。

2．文件权限

用户能够控制一个给定的文件或目录的被访问程度。一个文件或目录可能有读、写及执行权限。当创建一个文件时，系统会自动地赋予文件所有者读和写的权限，允许所有者能够读取文件内容和修改文件。文件所有者可以将这些权限改变为任何他想指定的权限。一个文件也许只有读取权限，禁止任何修改；也可能只有执行权限，允许它像一个程序一样执行。

对于每个文件文件来说，文件所有者或超级用户可以设置该文件的可读，可写和可执行权限，他们分别是 r, w, x。

r（Read，读取） 对文件而言，具有读取文件内容的权限；对目录来说，具有浏览目录的权限。

w（Write,写入） 对文件而言，具有新增、修改文件内容的权限；对目录来说，具有删除、移动目录内文件的权限。

x（Execute，执行） 对文件而言，具有执行文件的权限；对目录来说该用户具有进入目录的权限。

与此同时，在上文中的用户分组小节中，我们介绍了每一个文件都包含有其自身对不同用户的设置权限：

属主权限 控制文件所有者的访问权限，即所有者权限。

属组权限 控制文件所属用户组中的用户访问文件的权限。

其他用户权限 控制其他所有用户访问该文件的权限。

可读、可写、可执行 3 套权限赋予用户不同类型（即属主、属组、其他用户），这样就构成了一个有 9 种类型的权限组，如图 6-1 所示。

显而易见，当我们使用 ls 的-l 参数显示的第一个字段中，剩余的 9 个字符就是代表着文件或目录的权限位。权限位分为 3 部分，针对 3 种不同群组：属主，属组和其他用户。

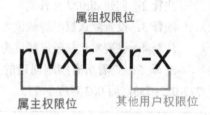

图 6-1 Linux 文件的权限位图

在图中所显示的例子中，属主具有可读、可写、可执行权限（Read, Write, Execute）而属组和其他用户只有可读、可执行权限，没有可写权限（相应位置上为连字符）。

我们来看更多的例子。

例 6.5 看看文件都有什么权限

```
-rwx------
```
文件所有者对文件具有读取、写入和执行的权限。
```
-rwxr-r--
```
文件所有者具有读取、写入与执行的权限，其他用户则具有读取的权限。
```
-rw-rw-r-x
```
文件所有者与同组用户对文件具有读、写的权限，而其他用户仅具有读取和执行的权限。
```
drwx--x--x
```
目录所有者具有读写与进入目录的权限，其他用户只能进入该目录，却无法读取任何数据。
```
drwx------
```
除了目录所有者具有完整的权限之外，其他用户对该目录完全没有任何权限。

每个用户都拥有自己的专属目录，通常集中放置在/home 目录下，这些专属目录的默认权限为 rwx------，表示目录所有者本身具有所有权限，其他用户无法进入该目录。执行 mkdir 命令所创建的目录，其默认权限为 rwxr-xr-x，用户可以根据需要修改目录的权限。

此外，默认的权限可用 umask 命令修改，用法非常简单，只需执行 umask 777 命令，便代表屏蔽所有的权限，因而之后建立的文件或目录，其权限都变成 000，依次类推。通常 root 账号搭配 umask 命令的数值为 022、027 和 077，普通用户则是采用 002，这样所产生的权限依次为 755、750、700、775。有关权限的数字表示法，后面将会详细说明。

例如我们来看一个例子。

例 6.6　用 umask 设置默认权限

```
alloy@ubuntu:~/LinuxShell/ch6$ umask                            # 注释 1
0022
alloy@ubuntu:~/LinuxShell/ch6$ mkdir dir022                     # 注释 2
alloy@ubuntu:~/LinuxShell/ch6$ umask 777                        # 注释 3
alloy@ubuntu:~/LinuxShell/ch6$ mkdir dir777
alloy@ubuntu:~/LinuxShell/ch6$ umask 002                        # 注释 4
alloy@ubuntu:~/LinuxShell/ch6$ mkdir dir002
alloy@ubuntu:~/LinuxShell/ch6$ ls-ld dir*                       # 注释 5
drwxrwxr-x 2 alloy alloy 4096  5 月 16 00:11 dir002
drwxr-xr-x 2 alloy alloy 4096  5 月 16 00:10 dir022
d--------- 2 alloy alloy 4096  5 月 16 00:11 dir777
alloy@ubuntu:~/LinuxShell/ch6$
```

关于这个例子的解释如下。

注释 1：使用 umask 查看当前默认权限屏蔽位。

注释 2：创建 dir022 文件夹。

注释 3：设置默认权限屏蔽位为 777，即新创建的文件被屏蔽所有权限。

注释 4：设置默认权限屏蔽位为 022，即屏蔽其他用户的可写权限。

注释 5：查看所有刚刚创建的文件。可见，当权限屏蔽位为 022 时，创建的目录权限为 777-022=755，而 002 对应于 775，777 对应于 000。

NOTE:

你发现，我们在创建新文件的时候一直创建的文件夹类型(mkdir)。这是因为，当我们创建普通文件类型的文件时，默认情况下可执行权限是被屏蔽的，即如果当文件权限屏蔽位为 022 时，创建普通文件的权限默认为 666-022=644，而不是 777-022=755。

用户登录系统时，用户环境就会自动执行 umask 命令来决定文件、目录的默认权限。

3. 文件权限的数字表示法

文件和目录的权限表示，是用 rwx 这 3 个字符来代表所有者、用户组和其他用户的权限。有时候，字符似乎过于麻烦，因此还能以数字形式来表示权限，而且仅需 3 个数字。

r　对应数值 4

w　对应数值 2

x　对应数值 1

-　对应数值 0

数字设定的关键是 mode 的取值，一开始许多初学者会被搞糊涂，其实很简单，我们将 rwx 看成二进制数，如果有则用 1 表示，没有则用 0 表示，那么 rwx r-x r--则可以表示为：

➢　111 101 100

再将其每三位转换成为一个十进制数，就是 754。

我们设置 a.txt 这个文件的权限如表 6-1 所示。

表 6-1 文件权限

	自己	同组用户	其他用户
可读	是	是	是
可写	是	是	
可执行			

那么，我们先根据上表得到权限串为：rw-rw-r--，转换成二进制数就是 110 110 100，再每三位转换成为一个十进制数，就得到 664，因此我们执行命令：

```
alloy@ubuntu:~/LinuxShell/ch6$ chmod 664 a.txt
```

关于 chmod 的相关知识，我们在下面将会介绍。

按照上面的规则，rwx 合起来就是 4+2+1=7，一个 rwxrwxrwx 权限全开放的文件，数值表示为 777；而完全不开放权限的文件"---------"其数字表示为 000。下面举几个例子：

```
-rwx------
```
等于数字 700
```
-rwxr-r--
```
等于数字 744
```
-rw-rw-r-x
```
等于数字 665
```
drwx-x-x
```
等于数字 711
```
drwx------
```
等于数字 700

在文本模式下，可执行 chmod 命令去改变文件和目录的权限。我们先执行 ls-l 看看目录内的情况：

```
alloy@ubuntu:~/LinuxShell/ch6$ ls-l
总用量 368
-rw-r--r-- 1 root root 12172 8 月 15 23:18 conkyrc.sample
drwxr-xr-x 2 root root 48 9 月 4 16:32 Desktop
-r--r--r-- 1 root root 331844 10 月 22 21:08 libfreetype.so.6
drwxr-xr-x 2 root root 48 8 月 12 22:25 MyMusic
-rwxr-xr-x 1 root root 9776 11 月 5 08:08 net.eth0
-rwxr-xr-x 1 root root 9776 11 月 5 08:08 net.eth1
-rwxr-xr-x 1 root root 512 11 月 5 08:08 net.lo
drwxr-xr-x 2 root root 48 9 月 6 13:06 vmware
alloy@ubuntu:~/LinuxShell/ch6$
```

可以看到当前文件 conkyrc.sample 文件的权限是 644,然后把这个文件的权限改成 777。执行下面命令：

```
alloy@ubuntu:~/LinuxShell/ch6$ chmod 777 conkyrc.sample
```

然后，ls-l 看一下执行后的结果：

```
alloy@ubuntu:~/LinuxShell/ch6$ ls-l
总用量 368
-rwxrwxrwx 1 root root 12172 8 月 15 23:18 conkyrc.sample
drwxr-xr-x 2 root root 48 9 月 4 16:32 Desktop
-r--r--r-- 1 root root 331844 10 月 22 21:08 libfreetype.so.6
drwxr-xr-x 2 root root 48 8 月 12 22:25 MyMusic
-rwxr-xr-x 1 root root 9776 11 月 5 08:08 net.eth0
-rwxr-xr-x 1 root root 9776 11 月 5 08:08 net.eth1
-rwxr-xr-x 1 root root 512 11 月 5 08:08 net.lo
```

```
drwxr-xr-x 2 root root 48 9月6 13:06 vmware
alloy@ubuntu:~/LinuxShell/ch6$
```

可以看到 conkyrc.sample 文件的权限已经修改为 rwxrwxrwx。

我们还是来关注一下 chmod 的 manpage 吧。

---

chmod

用途：

更改文件方式。

语法：

要用符号更改文件方式。

```
chmod [-R ] [-h ] [-f ] [ [ u ] [ g ] [ o ] | [ a ] ] { {- | + | = } [ r ] [ w ] [ x ]
[ X ] [ s ] [ t ] } { File ... | Directory ... }
```

要用数字更改文件方式。

```
chmod [-R ] [-h ] [-f ] PermissionCode { File ... | Directory ... }
```

描述：

chmod 命令修改方式位和指定文件或目录的扩展访问控制表（ACL）。可以用符号或用数字定义方式（完全方式）。

当遇到符号链接而未指定-h 标志时，chmod 命令更改通过链接指向的文件或目录的方式，而非链接本身的方式。如果指定-h 标志，则 chmod 命令防止此方式更改。

如果指定-h 标志和-R 标志，chmod 命令递归地降序指定的目录，并且在遇到符号链接时，不更改链接指向的文件或目录的方式。

标志：

-f   禁止所有错误报告（除了无效权限和用法语句）。

-h   禁止遇到的符号链接指向的文件或目录的方式更改。

注：由于不能在符号链接上设置方式位，所以此行为与 chgrp 和 chown 命令上的-h 标志的行为略有不同。

-R   只递归地降序目录，如同模式 File...|Directory... 指定。-R 标志更改匹配指定模式的每个目录和所有文件的文件方式位。

当遇到符号链接并且链接指向目录时，更改该目录的文件方式位，但不进一步遍历目录。

退出状态：

该命令返回以下出口值。

0   已成功执行命令并已执行所有请求的更改。

>0   发生错误。

4．特殊权限

文件与目录设置不止这些，还有所谓的特殊权限。由于特殊权限会拥有一些"特权"，因而用户若无特殊需求，不应该启用这些权限，避免安全方面出现严重漏洞，造成黑客入侵，甚至摧毁系统。

特殊权限有以下几项内容。

➢   s 或 S（SUID,Set UID）

可执行的文件搭配这个权限，便能得到特权，任意存取该文件的所有者能使用的全部系统资源。请注意具备 SUID 权限的文件，黑客经常利用这种权限，以 SUID 配上 root 账号拥有者，无声无息地在系统中开扇后门，供日后进出使用。

➢ s 或 S（SGID，Set GID）

设置在文件上面，其效果与 SUID 相同，只不过将文件所有者换成用户组，该文件就可以任意存取整个用户组所能使用的系统资源。

➢ T 或 T（Sticky）

/tmp 和 /var/tmp 目录供所有用户暂时存取文件，即每位用户皆拥有完整的权限进入该目录，去浏览、删除和移动文件。

因为 SUID、SGID、Sticky 占用 x 的位置来表示，所以在表示上会有大小写之分。加入同时开启执行权限和 SUID、SGID、Sticky，则权限表示字符是小写的：

```
-rwsr-sr-t 1 root root 4096 6月23 08：17 conf
```

如果关闭执行权限，则表示字符会变成大写：

```
-rwSr-Sr-T 1 root root 4096 6月23 08：17 conf
```

6.1.4 文件的修改时间

如果经常使用 Windows，一定对 Windows 中的文件排列方式很熟悉。Windows 提供方法使得可以对某文件夹下的文件按照某种规则排序，如文件名、文件类型等，其中，有种规则是按照文件的修改时间排序。

文件的修改时间不同于创建时间，他是代表文件被访问或被修改的时间。文件被修改的时间比较好理解，例如，我们可以用编辑器来修改文本文件，然后保存一下，这样文件的时间就变了。

在 UNIX/Linux 下，我们可以通过 ls 的-l 选项查看文件的修改时间，我们来看一下实例：

```
alloy@ubuntu:~/LinuxShell/ch6$ ls-l /tmp
总计 88
-r-xr-xr-x 1 root root   353 2008-12-24 cleanuprc.py
drwxrwxr-x 2 root root 4096 09-15 19:00 dir002
drwxr-xr-x 2 root root 4096 09-15 18:59 dir022
d--------- 2 root root 4096 09-15 19:00 dir777
drwxr-xr-x 2 root root 4096 09-15 22:33 hsperfdata_root
-rw-r--r-- 1 root root   759 09-10 12:20 Linux.wiki
drwx------ 2 root root 16384 2008-12-24 lost+found
srwxr-xr-x 1 root root     0 2008-12-25 mapping-root
-rw-r--r-- 1 root root   136 09-14 21:01 record2.txt
-rw-r--r-- 1 root root   172 09-14 20:51 record.txt
srw------- 1 root root     0 2008-12-25 scim-panel-socket:0-root
alloy@ubuntu:~/LinuxShell/ch6$
```

本例中，我们使用了 ls 查看/tmp 下文件的详细信息，其中，第六列就是文件的修改时间，例如，dir022 文件的修改时间为 09 月 15 日的 19:00，而 cleanuprc.py 的修改时间为 08 年 12 月 24 日。

当我们编辑并保存某个文件时，在查看这个文件的修改时间，文件的修改时间就会变成我们保存文件那个操作时间点的时间。当然也有其他的工具不修改文件的内容，只修改文件的时间，这时可以被称为访问时间。例如，touch 工具能达到这个目的下面来看个实例。

例 6.7 使用 touch 修改文件的修改时间

```
alloy@ubuntu:~/LinuxShell/ch6$ ls-l cleanuprc.py
-r-xr-xr-x 1 root root 353 2008-12-24 cleanuprc.py
alloy@ubuntu:~/LinuxShell/ch6$ touch cleanuprc.py
alloy@ubuntu:~/LinuxShell/ch6$ ls-l cleanuprc.py
-r-xr-xr-x 1 root root 353 09-16 11:02 cleanuprc.py
```

alloy@ubuntu:~/LinuxShell/ch6$

注意了，在这个例子中，我们两次查看 cleanuprc.py 文件的修改时间，一次是在 touch 之前，一次是在 touch 之后。文件的修改时间被修改成了执行 touch 命令时刻点的时间。

touch 命令除了可以修改文件的时间到当前时间外，还能创建空文件，修改时间到任意时间点。

我们来看 touch 的 manpage。

---

touch

用途：

更新文件的访问和修改时间。

语法：

```
touch [-a] [-c] [-m] [-f] [-r RefFile] [ Time |-t Time ] { File ... | Directory ... }
```

描述：

touch 命令更新由 Directory 参数指定的每个目录下的由 File 参数指定的每个文件的访问和修改时间。如果没有指定 Time 变量值，touch 命令就使用当前时间。如果指定了一个不存在的文件，touch 命令就创建此文件，除非指定了-c 标志。

touch 命令的返回码是时间没有被成功修改的文件数目（包括不存在的文件和没有创建的文件）。

注：任何超过 2038 年（包含 2038 年）的日期都是无效的。

标志：

-a　　更改由 File 变量指定的文件的访问时间。不要更改修改时间，除非也指定了-m 标志。

-c　　如果文件不存在，则不要进行创建。没有写任何有关此条件的诊断消息。

-f　　尝试强制 touch 运行，而不管文件的读和写许可权。

-m　　更改 File 的修改时间。不要更改访问时间，除非也指定了-m 标志。

-r　RefFile　　使用由 RefFile 变量指定的文件的相应时间，而不用当前时间。

Time 以 MMDDhhmm[YY]的格式指定新时间戳记的日期和时间，其中：

MM　　指定一年的哪一月（从 01～12）；

DD　　指定一月的哪一天（从 01～31）；

hh　　指定一天中的哪一小时（从 00～23）；

mm　　指定一小时的哪一分钟（从 00～59）。

YY　　指定年份的后两位数字。如果 YY 变量没有被指定，默认值为当前年份。

标志：

-t Time　　使用指定时间而不是当前时间。Time 变量以十进制形式[[CC]YY]MMDDhhmm[.SS]指定，其中：

CC　　指定年份的前两位数字；

YY　　指定年份的后两位数字；

MM　　指定一年的哪一月（从 01～12）；

DD　　指定一月的哪一天（从 01～31）；

hh　　指定一天中的哪一小时（从 00～23）；

mm　　指定一小时的哪一分钟（从 00～59）；

> SS 指定一分钟的哪一秒（从 00～59）。
>
> 注：touch 命令调用 utime()子例程来更改所涉及文件的修改和访问时间。当没有真正拥有该文件，即使对文件有写许可权，使用标志时也可能使 touch 命令失败。
>
> 当使用 touch 命令时，如果接收到错误消息，不要指定完整路径名/usr/bin/touch。
>
> **退出状态：**
>
> 命令返回以下出口值。
>
> 0   命令成功执行。所有请求的更改已完成。
>
> >0   发生一个错误。

我们在 Windows 下常常会需要这样一个操作，看看某个文件夹下面最新的文件是哪个。这个操作完成的方法往往是：按照修改时间排列图标，然后最新的文件往往排列在最前面。在 UNIX/Linux 下能不能完成类似的需求呢？当然可以！而且更加强大！请继续往下看，寻找文件！

6.2 寻找文件

在 UNIX/Linux 下寻找文件的机制很强大，使用 find 命令与其他工具结合时，你就能找到符合某种规则的文件，并能对这类文件依次执行某命令。

6.2.1 find 命令的参数

find 命令的强大之处，无法在短短一小节中全部讲解。只有在不断实践中遇到各种需求，进行反复操作才能体会其精妙。

由于 find 具有强大的功能，所以它的选项也很多，其中大部分选项都值得我们花时间去了解。即使系统中含有网络文件系统（NFS），find 命令在该文件系统中同样有效，只要具有相应的权限。

在运行一个非常消耗资源的 find 命令时，很多人都倾向于把它放在后台执行，因为遍历一个大的文件系统可能会花费很长的时间（这里是指 30G 字节以上的文件系统）。

find 命令的一般格式为：

```
find pathname-options [-print-exec-ok ...]
```

在命令中的参数解释如下。

pathname find 命令所查找的目录路径。例如，用“.”来表示当前目录，用“/”来表示系统根目录。

-print   find 命令将匹配的文件输出到标准输出。

-exec find 命令对匹配的文件执行该参数所给出的 Shell 命令。相应命令的形式为'command' {} \;，注意{}和\；之间的空格。

-ok   和-exec 的作用相同，只不过以一种更为安全的模式来执行该参数所给出的 Shell 命令，在执行每一个命令之前，都会给出提示，让用户来确定是否执行。

我们来看一个例子吧。

例 6.8   使用 find 命令

```
alloy@ubuntu:~/LinuxShell/ch6$ find /etc-iname "*rc"          # 注释 1
```

```
/etc/rc.d/rc
/etc/rc
/etc/wgetrc
/etc/kderc
/etc/pinforc
/etc/X11/twm/system.twmrc
/etc/X11/xinit/xinitrc
/etc/X11/xinit/xinputrc
/etc/skel/.zshrc
/etc/skel/.bashrc
…
alloy@ubuntu:~/LinuxShell/ch6$ find /etc-iname "*rc"-exec cp {} /tmp/rcfile/ \;
    # 注释 2
alloy@ubuntu:~/LinuxShell/ch6$ ls /tmp/rcfile
bashrc    inputrc    lisarc    pinforc  slrn.rc              system.twmrc wgetrc
zshrc
csh.cshrc  kderc          mail.rc  rc       spamassassin-default.rc vimrc
xinitrc
gtkrc      ksysguarddrc  Muttrc   screenrc spamassassin-spamc.rc     virc
xinputrc
alloy@ubuntu:~/LinuxShell/ch6$
```

关于例 6.8 的解释如下。

注释 1：递归检索/etc 下的所有文件，凡是文件名符合"*rc"的，即文件名以 rc 结尾的，都输出。我们发现，不但/etc 下一层目录的符合条件的文件被输出，并且深层目录下符合条件的文件也被打印出来。

注释 2：递归检索/etc 下的所有文件，凡是文件名符合"*rc"的，都检索出来，然后对于这类文件执行命令：cp file /tmp/rcfile/（将文件复制到/tmp/rcfile 下，此时需要保证 tmp 下有 rc/file 这个文件夹）。这样，我们在下一步查看/tmp/rcfile 下的文件时，会发现 find 检索出的文件都被复制到这里。

NOTE:

这边使用 exec 的格式为：exec 选项后面跟随着所要执行的命令或脚本，然后是一对儿{}，一个空格和一个\，最后是一个分号。

这样的命令用途很多，你可以对某个文件夹下的一类文件执行同一个操作。举几个常见的例子。

➢ 备份/etc 下所有配置文件(往往以.conf 结尾)。

➢ 转换某目录下所有 mp3 文件的 tag 编码(从 GBK 转到 UTF8 等)。

➢ 删除所有 autorun.inf 文件(往往是病毒文件)。

这些操作，都可以通过 find 命令轻松地完成。我们在需要的时候应该按照自己的需求编写 find 命令。

find 命令的 options 很多。常用的选项有：

-name 按照文件名查找文件。

-perm 按照文件权限来查找文件。

-prune 使用这一选项可以使 find 命令不在当前指定的目录中查找，如果同时使用-depth 选项，那么-prune 将被 find 命令忽略。

-user 按照文件属主来查找文件。

-group 按照文件所属的组来查找文件。

-mtime-n +n 按照文件的更改时间来查找文件。- n 表示文件更改时间距现在 n 天以内，+ 表示文件更改时间距现在 n 天以前。find 命令还有-atime 选项和-ctime 选项，但它们都和-mtime 选项的使用方法相同。

-nogroup 查找无有效所属组的文件，即该文件所属的组在/etc/groups 中不存在。

-nouser 查找无有效属主的文件，即该文件的属主在/etc/passwd 中不存在。

-newer file1 ! file2 查找更改时间比文件 file1 新但比文件 file2 旧的文件。

-type 查找某一类型的文件，如下所示。

➢ b- 块设备文件。

➢ d- 目录。

➢ c- 字符设备文件。

➢ p- 管道文件。

➢ l- 符号链接文件。

➢ f- 普通文件。

-size n：[c] 查找文件长度为 n 块的文件，带有 c 时表示文件长度以字节计。

-depth 在查找文件时，首先查找当前目录中的文件，然后再在其子目录中查找。

-fstype 查找位于某一类型文件系统中的文件，这些文件系统类型通常可以在配置文件/etc/fstab 中找到，该配置文件中包含了本系统中有关文件系统的信息。

-mount 在查找文件时不跨越文件系统 mount 点。

-follow 如果 find 命令遇到符号链接文件，就跟踪至链接所指向的文件。

-cpio 对匹配的文件使用 cpio 命令，将这些文件备份到磁带设备中。

来看下这些参数的实例吧。

例 6.9 find 命令的参数

```
alloy@ubuntu:~/LinuxShell/ch6$  find ~-iname "*.txt"          # 注释 1
/root/python/oracle/result.txt
/root/.subversion/README.txt
/root/.mozilla/firefox/7xaqs6td.default/signons3.txt
/root/.mozilla/firefox/7xaqs6td.default/urlclassifierkey3.txt
alloy@ubuntu:~/LinuxShell/ch6$  find .-perm 755               # 注释 2
./mapping-root
./dir022
./hsperfdata_root
./rcfile
./rcfile/rc
./rcfile/xinitrc
alloy@ubuntu:~/LinuxShell/ch6$  find .-type d-print           # 注释 3
.
./lost+found
./dir002
./dir777
./dir022
./.ICE-unix
./hsperfdata_root
./rcfile
./.font-unix
alloy@ubuntu:~/LinuxShell/ch6$  sudo find /tmp-newer /tmp/record.txt  # 注释 4
/tmp
```

```
/tmp/record2.txt
/tmp/dir002
/tmp/file
alloy@ubuntu:~/LinuxShell/ch6$
alloy@ubuntu:~/LinuxShell/ch6$  find ~-size +1M              # 注释 5
/root/python/oracle/ojdbc14.jar
/root/python/oracle/classes12.jar
/root/.mozilla/firefox/7xaqs6td.default/XPC.mfasl
/root/.mozilla/firefox/7xaqs6td.default/urlclassifier3.sqlite
/root/.mozilla/firefox/7xaqs6td.default/Cache/_CACHE_001_
/root/.mozilla/firefox/7xaqs6td.default/Cache/_CACHE_002_
/root/.mozilla/firefox/7xaqs6td.default/Cache/_CACHE_003_
/root/.mozilla/firefox/7xaqs6td.default/Cache/213AFEF4d01
alloy@ubuntu:~/LinuxShell/ch6$ sudo find /tmp-user root       # 注释 6
/tmp
/tmp/lost+found
/tmp/mapping-root
/tmp/record.txt
/tmp/record2.txt
/tmp/dir002
/tmp/scim-panel-socket:0-root
/tmp/dir777
/tmp/Linux.wiki
/tmp/dir022
/tmp/.ICE-unix
/tmp/hsperfdata_root
/tmp/hsperfdata_root/16901
…
alloy@ubuntu:~/LinuxShell/ch6$
```

例 6.9 演示了一系列 UNIX/Linux 下 find 命令参数的使用方法。关于例 6.9 的解释如下。

注释 1：找出用户根目录下所有 txt 后缀的文件，打印出来。

注释 2：找出当前目录下权限位为 755 的文件。

注释 3：找出当前目录下的所有文件夹（d）。

注释 4：找出/tmp 文件夹下比/tmp/record.txt 更新的文件。

注释 5：找出当前目录下大小超过 1M 的文件。

注释 6：找出/tmp 目录下所有属于 root 用户的文件。

find 命令的参数很多，请在需要时查看 find 的 manpage。

在与时间相关的 find 操作上，有三种不同操作分别是访问文件、修改文件状态和修改文件数据内容。

```
-amin n    查找系统中最后 n 分钟访问的文件
-atime n   查找系统中最后 n*24 小时访问的文件
-cmin n    查找系统中最后 n 分钟被改变文件状态的文件
-ctime n   查找系统中最后 n*24 小时被改变文件状态的文件
-mmin n    查找系统中最后 n 分钟被改变文件数据的文件
-mtime n   查找系统中最后 n*24 小时被改变文件数据的文件
```

我们来看下面的关于时间的操作实例：

```
alloy@ubuntu:~/LinuxShell/ch6$ sudo find /tmp-mtime 2        # 注释 1
/tmp/file
alloy@ubuntu:~/LinuxShell/ch6$  find /tmp-atime 1
/tmp/record.txt
/tmp/record2.txt
/tmp/Linux.wiki
/tmp/hsperfdata_root/16901
alloy@ubuntu:~/LinuxShell/ch6$ sudo find /tmp-atime 1        # 注释 2
/tmp/record.txt
```

```
/tmp/record2.txt
/tmp/Linux.wiki
/tmp/hsperfdata_root/16901
alloy@ubuntu:~/LinuxShell/ch6$ sudo find /tmp-ctime 1          # 注释 3
/tmp/hsperfdata_root/16901
alloy@ubuntu:~/LinuxShell/ch6$
```

关于这个例子的注释如下。

注释 1：找出/tmp 文件夹下在 2 天内文件数据被修改的文件。

注释 2：找出/tmp 文件夹下在 1 天内被访问过的文件。

注释 3：找出/tmp 文件夹下 1 天内文件状态被修改的文件。

6.2.2　遍历文件

在使用 find 命令的-exec 选项处理匹配到的文件时，find 命令将所有匹配到的文件一起传递给 exec 执行。但有些系统对能够传递给 exec 的命令长度有限制，这样在 find 命令运行几分钟之后，就会出现溢出错误。错误信息通常是"参数列太长"或"参数列溢出"。这就是 xargs 命令的用处所在，特别是与 find 命令一起使用。

find 命令把匹配到的文件传递给 xargs 命令，而 xargs 命令每次只获取一部分文件而不是全部，不像-exec 选项那样。这样它就可以先处理最先获取的那部分文件，然后处理下一批，并依次继续处理其余。

在有些系统中，使用-exec 选项会为处理每一个匹配到的文件而发起一个相应的进程，并非将匹配到的文件全部作为参数一次执行；这样在有些情况下就会出现进程过多，系统性能下降的问题，进而效率不高。

而使用 xargs 命令则只有一个进程。另外，在使用 xargs 命令时，究竟是一次获取所有的参数，还是分批取得参数，以及每次获取参数的数目都会根据该命令的选项及系统内核中相应的可调参数来确定。

我们来看看 xargs 命令是如何同 find 命令一起使用的，例 6.10 查找出系统中的普通文件，然后使用 xargs 命令来测试它们分别属于哪类文件。

例 6.10　xargs 使用

```
alloy@ubuntu:~/LinuxShell/ch6$ find /tmp-type f-print | xargs file
/tmp/record.txt:                  ASCII text
/tmp/record2.txt:                 ASCII text
/tmp/file:                        empty
/tmp/Linux.wiki:                  ASCII English text, with very long lines
/tmp/hsperfdata_root/16901:       data
/tmp/rcfile/csh.cshrc:            ASCII text
/tmp/rcfile/ksysguarddrc:         ASCII English text
/tmp/rcfile/.bashrc:              ASCII text
/tmp/rcfile/vimrc:                UTF-8 Unicode English text, with escape sequences
/tmp/rcfile/virc:                 ASCII English text, with escape sequences
/tmp/rcfile/wgetrc:               ASCII English text
/tmp/rcfile/spamassassin-spamc.rc: ASCII text
alloy@ubuntu:~/LinuxShell/ch6$
```

例 6.10 首先使用 find 的-type 选项找出所有普通文件,然后将找到的文件全路径传递给 xargs,xargs 依次对这些文件执行 file 命令查看详细文件类型。

一个例子太少了，让我们多来几个。

例 6.11　xargs 的更多例子

```
alloy@ubuntu:~/LinuxShell/ch6$  find /etc-type f | xargs grep "nameserver"  # 注释1
/etc/rc.d/init.d/named:            if    [-z    "$named_c_option"  ]  &&  [-r
${ROOTDIR}/etc/named.caching-nameserver.conf ]; then
/etc/rc.d/init.d/named:           named_conf='/etc/named.caching-nameserver.conf';
/etc/sysconfig/networking/profiles/default/resolv.conf:nameserver 202.119.32.6
/etc/sysconfig/network-scripts/ifup-post: if [-n "$DNS1" ] && ! grep-q "^nameserver
$DNS1" /etc/resolv.conf &&
/etc/sysconfig/network-scripts/ifup-post:            nameserver*|EOF)
…
alloy@ubuntu:~/LinuxShell/ch6$  ll file*                                    # 注释2
-rwxrwxrwx 1 root root 0 09-19 16:16 file1
-rwxrwxrwx 1 root root 0 09-19 16:16 file2
-rwxrwxrwx 1 root root 0 09-19 16:16 file3
-rwxrwxrwx 1 root root 0 09-19 16:16 file4
-rwxrwxrwx 1 root root 0 09-19 16:16 file5
alloy@ubuntu:~/LinuxShell/ch6$  find .-perm-7-print | xargs chmod o-w       # 注释3
alloy@ubuntu:~/LinuxShell/ch6$  ll file*                                    # 注释4
-rwxrwxr-x 1 root root 0 09-19 16:16 file1
-rwxrwxr-x 1 root root 0 09-19 16:16 file2
-rwxrwxr-x 1 root root 0 09-19 16:16 file3
-rwxrwxr-x 1 root root 0 09-19 16:16 file4
-rwxrwxr-x 1 root root 0 09-19 16:16 file5
alloy@ubuntu:~/LinuxShell/ch6$
```

例 6.11 演示了 xargs 的两个应用。关于它的解释如下。

注释 1：用 grep 命令在/etc 目录下的所有文件中寻找 nameserver 这个单词。

注释 2：使用 ll 命令列出所有文件名符合“file*”格式的文件，即所有文件名以 file 开头的文件。ll 命令是“ls-l”的缩写，多数系统中支持这种用法，如果你使用 bash Shell 不支持的话，你可以向~/.bashrc 中加入这样一行命令：

alias ll="ls-l"

这样你就可以使用 ll 命令了。

在这个命令的输出中，你可以看出所有文件的权限位都是 777。

注释 3：这一条命令在当前目录下查找所有权限位为 7 的文件，并且用 chmod 命令将这些文件其他组的写入权限去掉。

注释 4：这是上一条命令的效果：所有文件其他组的写入权限都被去掉了。

6.3　比较文件

UNIX/Linux 下比较文件差异的方法很多，最经典的就是使用 comm，diff 命令。此外，一些文本编辑器提供了交互式的比较文件的方法，并且使用更人性化的显示方式表现出来。

6.3.1　使用 comm 比较排序后文件

comm 这项指令会一行一行地比较两个已排序文件的差异，并将比较结果显示出来，如果没有指定任何参数，则会把结果分成 3 列显示：第 1 列仅是在第 1 个文件中出现过的行；第 2 列是仅在第 2 个文件中出现过的行；第 3 列则是在第 1 个与第 2 个文件里都出现过的行。若给予的文件名称为 "-"，则 comm 指令会从标准输入设备读取数据。

我们来看个例子吧。

例 6.12　comm 的使用

```
alloy@ubuntu:~/LinuxShell/ch6$ cat file1
line1
line2
line3
alloy@ubuntu:~/LinuxShell/ch6$ cat file2
line1
line2
line4
alloy@ubuntu:~/LinuxShell/ch6$ comm file1 file2
                line1
                line2
line3
        line4
alloy@ubuntu:~/LinuxShell/ch6$ comm-1 file1 file2
        line1
        line2
line4
alloy@ubuntu:~/LinuxShell/ch6$ comm-2 file1 file2
        line1
        line2
line3
alloy@ubuntu:~/LinuxShell/ch6$ comm-3 file1 file2
line3
        line4
alloy@ubuntu:~/LinuxShell/ch6$ comm-13 file1 file2
line4
alloy@ubuntu:~/LinuxShell/ch6$ comm-23 file1 file2
line3
alloy@ubuntu:~/LinuxShell/ch6$
```

你一定被 comm 的输出格式搞糊涂了，123 的组合到底是什么意思？看下面的注释吧。

-1　不显示只在第 1 个文件里出现过的列。

-2　不显示只在第 2 个文件里出现过的列。

-3　不显示只在第 1 个和第 2 个文件里出现过的列。

怎么样？comm 命令很简单吧，还有更强大的文本比较工具：diff。

6.3.2　使用 diff 比较文件

diff 命令的功能为逐行比较两个文本文件，列出其不同之处。比 comm 命令相此，它能完成更复杂的检查。它能对给出的文件进行系统的检查，并显示出两个文件中所有不同的行，不要求事先对文件进行排序。

二话不说，我们先来看一个例子。

例 6.13　使用 diff 命令比较文件

```
alloy@ubuntu:~/LinuxShell/ch6$ cat file1
line1
line2
line3
alloy@ubuntu:~/LinuxShell/ch6$ cat file2
line1
line2
line4
alloy@ubuntu:~/LinuxShell/ch6$ cat file3
```

```
line1
line2
alloy@ubuntu:~/LinuxShell/ch6$ diff file1 file2          #注释 1
3c3
< line3
---
> line4
alloy@ubuntu:~/LinuxShell/ch6$ diff file1 file3          #注释 2
3d2
< line3
alloy@ubuntu:~/LinuxShell/ch6$ diff file3 file1          #注释 3
2a3
> line3
alloy@ubuntu:~/LinuxShell/ch6$
```

你可能被 diff 的输出格式困惑了。没关系，其实 diif 的输出通常由以下几种形式组成，如表 6-2 所示。

表 6-2   diif 命令的输出格式

Lines Affected in File1	Action	Lines Affected in File2
Number1	a	Number2[,Number3]
Number1[,Number2]	d	Number3
Number1[,Number2]	c	Number3[,Number4]

这些行类似于 ed 子命令将 File1 文件转换成 File2 文件。Action 字母之前的数字指 File1；后面的数字则指 File2。因此，通过将 a 替换成 d，从右往左读，我们就能知道如何将 File2 转换成 File1。在 ed 命令下，相同的对（即 Number1=Number2）会简略为单个数字。

下列每一行，diff 命令显示以<:（小于符号，冒号）开始的第一个文件中的所有受影响行，然后显示以>（大于符号）开始的第二个文件中的所有受影响行。

那么，例 6.13 的解释如下。

注释 1：输出 3c3 表示 file1 的第三行和 file2 的第三行受到影响，如果要改变为 file2 的话，应该将 file1 的第三行 line3 改成 line4。

注释 2：输出 3d2 表示 file1 的第三行和 file2 的第二行受到了影响，如果要将 file1 改变为 file2 的话，应该将 file1 的第三行 line3 删除。

注释 3：输出 2d3 表示 file2 的第二行和 file1 的第三行受到了影响，如果要将 file2 改变为 file1 的话，应该将 file2 的第三行添加 line3。

diff 命令有许多的选项，可以更高要求地定制我们需要的功能，manpage 如下。

---

diff

描述：
diff 命令比较文本文件。它能比较单个文件或者目录内容。

语法：
比较两个文件的内容。
```
diff [-c |-C Lines |-D [ String ] |-e |-f |-n ] [-b ] [-i ] [-t ] File 1 File2
diff [-h ] [-b ] File 1 File2
```
排序字典的内容并比较不同的文件。
```
diff [-c |-C Lines |-e |-f |-n ] [-b ] [-i ] [-l ] [-r ] [-s ] [-S File ] [-t ] [-w ]
Directory1 Directory2
diff [-h ] [-b ] Directory1 Directory2
```

标志:

-c*lines*　启动 diff 命令，但只比较 lines 变量指定的行数。-c 标志稍微修改输出。输出以文件的相同部分和创建日期开始。每个更改以 12 个*（星号）组成的行分隔。从 file1 中要删的行以-（减号）标记，file2 中要添加的行以+（加号）标记。从一个文件更改到另一个文件的行在两个文件中都以!（惊叹号）标记。在每一个文件的指定上下文行中的更改会被整组一起输出。

-c　启动 diff 命令，比较三行上下文。-c 标志稍微修改输出。输出以涉及文件的标识和它们的创建日期开始。每个更改以 12 个*（星号）组成的行分隔。file1 中要删的行以-（减号）标记，要被添加到 file2 的行以+（加号）标记。从一个文件更改到另一个文件的行在两个文件中都以!（惊叹号）标记。在每一个文件的指定上下文行中的更改会被整组一起输出。

-d　[string]　使得 diff 命令在标准输出上建立一个 file1 和 file2 的合并版本。包含了 c 预处理器控件以便没有定义 string 的结果编译等同于编译 file1，同时定义 string 产生 file2。

-e　以适合 ed 编辑器的格式进行输出，将 file1 转换成 file2。当使用这个标志时，以下 Shell 程序可以帮助维护一个文件的多个版本。手头仅需要由 diff 命令生成的一个祖先文件（$1）和一系列版本的 ed 脚本（$2、$3、...）。标准输出上的最近版本如下：

```
(shift;cat $*; echo '1,$p') | ed- $1
```

当使用-e 标志比较目录时，输出上添加了额外的命令，因此，结果是一个 Shell 脚本，将两个目录上的共有文本文件从 directory1 上的状态转换到 directory2 上的状态。

标志:

-f　以不适合 ed 编辑器的格式创建输出，按照在-e 标志下产生的逆向顺序显示从 file1 到 file2 的转换的必要修改。

-h　如果要更改的部分比较短而且分隔清晰，则执行备用的比较可能会更快。-h 标志可用于任意长度的文件。-c、-d、-e、-f 和-n 标志无法与-h 标志一起使用。当使用-h 标志时，除了-b 标志，其他标志一律忽略。

-I　忽略字母大小写。例如，小写 a 被认为同大写 A 一样。

-l　长输出格式。每个由文本文件比较 diff 命令获得的结果通过命令 pr 输送分页。在报告所有文本文件不同之处后，其他不同之处将被记忆和总结。

-n　产生类似于-e 标志创建的输出，但是顺序相反，而且在每一插入或删除命令上进行更改计数。这是修订控件系统（rcs）所用的格式。

-r　使 diff 命令的应用程序递归到遇到的公共子目录。

-s　报告相同的文件，否则不提。

-s[file]　当比较目录时，忽略在 file 变量指定的文件之前整理名称的文件。-s 标志只用于 directory1 和 directory2 参数指定的目录。如果将-r 标志与-s 标志一起使用，-s 标志在 directory1 和 directory2 子目录中不进行递归。

-t　在输出行扩展制表符。典型输出或者-c 标志输出会添加字符到每一行首，这会影响初始行的缩进，使得输出列表难以解释。该标志则保留原始源的缩进。

-w　忽略所有空格和制表符，将所有其他空白字符串视为一致。例如，if(a==b)与 if(a==b)相等。

退出状态:

此命令返回下列退出值。

0	未找到不同处。
1	找到不同处。
>1	发生错误。

6.3.3 其他文本比较方法

UNIX/Linux 至现在还未占领 PC 市场的一大原因是交互式命令行太生涩难懂，虽然它同时也给高级用户带来了高度可定制性和灵活性。你一定觉得 comm 命令和 diff 命令的输出不是那么直白吧，没关系，UNIX/Linux 提供了 GUI 式的文本比较方式。

我们来看下面两条命令的输出。

例 6.14　使用 vimdiff 比较文件

```
alloy@ubuntu:~/LinuxShell/ch6$ vimdiff file1 file2        # 注释 1
# 见配图 6-2
alloy@ubuntu:~/LinuxShell/ch6$ vimdiff file1 file3        # 注释 2
# 见配图 6-3
alloy@ubuntu:~/LinuxShell/ch6$
```

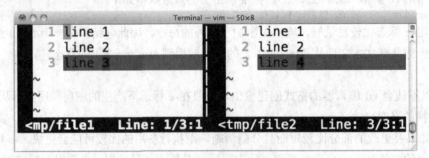

图 6-2　例 6.14 中命令 1 的配图

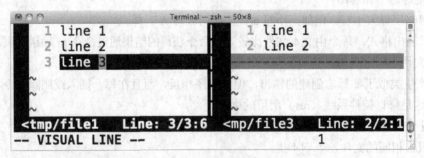

图 6-3　例 6.14 中命令 2 的配图

关于例 6.14 的解释如下。

注释 1：使用 vimdiff 比较 file1 和 file2 两个文件时，交互式命令行被分成了两列，左边显示 file1 的内容，右边显示 file2 的内容。file1 和 file2 中的一、二行是相同的，没有特别标识（如果连续相同部分比较多，将被折叠不显示），而第三行不同，则该行被以紫色背景色标识，在内容不同的地方，以红色背景色标识。

注释 2：file1 和 file3 文件不同的地方在于，file1 比 file3 多一行。这一行在 file1 中被以红色标识背景色，而相应的在 file3 中以浅蓝色标识。

相比较 comm 和 diff 命令，vimdiff 的输出更加直观。而且，vimdiff 其实是启用了 vim 程序来显示对比效果，也就是说，在 vim 程序中，显示页面被分成了两栏，互相之间做对比。你能够直接在文件上编辑文本。不错吧。

6.4 文件系统

与 Windows 不同的是，UNIX/Linux 支持多种文件系统（Windows 只支持常见的 Fat32 和 NTFS），简直可以称得上操作系统中的瑞士军刀。UNIX/Linux 下常见的文件系统有 ext3, ext4, reiserfs, ZFS 等。UNIX/Linux 在一些特殊场景下也有特殊文件系统，例如，用于挂载交换目录（/tmp）的 tmpfs，用于网络的 NFS 等。在本节，我们将介绍 UNIX/Linux 下关于文件系统的操作。

6.4.1 什么是文件系统

尽管内核是 Linux 的核心，但文件却是用户与操作系统交互所采用的主要工具。这对 Linux 来说尤其如此，这是因为在 UNIX 传统中，它使用文件 I/O 机制管理硬件设备和数据文件。

遗憾的是，新手通常会混淆介绍 Linux 文件系统概念的术语。术语文件系统可以在 Linux 文件编制中互换使用，用于指代几个不同但相关的概念。除磁盘分区的具体实例外，文件系统还指代数据结构以及分区中文件的管理方法。

另新手更加困惑的是，该术语还用于指代系统中文件的整体组织形式：目录树。此外，该术语还可以指代目录树中的每个子目录，如/home 文件系统中的子目录。某些人认为，这些目录和子目录不能称作真正意义上的文件系统，除非它们均驻留在各自的磁盘分区上。然而，其他人却将其称作文件系统，这无疑又增添了困惑。

Linux 老手可以从上下文中理解这些术语的含义。而新手却很难在一时半会儿就辨别出他们的含义。为了区分，我们将在本节中使用如下术语：目录树、磁盘分区格式、/home 目录等，而不是简单地说文件系统。

6.4.2 文件系统与磁盘分区

磁盘是一个可读可写的设备。在磁盘上，有许许多多的磁道，磁道的读取器（磁头）可以在磁盘飞转时读写磁盘。但是，很多时候，一块磁盘能够容纳的数据量很大，故我们为了方便管理，将磁盘的一条条磁道分为几个部分，每个部分对应于一块磁盘分区。

我们通常将文件系统认为是磁盘分区。UNIX/Linux 中的基本文件存储单元都是磁盘分区，即将一个或多个硬盘的逻辑划分，操作系统将每个逻辑分区视为独立的磁盘。有时候，一块磁盘过于庞大，我们要合理地规划分区，才能有效阻止我们在磁盘上的存储。

Linux 将这些磁盘分区作为设备处理，进而通过/dev 目录中的特殊文件使用文件 I/O 机制。

有两种类型的设备文件：块设备和字符设备。两者之间的一个重要差别是，块设备能被缓冲，而字符设备因为没有文件管理系统，所以不能被缓冲。

操作系统为了有效地和磁盘打交道（检索、存储、读取磁盘等），将磁盘的存储方式按照一定的规则统一起来。这种规则规定了文件是怎样被映射（住）进磁盘的分区磁道中的；规定了当没有足够连续磁道存储大文件时，是怎样通过多个不连续磁道拼接容纳文件的，等等。这个规则就叫做文件管理系统，或者叫做磁盘分区格式。

存储在磁盘最开始位置的分区表提供了该磁盘上分区的映射。可以使用 fdisk 命令查看系统的分区表：

```
alloy@ubuntu:~/LinuxShell/ch6$  fdisk-l

Disk /dev/sda: 292.3 GB, 292326211584 bytes
255 heads, 63 sectors/track, 35539 cylinders
Units = cylinders of 16065 * 512 = 8225280 bytes

   Device Boot      Start         End      Blocks   Id  System
/dev/sda1               1           5       40131   de  Dell Utility
/dev/sda2               6        1251    10008495   8e  Linux LVM
/dev/sda3   *        1252        1276      200812+  83  Linux
/dev/sda4            1277       35539   275217547+   5  Extended
/dev/sda5            1277       35539   275217516   8e  Linux LVM
alloy@ubuntu:~/LinuxShell/ch6$
```

这个例子显示了本台主机只有一块硬盘，sda。如果有两块以上的话，则是 sdb，sdc，等等。如果是 IDE 驱动器的话则是 hda。驱动器内的分区用数字指代，因此，/dev/sda5 是第一个 SCSI 驱动器上的第 5 个分区。

第 1～4 个分区保留给主分区，第 5 个及随后的分区用于逻辑分区。因此，以上所示的分区表中有一个驱动器 sda，它包含 4 个主分区 sda1～sda4 和一个扩展分区 sda5。

在 Linux 中，分区分为主分区、扩展分区和逻辑分区。术语主分区是先前 x86 系统上 4 个分区限制的遗留产物。与 DOS 和 Windows 不同，Linux 可以从主分区或逻辑分区启动。用作逻辑分区占位符的主分区称作扩展分区。扩展分区本身拥有指向一个或多个逻辑分区（它们只是主分区的子分区）的分区表。在以上的 fdisk 列表中，sda4 就是一个扩展分区。

fdisk 除了能够查看分区表外，还能够修改分区表。事实上，fdisk 就是个分区表修改器。例如，当我们要修改/dev/sda 的分区表时，我们可以用 fdisk 操作：

```
alloy@ubuntu:~/LinuxShell/ch6$  fdisk /dev/sda

The number of cylinders for this disk is set to 35539.
There is nothing wrong with that, but this is larger than 1024,
and could in certain setups cause problems with:
1) software that runs at boot time (e.g., old versions of LILO)
2) booting and partitioning software from other OSs
   (e.g., DOS FDISK, OS/2 FDISK)

Command (m for help): m
Command action
   a   toggle a bootable flag
   b   edit bsd disklabel
   c   toggle the dos compatibility flag
   d   delete a partition
   l   list known partition types
   m   print this menu
   n   add a new partition
   o   create a new empty DOS partition table
   p   print the partition table
   q   quit without saving changes
   s   create a new empty Sun disklabel
   t   change a partition's system id
   u   change display/entry units
   v   verify the partition table
```

```
    w    write table to disk and exit
    x    extra functionality (experts only)

Command (m for help):
```

在 fdisk 的交互命令行中，你可以完成分区、删除、修改、添加、格式化分区等操作。我们可以通过 m 命令查看 fdisk 的帮助文档。

如果你不喜欢问答式的分区方式，你可以选择交互式的命令 cfdisk，运行命令 cfdisk /dev/sda，弹出交互式界面如下。

图 6-4　cfdisk 的操作界面

在这个界面中，你可以通过上、下、左、右方向键来移动鼠标光标，可以删除、新建分区，还可以规定分区格式。cfdisk 其实就是 fdisk 的图形界面。

6.4.3　Linux 分区格式的选择与安全性

UNIX/Linux 号称文件系统（分区格式）的瑞士军刀，可以选择的分区格式也多种多样。除了支持 Windows 下的 FAT32/NTFS 分区格式外（支持读写文件，不支持作为根文件系统），常见于坊间的有 ext2、ext3、reiserfs 等。此外，各个著名的操作系统往往有自己文件系统方面的杀手锏，例如，Solaris 的 ZFS 文件系统，Apple 的 HFS+文件系统等。

1. Linux 下分区格式的选择

Linux 下常用的分区格式有：ext2、ext3、reiserfs。

ext2　ext2 文件系统应该说是 Linux 正宗的文件系统，早期的 Linux 都是用 ext2，但随着技术的发展，大多 Linux 的发行版本目前并不用这个文件系统了。如 Redhat 和 Fedora，大多都建议用 ext3，ext3 文件系统是由 ext2 发展而来的。对于 Linux 新手，我们还是建议不要用 ext2 文件系统。ext2 特点如下：ext2 文件系统支持 undelete（反删除），如果误删除文件，有时是可以恢复的，但操作上比较麻烦；ext2 支持大文件。

ext3　ext3 是一个用于 Linux 的日志文件系统，支持大文件；不支持反删除（undelete）操作；redhat 和 fedora 都建议使用 ext3 文件系统。

ext4　ext4 是一种针对 ext3 系统的扩展日志式文件系统，是专门为 Linux 开发的原始扩展文件系统，其修改了 ext3 中部分重要的数据结构，支持更大的文件系统和更大的文件，以及无限数量的子目录。

reiserfs reiserfs 文件系统是一款优秀的文件系统，支持大文件，支持反删除（undelete）；在测试 ext2、reiserfs 反删除文件功能的过程中，发现 reiserfs 文件系统表现的最为优秀，几乎能恢复 90%以上的数据，有时能恢复到 100%；操作反删除比较容易；reiserfs 支持大文件。

在这里，我要详细介绍 reiserfs 文件系统。reiserfs 是 SUSE 系统默认的分区格式。和其他文件系统（ext2）相比，reiserfs 在下面一些方面具有独到优势。

搜寻方式

ReiserFS 是基于平衡树的文件系统结构，尤其对于大量文件的巨型文件系统，如服务器上的文件系统，搜索速度要比 ext2 快；ext2 使用局部的二分查找法，综合性能比不上 ReiserFS。

（1）空间分配和利用情况。

ReiserFS 里的目录是完全动态分配的，因此不存在 ext2 中常见的无法回收巨型目录占用的磁盘空间的情况。ReiserFS 里小文件（<4K）可以直接存储进树，小文件读取和写入的速度更快，树内节点是按字节对齐的，小的文件可共享同一个硬盘块，节约大量空间。Ext2 使用固定大小的块分配策略，也就是说，不到 4K 的小文件也要占据 4K 的空间，导致的空间浪费比较严重。

（2）先进的日志机制。

ReiserFS 有先进的日志（Journaling/logging）机制，在系统意外崩溃的时候，未完成的文件操作不会影响到整个文件系统结构的完整性。ext2 虽然健壮性很强，但一旦文件系统被不正常地断开，在下一次启动时它将不得不进行漫长的检查系统数据结构的完整性的过程，这是为了防止数据丢失而必需的操作。对于较大型的服务器文件系统，这种"文件系统检查"可能要持续好几个小时，在很多场合下这样长的时间是无法接受的。解决这个问题的一种技术"日志文件系统"。在日志的帮助下，每个对数据结构的改变都被记录下来，日志在机制保证了在每个实际数据修改之前，相应的日志已经写入硬盘。正因为如此，在系统突然崩溃时，在重新启动几秒后就能恢复成一个完整的系统，系统也就能很快的使用了。

（3）支持海量磁盘和优秀的综合性能

ReiserFS 是一个相当现代化的文件系统，相比之下，ext2 虽然性能已经很好了，但其设计还只是 20 世纪 80 年代的水准。ReiserFS 的出现，使 Linux 拥有了像 Irix/AIX 那样的高档商用 Unix 才有的高级文件系统。ReiserFS 可轻松管理上百 GB 的文件系统，在企业级应用中有其用武之地，由于它的高效存储和快速小文件 I/O 特点，它在桌面系统上也表现出色：启动 X 窗口系统的时间 ReiserFS 比 ext2 少 1/3。而 ext2 则无法管理 2GB 以上的单个文件，这也使得 ReiserFS 在某些大型企业级应用中比 ext2 要出色。

2．Linux 下分区格式的安全性

任何一个文件系统在专家眼中都是安全的，就像 MS 说 Windows 的安全性是可靠的一样。如果 MS 专家来用 Windows 绝对没有任何问题，毕竟他们是专家，而我们是使用者；专家和使用者还是有很大区别的；因为我们不是专家，所以我们才要选择更为安全易用的文件系统，下面我们对比一下 ext2、ext3 和 reiserfs，我们主要专注于分区格式的自我修复能力和反删除功能。

（1）ext2、ext3 和 reiserfs 文件系统自动修复能力对比。

ext2、ext3 及 reiserfs 都能自动修复损坏的文件系统，也都是在开机时进行。从表现来看 reiserfs 更胜一筹；ext2 和 ext3 文件系统在默认的情况下是"This filesystem will be automatically checked every 21 mounts or 180 days, whichever comes first"，也就是每间隔 21 次挂载文件系统或每 180 天，

就要自动检测一次。通过实践来看 ext2 和 ext3 在 auto check 上是存在风险，有时文件系统开机后就进入单用户模式，并且把整个系统 "扔" 进 lost+found 目录，如果要恢复系统，就得用 fsck 来进行修复；当然 fsck 也同样存在风险；所以我们对 ext2 和 ext3 文件系统的使用，对新手来说的确需要心里准备；毕竟修复已经损坏的 ext2 和 ext3 文件系统是有困难的；另外，ext2 和 ext3 文件系统对于意外关机和断电，也可能导致文件系统损坏，所以我们在使用过程中，必须是合法关机；例如，执行 poweroff 指令来关掉机器；reiserfs 文件系统也能自动修复，他在自动检测和修复上具有很强的功能，几乎很少出现 ext2 和 ext3 的情况，另外从速度来说他也比 ext2、ext3 文件系统的速度要快；通过两个月的测试来看，reiserfs 对于意外断电表现最佳。为了验证 reiserfs 文件系统的意外断电的安全性，我们直接断掉电源关机，但我们不应该说 reiserfs 是安全的，直接断电了事，直接断电有时也会造成硬盘物理损伤；reiserfs 文件系统从未出现像 ext2 和 ext3 那样用手动方式来进行修复的情况。从这方面来说 reiserfs 还是极为安全的。

（2）ext2、ext3 和 reiserfs 反删除功能对比。

从文件系统的反删除功能来看，ext2 和 reiserfs 都支持反删除功能，对于一般使用者来说应该是安全的，但对于保密单位来说可能意味着不安全。从反删除角度来说明文件系统的安全性，也是有两方面；昨天和 Linuxfish 讨论了这个问题，他说在 Windows 中引入了文件粉碎机这个可笑的工具，目的就是不让恢复已删除的文件。如果您的工作是从事比较机密的，用 ext3 比较好，因为 ext3 一旦删除文件，是不可恢复的，虽然网上也有几个关于反删除恢复操作在 ext3 中，但实践来看，并不是那么容易；因为反删除能恢复相应的绝秘资料的泄秘，所以 ext3 可能更适合您；如果您是一般使用者，我还是建议用 reiserfs 文件系统，他支持反删除功能，反删除操作也比较容易；但也会存在一点问题。例如，在 Fedora 或 Redhat 中，有一个关于系统安全的 seLinux，在默认情况下，可能在 reiserfs 中不支持 seLinux；不过值得一提的是，seLinux 是一个绝对庞大、功能丰富、涉及面极广的安全工具，seLinux 并不是一般使用者就能驾驭的了的；所以我们建议初学者在使用 Linux 系统时先关掉 seLinux 功能；但您可以慢慢尝试熟悉使用它；在 Fedora 和 Redhat 最新的版本中，reiserfs 文件系统的确是不支持 seLinux，所以您在 Fedora 或 Redhat 中采用了 reiserfs，并且还想用 seLinux，还是自己找解决办法，可能要打内核补丁才行；至于其他 Linux 发行版本是否存在这个问题，还得需要读者亲自尝试。

6.4.4　文件系统与目录树

文件和目录树 "居住" 在磁盘分区中。在目录树这一个层面，我们几乎察觉不到磁盘分区的存在（可能熟悉 UNIX/Linux 的人能够从文件的读写速度上感知分区格式的影响）。目录树是一个树形结构表示的目录结构，和 Windows 中的盘符中的文件结构一样。

目录树可以分为几个小部分，每个部分可以在自己的磁盘或分区上。主要部分是根、/usr、/var 和 /home 文件系统。每个部分有不同的目的。

我们来看一下根目录下有些什么吧：

```
alloy@ubuntu:~/LinuxShell/ch6$ ls /
bin   cdrom  etc    initrd.img      lib     lost+found  mnt  proc  run  seLinux  swap
tmp  var    vmlinuz.old
boot  dev    home   initrd.img.old  lib64   media       opt  root  sbin  srv      sys
usr  vmlinuz
alloy@ubuntu:~/LinuxShell/ch6$
```

每台机器都有根文件系统，它包含系统引导和使其他文件系统得以 mount 所必要的文件，根文件系统应该有单用户状态所必须的足够的内容。还应该包括修复损坏系统、恢复备份等工具。下面是根文件系统下挂载的一些常见文件系统：

➢ /usr 文件系统包含所有命令、库、man 页和其他一般操作中所需的不改变的文件。/usr 不应该有一般使用中要修改的文件。这样允许此文件系统中的文件通过网络共享，这样可以更有效，因为这样节省了磁盘空间(/usr 很容易是数百兆)，且易于管理(当升级应用时，只有主/usr 需要改变，而无须改变每台机器) 即使此文件系统在本地盘上，也可以只读 mount，以减少系统崩溃时文件系统的损坏。

➢ /var 文件系统包含会改变的文件，例如，spool 目录(mail、news、打印机等用的)，log 文件、formatted manual pages 和暂存文件。传统上/var 的所有东西曾在 /usr 下的某个地方，但这样/usr 就不可能只读安装了。

➢ /home 文件系统包含用户家目录，即系统上的所有实际数据。一个大的/home 可能要分为若干文件系统，需要在/home 下加一级名字，如/home/students、/home/staff 等。

虽然上面将不同的部分称为文件系统，但它们不必是真的分离的文件系统。如果系统是小的单用户系统，而用户希望简单化，可以很容易地放在一个文件系统中。根据磁盘容量和不同目的所需分配的空间，目录树也可以分到不同的文件系统中。重要的是使用标准的名字，即使/var和/usr 在同一分区上，名字/usr/lib/libc.a 和/var/adm/messages 必须能工作，例如，将/var 下的文件移动到/usr/var，并将/var 作为/usr/var 的符号连接。

Unix 文件结构根据目的来分组文件，即所有的命令在一个地方，所有的数据在另一个地方，所有的文档又在一个地方，等等。另一个方法是根据属于的程序分组文件，即所有 Emacs 文件在一个目录中，所有 TeX 文件在另一个目录中，等等。后一种方法的问题是文件难于共享（程序目录经常同时包含静态可共享的和动态不可共享的文件），有时难于查找（例如，man 页在极大数量的地方，使 man 程序查找它们极其困难）。

同时，有些特殊目录和文件也值得我们关注。

1. /根目录

根文件系统一般比较小,因为包括严格的文件和一个小的不经常改变的文件系统不容易损坏。损坏的根文件系统一般意味着除非用特定的方法（如从软盘），否则系统无法引导。

根目录一般不含任何文件，除了可能的标准的系统引导映象，通常叫/vmlinuz。所有其他文件在根文件系统的子目录中。

/bin 引导启动所需的命令或普通用户可能用的命令（可能在引导启动后）。

/sbin 类似/bin，但不给普通用户使用，虽然如果必要且允许时可以使用。

/etc 特定机器的配置文件。

/root root 用户的家目录。

/lib 根文件系统上的程序所需的共享库。

/lib/modules 核心可加载模块，特别是那些恢复损坏系统时引导所需的系统文件（例如，网络和文件系统驱动）。

/dev 设备文件。

/tmp 临时文件。引导启动后运行的程序应该使用/var/tmp，而不是/tmp，因为前者可能在一个拥有更多空间的磁盘上。

/boot　引导加载器（bootstraploader）使用的文件，如 LILO。核心映象也经常在这里，而不是在根目录下。如果有许多核心映象，这个目录可能变得很大，这时可能使用单独的文件系统更好。另一个理由是要确保核心映象必须在 IDE 硬盘的前 1 024 柱面内。

/mnt　系统管理员临时 mount 的安装点。程序并不自动支持安装到/mnt。/mnt 可以分为子目录（例如，/mnt/dosa 可能是使用 MSDOS 文件系统的软驱，而/mnt/exta 可能是使用 ext2 文件系统的软驱）。

/proc,/usr,/var,/home　其他文件系统的安装点。

2．/etc 目录

/etc 目录包含很多文件。许多网络配置文件也在/etc 中。

/etc/rcor，/etc/rc.dor，/etc/rc*.d　启动或改变运行级时运行的 scripts 或 scripts 的目录。

/etc/passwd　用户数据库，其中的域给出了用户名、真实姓名、家目录、加密的口令和用户的其他信息。

/etc/fdprm　软盘参数表。说明不同的软盘格式。用 setfdprm 设置。

/etc/fstab　启动时 mount-a 命令（在/etc/rc 或等效的启动文件中）自动 mount 的文件系统列表。Linux 下，也包括用 swapon-a 启用的 swap 区的信息。

/etc/group　类似/etc/passwd，但说明的不是用户而是组。

/etc/inittab　init 的配置文件。

/etc/issue　getty 在登录提示符前的输出信息。通常包括系统的一段短说明或欢迎信息。内容由系统管理员确定。

/etc/magic　file 的配置文件。包含不同文件格式的说明，file 基于它猜测文件类型。

/etc/motd　Message Of The Day，成功登录后自动输出。内容由系统管理员确定。经常用于通告信息，如计划关机时间的警告。

/etc/mtab　当前安装的文件系统列表。由 scripts 初始化，并由 mount 命令自动更新。需要一个当前安装的文件系统的列表时使用，例如，df 命令。

/etc/shadow　在安装了影子口令软件的系统上的影子口令文件。影子口令文件将/etc/passwd 文件中的加密口令移动到/etc/shadow 中，而后者只对 root 可读。这使破译口令更困难。

/etc/login.defs　login 命令的配置文件。

/etc/printcap　类似/etc/termcap，但针对打印机。语法不同。

/etc/profile,/etc/csh.login,/etc/csh.cshrc　登录或启动时 Bourne 或 CShells 执行的文件。这允许系统管理员为所有用户建立全局默认环境。

/etc/securetty　确认安全终端，即哪个终端允许 root 登录。一般只列出虚拟控制台，这样就不可能（至少很困难）通过 modem 或网络闯入系统并得到超级用户特权。

/etc/Shells　列出可信任的 Shell。chsh 命令允许用户在本文件指定范围内改变登录 Shell。提供一台机器 FTP 服务的服务进程 ftpd，检查用户 Shell 是否列在/etc/Shells 文件中，如果不在将不允许该用户登录。

/etc/termcap　终端性能数据库。说明不同的终端用什么"转义序列"控制。写程序时不直接输出转义序列（这样只能工作于特定品牌的终端），而是从/etc/termcap 中查找要做的工作的正确序列。这样，多数的程序可以在多数终端上运行。

3. /dev 目录

/dev 目录包括所有设备的设备文件。设备文件用特定的约定命名。

4. /usr 目录

/usr 文件系统经常很大，因为所有程序安装在这里。/usr 里的所有文件一般来自 Linux distribution；本地安装的程序和其他程序在/usr/local 下。这样可能在升级新版系统或新 distribution 时无须重新安装全部程序。

/usr/bin　几乎所有用户命令。有些命令在/bin 或/usr/local/bin 中。

/usr/sbin　根文件系统不必要的系统管理命令，例如，多数服务程序。

/usr/include　C 编程语言的头文件。为了保持一致性，此文件实际上应该在/usr/lib 目录下，但传统上支持这个名字。

/usr/lib　程序或子系统不变的数据文件，包括一些 site-wide 配置文件。名字 lib 来源于库（library）；编程的原始库存在/usr/lib 里。

/usr/local　本地安装的软件和其他文件放在这里。

5. /var 目录

/var 包括系统一般运行时要改变的数据。每个系统是特定的，即不通过网络与其他计算机共享。

/var/catman　当要求格式化时的 man 页的 cache。man 页的源文件一般存在/usr/man/man*中；有些 man 页可能有预格式化的版本，存在/usr/man/cat*中。而其他的 man 页在第一次看时需要格式化，格式化完的版本存在/var/man 中，这样其他人再看相同的页时就无须等待格式化了。（/var/catman 经常被清除，就像清除临时目录一样。）

/var/lib　系统正常运行时要改变的文件。

/var/local　/usr/local 中安装的程序的可变数据（即系统管理员安装的程序）。注意，如果必要，即使本地安装的程序也会使用其他/var 目录，例如，/var/lock。

/var/lock　锁定文件。许多程序遵循在/var/lock 中产生一个锁定文件的约定，以支持他们正在使用某个特定的设备或文件。其他程序注意到这个锁定文件，将不试图使用这个设备或文件。

/var/log　各种程序的 Log 文件，特别是 login（/var/log/wtmplog 所有到系统的登录和注销）和 syslog（/var/log/messages 里存储所有核心和系统程序信息。/var/log 里的文件经常不确定地增长，应该定期清除。

/var/run　保存到下次引导前有效的关于系统的信息文件。例如，/var/run/utmp 包含当前登录的用户的信息。

/var/spool　mail，news，打印队列和其他队列工作的目录。每个不同的 spool 在/var/spool 下有自己的子目录，例如，用户的邮箱在/var/spool/mail 中。

/var/tmp　比/tmp 允许的大或需要存在较长时间的临时文件，虽然系统管理员可能不允许/var/tmp 有很旧的文件。

6. /proc 目录

/proc 文件系统是一个假的文件系统。它不存在于某个磁盘上。而是由核心在内存中产生。用于提供关于系统的信息（originally about processes,hence the name）。下面说明一些最重要的文件和目录。

/proc/1　关于进程 1 的信息目录。每个进程在/proc 下有一个名为其进程号的目录。

/proc/cpuinfo　处理器信息，如类型、制造商、型号和性能。

/proc/devices　当前运行的核心配置的设备驱动的列表。

/proc/dma　显示当前使用的 DMA 通道。

/proc/filesystems　核心配置的文件系统。

/proc/interrupts　显示使用的中断。

/proc/ioports　当前使用的 I/O 端口。

/proc/kcore　系统物理内存映象。与物理内存大小完全一样，但实际不占用这么多内存（记住：除非你把它复制到什么地方，/proc 下没有东西占用任何磁盘空间。）

/proc/kmsg　核心输出的消息。也被送到 syslog。

/proc/ksyms　核心符号表。

/proc/loadavg　系统"平均负载"；3 个指示器指出系统当前的工作量。

/proc/meminfo　存储器使用信息，包括物理内存和 swap。

/proc/modules　当前加载了哪些核心模块。

/proc/net　网络协议状态信息。

/proc/self　到查看/proc 的程序的进程目录的符号连接。当 2 个进程查看/proc 时，是不同的连接。这主要便于程序得到它自己的进程目录。

/proc/stat　系统的不同状态。

/proc/uptime　系统启动的时间长度。

/proc/version　核心版本。

6.4.5　文件系统的创建与挂载

我们在前面两小节介绍了磁盘分区，介绍了目录树，他们的组合就是广义上的文件系统了。但是，如何将它们组合到一起呢？这就是本小节要讲的内容。

当我们使用 fdisk 或者 cfdisk 将磁盘划分为多个分区时，我们需要给划分后的磁盘分区制定分区格式。制定分区格式在 Windows 中被叫做磁盘格式化，命令是 mkfs。如例 6.15 所示。

例 6.15　格式化并挂在磁盘分区

```
alloy@ubuntu:~/LinuxShell/ch6$  mkfs.ext3 /dev/sda6              # 注释 1
alloy@ubuntu:~/LinuxShell/ch6$  mkdir /mnt/sda6                  # 注释 2
alloy@ubuntu:~/LinuxShell/ch6$  mount /dev/sda6 /mnt/sda6        # 注释 3
alloy@ubuntu:~/LinuxShell/ch6$  df-lh                            # 注释 4
Filesystem      容量      已用      可用      已用%     挂载点
/dev/hda8       11G       8.4G      2.0G      81%       /
/dev/shm        236M      0         236M      0%                  /dev/shm
/dev/hda10      16G       6.9G      8.3G      46%                 /mnt/hda10
/dev/sda6       191M      5.6M      176M      4%                  /mnt/sda6
alloy@ubuntu:~/LinuxShell/ch6$
```

例 6.15 的解释如下。

注释 1：在/dev/sda6 磁盘分区上创建文件系统（格式化磁盘），使用的磁盘格式是 ext3。

注释 2：在/mnt 下创建文件夹 sda6，这个文件夹将作为下面 sda6 文件系统的挂载点。

注释 3：使用 mount 命令将/dev/sda6 挂载到/mnt/sda6 下。这个操作后，将允许用户通过

/mnt/sda6 目录存储和访问/dev/sda6 磁盘分区。

注释 4：查看当前的挂载情况，可以看出/dev/sda6 已经挂载到了/mnt/sda6 目录下。

当我们要卸载某个文件系统时（mount 的反操作），只需要使用 umount 命令就可以了。如例 6.16 所示。

例 6.16　卸载文件系统

```
alloy@ubuntu:~/LinuxShell/ch6$ umount /mnt/sda6            # 注释 1
alloy@ubuntu:~/LinuxShell/ch6$ df-lh                       # 注释 2
Filesystem     容量 已用 可用 已用%    挂载点
/dev/hda8      11G 8.4G    2.0G      81%  /
/dev/shm 236M    0         236M     0%        /dev/shm
/dev/hda10     16G 6.9G    8.3G     46% /mnt/hda10
alloy@ubuntu:~/LinuxShell/ch6$
```

例 6.16 的解释如下。

注释 1：使用 umount 命令卸载文件系统/mnt/sda6。

注释 2：查看是否被卸载。你看，/mnt/sda6 的挂载点已经消失了。

我们来看 mkfs 的 manpage 吧。

---

mkfs

用途：

制作一个文件系统。

语法：

```
mkfs [-b Boot ] [-l Label ] [-i i-Nodes ] [-o Options ] [-p Prototype ] [-s Size ]
[-v VolumeLabel ] [-V VfsName ] Device
```

描述：

mkfs 命令在一个指定的设备上制作一个新的文件系统。mkfs 命令初始化卷标、文件系统卷标和启动块。

Device 参数指定一个块设备名称、原始设备名称或文件系统名称。如果此参数指定了一个文件系统名称，则 mkfs 命令使用此命令从/etc/filesystems 文件的适用节中获取以下参数，除非用 mkfs 命令输入这些参数：

dev　设备名

vol　卷标识

size　文件系统大小

boot　安装在启动块中的程序

vfs　虚拟文件系统的定义

options　　Keyword、Keyword=Value 格式的文件系统实现细节选项。

注：用启用位的 setgid（设置组标识）创建文件系统。setgid 位确定了默认组的许可权。在新文件系统下创建的所有目录都有相同的默认组许可权。

mkfs 命令不会改变已安装的文件系统中的任何内容，包括文件系统标号。当更改安装点时，如果没有安装文件系统，那么文件系统标号就会更改。

有关在条带逻辑卷上创建文件系统的信息，请参考 mklv 文档中的条带逻辑卷上的文件系统。

标志：

-b Boot 命名要在新文件系统的块 0 安装的程序。
-i i-Nodes 指定文件系统上的 i-nodes 的初始数量。当创建日志文件系统时，忽略此标记。
-l Label 为新文件系统指定文件系统标号。
-o Options 指定用逗号分隔的虚拟文件系统实现细节选项列表。

此外还有 mount 命令的 manpage。

mount

用途：

使文件系统可用。

语法：

```
mount [-f ] [-n Node ] [-o Options ] [-p ] [-r ] [-v VfsName ] [-t Type | [ Device | Node:Directory ] Directory | all |-a ] [-V [generic_options] special_mount_points ]
```

描述：

mount 命令指示操作系统使文件系统在指定位置（安装点）可用。此外，可以用 mount 命令构建由目录和安装文件（filemounts）组成的其他文件树。mount 命令通过在 directory 参数指定的目录上使用 device/node:directory 参数来安装表示为设备的文件系统。mount 命令完成以后，指定的目录变为新安装文件系统的根目录。

只有系统组成员和对安装点有写权限的用户或有 root 权限的用户才能发出文件或目录安装（directorymounts）。文件或目录可以是符号链接。mount 命令使用真实的用户标识，而不是有效的用户标识，来确定用户是否有相应的访问权限。假定系统组成员对安装点或在/etc/filesystems 文件中指定的安装有写入权限，他们能发出设备安装（devicemounts）。有 root 用户权限的用户能发出任意的 mount 命令。

如果用户属于系统组并且有相应的存取权限则能安装设备。安装设备时，mount 命令使用 device 参数作为块设备名，directory 参数作为文件系统所要安装的目录。

如果输入不带标志的 mount 命令，命令为安装的文件系统显示如下信息：

- 节点(如果安装是远程的)
- 安装的对象
- 安装点
- 虚拟—文件—系统的类型
- 安装的时间
- 任何安装选项

如果只指定 directory 参数，mount 命令把它当作文件系统、目录或文件通常安装的目录名或文件名（正如/etc/filesystems 文件所定义）。mount 命令查看有关的设备、目录或文件并安装。这是使用 mount 命令的最方便的方式，因为不需要记住目录或文件中安装了什么。也可以只指定设备。在此情况下，命令从/etc/filesystems 文件获得安装点。

/etc/filesystems 文件应该为每个可安装的文件系统、目录或文件包括一节。该节应该至少指定文件系统名和所驻留的设备或目录名。如果节包括安装属性，mount 命令使用有关的值。它为安装属性识别 5 个值：自动、真、假、可移动和只读。

mountall 命令导致所有带有 mount=true 属性的文件系统安装到它们正常的位置。该命令通常应用在系统初始化期间，相应的安装是指自动安装。

标志：

-a　　使用包含 true 安装属性的节，在/etc/filesystems 文件中安装所有的文件系统。

-f　　在系统初始化时请求强制安装在根文件系统上启用安装。

-n node　　指定保留安装目录的远程节点。

文件系统特定选项：

-o options 指定选项。在命令行上输入的选项应该只用逗号隔开。

下面的文件系统-特定选项不适用于所有的虚拟文件系统类型：

```
gid=gid
```
指定在安装时分配给文件的 gid。默认值是 bin。
```
ro
```
指定安装的文件是只读的。默认值是 rw。
```
rw
```
指定安装的文件是可读、写的。rw 是默认值。
```
uid=uid
```
指定在安装时分配给文件的 uid，默认值是 bin。
```
wrkgrp=workgroup
```
指定 smb 服务器所属的工作组。

6.5 小结

又到了小结的时候了。

本章我们讲了许多 UNIX/Linux 的基础知识。主要涉及的内容是文件和文件系统。

在文件的部分，我们讲解了：

（1）如何查看系统中的文件，文件属性有哪些，如何修改；

（2）如何在系统中查找特定的文件，并且依次执行同一操作；

（3）如何比较文本文件，无论是命令行式的比较工具还是 GUI 的比较工具。

在文件系统的部分，我们讲解了：

（1）什么是磁盘分区，磁盘分区如何选择才是最适合自己的；

（2）目录树是什么，Linux 下常见的文件和目录树都各自的含义和用途；

（3）如何挂载和卸载文件系统。

你看，可以学习到许多基本知识吧，关于文件和文件系统的知识，我们就先介绍到这里。

LINUX

我们再次接触到了 Linux/UNIX 下的编辑工具。在第 5 章，曾经介绍了一系列的 UNIX/Linux 下的编辑工具。本章，我们将介绍 sed，UNIX/Linux 下强大的流编辑工具。

你将学到以下知识。

（1）sed 的来历以及现状。

（2）sed 的基本语法，以及如何做一些基本文本操作。

（3）一个 sed 的复杂实例。

本章涉及的 Linux 命令有：sed。

7.1 什么 Sed

7.1.1 挑选编辑器

UNIX/Linux 世界中有许多的文本编辑器可供我们选择。例如，最常使用的 vim 和 emacs。每一个长期浸淫于 UNIX/Linux 世界的程序员都逐渐固定了自己喜欢的编辑器，以及习惯用的组合键。有了自己最熟悉的编辑利器后，我们才能轻松处理 UNIX 下的各种管理和编辑任务。

像 vim、emacs 这类编辑器被称为交互式编辑器。交互式编辑器虽然棒，但是当我们需要在程序中完成文本处理工作时，交互式编辑器就帮不上手了。此时就需要一些能够在命令行完成的编辑工具。

我们期待一切管理流程都能自动化，包括能够以批处理方式编辑文件。许多文本编辑的需求都是对文本的每一行进行相同的操作。这样的处理就能够用 sed 来完成。

sed（Stream Editor）是一个流编辑器，它是一个非交互式的行编辑器，在命令行中输入编辑命令并且制定要处理的输入即可在标准输出或者其他指定的输出上查看输出的内容。

sed 以顺序逐行的方式进行工作。

（1）从指定的输入读入一行数据存入被称为模式空间（Pattern Space）的临时缓冲区。

（2）按照指定的 sed 编辑命令处理缓冲区的内容。

（3）把缓冲区的内容送到指定的输出并且将这些内容从模式空间中删除。

（4）回到第一步继续下一次工作。

流编辑器可以对从如管道这样的标准输入接收的数据进行编辑。因此，无需将要编辑的数据存储在磁盘上的文件中。因为可以轻易将数据管道输出到 sed，所以，将 sed 用作强大的 Shell 脚本中长而复杂的管道很容易。试一下用你所喜欢用的编辑器去做吧。

7.1.2 sed 的版本

本书在本章中的例子是基于 4.2.1 版本的 sed。如果你使用的不是 GNU 版本的 sed，结果可能会有所不同。如果你是 Linux 用户，最好的 sed 版本恰好就是 GNU sed，并且你的系统很可能自带最新的 sed 版本。

查看 sed 版本的方法是：sed--version

GNU sed 版本 4.2.1

Copyright (C) 2009 Free Software Foundation, Inc.

This is free software; see the source for copying conditions.   There is NO warranty; not even for MERCHANTABILITY or FITNESS FOR A PARTICULAR PURPOSE, to the extent permitted by law.

GNU sed 主页：<http://www.gnu.org/software/sed/>。

使用 GNU 软件所需帮助文档：<http://www.gnu.org/gethelp/>。

将错误报告通过电子邮件发送到：<bug-gnu-utils@gnu.org>.

请务必将单词"sed"放在标题的某处。

这个命令显示了 sed 是 GNU 的 sed 版本 4.2.1。

7.2 Sed 示例

在这里，我们将用实例讲解 sed 最基本的知识，它是高阶应用的基础。

7.2.1 sed 的工作方式

sed 通过对输入数据执行任意数量用户指定的编辑操作（"命令"）来工作。sed 是基于行的，因此按顺序对每一行执行命令。然后，sed 将其结果写入标准输出（stdout），它不修改任何输入文件。

我们先来看一组例子，至少先理解 sed 是如何工作的吧。

例 7.1 sed 的工作

```
alloy@ubuntu:~/LinuxShell/ch7$ head-n10 /etc/passwd passwd.bak      # 注释1
alloy@ubuntu:~/LinuxShell/ch7$ cat passwd.bak                       # 注释2
root:x:0:0:root:/root:/bin/bash
bin:x:1:1:bin:/bin:/sbin/nologin
daemon:x:2:2:daemon:/sbin:/sbin/nologin
adm:x:3:4:adm:/var/adm:/sbin/nologin
lp:x:4:7:lp:/var/spool/lpd:/sbin/nologin
sync:x:5:0:sync:/sbin:/bin/sync
shutdown:x:6:0:shutdown:/sbin:/sbin/shutdown
halt:x:7:0:halt:/sbin:/sbin/halt
mail:x:8:12:mail:/var/spool/mail:/sbin/nologin
news:x:9:13:news:/etc/news:
alloy@ubuntu:~/LinuxShell/ch7$ sed-e 'd' passwd.bak                 # 注释3
alloy@ubuntu:~/LinuxShell/ch7$ sed-e '5d' passwd.bak                # 注释4
root:x:0:0:root:/root:/bin/bash
bin:x:1:1:bin:/bin:/sbin/nologin
daemon:x:2:2:daemon:/sbin:/sbin/nologin
adm:x:3:4:adm:/var/adm:/sbin/nologin
sync:x:5:0:sync:/sbin:/bin/sync
shutdown:x:6:0:shutdown:/sbin:/sbin/shutdown
halt:x:7:0:halt:/sbin:/sbin/halt
mail:x:8:12:mail:/var/spool/mail:/sbin/nologin
news:x:9:13:news:/etc/news:
alloy@ubuntu:~/LinuxShell/ch7$
```

例 7.1 的解释如下。

注释 1：获取/etc/passwd 文件的前 10 行。为了能够在正常演示程序的条件下简化输出，我们只提取 10 行来作为范例。

注释 2：查看 passwd.bak 文件，这个文件保存了刚才提取出来的 10 行记录。

注释 3：输入该命令，得不到任何输出。那么，发生了什么？在该例中，用一个编辑命令'd'调用 sed。sed 打开 passwd.bak 文件，将一行读入其模式缓冲区，执行编辑命令（"删除行"），然后打印模式缓冲区（缓冲区已为空）。然后，对后面的每一行重复这些步骤。这不会产生输出，因为"d"命令除去了模式缓冲区中的每一行！

注释 4：正如所见，除了前面有"5"之外，该命令与第一个 'd' 命令十分类似。如果您猜到

"5" 指的是第 5 行，那么，就猜对了。与第一个示例中只使用'd'不同的是，这一次使用的'd'前面有一个可选的数字地址。通过使用地址，可以告诉 sed 只对某一或某些特定行进行编辑。

NOTE：

在该例中，还有几件事要注意。

（1）根本没有修改 passwd.bak。这还是因为 sed 只读取在命令行指定的文件，将其用作输入——它不试图修改该文件。

（2）要注意的事是 sed 是面向行的。'd'命令不是简单地告诉 sed 一下子删除所有输入数据。相反，sed 逐行将/etc/services 的每一行读入其称为模式缓冲区的内部缓冲区。一旦将一行读入模式缓冲区，它就执行'd'命令，然后打印模式缓冲区的内容(在本例中没有内容)。如果不使用地址，命令将应用到所有行。

（3）括起'd'命令的单引号的用法。养成使用单引号来括起 sed 命令的习惯是个好主意，这样可以禁用 Shell 扩展。

7.2.2　sed 工作的地址范围

我们在前面例子中提到，使用在命令前面加一个数字来限定 sed 的工作行。其实，我们不但能限定 sed 的工作行，还能限定 sed 的工作地址范围。换句话说，我们能划定一个区域，让 sed 只在这个区域范围内有效。

来看例子吧。

例 7.2　sed 的行工作范围

```
alloy@ubuntu:~/LinuxShell/ch7$ sed-e '1,5d'  passwd.bak
sync:x:5:0:sync:/sbin:/bin/sync
shutdown:x:6:0:shutdown:/sbin:/sbin/shutdown
halt:x:7:0:halt:/sbin:/sbin/halt
mail:x:8:12:mail:/var/spool/mail:/sbin/nologin
news:x:9:13:news:/etc/news:
alloy@ubuntu:~/LinuxShell/ch7$
```

例 7.2 还是应用的上文的 passwd.bak 文件。我们知道，这个文件中共有 10 行记录。你一定猜到了，当用逗号将两个地址分开时，sed 将把后面的命令应用到从第一个地址开始到第二个地址结束的范围。在本例中，将'd'命令应用到第 1～5 行（包括第 1 行和第 5 行）。所有其他行都被忽略。因此，/tmp/passwd.bak 这个文件的第 1～5 行被删除。

但是，有多少人会按照行来限定 sed 的工作范围呢？应该是很少的人吧。大部分人会这样说：我只想处理 Shell 程序中的实在内容，而忽略所有的行注释。好吧，我们来看看 sed 怎样满足你的需求的。

我们知道，Linux Shell 程序中以#开头的行为注释行。那么，我们怎么才能忽略注释行呢？看下面这个例子：

例 7.3　sed 忽略注释

```
alloy@ubuntu:~/LinuxShell/ch7$ cat /etc/rc.local          # 注释 1
#!/bin/sh
#
# This script will be executed *after* all the other init scripts.
# You can put your own initialization stuff in here if you don't
# want to do the full Sys V style init stuff.
```

流编辑 第7章

```
touch /var/lock/subsys/local
modprobe ip_tables
modprobe iptable_nat
modprobe iptable_filter
modprobe ip_conntrack_ftp
modprobe ip_nat_ftp
echo 1 > /proc/sys/net/ipv4/ip_forward

alloy@ubuntu:~/LinuxShell/ch7$ sed-e '/^#/d' /etc/rc.local | more          # 注释2
touch /var/lock/subsys/local
modprobe ip_tables
modprobe iptable_nat
modprobe iptable_filter
modprobe ip_conntrack_ftp
modprobe ip_nat_ftp
echo 1 > /proc/sys/net/ipv4/ip_forward

alloy@ubuntu:~/LinuxShell/ch7$
```

例 7.3 的注释如下。

注释 1：查看/etc/rc.local 文件。注意，这个文件中有注释（以#开头），寻常命令，以及空格。

注释 2：我们来看一下这条 sed 命令：sed 成功完成了预期任务。现在，让我们分析发生的情况。

要理解'/^#/d'命令，需要对其剖析。首先，让我们除去'd'--这是我们前面所使用的同一个删除行命令。新增加的是'/^#/'部分，它是一种新的规则表达式地址。规则表达式地址总是由斜杠括起。它们指定一种模式，紧跟在规则表达式地址之后的命令将仅适用于正好与该特定模式匹配的行。

因此，'/^#/'是一个规则表达式。但是，它做些什么呢？很明显，现在该复习规则表达式了。

7.2.3 规则表达式

还记得 grep 命令吗？grep 检索与某个规则匹配的文本流中的所有行。例如，如果我们要匹配所有以#开头的注释行，grep 是这样使用的：

```
alloy@ubuntu:~/LinuxShell/ch7$ grep '^#' /etc/rc.local
#!/bin/sh
#
# This script will be executed *after* all the other init scripts.
# You can put your own initialization stuff in here if you don't
# want to do the full Sys V style init stuff.
alloy@ubuntu:~/LinuxShell/ch7$
```

在这个命令中，grep 检索/etc/rc.local 文本文件，找出这个文件中匹配 '^#' 的所有行。'^#'就是一个规则。同样的规则也可以用于 sed 中，只是我们需要用两个/（斜线）将规则括起来。我们来看一下表 7-1 可以在规则表达式中使用的字符。

表 7-1　　　　　　　　　　　sed 中使用的规则表达式字符

字符	描述
^	与行首匹配
$	与行尾匹配
.	与任意一个字符匹配
*	与前一个字符的零个或多个出现匹配
[]	与[]之内的所有字符匹配

LINUX

我们来看几个规则表达式的实例吧，如表 7-2 所示。

表 7-2   sed 中的规则表达式实例

规则表达式	描述
/./	将与包含至少一个字符的任何行匹配
/../	将与包含至少两个字符的任何行匹配
/^#/	将与以 "#" 开头的任意行匹配，通常这是注释
/^$/	将与所有空行匹配
/}^/	将与 "}" 结束的人一行匹配
/} *^/	注意在}后面有一个空格，这将与 "}" 后面跟随零个或多个空格结束的任意行匹配
/[abc]/	将与包含小写字母 "a" "b" "c" 的任意行匹配
/^[abc]/	将与以 "a" "b" 或 "c" 开始的任何行匹配

这些所有的规则表达式都可以用在 sed 中。怎样在 sed 中使用这些规则表达式呢?可以使用如下的格式：

```
alloy@ubuntu:~/LinuxShell/ch7$ sed-e'/regexp/d' /path/to/txt/file |more
```

其中的 regexp 就是这些规则，而这个命令将告诉 sed 删除任意匹配的行。另外，我们还可以通过告诉 sed 打印 regexp 匹配上的行并删除不匹配的内容，而不是采用相反的方法，我们的命令是：

```
alloy@ubuntu:~/LinuxShell/ch7$ sed-n-e'/regexp/p' /path/to/txt/file |more
```

注意两点：

（1）我们将 d 命令换成了 p，表示打印匹配上的行；

（2）采用了-n 的参数。这个选项告诉 sed 除非明确要求打印模式空间，否则不这样做。

将 sed 应用到本小节开头的 grep 的例子，就是这样：

```
alloy@ubuntu:~/LinuxShell/ch7$ sed-n-e '/^#/p' /etc/rc.local          # 注释 1
#!/bin/sh
#
# This script will be executed *after* all the other init scripts.
# You can put your own initialization stuff in here if you don't
# want to do the full Sys V style init stuff.
alloy@ubuntu:~/LinuxShell/ch7$ sed -e '/^[^#]/d' /etc/rc.local        # 注释 2
#!/bin/sh
#
# This script will be executed *after* all the other init scripts.
# You can put your own initialization stuff in here if you don't
# want to do the full Sys V style init stuff.

alloy@ubuntu:~/LinuxShell/ch7$
```

关于这个例子的解释如下。

注释 1：此处采用的方法是 "打印匹配的内容"。sed 参数-n 告诉打印结果不要 "轻举妄动"。除非被明确告知，否则不打印内容。sed 匹配以 "#" 开头的所有行并将之打印到屏幕上。

注释 2：此处采用的方法是 "删除不匹配的内容。" sed 匹配那些不是以 "#" 开头的行，然后删除它们。剩下的就是注释行。这条命令中出现了两个 "^" 符号，第一个符号标记行的开头，第二个 "^" 符号被用于[ ]的最开始，表示取反操作。即匹配不包含在[ ]中的所有字符。

7.2.4　sed 工作的地址范围续

到目前为止，我们已经看到了行地址、行范围地址和 regexp 地址。他们的规则分别是：

```
#行地址：删除第一行
alloy@ubuntu:~/LinuxShell/ch7$ sed-e '1d' passwd.bak

#行范围地址：打印1～5行
alloy@ubuntu:~/LinuxShell/ch7$ sed-n-e '1,5p' passwd.bak

#regexp地址：打印所有以#开头的注释行
alloy@ubuntu:~/LinuxShell/ch7$ sed-n-e '/^#/p' passwd.bak
```

但是，还有更多的可能。我们可以指定两个用逗号分开的规则表达式，sed 将与所有从匹配第一个规则表达式的第一行开始到匹配第二个规则表达式的行结束（包括该行）的所有行匹配。例如，以下命令将打印从包含"BEGIN"的行开始，并且以包含"END"的行结束的文本块：

```
alloy@ubuntu:~/LinuxShell/ch7$ sed-n-e '/BEGIN/,/END/p' /path/to/txt/file | more
```

如果没发现"BEGIN"，那么将不打印数据。如果发现了"BEGIN"，但是在这之后的所有行中都没发现"END"，那么将打印所有后续行。发生这种情况是因为 sed 面向流的特性——它不知道是否会出现"END"。

我们来看一个真正有用的例子。

如果要打印 C 源代码中的 main()函数体，我们可以这样来使用，如例 7.4 所示。

例 7.4　打印 main 函数

```
alloy@ubuntu:~/LinuxShell/ch7$ cat a.c
#include <stdio.h>
#include <math.h>

long int power(int, int);

int main() {
  int base, n;
  scanf("%d, %d\n", &base, &n);
  printf("The power is: %d\n", power(base, n));
}

long int power(int base, int n)
{
  return base^n;
}
alloy@ubuntu:~/LinuxShell/ch7$ sed-n-e '/main[[:space:]]*(/,/^}/p' a.c | more
int main() {
  int base, n;
  scanf("%d, %d\n", &base, &n);
  printf("The power is: %d\n", power(base, n));
}
alloy@ubuntu:~/LinuxShell/ch7$
```

该命令有两个规则表达式/main[[:space:]]*(/和/^}/，以及一个命令 p。第一个规则表达式将与后面依次跟有任意数量的空格键或制表键以及开始圆括号的字符串 main 匹配。这应该与一般 ANSI C main()声明的开始匹配。

在这个特别的规则表达式中，出现了[[:space:]]字符类。这只是一个特殊的关键字，它告诉 sed 与 TAB 键或空格键匹配。如果愿意的话，可以不输入[[:space:]]，而输入[，然后按空格键，然后是-V，然后再输入制表键字母和]——Control-V 告诉 bash 要插入"真正"的制表键，而不是执行命令扩展。使用[[:space:]]命令类（特别是在脚本中）会更清楚。

好，现在看一下第二个 regexp。/^}将与任何出现在新行行首的}字符匹配。如果代码的格式很好，那么这将与 main()函数的结束花括号匹配。

因为是处于-n 安静方式，所以 p 命令还是完成其惯有任务，即明确告诉 sed 打印该行。试着对 C 源文件运行该命令——它应该输出整个 main() { } 块，包括开始的 main()和结束的}。

NOTE:

这边要求 C 程序的编码风格很好，因为这条 sed 命令在 END 匹配部分默认为 main 函数的结束为/^}/，即开头包含}的行。这就对代码的缩进提出了要求。

7.3 更强大的 sed 功能

在 7.2 节，我们只讲解了 sed 的两条命令：打印和删除。sed 的功能远远不止于此。继续看本节内容吧。

7.3.1 替换

文本处理中，我们总提到替换。因为不可能总是将文本行删除、打印。sed 对替换功能的支持很强大，使用该命令，可以将文本流中的某个字符串全部替换成另一个字符串。如例 7.5 所示。

例 7.5 使用 sed 替换文本

```
alloy@ubuntu:~/LinuxShell/ch7$ cat a.c
#include <stdio.h>
#include <math.h>

long int power(int, int);

int main() {
  int base, n;
  scanf("%d, %d\n", &base, &n);
  printf("The power is: %d\n", power(base, n));
}

long int power(int base, int n)
{
  return base^n;
}
alloy@ubuntu:~/LinuxShell/ch7$ sed-e 's/power/jiechen/g' a.c
#include <stdio.h>
#include <math.h>

long int jiechen(int, int);

int main() {
  int base, n;
  scanf("%d, %d\n", &base, &n);
  printf("The jiechen is: %d\n", jiechen(base, n));
}

long int jiechen(int base, int n)
{
  return base^n;
}
alloy@ubuntu:~/LinuxShell/ch7$
```

在这个例子中，我们使用了这样一条 sed 命令：'s/power/jiechen/g'。这条命令全局查找/tmp/a.c 文件，找出这个文件中所有出现 power 字符串的地方，将其替换为 jiechen 字符串。注意，这里的 s 是替换命令，而末尾的 g 告诉 sed 执行全局替换。

替换命令的格式为's///'。如果没有末尾的 g，则 sed 的替换操作只对文本中第一次出现 power 字符串有效。这不是你想要的结果。

我们在这里没有限定文本流的地址范围。但是，sed 的替换命令是可以与地址范围一起使用的。例如，对于上面的例子，我们可以这样执行，如例 7.6 所示。

例 7.6 地址范围+替换操作

```
#替换 1～10 行中的所有 power
alloy@ubuntu:~/LinuxShell/ch7$ sed-e'1,10s/power/jiechen/g'a.c

#替换 main 函数中的所有 power
alloy@ubuntu:~/LinuxShell/ch7$ sed-e'/main[[:space:]]*(/,/^}/s/power/jiechen/g'a.c
#include <stdio.h>
#include <math.h>

long int power(int, int);

int main() {
  int base, n;
  scanf("%d, %d\n", &base, &n);
  printf("The jiechen is: %d\n", jiechen(base, n));    #此处的 power 被替换了
}

long int power(int base, int n)                         #此处 power 没有被替换
{
  return base^n;
}
```

这两个例子就稍微有点复杂了。但是，如果我们把命令拆分成两部分，还是很容易理解的。后面一部分是"s///"的替换命令，前面一部分则是 sed 的地址范围选择。如在例 7.7 中的第二条命令上，地址范围选择将替换范围限定在 main 函数体内。所以替换仅对 main 函数体内的字符串有效。

关于"s///"命令的另一个妙处是"/"分隔符有许多替换选项。如果正在执行字符串替换，并且规则表达式或替换字符串中有许多斜杠，则可以通过在"s"之后指定一个不同的字符来更改分隔符。例如，把所有出现的/usr/local 替换成/usr：

```
alloy@ubuntu:~/LinuxShell/ch7$ sed-e 's:/usr/local:/usr:g' mylist.txt
```

在该例中，使用冒号作为分隔符。如果需要在规则表达式中使用分隔符字符，可以在它前面加入反斜杠。

7.3.2 地址范围的迷惑

sed 的替换功能非常强大，使用地址范围的灵活选定加上替换命令，可以完成几乎想要的任何替换。但是，我们常常被 sed 的行为迷惑，因为替换的结果似乎不是我们所想要的。例如：

```
alloy@ubuntu:~/LinuxShell/ch7$ cat ollir.html
<html>
<head>ollir page</head>
<body><b>This</b> is <b>ollir's</b> page.</body>
</html>
alloy@ubuntu:~/LinuxShell/ch7$ sed-e 's/<.*>//g' ollir.html


alloy@ubuntu:~/LinuxShell/ch7$
```

注意，第二条命令并不是什么也没有输出，而是输出了 4 个空行。这 4 个空行分别对应于 ollir.html 文件中的每一行。

在这个 ollir.html 文件里，我们要将所有的标签全部去掉，例如，<html>、<b>、</head>等。因此，替换的内容是从 "<" 开始到 ">" 结束的所有内容。但是，且慢！为什么其他内容也被替换了呢？

这是因为当 sed 试图在行中匹配规则表达式时，它要在行中查找最长的匹配。在上面的例子中，ollir.html 文件中的每一行从开始的 "<" 匹配上，一直到行末的 ">" 结束。这样，每行的整个部分都被替换功能匹配上，从而替换成空。

我们所期望的结果应该是这样的：
```
ollir page
This is ollir's page.
```

问题是，我们怎么打破 sed 的这种最长匹配机制。这种最长匹配来自于.*的用法，任意字符的任意长度。那我们只要不这样使用就可以了。如例 7.7 所示。

例 7.7　正确的替换方法

```
alloy@ubuntu:~/LinuxShell/ch7$ cat ollir.html
<html>
<head>ollir page</head>
<body><b>This</b> is <b>ollir's</b> page.</body>
</html>
alloy@ubuntu:~/LinuxShell/ch7$ sed-e 's/<[^>]*>//g' ollir.html

ollir page
This is ollir's page.

alloy@ubuntu:~/LinuxShell/ch7$
```

该例中，我们没有使用任意字符点号(.)。而是使用了[^>]。[^>]表示非 ">" 符号的任意字符。这样，当我们遇到 ">" 时，就自动跳出任意字符的匹配，而匹配上了*后的 ">" 符号。替换匹配结束。怎样，很不错吧。

7.4 组合命令

到这里，你一定想，有些时候可能需要将多条命令应用到同一行中。这就需要将命令组合使用。

7.4.1　组合多条命令

最简单组合命令的方法是使用分号分隔命令，如例 7.8 所示。

例 7.8　使用分号分隔 sed 命令

```
alloy@ubuntu:~/LinuxShell/ch7$ cat passwd.piece          # 查看文件
nanologin:x:0:0:root:/root:/bin/nologin
bin:x:1:1:bin:/bin:/sbin/nologin
daemon:x:2:2:daemon:/sbin:/sbin/nologin
adm:x:3:4:adm:/var/adm:/sbin/nologin
lp:x:4:7:lp:/var/spool/lpd:/sbin/nologin
sync:x:5:0:sync:/sbin:/bin/sync
shutdown:x:6:0:shutdown:/sbin:/sbin/shutdown
halt:x:7:0:halt:/sbin:/sbin/halt
mail:x:8:12:mail:/var/spool/mail:/sbin/nologin
```

```
news:x:9:13:news:/etc/news:
alloy@ubuntu:~/LinuxShell/ch7$ sed-n-e '=;p' passwd.piece              # sed 操作
1
nanologin:x:0:0:root:/root:/bin/nologin
2
bin:x:1:1:bin:/bin:/sbin/nologin
3
daemon:x:2:2:daemon:/sbin:/sbin/nologin
4
adm:x:3:4:adm:/var/adm:/sbin/nologin
5
lp:x:4:7:lp:/var/spool/lpd:/sbin/nologin
6
sync:x:5:0:sync:/sbin:/bin/sync
7
shutdown:x:6:0:shutdown:/sbin:/sbin/shutdown
8
halt:x:7:0:halt:/sbin:/sbin/halt
9
mail:x:8:12:mail:/var/spool/mail:/sbin/nologin
10
news:x:9:13:news:/etc/news:
alloy@ubuntu:~/LinuxShell/ch7$
```

这个命令分成两部分，一部分是等号(=)，一部分是 p 命令。这两部分命令使用分号(;)隔开。等号命令告诉 sed 打印行号，而 p 明确告诉 sed 打印该行。因为我们使用了-n 模式，sed 不会轻举妄动。

当我们指定多条命令时，sed 会按顺序将命令应用到文件的每一行。例如，在上面的例子中，sed 先将 "=" 应用到第一行，然后执行 p 命令，再应用到第二行，并且重复这个过程。还有另外一种方法，使用多个-e 参数：

```
alloy@ubuntu:~/LinuxShell/ch7$ sed-n-e '='-e 'p' passwd.piece
1
nanologin:x:0:0:root:/root:/bin/nologin
2
bin:x:1:1:bin:/bin:/sbin/nologin
3
daemon:x:2:2:daemon:/sbin:/sbin/nologin
4
adm:x:3:4:adm:/var/adm:/sbin/nologin
5
lp:x:4:7:lp:/var/spool/lpd:/sbin/nologin
6
sync:x:5:0:sync:/sbin:/bin/sync
7
shutdown:x:6:0:shutdown:/sbin:/sbin/shutdown
8
halt:x:7:0:halt:/sbin:/sbin/halt
9
mail:x:8:12:mail:/var/spool/mail:/sbin/nologin
10
news:x:9:13:news:/etc/news:
alloy@ubuntu:~/LinuxShell/ch7$
```

该例引入了两个-e 参数。这两个-e 参数的命令依次应用到 sed 的每一行中。

当我们有多条命令时，甚至-e 命令也不够使用。这时，我们可以将命令写入文本文件中，然后通过-f 参数引用命令，如例 7.9 所示。

例 7.9　使用文本文件执行 sed 命令

```
alloy@ubuntu:~/LinuxShell/ch7$ cat passwd.piece
nanologin:x:0:0:root:/root:/bin/nologin
bin:x:1:1:bin:/bin:/sbin/nologin
```

```
daemon:x:2:2:daemon:/sbin:/sbin/nologin
adm:x:3:4:adm:/var/adm:/sbin/nologin
lp:x:4:7:lp:/var/spool/lpd:/sbin/nologin
sync:x:5:0:sync:/sbin:/bin/sync
shutdown:x:6:0:shutdown:/sbin:/sbin/shutdown
halt:x:7:0:halt:/sbin:/sbin/halt
mail:x:8:12:mail:/var/spool/mail:/sbin/nologin
news:x:9:13:news:/etc/news:
alloy@ubuntu:~/LinuxShell/ch7$ cat handle.sed
1d
s:sbin/nologin:bin/zsh:g
p
alloy@ubuntu:~/LinuxShell/ch7$ sed-n-f handle.sed passwd.piece
bin:x:1:1:bin:/bin:/bin/zsh
daemon:x:2:2:daemon:/sbin:/bin/zsh
adm:x:3:4:adm:/var/adm:/bin/zsh
lp:x:4:7:lp:/var/spool/lpd:/bin/zsh
sync:x:5:0:sync:/sbin:/bin/sync
shutdown:x:6:0:shutdown:/sbin:/sbin/shutdown
halt:x:7:0:halt:/sbin:/sbin/halt
mail:x:8:12:mail:/var/spool/mail:/bin/zsh
news:x:9:13:news:/etc/news:
alloy@ubuntu:~/LinuxShell/ch7$
```

这个例子中，我们将要对/tmp/passwd.piece 文件执行的 sed 命令写入 handle.sed 文件中。文件可分为以下内容。

（1）1d 告诉 sed 删除 passwd.piece 的第一行。

（2）s:sbin/nologin:bin/zsh:g 是一个替换命令。该命令的作用是将/sbin/nologin 替换为/bin/zsh。但是由于替换匹配的内容中有/符号，因此，在"s///"命令中，我们使用:（冒号）代替/（斜杠）符号，就不需要在匹配中转义"/"字符了。

（3）p 命令明确告诉 sed 在-n 模式下打印该行。

7.4.2　将多条命令应用到一个地址范围

接上例。我们要在 passwd.piece 文件中，针对 1～5 行执行如下操作：

（1）将/sbin/nologin 替换成/bin/zsh；

（2）将 ":" 分隔符替换成 "|" 分隔符；

（3）打印该行。

来看看实例吧。

例 7.10　同地址范围的多条命令

```
alloy@ubuntu:~/LinuxShell/ch7$ cat passwd.piece
nanologin:x:0:0:root:/root:/sbin/nologin
bin:x:1:1:bin:/bin:/sbin/nologin
daemon:x:2:2:daemon:/sbin:/sbin/nologin
adm:x:3:4:adm:/var/adm:/sbin/nologin
lp:x:4:7:lp:/var/spool/lpd:/sbin/nologin
sync:x:5:0:sync:/sbin:/bin/sync
shutdown:x:6:0:shutdown:/sbin:/sbin/shutdown
halt:x:7:0:halt:/sbin:/sbin/halt
mail:x:8:12:mail:/var/spool/mail:/sbin/nologin
news:x:9:13:news:/etc/news:
alloy@ubuntu:~/LinuxShell/ch7$ sed-n-e '1,5{s:sbin/nologin:bin/zsh:g;s/:/|/g;p}'
passwd.piece
nanologin|x|0|0|root|/root|/bin/zsh
bin|x|1|1|bin|/bin|/bin/zsh
daemon|x|2|2|daemon|/sbin|/bin/zsh
```

```
adm|x|3|4|adm|/var/adm|/bin/zsh
lp|x|4|7|lp|/var/spool/lpd|/bin/zsh
alloy@ubuntu:~/LinuxShell/ch7$
```

这个命令将{}之间的命令应用到从第一行开始到第五行结束的所有行。你可以在{}之间加入任意条命令，之间用分号(;)隔开。

7.5 来个实际的例子

我们讲解了这么多 sed 的用法，来个实际的例子吧。

UNIX 和 DOS/Windows 系统的纯文本格式的换行方式是不同的。这个脚本将 UNIX 风格的文本转换成 DOS/Windows 格式。基于 DOS/Windows 的文本文件在每行末尾有一个 CR（回车）和 LF（换行），而 UNIX 文本只有一个换行。有时可能需要将某些 UNIX 文本移至 Windows 系统，该脚本将执行必需的格式转换。

```
alloy@ubuntu:~/LinuxShell/ch7$ sed-e 's/$/\r/' myunix.txt > mydos.txt
```

在该脚本中，"$"规则表达式将与行的末尾匹配，而"\r"告诉 sed 在其之前插入一个回车。在换行之前插入回车，立即，每一行就以 CR/LF 结束。

在下载一些示例脚本或 C 代码之后，经常发现它是 DOS/Windows 格式。虽然很多程序不在乎 DOS/Windows 格式的 CR/LF 文本文件，但是有几个程序却在乎，最著名的是 bash，只要一遇到回车，它就会出问题。以下 sed 调用将把 DOS/Windows 格式的文本转换成可信赖的 UNIX 格式：

```
alloy@ubuntu:~/LinuxShell/ch7$ sed-e 's/.$//' mydos.txt > myunix.txt
```

该脚本的工作原理很简单：替代规则表达式与一行的最末字符匹配，而该字符恰好就是回车符。我们用空字符替换它，从而将其从输出中彻底删除。如果使用该脚本并注意到已经删除了输出中每行的最末字符，那么，就指定了已经是 UNIX 格式的文本文件。也就没必要那样做了！

到这里，我们已经讲完了 sed 大部分的应用。让我们来实践一下。

先看一个文件：

```
alloy@ubuntu:~/LinuxShell/ch7$ cat datafile
Steve Blenheim:238-923-7366:95 Latham Lane, Easton, PA 83755:11/12/56:20300
Betty Boop:245-836-8357:635 Cutesy Lane, Hollywood, CA 91464:6/23/23:14500
Igor Chevsky:385-375-8395:3567 Populus Place, Caldwell, NJ 23875:6/18/68:23400
Norma Corder:397-857-2735:74 Pine Street, Dearborn, MI 23874:3/28/45:245700
Jennifer Cowan:548-834-2348:583 Laurel Ave., Kingsville, TX 83745:10/1/35:58900
Jon DeLoach:408-253-3122:123 Park St., San Jose, CA 04086:7/25/53:85100
Karen Evich:284-758-2857:23 Edgecliff Place, Lincoln, NB 92086:7/25/53:85100
Karen Evich:284-758-2867:23 Edgecliff Place, Lincoln, NB 92743:11/3/35:58200
Karen Evich:284-758-2867:23 Edgecliff Place, Lincoln, NB 92743:11/3/35:58200

Fred Fardbarkle:674-843-1385:20 Parak Lane, DeLuth, MN 23850:4/12/23:780900
Fred Fardbarkle:674-843-1385:20 Parak Lane, DeLuth, MN 23850:4/12/23:780900
Lori Gortz:327-832-5728:3465 Mirlo Street, Peabody, MA 34756:10/2/65:35200
Paco Gutierrez:835-365-1284:454 Easy Street, Decatur, IL 75732:2/28/53:123500
Ephram Hardy:293-259-5395:235 CarltonLane, Joliet, IL 73858:8/12/20:56700
James Ikeda:834-938-8376:23445 Aster Ave., Allentown, NJ 83745:12/1/38:45000
Barbara Kertz:385-573-8326:832 Ponce Drive, Gary, IN 83756:12/1/46:268500
Lesley Kirstin:408-456-1234:4 Harvard Square, Boston, MA 02133:4/22/62:52600
William Kopf:846-836-2837:6937 Ware Road, Milton, PA 93756:9/21/46:43500
Sir Lancelot:837-835-8257:474 Camelot Boulevard, Bath, WY 28356:5/13/69:24500
Jesse Neal:408-233-8971:45 Rose Terrace, San Francisco, CA 92303:2/3/36:25000
Zippy Pinhead:834-823-8319:2356 Bizarro Ave., Farmount, IL 84357:1/1/67:89500
Arthur Putie:923-835-8745:23 Wimp Lane, Kensington, DL 38758:8/31/69:126000
```

```
Popeye Sailor:156-454-3322:945 Bluto Street, Anywhere, USA 29358:3/19/35:22350
Jose Santiago:385-898-8357:38 Fife Way, Abilene, TX 39673:1/5/58:95600
Tommy Savage:408-724-0140:1222 Oxbow Court, Sunnyvale, CA 94087:5/19/66:34200
Yukio Takeshida:387-827-1095:13 Uno Lane, Ashville, NC 23556:7/1/29:57000
Vinh Tranh:438-910-7449:8235 Maple Street, Wilmington, VM 29085:9/23/63:68900
alloy@ubuntu:~/LinuxShell/ch7$
```

那么任务来了。我们需要一步步地完成以下工作。

1. 把 Jon 的名字改成 Jonathan。

2. 删除前三行。

3. 显示 5～10 行。

4. 删除包含 Lane 的行。

5. 显示所有生日在 November-December 之间的行。

6. 把 3 个星号（***）添加到以 Fred 开头的行。

7. 用 JOSE HAS RETIRED 取代包含 Jose 的行。

8. 把 Popeye 的生日改成 11/14/46。

9. 删除所有空白行。

10. 写一个脚本，并将：

   ➢ 在第一行之前插入标题 PERSONNEL FILE；

   ➢ 删除以 500 结尾的工资；

   ➢ 显示文件内容，把姓和名颠倒；

   ➢ 在文件末尾添加 THE END。

7.5.1 第一步 替换名字

我们第一步是将 Jon 的名字换成 Jonathan。这是一个替换操作。还记得 sed 中的替换操作吗？我们可以这样写：

```
alloy@ubuntu:~/LinuxShell/ch7$ sed -e "s/Jon/Jonathan/g" datafile
Steve Blenheim:238-923-7366:95 Latham Lane, Easton, PA 83755:11/12/56:20300
Betty Boop:245-836-8357:635 Cutesy Lane, Hollywood, CA 91464:6/23/23:14500
Igor Chevsky:385-375-8395:3567 Populus Place, Caldwell, NJ 23875:6/18/68:23400
Norma Corder:397-857-2735:74 Pine Street, Dearborn, MI 23874:3/28/45:245700
Jennifer Cowan:548-834-2348:583 Laurel Ave., Kingsville, TX 83745:10/1/35:58900
Jonathan DeLoach:408-253-3122:123 Park St., San Jose, CA 04086:7/25/53:85100
Karen Evich:284-758-2857:23 Edgecliff Place, Lincoln, NB 92086:7/25/53:85100
Karen Evich:284-758-2867:23 Edgecliff Place, Lincoln, NB 92743:11/3/35:58200
Karen Evich:284-758-2867:23 Edgecliff Place, Lincoln, NB 92743:11/3/35:58200

Fred Fardbarkle:674-843-1385:20 Parak Lane, DeLuth, MN 23850:4/12/23:780900
Fred Fardbarkle:674-843-1385:20 Parak Lane, DeLuth, MN 23850:4/12/23:780900
Lori Gortz:327-832-5728:3465 Mirlo Street, Peabody, MA 34756:10/2/65:35200
Paco Gutierrez:835-365-1284:454 Easy Street, Decatur, IL 75732:2/28/53:123500
Ephram Hardy:293-259-5395:235 CarltonLane, Joliet, IL 73858:8/12/20:56700
James Ikeda:834-938-8376:23445 Aster Ave., Allentown, NJ 83745:12/1/38:45000
Barbara Kertz:385-573-8326:832 Ponce Drive, Gary, IN 83756:12/1/46:268500
Lesley Kirstin:408-456-1234:4 Harvard Square, Boston, MA 02133:4/22/62:52600
William Kopf:846-836-2837:6937 Ware Road, Milton, PA 93756:9/21/46:43500
Sir Lancelot:837-835-8257:474 Camelot Boulevard, Bath, WY 28356:5/13/69:24500
Jesse Neal:408-233-8971:45 Rose Terrace, San Francisco, CA 92303:2/3/36:25000
Zippy Pinhead:834-823-8319:2356 Bizarro Ave., Farmount, IL 84357:1/1/67:89500
Arthur Putie:923-835-8745:23 Wimp Lane, Kensington, DL 38758:8/31/69:126000
Popeye Sailor:156-454-3322:945 Bluto Street, Anywhere, USA 29358:3/19/35:22350
Jose Santiago:385-898-8357:38 Fife Way, Abilene, TX 39673:1/5/58:95600
```

```
Tommy Savage:408-724-0140:1222 Oxbow Court, Sunnyvale, CA 94087:5/19/66:34200
Yukio Takeshida:387-827-1095:13 Uno Lane, Ashville, NC 23556:7/1/29:57000
Vinh Tranh:438-910-7449:8235 Maple Street, Wilmington, VM 29085:9/23/63:68900
alloy@ubuntu:~/LinuxShell/ch7$
```

再次提醒，替换操作的命令是 s///。而在末尾的 g 表示全局替换。

7.5.2 第二步 删除前 3 行

第二步让我们删除前 3 行。很简单，命令如下：

```
alloy@ubuntu:~/LinuxShell/ch7$ sed -e "3d" datafile
Norma Corder:397-857-2735:74 Pine Street, Dearborn, MI 23874:3/28/45:245700
Jennifer Cowan:548-834-2348:583 Laurel Ave., Kingsville, TX 83745:10/1/35:58900
Jon DeLoach:408-253-3122:123 Park St., San Jose, CA 04086:7/25/53:85100
Karen Evich:284-758-2857:23 Edgecliff Place, Lincoln, NB 92086:7/25/53:85100
Karen Evich:284-758-2867:23 Edgecliff Place, Lincoln, NB 92743:11/3/35:58200
Karen Evich:284-758-2867:23 Edgecliff Place, Lincoln, NB 92743:11/3/35:58200

Fred Fardbarkle:674-843-1385:20 Parak Lane, DeLuth, MN 23850:4/12/23:780900
Fred Fardbarkle:674-843-1385:20 Parak Lane, DeLuth, MN 23850:4/12/23:780900
Lori Gortz:327-832-5728:3465 Mirlo Street, Peabody, MA 34756:10/2/65:35200
Paco Gutierrez:835-365-1284:454 Easy Street, Decatur, IL 75732:2/28/53:123500
Ephram Hardy:293-259-5395:235 CarltonLane, Joliet, IL 73858:8/12/20:56700
James Ikeda:834-938-8376:23445 Aster Ave., Allentown, NJ 83745:12/1/38:45000
Barbara Kertz:385-573-8326:832 Ponce Drive, Gary, IN 83756:12/1/46:268500
Lesley Kirstin:408-456-1234:4 Harvard Square, Boston, MA 02133:4/22/62:52600
William Kopf:846-836-2837:6937 Ware Road, Milton, PA 93756:9/21/46:43500
Sir Lancelot:837-835-8257:474 Camelot Boulevard, Bath, WY 28356:5/13/69:24500
Jesse Neal:408-233-8971:45 Rose Terrace, San Francisco, CA 92303:2/3/36:25000
Zippy Pinhead:834-823-8319:2356 Bizarro Ave., Farmount, IL 84357:1/1/67:89500
Arthur Putie:923-835-8745:23 Wimp Lane, Kensington, DL 38758:8/31/69:126000
Popeye Sailor:156-454-3322:945 Bluto Street, Anywhere, USA 29358:3/19/35:22350
Jose Santiago:385-898-8357:38 Fife Way, Abilene, TX 39673:1/5/58:95600
Tommy Savage:408-724-0140:1222 Oxbow Court, Sunnyvale, CA 94087:5/19/66:34200
Yukio Takeshida:387-827-1095:13 Uno Lane, Ashville, NC 23556:7/1/29:57000
Vinh Tranh:438-910-7449:8235 Maple Street, Wilmington, VM 29085:9/23/63:68900
alloy@ubuntu:~/LinuxShell/ch7$
```

数字 3 划定了 sed 工作的地址范围。而 d 操作则会删除被 sed 选中的行。剩余行呢？没人告诉 sed 怎样处理，也没用 -n 参数让它闭嘴，sed 就去忠实地将剩余行显示出来。

7.5.3 第三步 显示 5～10 行

第三步和第二步有些类似。显示 5～10 行。

```
alloy@ubuntu:~/LinuxShell/ch7$ sed -n '5,10p' datafile
Jennifer Cowan:548-834-2348:583 Laurel Ave., Kingsville, TX 83745:10/1/35:58900
Jon DeLoach:408-253-3122:123 Park St., San Jose, CA 04086:7/25/53:85100
Karen Evich:284-758-2857:23 Edgecliff Place, Lincoln, NB 92086:7/25/53:85100
Karen Evich:284-758-2867:23 Edgecliff Place, Lincoln, NB 92743:11/3/35:58200
Karen Evich:284-758-2867:23 Edgecliff Place, Lincoln, NB 92743:11/3/35:58200
alloy@ubuntu:~/LinuxShell/ch7$
```

这个相信你已经可以理解了。选定 5～10 行的工作区域，用 p 命令将其显示出来。需要注意的是，-n 选项采用安静模式，这种模式下 sed 只会做被告知要做的事，而不会善作主张将其他文本打印出来。

7.5.4　第四步　删除包含 Lane 的行

稍微有点意思了，我们此处要先找出所有包含 Lane 的行，然后将它们踢出去。

```
alloy@ubuntu:~/LinuxShell/ch7$ sed-e '/Lane/d' datafile
Igor Chevsky:385-375-8395:3567 Populus Place, Caldwell, NJ 23875:6/18/68:23400
Norma Corder:397-857-2735:74 Pine Street, Dearborn, MI 23874:3/28/45:245700
Jennifer Cowan:548-834-2348:583 Laurel Ave., Kingsville, TX 83745:10/1/35:58900
Jon DeLoach:408-253-3122:123 Park St., San Jose, CA 04086:7/25/53:85100
Karen Evich:284-758-2857:23 Edgecliff Place, Lincoln, NB 92086:7/25/53:85100
Karen Evich:284-758-2867:23 Edgecliff Place, Lincoln, NB 92743:11/3/35:58200
Karen Evich:284-758-2867:23 Edgecliff Place, Lincoln, NB 92743:11/3/35:58200

Lori Gortz:327-832-5728:3465 Mirlo Street, Peabody, MA 34756:10/2/65:35200
Paco Gutierrez:835-365-1284:454 Easy Street, Decatur, IL 75732:2/28/53:123500
James Ikeda:834-938-8376:23445 Aster Ave., Allentown, NJ 83745:12/1/38:45000
Barbara Kertz:385-573-8326:832 Ponce Drive, Gary, IN 83756:12/1/46:268500
Lesley Kirstin:408-456-1234:4 Harvard Square, Boston, MA 02133:4/22/62:52600
William Kopf:846-836-2837:6937 Ware Road, Milton, PA 93756:9/21/46:43500
Sir Lancelot:837-835-8257:474 Camelot Boulevard, Bath, WY 28356:5/13/69:24500
Jesse Neal:408-233-8971:45 Rose Terrace, San Francisco, CA 92303:2/3/36:25000
Zippy Pinhead:834-823-8319:2356 Bizarro Ave., Farmount, IL 84357:1/1/67:89500
Popeye Sailor:156-454-3322:945 Bluto Street, Anywhere, USA 89358:3/19/35:22350
Jose Santiago:385-898-8357:38 Fife Way, Abilene, TX 39673:1/5/58:95600
Tommy Savage:408-724-0140:1222 Oxbow Court, Sunnyvale, CA 94087:5/19/66:34200
Vinh Tranh:438-910-7449:8235 Maple Street, Wilmington, VM 29085:9/23/63:68900
alloy@ubuntu:~/LinuxShell/ch7$
```

在这里使用/Lane/匹配所有包含 Lane 的行，然后用 d 命令将它们删除。使用 grep 命令检索了一下，包含 Lane 的行还不少。

7.5.5　第五步　显示生日在 November–December 之间的行

这个有点意思。为了要显示生日在 November-December 之间的行，我们需要将它们过滤出来。怎么过滤呢？在数据文件中，生日是用 3 个数字表示的，例如，9/23/63，表示 1963 年 9 月 23 日。我们要找出所有月份是 11 月或者 12 月的行。可以这样做匹配：

```
alloy@ubuntu:~/LinuxShell/ch7$ sed-n '/[::::]1[1-2][:/:]/p' datafile
Steve Blenheim:238-923-7366:95 Latham Lane, Easton, PA 83755:11/12/56:20300
Karen Evich:284-758-2867:23 Edgecliff Place, Lincoln, NB 92743:11/3/35:58200
Karen Evich:284-758-2867:23 Edgecliff Place, Lincoln, NB 92743:11/3/35:58200
James Ikeda:834-938-8376:23445 Aster Ave., Allentown, NJ 83745:12/1/38:45000
Barbara Kertz:385-573-8326:832 Ponce Drive, Gary, IN 83756:12/1/46:268500
alloy@ubuntu:~/LinuxShell/ch7$
```

你一定被那一堆乱七八糟的符号搞糊涂了。如果没有，那么恭喜你。让我们来仔细看看这些命令表示的意思。

为了能够剔除生日在 11 月、12 月的同学，经过仔细查看我们发现，当匹配到“:11/”或“:12/”时，我们就可以说找到满足要求的这些人了。

那么，我们在 sed 中应该怎样匹配呢？

在 sed 中，为了匹配特殊字符，需要将它用[::]包围起来。因此，“:”就必须用“[:::]”来标示，而“/”则需要使用“[:/:]”进行匹配。

怎么匹配数字 11 或者 12 呢？数字 11 和 12 都有一个数字 1，因此第一位（十位）数字 1 很好匹配。第二位（个位）则必须用一个范围“[1-2]”来匹配。这表示数字 1 和 2 之间的任意数字（好像只有 2 个）。

7.5.6 第六步 把 3 个星号(***)添加到以 Fred 开头的行

这是一个什么操作？添加么？sed 貌似没有添加的指令。那么怎么完成需要的功能呢？

sed 使用 "^" 来标示行首，那么，在行首添加 3 个星号也就等效于将行首替换成三个星号。因此，sed 代码可以这样写：

```
alloy@ubuntu:~/LinuxShell/ch7$ sed -e 's/^Fred/***Fred/' datafile
Steve Blenheim:238-923-7366:95 Latham Lane, Easton, PA 83755:11/12/56:20300
Betty Boop:245-836-8357:635 Cutesy Lane, Hollywood, CA 91464:6/23/23:14500
Igor Chevsky:385-375-8395:3567 Populus Place, Caldwell, NJ 23875:6/18/68:23400
Norma Corder:397-857-2735:74 Pine Street, Dearborn, MI 23874:3/28/45:245700
Jennifer Cowan:548-834-2348:583 Laurel Ave., Kingsville, TX 83745:10/1/35:58900
Jon DeLoach:408-253-3122:123 Park St., San Jose, CA 04086:7/25/53:85100
Karen Evich:284-758-2857:23 Edgecliff Place, Lincoln, NB 92086:7/25/53:85100
Karen Evich:284-758-2867:23 Edgecliff Place, Lincoln, NB 92743:11/3/35:58200
Karen Evich:284-758-2867:23 Edgecliff Place, Lincoln, NB 92743:11/3/35:58200

***Fred Fardbarkle:674-843-1385:20 Parak Lane, DeLuth, MN 23850:4/12/23:780900
***Fred Fardbarkle:674-843-1385:20 Parak Lane, DeLuth, MN 23850:4/12/23:780900
Lori Gortz:327-832-5728:3465 Mirlo Street, Peabody, MA 34756:10/2/65:35200
Paco Gutierrez:835-365-1284:454 Easy Street, Decatur, IL 75732:2/28/53:123500
Ephram Hardy:293-259-5395:235 CarltonLane, Joliet, IL 73858:8/12/20:56700
James Ikeda:834-938-8376:23445 Aster Ave., Allentown, NJ 83745:12/1/38:45000
Barbara Kertz:385-573-8326:832 Ponce Drive, Gary, IN 83756:12/1/46:268500
Lesley Kirstin:408-456-1234:4 Harvard Square, Boston, MA 02133:4/22/62:52600
William Kopf:846-836-2837:6937 Ware Road, Milton, PA 93756:9/21/46:43500
Sir Lancelot:837-835-8257:474 Camelot Boulevard, Bath, WY 28356:5/13/69:24500
Jesse Neal:408-233-8971:45 Rose Terrace, San Francisco, CA 92303:2/3/36:25000
Zippy Pinhead:834-823-8319:2356 Bizarro Ave., Farmount, IL 84357:1/1/67:89500
Arthur Putie:923-835-8745:23 Wimp Lane, Kensington, DL 38758:8/31/69:126000
Popeye Sailor:156-454-3322:945 Bluto Street, Anywhere, USA 29358:3/19/35:22350
Jose Santiago:385-898-8357:38 Fife Way, Abilene, TX 39673:1/5/58:95600
Tommy Savage:408-724-0140:1222 Oxbow Court, Sunnyvale, CA 94087:5/19/66:34200
Yukio Takeshida:387-827-1095:13 Uno Lane, Ashville, NC 23556:7/1/29:57000
Vinh Tranh:438-910-7449:8235 Maple Street, Wilmington, VM 29085:9/23/63:68900
alloy@ubuntu:~/LinuxShell/ch7$
```

在这个操作中，使用 "^Fred" 来匹配开头包含 "Fred" 的行。将之替换成 "***Fred"，则完成了我们的目标。

7.5.7 第七步 用 JOSE HAS RETIRED 取代包含 Jose 的行

这是一个替换命令。我们需要将整行进行替换。通过分析数据发现，有两行中包含 Jose，一行是在行首，一行在中间。如下：

```
alloy@ubuntu:~/LinuxShell/ch7$ grep Jose datafile
Jon DeLoach:408-253-3122:123 Park St., San Jose, CA 04086:7/25/53:85100
Jose Santiago:385-898-8357:38 Fife Way, Abilene, TX 39673:1/5/58:95600
alloy@ubuntu:~/LinuxShell/ch7$
```

我们需要做的是匹配这两行，对整行进行替换。

匹配到这两行很简单，只要使用 "s///" 就可以。但是，我们怎么选定匹配上的整行呢？

对于 sed 的正则表达式支持来说，行首可以用 "^" 来匹配，而行尾可以用 "$" 来匹配。而 "." 可以匹配任意字符，"*" 可以表示任意前一个字符重复任意次。因此，匹配包含 Jose 的行可以使用正则表达式 "^.*Jose.*$"。sed 命令如下：

```
alloy@ubuntu:~/LinuxShell/ch7$ sed-e 's/^.*Jose.*$/Jose Has Retired/g' datafile
Steve Blenheim:238-923-7366:95 Latham Lane, Easton, PA 83755:11/12/56:20300
Betty Boop:245-836-8357:635 Cutesy Lane, Hollywood, CA 91464:6/23/23:14500
```

Linux Shell 编程从入门到精通（第 2 版）

```
Igor Chevsky:385-375-8395:3567 Populus Place, Caldwell, NJ 23875:6/18/68:23400
Norma Corder:397-857-2735:74 Pine Street, Dearborn, MI 23874:3/28/45:245700
Jennifer Cowan:548-834-2348:583 Laurel Ave., Kingsville, TX 83745:10/1/35:58900
Jose Has Retired
Karen Evich:284-758-2857:23 Edgecliff Place, Lincoln, NB 92086:7/25/53:85100
Karen Evich:284-758-2867:23 Edgecliff Place, Lincoln, NB 92743:11/3/35:58200
Karen Evich:284-758-2867:23 Edgecliff Place, Lincoln, NB 92743:11/3/35:58200

Fred Fardbarkle:674-843-1385:20 Parak Lane, DeLuth, MN 23850:4/12/23:780900
Fred Fardbarkle:674-843-1385:20 Parak Lane, DeLuth, MN 23850:4/12/23:780900
Lori Gortz:327-832-5728:3465 Mirlo Street, Peabody, MA 34756:10/2/65:35200
Paco Gutierrez:835-365-1284:454 Easy Street, Decatur, IL 75732:2/28/53:123500
Ephram Hardy:293-259-5395:235 CarltonLane, Joliet, IL 73858:8/12/20:56700
James Ikeda:834-938-8376:23445 Aster Ave., Allentown, NJ 83745:12/1/38:45000
Barbara Kertz:385-573-8326:832 Ponce Drive, Gary, IN 83756:12/1/46:268500
Lesley Kirstin:408-456-1234:4 Harvard Square, Boston, MA 02133:4/22/62:52600
William Kopf:846-836-2837:6937 Ware Road, Milton, PA 93756:9/21/46:43500
Sir Lancelot:837-835-8257:474 Camelot Boulevard, Bath, WY 28356:5/13/69:24500
Jesse Neal:408-233-8971:45 Rose Terrace, San Francisco, CA 92303:2/3/36:25000
Zippy Pinhead:834-823-8319:2356 Bizarro Ave., Farmount, IL 84357:1/1/67:89500
Arthur Putie:923-835-8745:23 Wimp Lane, Kensington, DL 38758:8/31/69:126000
Popeye Sailor:156-454-3322:945 Bluto Street, Anywhere, USA 29358:3/19/35:22350
Jose Has Retired
Tommy Savage:408-724-0140:1222 Oxbow Court, Sunnyvale, CA 94087:5/19/66:34200
Yukio Takeshida:387-827-1095:13 Uno Lane, Ashville, NC 23556:7/1/29:57000
Vinh Tranh:438-910-7449:8235 Maple Street, Wilmington, VM 29085:9/23/63:68900
alloy@ubuntu:~/LinuxShell/ch7$
```

看看，是不是包含 Jose 的行都被替换了。

7.5.8 第八步 把 Popeye 的生日改成 11/14/46

当看见这个步骤，有些人立刻说说很简单。只要将特定的生日修改就行，方法如下：

```
alloy@ubuntu:~/LinuxShell/ch7$ sed-n 's/3\/19\/35/11\/14\/46/p' datafile
Popeye Sailor:156-454-3322:945 Bluto Street, Anywhere, USA 29358:11/14/46:22350
alloy@ubuntu:~/LinuxShell/ch7$
```

似乎我们完成了该命令。且慢！这样做有没有问题呢？至少有两个问题。

（1）你手工查看了 Popeye 的生日，然后将他替换。实际上，没有人真正关心某个人错误的生日是几月几号，他们只会关心要将某个指定的人生日进行替换。

（2）你替换操作的工作范围是全局的，对于这个文件中出现任何被匹配的生日，你都会进行替换。例如，如果某个人生日和 Popeye 之前错误的生日为同一天，也会被替换。

我们来看一个更加稳妥的解决方案：

```
alloy@ubuntu: ~ /LinuxShell/ch7$ sed-e '/Popeye/s/:[0-9]*\/.*\/.*:/:11\/14\/46:/' datafile
Steve Blenheim:238-923-7366:95 Latham Lane, Easton, PA 83755:11/12/56:20300
Betty Boop:245-836-8357:635 Cutesy Lane, Hollywood, CA 91464:6/23/23:14500
Igor Chevsky:385-375-8395:3567 Populus Place, Caldwell, NJ 23875:6/18/68:23400
Norma Corder:397-857-2735:74 Pine Street, Dearborn, MI 23874:3/28/45:245700
Jennifer Cowan:548-834-2348:583 Laurel Ave., Kingsville, TX 83745:10/1/35:58900
Jon DeLoach:408-253-3122:123 Park St., San Jose, CA 04086:7/25/53:85100
Karen Evich:284-758-2857:23 Edgecliff Place, Lincoln, NB 92086:7/25/53:85100
Karen Evich:284-758-2867:23 Edgecliff Place, Lincoln, NB 92743:11/3/35:58200
Karen Evich:284-758-2867:23 Edgecliff Place, Lincoln, NB 92743:11/3/35:58200

Fred Fardbarkle:674-843-1385:20 Parak Lane, DeLuth, MN 23850:4/12/23:780900
Fred Fardbarkle:674-843-1385:20 Parak Lane, DeLuth, MN 23850:4/12/23:780900
Lori Gortz:327-832-5728:3465 Mirlo Street, Peabody, MA 34756:10/2/65:35200
Paco Gutierrez:835-365-1284:454 Easy Street, Decatur, IL 75732:2/28/53:123500
Ephram Hardy:293-259-5395:235 CarltonLane, Joliet, IL 73858:8/12/20:56700
James Ikeda:834-938-8376:23445 Aster Ave., Allentown, NJ 83745:12/1/38:45000
```

LINUX

```
Barbara Kertz:385-573-8326:832 Ponce Drive, Gary, IN 83756:12/1/46:268500
Lesley Kirstin:408-456-1234:4 Harvard Square, Boston, MA 02133:4/22/62:52600
William Kopf:846-836-2837:6937 Ware Road, Milton, PA 93756:9/21/46:43500
Sir Lancelot:837-835-8257:474 Camelot Boulevard, Bath, WY 28356:5/13/69:24500
Jesse Neal:408-233-8971:45 Rose Terrace, San Francisco, CA 92303:2/3/36:25000
Zippy Pinhead:834-823-8319:2356 Bizarro Ave., Farmount, IL 84357:1/1/67:89500
Arthur Putie:923-835-8745:23 Wimp Lane, Kensington, DL 38758:8/31/69:126000
Popeye Sailor:156-454-3322:945 Bluto Street, Anywhere, USA 29358:11/14/46:22350
Jose Santiago:385-898-8357:38 Fife Way, Abilene, TX 39673:1/5/58:95600
Tommy Savage:408-724-0140:1222 Oxbow Court, Sunnyvale, CA 94087:5/19/66:34200
Yukio Takeshida:387-827-1095:13 Uno Lane, Ashville, NC 23556:7/1/29:57000
Vinh Tranh:438-910-7449:8235 Maple Street, Wilmington, VM 29085:9/23/63:68900
alloy@ubuntu:~/LinuxShell/ch7$
```

在这个解决方案里，实际上我们用了两个步骤：第一步是指定 sed 的工作区域是包含“Popeye”的行；第二步是将这些行中的生日字段替换成指定的字段。

选定包含“Popeye”的行很简单，只要这样用“/Popeye/”命令就可以了。

为了进行生日替换，我们要首先匹配原来错误的生日，采用的正则表达式为“:[0-9]*\/.*\/.*:”。这串正则表达式可以匹配任意生日，例如，“3/19/35”“03/1/87”等。匹配第一个数字，我们采用的方法是“[0-9].*”，0～9 之间的多个数字组合，即匹配任意数字或为空。之所以支持 0 是为了匹配“03”“10”这样的数字。

然后，我们用“\/”符号来隔开月份和天。值得注意的是，“/”是一个特殊字符，因此需要用反斜杠转义。

后面的正则表达式就没什么稀奇了。“.*”匹配任意字符串，实际上，这样写并不是完美解决方案，因为形如“03/adasd/ssadf”的字符串也会被匹配上。但是因为假设 datafile 中生日数据严格按照规范书写，所以暂时不考虑这样的问题。

让我们回过头来对第七步再次思考。第七步中，为了要匹配替换带 Jose 的行，我们采用的正则表达式是“^.*Jose.*$”那么，有没有更加优雅的解决方案呢？来看下面的命令：

```
alloy@ubuntu:~/LinuxShell/ch7$ sed -e '/Jose/s/.*/Jose has retired/g' datafile
Steve Blenheim:238-923-7366:95 Latham Lane, Easton, PA 83755:11/12/56:20300
Betty Boop:245-836-8357:635 Cutesy Lane, Hollywood, CA 91464:6/23/23:14500
Igor Chevsky:385-375-8395:3567 Populus Place, Caldwell, NJ 23875:6/18/68:23400
Norma Corder:397-857-2735:74 Pine Street, Dearborn, MI 23874:3/28/45:245700
Jennifer Cowan:548-834-2348:583 Laurel Ave., Kingsville, TX 83745:10/1/35:58900
Jose has retired
Karen Evich:284-758-2857:23 Edgecliff Place, Lincoln, NB 92086:7/25/53:85100
Karen Evich:284-758-2867:23 Edgecliff Place, Lincoln, NB 92743:11/3/35:58200
Karen Evich:284-758-2867:23 Edgecliff Place, Lincoln, NB 92743:11/3/35:58200

Fred Fardbarkle:674-843-1385:20 Parak Lane, DeLuth, MN 23850:4/12/23:780900
Fred Fardbarkle:674-843-1385:20 Parak Lane, DeLuth, MN 23850:4/12/23:780900
Lori Gortz:327-832-5728:3465 Mirlo Street, Peabody, MA 34756:10/2/65:35200
Paco Gutierrez:835-365-1284:454 Easy Street, Decatur, IL 75732:2/28/53:123500
Ephram Hardy:293-259-5395:235 CarltonLane, Joliet, IL 73858:8/12/20:56700
James Ikeda:834-938-8376:23445 Aster Ave., Allentown, NJ 83745:12/1/38:45000
Barbara Kertz:385-573-8326:832 Ponce Drive, Gary, IN 83756:12/1/46:268500
Lesley Kirstin:408-456-1234:4 Harvard Square, Boston, MA 02133:4/22/62:52600
William Kopf:846-836-2837:6937 Ware Road, Milton, PA 93756:9/21/46:43500
Sir Lancelot:837-835-8257:474 Camelot Boulevard, Bath, WY 28356:5/13/69:24500
Jesse Neal:408-233-8971:45 Rose Terrace, San Francisco, CA 92303:2/3/36:25000
Zippy Pinhead:834-823-8319:2356 Bizarro Ave., Farmount, IL 84357:1/1/67:89500
Arthur Putie:923-835-8745:23 Wimp Lane, Kensington, DL 38758:8/31/69:126000
Popeye Sailor:156-454-3322:945 Bluto Street, Anywhere, USA 29358:3/19/35:22350
Jose has retired
Tommy Savage:408-724-0140:1222 Oxbow Court, Sunnyvale, CA 94087:5/19/66:34200
Yukio Takeshida:387-827-1095:13 Uno Lane, Ashville, NC 23556:7/1/29:57000
Vinh Tranh:438-910-7449:8235 Maple Street, Wilmington, VM 29085:9/23/63:68900
```

```
alloy@ubuntu:~/LinuxShell/ch7$
```

和之前不同的是，在这里我们首先匹配了包含"Jose"的行。然后对整行".*"进行替换。这样看上去是否更有逻辑性？

7.5.9　第九步　删除所有空白行

哈哈，这一步太简单了，只要我们匹配空白行，然后不打印就行。命令如下：

```
alloy@ubuntu:~/LinuxShell/ch7$ sed -e '/^$/d' datafile
Steve Blenheim:238-923-7366:95 Latham Lane, Easton, PA 83755:11/12/56:20300
Betty Boop:245-836-8357:635 Cutesy Lane, Hollywood, CA 91464:6/23/23:14500
Igor Chevsky:385-375-8395:3567 Populus Place, Caldwell, NJ 23875:6/18/68:23400
Norma Corder:397-857-2735:74 Pine Street, Dearborn, MI 23874:3/28/45:245700
Jennifer Cowan:548-834-2348:583 Laurel Ave., Kingsville, TX 83745:10/1/35:58900
Jon DeLoach:408-253-3122:123 Park St., San Jose, CA 04086:7/25/53:85100
Karen Evich:284-758-2857:23 Edgecliff Place, Lincoln, NB 92086:7/25/53:85100
Karen Evich:284-758-2867:23 Edgecliff Place, Lincoln, NB 92743:11/3/35:58200
Karen Evich:284-758-2867:23 Edgecliff Place, Lincoln, NB 92743:11/3/35:58200
Fred Fardbarkle:674-843-1385:20 Parak Lane, DeLuth, MN 23850:4/12/23:780900
Fred Fardbarkle:674-843-1385:20 Parak Lane, DeLuth, MN 23850:4/12/23:780900
Lori Gortz:327-832-5728:3465 Mirlo Street, Peabody, MA 34756:10/2/65:35200
Paco Gutierrez:835-365-1284:454 Easy Street, Decatur, IL 75732:2/28/53:123500
Ephram Hardy:293-259-5395:235 CarltonLane, Joliet, IL 73858:8/12/20:56700
James Ikeda:834-938-8376:23445 Aster Ave., Allentown, NJ 83745:12/1/38:45000
Barbara Kertz:385-573-8326:832 Ponce Drive, Gary, IN 83756:12/1/46:268500
Lesley Kirstin:408-456-1234:4 Harvard Square, Boston, MA 02133:4/22/62:52600
William Kopf:846-836-2837:6937 Ware Road, Milton, PA 93756:9/21/46:43500
Sir Lancelot:837-835-8257:474 Camelot Boulevard, Bath, WY 28356:5/13/69:24500
Jesse Neal:408-233-8971:45 Rose Terrace, San Francisco, CA 92303:2/3/36:25000
Zippy Pinhead:834-823-8319:2356 Bizarro Ave., Farmount, IL 84357:1/1/67:89500
Arthur Putie:923-835-8745:23 Wimp Lane, Kensington, DL 38758:8/31/69:126000
Popeye Sailor:156-454-3322:945 Bluto Street, Anywhere, USA 29358:3/19/35:22350
Jose Santiago:385-898-8357:38 Fife Way, Abilene, TX 39673:1/5/58:95600
Tommy Savage:408-724-0140:1222 Oxbow Court, Sunnyvale, CA 94087:5/19/66:34200
Yukio Takeshida:387-827-1095:13 Uno Lane, Ashville, NC 23556:7/1/29:57000
Vinh Tranh:438-910-7449:8235 Maple Street, Wilmington, VM 29085:9/23/63:68900
alloy@ubuntu:~/LinuxShell/ch7$
```

在原来的 datafile 中，第 10 行的空白被删除了。我们匹配空白行的方式是"^$"。即匹配行首和行尾，中间没有任何字符！

7.5.10　第十步　脚本

在这个步骤里，我们做出如下要求。

➢　在第一行之前插入标题 PERSONNEL FILE。

➢　删除以 500 结尾的工资。

➢　显示文件内容，把姓和名颠倒。

➢　在文件末尾添加 THE END。

看上去这个 sed 脚本还挺复杂。先来看看实例吧：

```
alloy@ubuntu:~/LinuxShell/ch7$ cat do.sed
/500$/d                                              # 注释 2
s/^\([a-zA-Z]\+\) \([a-zA-Z]\+\)\(.*\)/\2 \1\3/g     # 注释 3
1iPERSONNEL FILE                                     # 注释 4
$aTHE END                                            # 注释 5
alloy@ubuntu:~/LinuxShell/ch7$ sed-f do.sed datafile # 注释 1
PERSONNEL FILE
Blenheim Steve:238-923-7366:95 Latham Lane, Easton, PA 83755:11/12/56:20300
```

```
Chevsky Igor:385-375-8395:3567 Populus Place, Caldwell, NJ 23875:6/18/68:23400
Corder Norma:397-857-2735:74 Pine Street, Dearborn, MI 23874:3/28/45:245700
Cowan Jennifer:548-834-2348:583 Laurel Ave., Kingsville, TX 83745:10/1/35:58900
DeLoach Jon:408-253-3122:123 Park St., San Jose, CA 04086:7/25/53:85100
Evich Karen:284-758-2857:23 Edgecliff Place, Lincoln, NB 92086:7/25/53:85100
Evich Karen:284-758-2867:23 Edgecliff Place, Lincoln, NB 92743:11/3/35:58200
Evich Karen:284-758-2867:23 Edgecliff Place, Lincoln, NB 92743:11/3/35:58200

Fardbarkle Fred:674-843-1385:20 Parak Lane, DeLuth, MN 23850:4/12/23:780900
Fardbarkle Fred:674-843-1385:20 Parak Lane, DeLuth, MN 23850:4/12/23:780900
Gortz Lori:327-832-5728:3465 Mirlo Street, Peabody, MA 34756:10/2/65:35200
Hardy Ephram:293-259-5395:235 CarltonLane, Joliet, IL 73858:8/12/20:56700
Ikeda James:834-938-8376:23445 Aster Ave., Allentown, NJ 83745:12/1/38:45000
Kirstin Lesley:408-456-1234:4 Harvard Square, Boston, MA 02133:4/22/62:52600
Neal Jesse:408-233-8971:45 Rose Terrace, San Francisco, CA 92303:2/3/36:25000
Putie Arthur:923-835-8745:23 Wimp Lane, Kensington, DL 38758:8/31/69:126000
Sailor Popeye:156-454-3322:945 Bluto Street, Anywhere, USA 29358:3/19/35:22350
Santiago Jose:385-898-8357:38 Fife Way, Abilene, TX 39673:1/5/58:95600
Savage Tommy:408-724-0140:1222 Oxbow Court, Sunnyvale, CA 94087:5/19/66:34200
Takeshida Yukio:387-827-1095:13 Uno Lane, Ashville, NC 23556:7/1/29:57000
Tranh Vinh:438-910-7449:8235 Maple Street, Wilmington, VM 29085:9/23/63:68900
THE END
```

alloy@ubuntu:~/LinuxShell/ch7$

关于这个例子的解释如下。

注释 1：我们通过 sed 脚本来实现想要的功能。当需要的功能比较复杂时，将长长的命令写入一行语句中，往往不是很好的做法。因此我们撰写了一个 do.sed 脚本，如你所见，脚本中就是普通的 sed 命令，一条命令一行。而执行脚本的方式是通过 sed 参数-f，然后加上脚本名。

注释 2：这是第一步。这个步骤是将以 500 结尾的记录删除。先匹配以 500 结尾的记录"500$"，然后用 d 命令。

注释 3：这个看上去是一堆乱七八糟的字符。实际上转义字符占了大多数，因为在 sed 里"("、"+"都需要转义。去掉转义字符，命令看起来是这个样子：s/^\([a-zA-Z]+\) \([a-zA-Z]+\)(.*)/\2 \1\3/g。这是一个替换命令。匹配部分内容被（）分成 3 部分，第一部分是"[a-zA-Z]+"。这是一个正则表达式，匹配一串英文字母。"+"表示前面的字符重复一次或多次。如果用括号()括起来，后面就可以用"\n"来引用这部分被匹配的字符串，就像我们用"\1"引用第一个被括起来的字符串一样。最后一个被括起来的".*"表示除了刚开始匹配的名字外剩下的所有字符。

注释 4：表示在第一行插入"PERSONNEL FILE"。插入的命令是 i。

注释 5：在末尾追加"THE END"。追加的命令是 a。

好了，这个实践到此结束，你都掌握了吗？

7.6 小结

又到了小结的时候了。

这是简短的一章，本章着重讲解 sed 的应用。

sed 的命令操作可以分为两部分。

第一部分：选定地址范围。我们可以通过指定起始行和结束行来选定部分行，也可以通过匹配选定特定的范围，这给程序带来巨大的灵活性。

第二部分：对地址范围执行特定操作。比较重要的操作是替换，替换命令能够将地址范围内的匹配内容替换成我们想要的内容。此外，我们还演示了一个实际的替换应用，如何将 DOS/Windows 的换行替换成 UNIX 中的换行。

与此同时，我们还讲解了如何组合 sed 命令，来完成复杂的应用。我们可以将多条命令应用于同一行，当足够复杂时，我们甚至能将命令写入一个文本文件中，引入文本文件来定制想要的功能。

在本章，我们讲解的仅仅是 sed 的基本功能，更多的复杂功能，要在不断练习中，慢慢掌握。

LINUX

欢迎回来。

我们将在本章讲解另一个文本处理利器，awk。从名字上说，awk 像是一台"老式并嘎嘎作响"的机器，你甚至怀疑它是否能有效地工作。但是，相信我，在文本处理和报表生成的应用上，awk 无可替代。

大约在 1 年前，在腾讯工作的一个朋友向我请教一个文本处理和数据统计相关的实现：他的老板交给他一个七八十兆的文本文件，按照特定格式记录了好几万条 QQ 号最近几个月的消费记录。要求从这些数据中将用户分类，例如，最忠诚的客户、已经流失的客户、不稳定的客户等。

我听到后，第一个反应不是如何去解决这个问题，而是 3 个字母：awk。

大约 20 分钟后，我将一个 awk 脚本交给他，解决了困扰他好几天的问题。

有趣吧，awk 就是用于完成这样细小的数据处理工作。好吧，我已经迫不及待想开始这一章了。

在本章里，你将学习到如下知识。

（1）awk 脚本的正确书写格式。

（2）awk 脚本的代码组织结构与常用语言元素的写法，例如，判断、循环等。

（3）怎样使用 awk 生成格式化输出。

（4）awk 的实例。

本章涉及的命令有：awk。

8.1 来个案例吧

我们闲话少说，直接上一个实例来看看 awk 是怎么使的。在这个实例中，你将明白 awk 的使用方法，以及运行行为。见例 8.1。

例 8.1　awk 的用法

```
alloy@ubuntu:~/LinuxShell/ch8$ cat /etc/fstab                            #注释 1
#每行 6 列，每列的含义参照命令行 1 的解释
/dev/LogVol1      /         ext3      defaults      1        1
/dev/LogVol4      /var      ext3      defaults      1        2
/dev/LogVol5      /usr      ext3      defaults      1        2
/dev/LogVol2      /tmp      ext3      defaults      1        2
LABEL=/boot       /boot     ext3      defaults      1        2
tmpfs             /dev      /shm      tmpfs         defaults      0        0
devpts            /dev      /pts      devpts        gid=5,mode=620      0        0
sysfs             /sys      sysfs     defaults      0        0
proc              /proc     proc      defaults      0        0
/dev/LogVol0      swap      swap      defaults      0        0
/dev/LogVolHome   /home     ext3      defaults      1        2
alloy@ubuntu:~/LinuxShell/ch8$ awk '{print $0}' /etc/fstab               #注释 2
/dev/LogVol1      /         ext3      defaults      1        1
/dev/LogVol4      /var      ext3      defaults      1        2
/dev/LogVol5      /usr      ext3      defaults      1        2
/dev/LogVol2      /tmp      ext3      defaults      1        2
LABEL=/boot       /boot     ext3      defaults      1        2
tmpfs             /dev/shm  tmpfs     defaults      0        0
devpts            /dev/pts  devpts    gid=5,mode=620      0        0
sysfs             /sys      sysfs     defaults      0        0
proc              /proc     proc      defaults      0        0
/dev/LogVol0      swap      swap      defaults      0        0
/dev/LogVolHome   /home     ext3      defaults      1        2
alloy@ubuntu:~/LinuxShell/ch8$ awk '{print "This is a line record"}' /etc/fstab
#注释 3
This is a line record
This is a line record
This is a line record
This is a line record
This is a line record
This is a line record
This is a line record
This is a line record
This is a line record
This is a line record
This is a line record                    # fstab 文件中的每一行都会产生输出
alloy@ubuntu:~/LinuxShell/ch8$
```

例 8.1 解释了 awk 的工作原理。关于它的解释如下。

注释 1：我们看一下/etc/fstab 文件中都包含了什么。/etc/fstab 文件由一条条记录组成，每条记录独占一行。每行有 6 列，分别为以下内容。

device　装置名称，就是要挂入的来源，最常用的是/dev/的档案，我们说过 FreeBSD 将装置视为档案，所以这里填的是/dev/*。

mountpoint　挂入点，就是你要将来源挂到什么地方，其中 swap 没有挂入点，所以是 none。

fstype　档案系统就是要挂入的类型，必须在 kernel 中有定义。一般常见的有 ext3、reiserfs、 ntfs。如果是 cdrom 就是 cd9660。

options　此处参数依各装置而有所不同，如果开机时不挂入的话（如 cdrom），就必须加入参数 noauto。如果是 defaults，则指默认设定。它等效于 rw、dev、exec、auto、nouser、async。如果加上 no 则为相反，如 nouser、noauto。

dump　这个字段表示使用指令 dump 时要备份的档案系统，0 表示不要、1 表示要。

pass　这个字段是给指令 fsck 用的，是检查的顺序。如果是/目录，则此处的数字应该是 1，而其他的档案系统则为 2。如果不需检查的就是 0（如 cdrom、swap 等）。

这 6 列以空格或制表符隔开，我们在后面将多次使用这个文本文件做例子。

注释 2：awk 出场了！这次，awk 仅仅为一个小应用。哈，让我们一起看看 awk 是怎么使用的。我们可以看见，awk 命令分成 3 部分：第一部分是 awk 命令本身；第二部分是要执行的命令内容{print $0}；第三部分是指定/etc/fstab 为 awk 命令的输入文件。awk 在执行命令时，依次读取/etc/fstab 文件的每一行，将命令{print $0}应用到每一行中。print $0 的含义是打印整行，输出到 stdout。那么在本条命令中，awk 命令执行了类似于 cat 的功能。

注释 3：由于 awk 将命令（在这里是第二个参数）应用到输入的每一行，因此，在这里，原文本文件中的每行会产生一行新的输出。你可以看到，this is a line record 被输出了 11 次。

NOTE:

在这个实例的第二条命令中，我们使用了 print $0 的输出方法。awk 中$0 代表整行，而如果 print 单独出现时，将打印该行的全部内容。因此，print 和 print $0 的行为完全相同。

怎么样，awk 不是那么复杂吧。

8.2　基本语法

我们在 8.1 节中见到了 awk 最简单的应用，原样输出一行。你可能会说：这也太简单了！没错，awk 就是这么简单。但是，你要是以为 awk 的本领就这些，那你可就大错特错了。

8.2.1　多个字段

awk 常常被用于处理字段。所谓字段，就是在文本文件中，每一行分成许多列，列与列之间用特定的符号隔开。awk 在这方面的处理能力特别强。且看下面的例子。

例 8.2　awk 字段处理

```
alloy@ubuntu:~/LinuxShell/ch8$ awk '{print $1}' /etc/fstab        #注释1
/dev/LogVol1
/dev/LogVol4
/dev/LogVol5
/dev/LogVol2
LABEL=/boot
tmpfs
devpts
sysfs
proc
/dev/LogVol0
```

```
/dev/LogVolHome
alloy@ubuntu:~/LinuxShell/ch8$ awk '{print $1 "\t " $3}' /etc/fstab          #注释 2
/dev/LogVol1          ext3
/dev/LogVol4          ext3
/dev/LogVol5          ext3
/dev/LogVol2          ext3
LABEL=/boot           ext3
tmpfs          tmpfs
devpts         devpts
sysfs          sysfs
proc           proc
/dev/LogVol0           swap
/dev/LogVolHome         ext3
alloy@ubuntu:~/LinuxShell/ch8$ awk '{print "device:" $1 "\tfstype:" $3}' /etc/fstab
#注释 3
device:/dev/LogVol1     fstype:ext3
device:/dev/LogVol4     fstype:ext3
device:/dev/LogVol5     fstype:ext3
device:/dev/LogVol2     fstype:ext3
device:LABEL=/boot      fstype:ext3
device:tmpfs    fstype:tmpfs
device:devpts   fstype:devpts
device:sysfs    fstype:sysfs
device:proc     fstype:proc
device:/dev/LogVol0     fstype:swap
device:/dev/LogVolHome  fstype:ext3
alloy@ubuntu:~/LinuxShell/ch8$
```

例 8.2 是例 8.1 的扩展。在此例中，我们开始操纵字段。关于例 8.2 的解释如下。

注释 1：我们又见识到了 print 语句。这个语句中，使用了$1。$1 指的是文本记录行中的第一列字段。在/etc/fstab 文件中，第一列字段也就是 device 字段。因此，awk 将 fstab 文件每条记录的 device 字段都列出来。

注释 2：和第一条命令稍有不同的是，这条命令列出了两个字段：device 字段和 fstype 字段，分别用$1 和 $3 表示。需要注意的是，在这个 print 命令中，我们在$1 和$3 之间使用双引号引入了一个制表符。print 语句并不会为你的输出自动添加空格符，即使你在$1 和$3 之间输入许多空格也不可以。而你需要显式地用双引号引入一段空白，像示例中显示的那样。

注释 3：这又是另一个小小的改进。在这个命令中，我们多次使用了双引号，将字段的说明加入到输出中。

8.2.2 使用其他字段分隔符

然而，事实并不如想象的美好，毕竟很多时候，记录的分隔符并不是空白符。例如，/etc/passwd 文件，以冒号隔开字段(:)。

```
alloy@ubuntu:~/LinuxShell/ch8$ cat /etc/passwd | head-n10          #查看passwd文件的前10行
root:x:0:0:root:/root:/bin/bash
bin:x:1:1:bin:/bin:/sbin/nologin
daemon:x:2:2:daemon:/sbin:/sbin/nologin
adm:x:3:4:adm:/var/adm:/sbin/nologin
lp:x:4:7:lp:/var/spool/lpd:/sbin/nologin
sync:x:5:0:sync:/sbin:/bin/sync
shutdown:x:6:0:shutdown:/sbin:/sbin/shutdown
halt:x:7:0:halt:/sbin:/sbin/halt
mail:x:8:12:mail:/var/spool/mail:/sbin/nologin
news:x:9:13:news:/etc/news:
alloy@ubuntu:~/LinuxShell/ch8$
```

/etc/passwd 文件的格式我们在前面的章节已经讲解过，此处不再赘述。那么，awk 能不能处理这样的字段呢？请看下面的例子。

例 8.3　改变分隔符

```
# 截取 passwd 文件的前 10 行，存放到/tmp/passwd.piece 文件中
alloy@ubuntu:~/LinuxShell/ch8$ head-n10 /etc/passwd >/tmp/passwd.piece
alloy@ubuntu:~/LinuxShell/ch8$ cat /tmp/passwd.piece
root:x:0:0:root:/root:/bin/bash
bin:x:1:1:bin:/bin:/sbin/nologin
daemon:x:2:2:daemon:/sbin:/sbin/nologin
adm:x:3:4:adm:/var/adm:/sbin/nologin
lp:x:4:7:lp:/var/spool/lpd:/sbin/nologin
sync:x:5:0:sync:/sbin:/bin/sync
shutdown:x:6:0:shutdown:/sbin:/sbin/shutdown
halt:x:7:0:halt:/sbin:/sbin/halt
mail:x:8:12:mail:/var/spool/mail:/sbin/nologin
news:x:9:13:news:/etc/news:
# 使用单行 awk 命令来打印信息
alloy@ubuntu: ~ /LinuxShell/ch8$ awk-F":" '{print "USER: "$1 "\tSHELL: "$7}'
/tmp/passwd.piece
# 打印出用户名和登录 Shell
USER: root      SHELL: /bin/bash
USER: bin       SHELL: /sbin/nologin
USER: daemon    SHELL: /sbin/nologin
USER: adm       SHELL: /sbin/nologin
USER: lp        SHELL: /sbin/nologin
USER: sync      SHELL: /bin/sync
USER: shutdown  SHELL: /sbin/shutdown
USER: halt      SHELL: /sbin/halt
USER: mail      SHELL: /sbin/nologin
USER: news      SHELL:
alloy@ubuntu:~/LinuxShell/ch8$
```

例 8.3 演示了如何在 awk 中改变字段分隔符。在 awk 的命令中，我们发现多了一个参数-F。
-F 参数设置的是 awk 的初始化变量 FS（我们在后面的章节将讲到这个变量）。FS 变量控制着 awk
的字段分隔符，默认情况下是空白字符，在此处，我们通过-F 参数显式地将分隔符设置为冒号(:)。

其实，我们还有其他的方法设置 awk 的字段分隔符，在下面的小节代码结构将会讲解。

除了单个字符外，awk 的分隔符设置还支持多个字符，甚至正则表达式。我们来看下面
的例子。

例 8.4　设置多个字符为 awk 分隔符

```
alloy@ubuntu:~/LinuxShell/ch8$ awk-F"[\t ]+" '{print "DEVICE: "$1 "\tFSTYPE: "$3}'
/etc/fstab
# 设置字段分隔符为制表符
# 打印出 DEVICE 和 FSTYPE 两个字段的信息
DEVICE: /dev/VolGroup_ID_19679/LogVol1  FSTYPE: ext3
DEVICE: /dev/VolGroup_ID_19679/LogVol4  FSTYPE: ext3
DEVICE: /dev/VolGroup_ID_19679/LogVol5  FSTYPE: ext3
DEVICE: /dev/VolGroup_ID_19679/LogVol2  FSTYPE: ext3
DEVICE: LABEL=/boot     FSTYPE: ext3
DEVICE: tmpfs   FSTYPE: tmpfs
DEVICE: devpts  FSTYPE: devpts
DEVICE: sysfs   FSTYPE: sysfs
DEVICE: proc    FSTYPE: proc
DEVICE: /dev/VolGroup_ID_19679/LogVol0  FSTYPE: swap
DEVICE: /dev/VolGroup_ID_19679/LogVolHome       FSTYPE: ext3
alloy@ubuntu:~/LinuxShell/ch8$
```

我们将焦点关注在[\t]+上。注意，在[ ]之间，有两个字符，一个是制表符(\t)，另一个是空格
符。而+符号代表前面出现的单个字符重复一次或多次。在这里，此分隔符匹配一个或多个制表

符或空格符。

有了这样的设置，我们就能灵活地制定文本文件的字段规则，利用正则表达式，你甚至可以写出最复杂的分隔符匹配。

你一定注意到了，我们首先将/etc/passwd 文本文件读取出前 10 行来存到/tmp 下的 passwd.piece 文件中，再对其进行操作。你可能会认为这是出于安全角度考虑。但是，其实你多虑了，因为 awk 命令并不会改变输入文件。它只是读取输入文件，然后产生新的输出。那为什么要这么做呢？是因为我的机器上的/etc/passwd 文件太长了，难以以屏幕将其全部显式，所以我就截取了前 10 行。但是，我们有简单的方法来将例 8.3 的所有操作变成一条命令。

例 8.5　awk 命令的输入来源

```
# 使用管道完成 awk 操作
alloy@ubuntu:~/LinuxShell/ch8$ head-n10 /etc/passwd | awk-F":" '{print "USER: "$1
"\tSHELL: "$7}'
USER: root      SHELL: /bin/bash
USER: bin       SHELL: /sbin/nologin
USER: daemon    SHELL: /sbin/nologin
USER: adm       SHELL: /sbin/nologin
USER: lp        SHELL: /sbin/nologin
USER: sync      SHELL: /bin/sync
USER: shutdown  SHELL: /sbin/shutdown
USER: halt      SHELL: /sbin/halt
USER: mail      SHELL: /sbin/nologin
USER: news      SHELL:
alloy@ubuntu:~/LinuxShell/ch8$
```

为什么我们可以这样操作呢？主要原因如下。

➤ awk 命令并不管文本来自何方，准确地说，awk 读取标准输入。

➤ 当你将文本文件作为参数传递给 awk 命令时，awk 命令打开文本文件，将之作为标准输入传递给 awk 的主逻辑。

➤ 而在例 8.5 中，我们将 head 命令执行的结果通过管道传递给 awk，也就是说，将文本流作为 awk 的标准输入来运行。

➤ 因此，你发现，awk 可以轻易地作为过滤器加入到文本处理的协同工作中。这样就给 awk 的使用做了无限延伸。

 awk 语言特性

很多在 UNIX/Linux 中浸淫许久的人都称 awk 为一门语言。这不仅仅是对 awk 的恭维，因为 awk 作为语言当之无愧。除了在前面提及的最简单的文本处理功能外，awk 还具有计算机语言所特有的性质，例如变量、判断、循环甚至数组。

在本节里，我们将讲述 awk 作为一门语言所具有的性质。

8.3.1　awk 代码结构

还记得 8.2 节的字段分隔符吗？我们通过 awk 的-F 参数来设定字段的分隔符，例如：

```
alloy@ubuntu:~/LinuxShell/ch8$ head-n10 /etc/passwd | awk-F":" '{print "USER: "$1
"\tSHELL: "$7}'
```

在 awk 内部，这是怎么实现的呢？这要从 awk 的工作原理说起。

通常情况下，awk 会针对每一个输入行执行一段代码块。但是，有些时候，我们需要在 awk 开始处理输入之前执行一些数据的初始化。前面提到的字段分隔符就是这种情况。对于这样的需求，awk 定义了 BEGIN 代码块。在 BEGIN 代码块中，完成 awk 部分参数的初始化操作。

除了 BEGIN 代码块，awk 还定义了 END 代码块，它是在所有的输入都处理完后 awk 运行的代码。在这块代码中，你能够做一些统计信息和数据打印。

awk 的 BEGIN 和 END 代码块都是可选的。你也可以不编写这些代码块。

如何理解 BEGIN 和 END 代码块呢？你可以将 awk 的运行看成 3 部分组成：处理输入前的初始化；处理输入过程；处理完所有输入后的扫尾工作。BEGIN 和 END 分别映射到第一部分和第三部分。

1．BEGIN 代码块

例如，在例 8.3 中，我们重定义分隔符为冒号(:)。如果使用 BEGIN 代码块实现相同的功能，我们可以这样写，如例 8.6 所示。

例 8.6　使用 BEGIN 代码块重定义分隔符

```
# 使用文件来编写 awk 代码
alloy@ubuntu:~/LinuxShell/ch8$ cat fs.awk
BEGIN{
  FS=":"
}
{
  print "USER: "$1 "\tSHELL: "$7
}
alloy@ubuntu:~/LinuxShell/ch8$ head-n10 /etc/passwd| awk-f fs.awk
USER: root      SHELL: /bin/bash
USER: bin       SHELL: /sbin/nologin
USER: daemon    SHELL: /sbin/nologin
USER: adm       SHELL: /sbin/nologin
USER: lp        SHELL: /sbin/nologin
USER: sync      SHELL: /bin/sync
USER: shutdown  SHELL: /sbin/shutdown
USER: halt      SHELL: /sbin/halt
USER: mail      SHELL: /sbin/nologin
USER: news      SHELL:
alloy@ubuntu:~/LinuxShell/ch8$
```

例 8.6 和例 8.3 不同的是，我们使用了一个文件来编写 awk 脚本（越来越像一门语言了），然后使用-f 参数将 fs.awk 文件传递到命令中。这个行为其实并不新鲜，因为 sed 脚本也这样干。它就相当于我们这样来编写代码：

```
# 使用单行语句编写 awk 代码
alloy@ubuntu:~/LinuxShell/ch8$ head-n10 /etc/passwd| awk 'BEGIN{FS=":"}{print "USER: "$1 "\tSHELL: "$7}'
USER: root      SHELL: /bin/bash
USER: bin       SHELL: /sbin/nologin
USER: daemon    SHELL: /sbin/nologin
USER: adm       SHELL: /sbin/nologin
USER: lp        SHELL: /sbin/nologin
USER: sync      SHELL: /bin/sync
USER: shutdown  SHELL: /sbin/shutdown
USER: halt      SHELL: /sbin/halt
USER: mail      SHELL: /sbin/nologin
USER: news      SHELL:
alloy@ubuntu:~/LinuxShell/ch8$
```

后一种写法即将 fs.awk 脚本的内容写到一行里。但是前一种使用文件的表述方法更加清晰，你觉得呢？

现在让我们将目光放到这一代码片段上：BEGIN{FS=":"}。awk 脚本包含一个 BEGIN 代码块，格式是 BEGIN 标签加上{}。在这个代码块中能够进行一些变量的初始化操作。awk 中定义 FS 变量为字段分隔符，当我们将冒号(:)赋值给 FS 时，awk 在初始化操作过程中就会将默认分隔符改变为冒号。

这两种改变分隔符的方法（使用 BEGIN 语句与使用-F 参数）无法说孰优孰劣。当 awk 脚本很简单时，使用-F 参数能够减少输入的字符数。但是，当 awk 脚本本身很复杂时，使用 FS 参数更加清晰地显示了 awk 的逻辑，并且还能省略命令中的-F 参数。

2. END 代码块

在前面，我们提到，awk 除了在脚本执行的开始执行 BEGIN 中的初始化操作外，awk 还在脚本运行结束时执行扫尾代码块。END 代码块中，awk 脚本可以执行一些类似于统计数据，打印输出之类的操作。我们来看例子吧。

例 8.7　使用 END 代码块做统计

```
alloy@ubuntu:~/LinuxShell/ch8$ cat search.awk
BEGIN {                                              #注释 1
  print "How many people with nologin?"
}
/nologin/ {++adder}                                  #注释 2
END {                                                #注释 3
  print "'nologin' appears " adder " times."
}
alloy@ubuntu:~/LinuxShell/ch8$ awk-f search.awk /etc/passwd
How many people with nologin?
'nologin' appears 44 times.
alloy@ubuntu:~/LinuxShell/ch8$
```

关于例 8.7 的解释如下。

注释 1：在 BEGIN 代码块中，我们打印出一行提示信息，便于运行程序的人能够看懂程序。写在 BEGIN 代码块中的代码只在初始化时被运行一次。

注释 2：这是很重要的一行，它标识着 awk 处理输入的过程。在这一行中，awk 首先将输入数据中的每条记录与正则表达式 nologin（在此处就是一个固定字符串）匹配，如果匹配上了，则执行{}之间的内容，即++adder。

++adder 想必大家并不陌生，因为无论是 C 语言还是 Java 语言，都是这样做的。奇怪的是，在 awk 中并没有对 adder 变量进行初始化，甚至都未声明就直接拿来使用。为什么可以这样做呢？我们将在后面的变量小节讲解原因。

注释 3：END 代码块执行 awk 脚本的扫尾工作。这段代码将统计的 nologin 出现的次数（44次）打印出来。同样，这段代码也仅仅被执行一次，在所有输入数据都处理完后才被执行。

NOTE:

这里有几个值得关注的地方。

（1）adder 变量并没有被初始化，也没有被声明，就直接拿来使用了。

（2）注释 2 中的书写格式是什么意思，这样书写有什么含义。

（3）如果你留意了，在 awk 每处理输入数据中一条记录过程中，adder 变量原有的记录并没有被擦除。

在这里卖一个关子，因为所有这些问题在本章下面的小节里都会讲到，请耐心往下看。

---

3. 模式匹配

我们一直在讲 awk 会处理所有输入的数据,但是其实,awk 的胃口也是很叼的,因为我们会使用模式匹配来使 awk 仅仅对部分的数据记录有兴趣,而其他匹配不上的记录,awk 将不做任何处理。

例如,在上面例 8.7 中,awk 会去匹配数据中的 nologin 正则表达式,匹配上的才执行 ++adder 操作。由此,我们可以看出,awk 模式匹配的语法是这样的:

```
/ 正则表达式 /   { 匹配后的操作 }
```

awk 首先尝试着用正则表达式去匹配数据记录,如果匹配上,则执行后面括号内的操作。

我们来看一个例子。

例 8.8 模式匹配

```
alloy@ubuntu:~/LinuxShell/ch8$ awk '/^$/{print "This is an empty line."}' /etc/inittab
#注释 1
This is an empty line.
This is an empty line.
This is an empty line.
This is an empty line.
This is an empty line.
alloy@ubuntu:~/LinuxShell/ch8$ awk-F":" '/bash/{print $1}' /etc/passwd
#注释 2
root
postgres
mysql
oracle
#leleajiajia
#kanglele
admin111
alloy@ubuntu:~/LinuxShell/ch8$
```

例 8.8 的解释如下。

注释 1:这条命令查看/etc/inittab 文件中的空行数目。正则表达式^$匹配文件中的空行,当匹配上时,执行 awk 的 print 语句,打印"This is an empty line."的信息。由这条命令可以看出,/etc/inittab 文件共有 5 个空行。

注释 2:这条命令查看当前系统中使用 bash 作为登录 Shell 的用户名。首先使用-F 参数设定字段分隔符为冒号(:),然后用正则表达式 bash 检索 passwd 中的每一行,当匹配上 bash 时,则用 print 语句打印出第一个字段,也就是用户名字段。

托正则表达式的福,我们总可以使用模式匹配功能选出几乎想要的任何数据进行处理。事实上,我们甚至可以在一个 awk 脚本中写出许多的模式匹配代码,对匹配上的不同正则表达式的数据采用不同的处理。例如,例 8.9 所示。

例 8.9 多项模式匹配

```
alloy@ubuntu:~/LinuxShell/ch8$ cat Shell_recorder.awk
BEGIN {
  print "SHELL USAGE:"
}
/bash/{++bash}                           # 支持的第一个匹配
/nologin/{++nologin}                     # 支持的第二个匹配
END {
  print "We have " bash " bash users."
  print "We have " nologin " nologin users."
}
alloy@ubuntu:~/LinuxShell/ch8$ awk-f Shell_recorder.awk /etc/passwd
SHELL USAGE:
```

```
We have 7 bash users.
We have 44 nologin users.
alloy@ubuntu:~/LinuxShell/ch8$
```

这个例子支持两个匹配。含义很简单，就不过多赘述了。

8.3.2 变量与数组

在本小节里，我们将介绍 awk 作为一门语言重要的两个元素：变量和数组。

1. 变量

当讲解一门语言时，总得提到变量。awk 中有两种变量：用户自定义变量和内建变量。

虽然还未详细讲解，但是我们早就在前文中使用了这两种变量。在例 8.7 中，我们使用 adder 变量来统计 nologin 字符串出现的次数，此处的 nologin 就是用户自定义变量；在例 8.6 中，我们重定义 FS，使得 FS 为冒号(:)。此处的 FS 即为内建变量。

awk 和绝大多数脚本语言一样，变量使用无需先声明。awk 会在第一次使用该变量的时候，自动建立变量（这也是我们在例 8.7 中直接使用 adder 变量的原因）。awk 的变量在建立时的初始值都是空字符串，但是当需要数值时，它会被视为 0。也就是说，awk 会自动将字符串转换为数值进行计算。

聪明的人一眼就能看出来，在这一点上，awk 的行为和 Shell 脚本是一样的。其实，这样也是大部分脚本语言的行为：变量只存储字符串，当需要时再转换为其他类型。

awk 的变量必须以 ASCII 字母或下划线开始，然后选择性地接上字母、下划线及数字。如果用正则表达式来匹配变量名的话，awk 的变量名必须匹配[A-Za-z_][A-Za-z_0-9]*。在长度上，awk 的变量名并没有限制。

awk 的变量名称是大小写敏感的。因此，you，You，YOU 是 3 个完全不同的名称。因此，这里有一个建议：局部变量小写，全局变量第一个字母大写，内建变量全部大写。

我们来看看 awk 常用的内建变量，如表 8.1 所示。

表 8-1 awk 的常用内建变量

变量	说明
FILENAME	当前输入文件的名称
FNR	当前输入文件的记录数
FS	字段分隔符(支持正则表达式)，默认为空格
NF	当前记录的字段数
NR	在工作(job)中的记录数
OFS	输出字段分隔字符
ORS	输出记录分隔字符(默认为"\n")
RS	输入记录分隔字符

更多关于变量的使用实例，请参见本章 8.6 节"案例分析"。

2. 数组

awk 中的数组命名遵循了与变量命名相同的惯例，数组包含了从零到多个数据项，通过紧接着名称的数组索引选定。

大部分程序语言都需要以整数表达式作为索引的数组，但是 awk 允许在数组名称之后，以方括号将任意数字或字符串表达式括起来作为索引。如果你难以理解这种做法，请看下面的例子。

例 8.10　awk 中的数组

```
# 为 site 数组中 4 个元素赋值
site[google] = "http://google.com"
site[yahoo] = "http://yahoo.com"
site[baidu] = "http://baidu.com"
site[ollir] = "http://ollir.com"
```

在这个例子中，我们为数组 site 中的 4 个元素赋值。这四个元素可以通过 site[name]来引用。

当我们能以任意值作为数组的索引，这种数组成为关联数组，因为它们的名称与值是相关联的。重要的是，awk 支持数组的查找、插入、删除等操作，并且这些操作都在 O(1)时间内完成。

和 awk 中的变量一样，数组也无需声明就能使用。数组的存储空间在引用新元素时会自动增长。数组的存储空间是稀疏的，例如，你可以在使用了 x[1]=3.1415926 后直接使用 x[10000]="xyz"，而不需要去填满从 2～9999。绝大多数语言在使用数组时，要求数组中的元素都为相同的类型，但是 awk 数组并没有这种限制。

当元素不再需要时，其存储空间可以回收再利用。delete array[index]会从数组中删除元素，而 delete array 会删除 array 数组中的所有元素。

NOTE:

变量名和数组名不能重名。当你使用 delete 删除数组元素的时候，不会删除它的名称。例如：

```
x[1] = 123
delete x
x = 789
```

这样使用的话，awk 会发出提示，告诉你不能给数组名称赋值。

更多关于数组的使用实例，请参见本章"案例分析"小节。

3．环境变量

不得不提的是，awk 支持直接对系统环境变量的访问，通过 ENVIRON 数组。我们来看下面一个例子。

例 8.11　awk 访问系统环境变量

```
# 打印环境变量
alloy@ubuntu: ~ /LinuxShell/ch8$  awk  'BEGIN{print  ENVIRON["HOME"];  print
ENVIRON["PATH"]}'
/root
/usr/kerberos/sbin:/usr/kerberos/bin:/usr/local/sbin:\
/usr/local/bin:/sbin:/bin:/usr/sbin:/usr/bin:/root/bin:\
/ora/app/oracle/product/9.2.0.4/bin
alloy@ubuntu:~/LinuxShell/ch8$
```

在实例 8.11 中，我们在 awk 的 BEGIN 程序块打印出两个系统环境变量，使用 ENVIRON 数组。一个是 ENVIRON["HOME"]，一个是 ENVIRON["PATH"]。在 awk 启动时，会从系统中读取环境变量初始化 ENVIRON 数组，在 awk 程序中，你也能够像操作普通数组一样对它进行加入、删除及修改等操作。

8.3.3　算术运算和运算符

在 awk 中，可以方便地直接进行算术运算。这给我们处理文本需要的计算能力提供了极大方便。我们来看下面算术运算的例子。

例 8.12　awk 中的数学运算

```
alloy@ubuntu:~/LinuxShell/ch8$ awk 'BEGIN{print "3+2=" 3+2}'          # 简单的数学运算用法
3+2=5
alloy@ubuntu:~/LinuxShell/ch8$ awk 'BEGIN{print "2^10=" 2^10}'
2^10=1024
alloy@ubuntu:~/LinuxShell/ch8$ awk 'BEGIN{print "(3+2)*7=" (3+2)*7}'
(3+2)*7=35
alloy@ubuntu:~/LinuxShell/ch8$
```

在 awk 中，支持的算术运算符有+、-、*、/、%、^。其中，%是取模运算符，在表达式 x % y 中，运算的结果是 x 除以 y 的余数。当 x 能被 y 整除时，其值为 0。例如，如果某一年的年份能被 4 整除但是不能被 100 整除，那么这一年就是闰年，此外，能被 400 整除的年份也是闰年。因此，我们可以编写一个脚本，来判断某文本文件中的年份是闰年还是平年。

例 8.13　判断闰年

```
alloy@ubuntu:~/LinuxShell/ch8$ cat year.txt              # year.txt 被用于测试闰年
1987
2008
3000
2000
2012
1200
1300
alloy@ubuntu:~/LinuxShell/ch8$ cat leap.awk
BEGIN {
  print "Pick leap years:"
}
{
  year = $1                                                          #注释 1
  if((year %4 == 0 && year % 100 != 0) || year % 400 == 0)     #注释 2
    print year " is a leap year."
  else
    print year " is not a leap year."
}
alloy@ubuntu:~/LinuxShell/ch8$ awk-f leap.awk year.txt          # 测试结果
Pick leap years:
1987 is not a leap year.
2008 is a leap year.
3000 is not a leap year.
2000 is a leap year.
2012 is a leap year.
1200 is a leap year.
1300 is not a leap year.
alloy@ubuntu:~/LinuxShell/ch8$
```

例 8.13 的解释如下。

注释 1：这一行语句是一个赋值语句。在此处，我们将$1 的值赋值给变量 year。year 变量是第一次出现，因为 awk 不要求先声明后使用变量，所以此处我们可以直接使用。而$1 的含义是文本 year.txt 中的第一个字段。因为此文本中每条记录行只有一个单词（年份），所以此处的$1 指的就是这个年份。

注释 2：这个语句你是在 awk 中第一次见到。它是一个判断语句，作为整体的一行，它根据之前定义闰年的判断标准，判断某一个年份（year）是否为闰年。如果你学习过 C 语言，一定对这个语句很熟悉。此语句中包含如下运算符：%、==、&&、!=、||、()。||是或运算，而&&是且运算。==和!=是逻辑运算，判断是否相等。

讲到这里，我们还是来看看 awk 都支持哪些运算符吧。

表 8-2　　　　　　　　　　　　　　　　　awk 的运算符

运算符	描述
= +=-= *= /= %= ^= **=	赋值
?:	C 条件表达式
||	逻辑或
&&	逻辑与
~ ~!	匹配正则表达式和不匹配正则表达式
< <= > >= != ==	关系运算符
空格	连接
+-	加，减
* / %	乘，除与求余
+- !	一元加，减和逻辑非
^ ***	求幂
++--	增加或减少，作为前缀或后缀
$	字段引用
in	数组成员

在这个表格里，我们列出了 awk 支持的运算符。有几个需要解释下。

（1）条件表达式：条件表达式是利用某条件判断的结果来决定该返回哪个表达式。例如，为了实现 max(x, y)，我们可以这样写：x>y?x:y。这种表达方式的含义是判断 x 是否大于 y，如果是则返回 x，如果否则返回 y。

（2）*= 运算符。例如：x *= y，效果上就相当于 x = x×y。

（3）++ 运算符。例如：x++，相当于 x = x + 1。

8.3.4　判断与循环

awk 作为一门语言，自然支持语言的 3 种基本元素：顺序、判断和循环。对于判断语句而言，awk 中的条件语句是从 C 语言中借鉴过来的，可控制程序的流程。awk 中的条件语句主要有 if/else 语句，循环有 for 和 while。

1．if 语句

awk 中 if 语句的格式很简单，和 C 语言中的条件语句几乎没有差别。它的格式为：

```
{
  if ( expression ) {
  statement; statement; ...
  }
}
```

此处句式的含义为：如果 expression 为真，则执行一个或多个 statement。statement 之间以分号隔开。如果判断 expression 为假，则直接跳过 if 语句。

我们来看些例子吧。

例 8.14　awk 中的 if 语句

```
alloy@ubuntu:~/LinuxShell/ch8$ cat num.txt
1987 2009
2008 1990
1999 2012
2010 1000
alloy@ubuntu:~/LinuxShell/ch8$ awk '{if ($1<$2) print $2 " too high"}' num.txt
#注释 1
2009 too high
2012 too high
alloy@ubuntu:~/LinuxShell/ch8$ awk '{if ($1<$2) {count++; print "ok"}}' num.txt
#注释 2
ok
ok
alloy@ubuntu:~/LinuxShell/ch8$
```

例 8.14 的解释如下。

注释 1：这个命令演示的是如果第一个域小于第二个域则打印第二个域的值，并且接着打印 "too high"。在 num.txt 中，第二个域值大于第一个的记录有两条（第一条和第三条），因此，这两条记录被打印出来。

注释 2：这个命令演示的是如果第一个域小于第二个域，则 count 加一，并打印 ok。

我们可以看到，awk 中的 if 语句用法和 C 语言几乎完全相同。

2．if/else 语句

awk 中的 if/else 语句的格式和行为和 C 语言也完全相同。且看下面的语句格式：

```
{
  if ( expression ) {
    statement; statement; ...
  }
  else {
    statement; statement; ...
  }
}
```

此处的句式与上面不同的是，多了 else 语句。else 表示如果 expression 判断为假的话，不是直接跳出 if 语句，而是执行 else 语句块中的 statement。

我们且看一组实例。

例 8.15　awk 中的 if/else 语句

```
alloy@ubuntu:~/LinuxShell/ch8$ cat num2.txt
12 low
104 high
29 low
281 high
alloy@ubuntu:~/LinuxShell/ch8$ awk '{if ($1>100) print $1 " bad"; \
else print "ok"}' num2.txt                              #注释 1
ok
104 bad
ok
281 bad
alloy@ubuntu:~/LinuxShell/ch8$ awk '{if ($1>100){count++; print $1} \
else{count--;print $2}}' num2.txt                       #注释 2
low
104
low
281
alloy@ubuntu:~/LinuxShell/ch8$
```

例 8.15 的解释如下。

注释 1：这个命令演示的是如果$1>100 则打印$1 bad,否则打印 ok。

注释 2：这个命令演示的是如果$1>100，则 count 加一，并打印$1，否则 count 减一，并打印$1。

需要注意的是，在这个例子中，我们在第二条命令里使用了{}符号。当我们将 if/else 的执行语句用{}括起来时，在效果上相当于将多条语句合并成一条语句执行。例如，{count++; print $1}就相当于将两条用分号(;)分隔的语句合并成一条，作为 if/else 的选择项。

3. if/else else if 语句

if 语句和 if/else 语句可以提供条件分支语句的执行，当我们程序中出现两条以上的分支时，就需要 if/else else if 语句。它的格式如下：

```
{
  if ( expression ) {
    statement; statement; ...
  }
  else if ( expression ) {
    statement; statement; ...
  }
  else if ( expression ) {
    statement; statement; ...
  }
  else {
    statement; statement; ...
  }
}
```

此处的 if 语句更加复杂。实际上，这里通过 else if 提供了多个语句块的选择。程序执行时会从上到下依次对 expression 进行真假判断，一旦发现某个 expression 为真，则立即执行紧跟的 statement 语句块。执行完后立刻退出整个 if 语句，而不再进行下面的 expression 判断。

如果所有的 expression 语句都无法得到满足，则执行最后一个 else 语句块。

循环是一种用于重复执行一个或多个操作的结构。awk 中有 3 种循环，分别是 while 循环、do 循环、for 循环。

4. while 循环

while 循环的语法是：

```
While ( condition )
action
```

在这个语法中，右圆括号后面的换行符是可选的。条件表达式在循环的顶部进行计算，如果为真，就执行循环体 action 部分。如果表达式不为真，则不执行循环体。

例如，当我们要让某个循环体执行 4 次，我们可以这样来写：

```
i = 4
while ( i>=1 ) {
print $i
i--
}
```

这个例子的实现是初始化变量 i，在 while 的条件判断中，每次循环体执行都会进行 i 值是否大于 1 的判断。因为每次循环体中都执行 i--，那么当循环体被执行 4 次之后，条件判断语句 i≥1 就不被满足，退出循环。Action 语句总共被执行了 4 次。

5. do/while 循环

我们已经看到了 awk 的 while 循环结构，它等同于相应的 C 语言 while 循环。awk 还有"do...while"循环，它在代码块结尾处对条件求值，而不像标准 while 循环那样在开始处求值。它类似于其他语言中的"repeat...until"循环。以下是一个示例：

```
{
    count=1
    do {              # 这一行将被至少执行一次
        print "I get printed at least once no matter what"
    } while ( count != 1 )      # 此处的 while 判断如果不被满足，则退出循环
}
```

与一般的 while 循环不同，由于在代码块之后对条件求值，"do...while" 循环永远都至少执行一次。换句话说，当第一次遇到普通 while 循环时，如果条件为假，将永远不执行该循环。

6. for 循环

awk 允许创建 for 循环，它就像 while 循环，也等同于 C 语言的 for 循环：

```
for ( initial assignment; comparison; increment ) {
    code block
}
```

下面是一个简短示例：

```
for ( x = 1; x <= 4; x++ ) {
    print "iteration",x
}
```

这个例子使用变量 x，设为初始值为 1，然后执行判断是否 x≤4。如果判断为真则执行循环体。然后将 x++。再判断 x≤4。这样不断循环知道判断为假。此处的循环体将被执行 4 次。

打印结果如下：

```
iteration 1
iteration 2
iteration 3
iteration 4
```

7. break 和 continue

在前面的 awk 程序流程中，你可以使用 if，while，for 和 do 语句来改变程序正常的控制流。但是，也有一些其他能够影响到控制流的语句，例如，break 和 continue。

Break 的作用是退出循环，awk 在遇到 break 语句后，就不再继续执行循环。continue 语句则是在到达循环底部之前中止当前的循环，并从循环的顶部开始一个新的循环。

例如：

```
while (1) {
    print "forever and ever..."
}
```

while 死循环 1 永远代表是真，这个 while 循环将永远运行下去。但是，当我们只想让循环体执行 10 次，可以这样写，如例 8.16 所示。

例 8.16 break 语句

```
x=1
while(1) {
    print "iteration",x
    if ( x == 10 ) {
        break
    }
    x++
}
```

这里，break 语句用于"逃出"最深层的循环。"break"使循环立即终止，并继续执行循环代码块后面的语句。

这段代码的执行结果是：

```
iteration 1
iteration 2
iteration 3
iteration 4
```

```
iteration 5
iteration 6
iteration 7
iteration 8
iteration 9
iteration 10
```

continue 语句补充了 break，我们来看一个例子。

例 8.17　continue 的使用

```
x=1
while (1) {
    if ( x == 4 ) {
        x++
        continue
    }
    print "iteration",x
    if ( x > 20 ) {
        break
    }
    x++
}
```

这段代码打印 "iteration 1" 到 "iteration 21"，"iteration 4" 除外。如果迭代等于 4，则增加 x 并调用 continue 语句，该语句立即使 awk 开始执行下一个循环迭代，而不执行代码块的其余部分。如同 break 一样，continue 语句适合各种 awk 迭代循环。在 for 循环主体中使用时，continue 将使循环控制变量自动增加。以下是一个等价循环：

```
for ( x=1; x<=21; x++ ) {
    if ( x == 4 ) {
        continue
    }
    print "iteration",x
}
```

在 while 循环时，调用 continue 之前没有必要增加 x，因为 for 循环会自动增加 x。

8.3.5　多条记录

在 awk 中，除了字段外，还有记录（record）的概念。什么是记录呢？

awk 规定，对于文本文件来说，默认情况下一条记录对应一行。awk 每次处理一条记录，通常情况下就是处理一行文本。

在本小节里，我们将讲解 awk 与字段、记录分隔符的一些变量，如 RS、OFS、ORS 等。

1. 多行记录

一般情况下，处理单行文本已经足够使用，但是，在文本处理中，有些情况下一条记录跨多行，记录与记录之间使用非换行符隔开。这种情况，我们就需要修改记录分隔符变量 RS，RS 告诉 awk 当前记录什么时候开始，什么时候结束。

我们来看例 8.18，处理 "ubuntu 光盘全球递送地址" 的任务，有一份文本文件，记录了 ubuntu 全球申请免费光盘的客户地址（address.org.txt）。

例 8.18　处理记录

```
Jimmy the Weasel
100 Pleasant Drive
San Francisco, CA 12345

Big Tony
200 Incognito Ave.
Suburbia, WA 67890
```

```
Ollir zhang
Nanjing University
Gulou, Nanjing, 210000

......
```

理论上，我们希望 awk 将每 3 行看作是一个独立的记录，而不是 3 个独立的记录。如果 awk 将地址的第一行看作是第一个字段（$1），街道地址看作是第二个字段（$2），城市、州和邮政编码看作是第三个字段$3，那么这个代码就会变得很简单。以下就是我们想要得到的代码：

```
BEGIN {
    FS="\n"
    RS=""
}
```

在上面这段代码中，将 FS 设置成"\n"告诉 awk 每个字段都占据一行。通过将 RS 设置成""，还会告诉 awk 每个地址记录都由空白行分隔。一旦 awk 知道是如何格式化输入的，它就可以为我们执行所有的分析工作，脚本的其余部分很简单。让我们研究一个完整的脚本，它将分析这个地址列表，并将每个记录打印在一行上，用逗号分隔每个字段。

我们来看一段完整的脚本（address.awk）：

```
BEGIN {
    FS="\n"
    RS=""
}
{
    print $1 ", " $2 ", " $3
}
```

如果这个脚本保存为 address.awk，地址数据存储在文件 address.txt 中，可以通过输入 "awk-f address.awk address.txt"来执行这个脚本。此代码将产生以下输出：

```
Jimmy the Weasel, 100 Pleasant Drive, San Francisco, CA 12345
Big Tony, 200 Incognito Ave., Suburbia, WA 67890
Ollir zhang, Nanjing University, Gulou, Nanjing, 210000
```

2. OFS 和 ORS

在 address.awk 的 print 语句中，可以看到 awk 会连接（合并）一行中彼此相邻的字符串。我们使用此功能在同一行上的 3 个字段之间插入一个逗号和空格。这个方法虽然有用，但比较难看。与其在字段间插入"，"字符串，倒不如通过设置一个特殊 awk 变量 OFS，让 awk 完成这件事。请参考下面的代码片断。

```
print "Hello", "there", "Jim!"
```

这行代码中的逗号并不是实际文字字符串的一部分。事实上，它们告诉 awk "Hello""there"和"Jim!"是单独的字段，并且应该在每个字符串之间打印 OFS 变量。默认情况下，awk 产生以下输出：

```
Hello there Jim!
```

这是默认情况下的输出结果，OFS 被设置成" "，单个空格。不过，可以方便我们重新定义 OFS，这样 awk 将插入我们中意的字段分隔符。以下是原始 address.awk 程序的修订版，它使用 OFS 来输出那些中间的"，"字符串：

例 8.19　address.awk 的修订版

```
BEGIN {
    FS="\n"
    RS=""
    OFS=", "
}
{
```

```
        print $1, $2, $3
}
```

awk 还有一个特殊变量 ORS，全称是"输出记录分隔符"。通过设置默认为换行（"\n"）的 ORS，我们可以控制在 print 语句结尾自动打印的字符。默认 ORS 值会使 awk 在新行中输出每个新的 print 语句。如果想使输出的间隔翻倍，可以将 ORS 设置成"\n\n"。或者，如果想要用单个空格分隔记录（而不换行），将 ORS 设置成" "。

3. 将多行转换成用 Tab 分隔的格式

假设我们编写了一个脚本，它将地址列表转换成每个记录一行，且用 Tab 定界的格式，以便导入电子表格。使用稍加修改的 address.awk 之后，就可以清楚地看到这个程序只适合于三行的地址。如果 awk 遇到以下地址，将丢掉第四行，并且不打印该行：

```
Cousin Vinnie
Vinnie's Auto Shop
300 City Alley
Sosueme, OR 76543
```

要处理这种情况，代码最好考虑每个字段的记录数量，并依次打印每个记录。现在，代码只打印地址的前三个字段。以下就是我们想要的一些代码。

例 8.20   适合具有任意多字段的地址的 address.awk 版本

```
BEGIN {
    FS="\n"
    RS=""
    ORS=""
}
{
    x=1
    while ( x<NF ) {
        print $x "\t"
        x++
    }
    print $NF "\n"
}
```

首先，将字段分隔符 FS 设置成"\n"，将记录分隔符 RS 设置成""，这样 awk 可以像以前一样正确分析多行地址。然后，将输出记录分隔符 ORS 设置成""，它将使 print 语句在每个调用结尾不输出新行。这意味着如果希望任何文本从新的一行开始，那么需要明确写入 print "\n"命令。

在主代码块中，创建了一个变量 x 来存储正在处理的当前字段的编号。开始，它被设置成 1；然后，我们使用 while 循环，对于所有记录（最后一个记录除外）重复打印记录和 Tab 字符。最后，打印最后一个记录和换行。此外，由于将 ORS 设置成""，print 将不输出换行（但用 Tab 定界，以便于导入电子表格）。程序输出如下：

```
Jimmy the Weasel       100 Pleasant Drive     San Francisco, CA 12345
Big Tony      200 Incognito Ave.      Suburbia, WA 67890
Ollir zhang           Nanjing University, Gulou       Nanjing, 210000
Cousin Vinnie   Vinnie's Auto Shop       300 City Alley  Sosueme, OR 76543
```

8.4 用户自定义函数

我们在这一节讲解用户自定义函数。一般说来，只有支持用户自定义函数的语言才能够算作真正实用的语言。

8.4.1　自定义函数格式

到现在为止，awk 已经可以处理大部分数据输入了。但是，有些处理方式过于冗长，将许多代码写在一起，很难理解；另一方面，某些功能模块需要多次被使用，这些功能如果按照顺序结构写入代码，将有很多的重复，这样不利于使代码简洁化和程序的修改。试想，如果你想修改功能模块中的某个实现，你得跟踪所有使用这些功能模块的地方，然后一一修改。这简直就是个悲剧！

这种情况下，用户自定义函数呼之欲出。幸好 awk 支持用户自定义函数。

awk 的用户自定义函数获取参数，选择性地返回标量值。函数可以定义在程序顶层的任意位置，函数定义的格式为：

```
function name(arg1, arg2, …, argn) {
  statement(s)
}
```

在函数中，指定的参数被用来当作局部变量。他们会隐藏任何相同名称的全局性变量。函数调用的格式为：

```
func(expr1, expr2, …, exprn)            #忽略任何的返回值
result = func(expr1, expr2, …, exprn)   #将返回值储存于变量中
```

在每一个调用点上的表达式，都提供初始值给函数参数型变量。以圆括号框起来的参数，必须紧接于函数名之后，中间没有空白。

函数调用总得涉及值传递（by value）和引用传递（地址传递，by reference）。在 C 语言里，我们可以将变量直接作为参数传递给函数（值传递），也可以将变量的地址或数组名传递给函数（引用传递）。对于 awk 来说也一样，只是 awk 不支持取址操作，因此，引用传递只是对数组而言。

在函数内部，通过调用 return expression 语句来返回函数执行结果。这会终止函数运行。同时，我们也可以选择不显式调用 return 语句。这样 awk 会默认返回一个值，一般来说是数字 0 或空字符串。POSIX 并没有对遗失 return 语句或值时 awk 的行为给出规范说明。

所有用于函数体内部且未出现在参数列表中的变量，awk 都将之视为全局性（global）的。这一点和 C 语言中的做法有很大不同。awk 允许在被调用函数中的参数比函数定义里所声明的参数少，这样额外的参数会被视为局部（local）变量。对于这类变量，我们一般将它列在函数参数列表中，并且在字首前置一些额外的空白。这个额外的参数就如同 awk 里其他变量一样，在函数内容中会被初始化为空字符串。

例 8.21　function 的实例

```
alloy@ubuntu:~/LinuxShell/ch8$ cat add.awk
function add(x,y,    sum)                    #注释 1
{
                                             #对 x 和 y 求和并返回

  sum = x + y
  return sum
}
{
  m = 2
  n = 3
  x = add(m,n)                               #注释 2
  printf("m: %d\n", m)
  printf("n: %d\n", n)
  printf("sum of m and n is %d\n", x)        #注释 3
}
alloy@ubuntu:~/LinuxShell/ch8$ echo "" | awk-f add.awk
m: 2
```

```
n: 3
sum of m and n is 5
alloy@ubuntu:~/LinuxShell/ch8$
```

例 8.21 的解释如下。

注释 1：在开头定义 add(x,y,   sum）函数。定义了 3 个参数 x，y 和 sum。其中，sum 参数前有几个空格。这表示参数 sum 是个局部变量。这个局部变量在外部看不到，但是在初始化时 sum 值会被初始化为 0。

注释 2：这边是 add 函数的调用方式。因为 add()函数有返回值（return sum），故我们将 add 函数的返回值赋值给变量 x。需要注意的是，在 add()函数调用时，仅仅传递进两个参数，而 add() 定义时参数个数是 3 个（多出的一个作为局部变量）。

注释 3：这一行将 add()函数的运算结果打印。此处我们打印的是变量 x，能够获取正确的值。在另一种情况下，我们只需要打印变量 sum 就可以了：printf("sum of m and n is %d\n", sum)，如果 sum 并没有在 add()函数定义时作为参数的话，add()函数中定义的变量 sum 就为全局（global）变量，可以在函数外直接获取函数的值。

8.4.2　引用传递和值传递

我们先看一个失败的例子。在这个例子中，程序尝试着通过函数交换变量 *x* 和变量 *y* 的值。来看看问题出在哪里。

例 8.22　失败的 swap 函数——值传递

```
alloy@ubuntu:~/LinuxShell/ch8$ cat swap.awk
function swap(x,y,    temp)
{
  #交换 x 和 y 的值
  temp = x
  x = y
  y = temp                              #在这里，尝试交换 x 和 y
}
{
  m = 2
  n = 3
  printf("m: %d----n: %d\n", m, n)      #打印 m 和 n 的初始值
  swap(m,n)
  printf("m: %d----n: %d\n", m, n)      #打印 m 和 n 的新值
}
alloy@ubuntu:~/LinuxShell/ch8$ echo "" | awk-f swap.awk
m: 2----n: 3
m: 2----n: 3            #Ooops...失败了
alloy@ubuntu:~/LinuxShell/ch8$
```

例 8.22 为什么会失败呢？

➤ 程序的执行体中，调用 swap()函数时，将 *m* 和 *n* 的值作为参数传递进入 swap 函数。这种传递方式是值传递。换句话说，此处将变量 *m* 和 *n* 的值作为参数传递进了函数 swap，而不是变量本身。

➤ 在 swap 函数内部，函数创建了两个局部变量 *x* 和 *y*，并且分别使用 *m* 和 *n* 的值对 *x* 和 *y* 变量进行初始化。

➤ swap 函数体中，通过局部变量 temp，程序交换了 *x* 和 *y* 的值，然后返回。

➤ 值得注意的是，整个过程除了用 *m* 和 *n* 的值对局部变量 *x* 和 *y* 进行初始化外（*m* 和 *n* 的

只读操作），并没有修改 *m* 和 *n*(写操作)，而是修改了 *x* 和 *y* 值。

这就是 swap()函数失败的原因。这种变量的传递方式称为值传递。

那有什么传递方式，可以在函数体内部修改变量的值吗？当然是有的，即引用传递（地址传递）。且看下面的例子。

例 8.23　成功的 swap 函数——引用传递

```
alloy@ubuntu:~/LinuxShell/ch8$ cat swap2.awk
function swap(array,    temp)                          #注释 1
{
  #交换 array[1]和 array[2]的值
  temp = array[1]
  array[1] = array[2]
  array[2] = temp
}
{
  array[1] = 2                                         #注释 2
  array[2] = 3
  printf("array[1]: %d----array[2]: %d\n", array[1], array[2])
  swap(array)                          #注释 3
  printf("array[1]: %d----array[2]: %d\n", array[1], array[2])
}
alloy@ubuntu:~/LinuxShell/ch8$ echo "" | awk-f swap2.awk
array[1]: 2----array[2]: 3
array[1]: 3----array[2]: 2                             #注释 4
alloy@ubuntu:~/LinuxShell/ch8$
```

例 8.23 的解释如下。

注释 1：定义 swap 函数。与上面值传递不同的是，此处传递的参数是一个数组。将数组名作为第一个参数，而第二个参数 temp 同样是局部变量。

注释 2：将原来的 *m* 和 *n* 放入数组中。

注释 3：调用 swap 函数，直接将 array 数组名传递入 swap 函数中。

注释 4：打印显示成功了。变量值被成功交换。为什么呢？因为当我们将 array 数组名传递进 swap 函数时，swap()通过参数获取的是数组的地址。在函数体中，通过数组的地址找到原来变量 *m* 和 *n*（现在是 array[1]和 array[2]）被定义的地方。通过对 *m* 和 *n* 本身的修改，swap()成功地交换了 *m* 和 *n* 的值。这种变量传递的方式被称为引用传递（地址传递）。

值传递和引用传递是大部分高级程序语言都支持的操作。在 C 语言里因为有指针操作符和取址操作符，故可以直接对变量进行引用传递。在 awk 中的数组则默认为引用传递，而普通变量为值传递。

一般来说，引用传递因为不需要变量的复制和赋值，效率会比值传递更高。但是引用传递比较繁琐。应该使用哪种传递方式，视情况而定。

8.4.3　递归调用

和大部分程序设计语言一样，awk 函数也支持自己调用自己，这就是函数递归（recursion）。递归是一种常见的程序结构，对于某些要不断执行相同逻辑的程序，递归给出了很好的解决方案。一般来说，递归在每个连续性的调用上，都让工作变得越来越少，这样一来到了某个节点就没有再进一步递归的必要了。

为了演示 awk 中递归的使用，我们来看斐波那契数列（Fibonacci sequence）的实现。斐波那契数列是这样一组数字：1、1、2、3、5、8、13、21…。细心的你一定发现了，斐波那契数列从第三项开始，每个数字都是前两个数字之和。现在，我们要用 awk 函数来求第 n 项数字的值。

例 8.24　求斐波那契数列第 n 项数值

```
alloy@ubuntu:~/LinuxShell/ch8$ cat fibonacci.awk
function fibonacci(nth)
{
  if (nth == 1 || nth == 2)                           #注释1
    return 1
  else
    return fibonacci(nth-1)+fibonacci(nth-2)          #注释2
}
{
  n = $1
  printf(" %dth of fibonacci sequence is: %d\n", n, fibonacci(n))
}
alloy@ubuntu:~/LinuxShell/ch8$ echo "1\n2\n3\n10\n20\n30\n35" |awk-f fibonacci.awk
 1th of fibonacci sequence is: 1
 2th of fibonacci sequence is: 1
 3th of fibonacci sequence is: 2
 10th of fibonacci sequence is: 55
 20th of fibonacci sequence is: 6765
 30th of fibonacci sequence is: 832040
 35th of fibonacci sequence is: 9227465                   #注释3
alloy@ubuntu:~/LinuxShell/ch8$
```

例 8.24 的解释如下。

注释 1：此处处理的是斐波那契数列的边界情况，或者说退出条件。即当传入的参数 nth 为 1 或者 2 时，斐波那契数列返回 1。

注释 2：这是在函数中的递归调用。因为斐波那契数列从第三项开始，每一个数都等于数列前两个数之和，所以可以通过递归调用，求第 n-1 和第 n-2 个数字，来求第 n 个数字。

注释 3：打印输出。在求第 35 个斐波那契数的时候，我的电脑运行了大约 1 分钟[①]，明显比前面的效率低多了。而如果要计算第 40 个的话，根本无法完成，太慢了。那是因为在计算第 35 个数字的时候，第 34 个数字要被计算 1 次，第 33 个数字要被计算 2 次，第 32 个数字要被计算 3 次，第 31 个数字要被计算 5 次，依次类推，恰巧也是一个斐波那契数列，故计算量非常之大。

关于斐波那契数列第 n 项计算量大的问题，我们可以稍微优化一下，通过数组来实现。

例 8.25　斐波那契数列的优化实现

```
alloy@ubuntu:~/LinuxShell/ch8$ cat fibonacci2.awk
function fibonacci(array,n,    ind)              #定义函数
{
  ind = 3
  while(ind <= n)
  {
    array[ind] = array[ind-1] + array[ind-2]  #递归调用
    ind++
  }
}
{
  array[1] = 1
  array[2] = 1
  n = $1
  fibonacci(array, n)                 #调用入口
  printf(" %dth of fibonacci sequence is: %d\n", n, array[n])
}
```

---

① 运行的电脑显卡容量为 2GB，Intel 单核 CPU。

```
alloy@ubuntu: ~ /LinuxShell/ch8$  echo  "1\n2\n3\n10\n20\n30\n35\n40\n50\n60"  |awk-f
fibonacci2.awk
    1th of fibonacci sequence is: 1              #打印结果
    2th of fibonacci sequence is: 1
    3th of fibonacci sequence is: 2
    10th of fibonacci sequence is: 55
    20th of fibonacci sequence is: 6765
    30th of fibonacci sequence is: 832040
    35th of fibonacci sequence is: 9227465
    40th of fibonacci sequence is: 102334155
    50th of fibonacci sequence is: 12586269025
    60th of fibonacci sequence is: 1548008755920
alloy@ubuntu:~/LinuxShell/ch8$
```

在例 8.25 中，我们使用了数组 array 来存储已经计算过的斐波那契数列的数值。在函数调用中，使用地址传递的方式，函数可以添加 array 数组中的项，来存储完成的计算。然后，在调用者那里，通过读取 array 的数值来输出。通过这种方式，我们节省了重复的计算，将斐波那契数列的计算复杂度降低到 O(n)，也就是线性复杂度，因此带来了质的提升。

值得注意的是，在这个程式里，并没有采用递归调用的方式。是否采用递归调用，应该根据算法的设计来决定，并且不断优化寻求最优最有效的解决方式，而不是盲目使用递归调用。

NOTE:

斐波那契数列有更快的求解算法，O(1)复杂度。因为斐波那契的通项公式已经被计算出，因此能够直接求得某一项的值。更多关于斐波那契数列的信息，可以通过 wikipedia 找到。

更多用户自定义函数的例子，请参见本章的案例分析。

 字符串与算术处理

在本节中，将向您介绍 awk 中的字符串处理函数。

8.5.1　格式化输出

我们在此之前已经介绍过 awk 的输出方式 print。在大多数情况下，print 已经可以完成任务，但是有时我们还需要更多。在那些情况下，awk 提高了另外两个高级函数 printf 和 sprintf。熟悉 C 语言的朋友都知道，这两个函数提供了格式化输出的功能。printf 函数会将格式化字符串打印到 stdout，而 sprintf 函数则返回可以赋值给变量的格式化字符串。

我们来看一组实例吧。

例 8.26　格式化字符串

```
alloy@ubuntu:~/LinuxShell/ch8$ cat print.awk
{
  x = 1
  b = "foo"
  printf("%s got a %d on the last test\n", "Jim", 83)    #注释1
  myout = sprintf("%s- %d", b, x)                         #注释2
  print myout
}
alloy@ubuntu:~/LinuxShell/ch8$ cat num.txt
```

```
1
alloy@ubuntu:~/LinuxShell/ch8$ awk-f print.awk num.txt
Jim got a 83 on the last test
foo- 1
alloy@ubuntu:~/LinuxShell/ch8$
```

例 8.26 的解释如下。

注释 1：这条 awk 命令是使用 printf 进行格式化打印的一种方式。这样打印直接输出到标准输出。在 printf 函数调用中，第一个参数是打印文本的格式，其中百分号（%）加一个字符表示输出数据的类型。从第二个参数开始，即输出的数据变量。

注释 2：sprintf 和 printf 在参数设置上没什么不同。唯一不同的是，sprintf 可以将输出写到变量中，为变量赋值而使用，而不是直接打印到标准输出。

printf 和 sprintf 都可以格式化输出。它们支持的参数格式如表 8-3 所示。

表 8-3 格式化输出支持的转义字符

转义字符	定义
c	ASCII 字符
s	字符串
d	十进制整数
ld	十进制长整数
u	十进制无符号整数
lu	十进制无符号长整数
x	十六进制整数
lx	十六进制长整数
o	八进制整数
lo	八进制长整数
e	用科学记数法(e 记数法)表示的浮点数
f	浮点数
g	选用 e 或 f 中较短的一种形式

除此之外，awk 还支持一些修饰符，这些修饰符跟在 "%" 后面，出现在格式说明符之前，可以规定输出域的宽度和对齐方式。如表 8-4 所示。

表 8-4 printf 的修饰符

字符	定义
-	左对齐修饰符
#	显示 8 进制整数时在前面加个 0 显示 16 进制整数时在前面加个 0x
+	显示使用 d、e、f 和 g 转换的整数时，加上正负号+或-
0	用 0 而不是空白符来填充所显示的值

如何使用这些格式说明符和修饰符呢？关于字段的输出格式如下定义：

```
%-width.precision format-specifier
```

这些格式的解释如下。

> ➢ **width**   描述输出字段的 width 是一个数值。当指定域宽度时，这个域的内容默认为向右对齐，必须指定 "-" 来设置左对齐。因此，"%-20s" 输出的是向左对齐的一个域长度为 20 个字符的字符串。如果字符串少于 20 个字符，那么这个域将用空格来填满。

> ➢ **precision**   修饰符用于十进制或浮点数，用于控制小数点右边的数字位数。对于字符串型值，它用于控制要打印的字符的最大数量[①]。

> ➢ **print**   语句的输出数值的默认精度可以通过设置系统变量 OFMT 来改变。例如，如果用 awk 打印报告，其中包含美元($)数值，可以将 OFMT 设置为 "%.2f"。

我们来看一组实例[②]吧。

例 8.27   使用格式符和修饰符格式化输出

```
alloy@ubuntu:~/LinuxShell/ch8$ awk '{printf("|%10s|\n", "ollir")}' num.txt
                                                            #注释 1
|     ollir|
alloy@ubuntu:~/LinuxShell/ch8$ awk '{printf("|%10s|\n", "hello, ollir")}' num.txt
                                                            #注释 2
|hello, ollir|
alloy@ubuntu:~/LinuxShell/ch8$ awk '{printf("|%-10s|\n", "ollir")}' num.txt
                                                            #注释 3
|ollir     |
alloy@ubuntu: ~ /LinuxShell/ch8$  awk  '{printf("|%10.5g|\n", "1.1234567890123")}'
num.txt                                                     #注释 4
|    1.1235|
alloy@ubuntu:~/LinuxShell/ch8$ echo "10, 6, 21.1234567890" | \
awk '{printf("|%*.*g|\n", $1, $2, $3)}'                     #注释 5
|    21.1235|
alloy@ubuntu:~/LinuxShell/ch8$
```

例 8.27 的解释如下。

注释 1：awk 输出字符串"ollir"。值得注意的是，字符串为右对齐。实际上，右对齐是 awk 的默认输出方式。在 printf 的第一个参数里数字 10 表示这个字段的域长度为至少 10 个字符。如果要输入的字符串不足 10 个字符，则使用空白字符补齐。

注释 2：此处和第一条命令不同的是，待输入的字符串"hello, ollir"长度大于 10。在这种情况下，awk 并不会截断字符串，而是原样输出。

注释 3：第三条命令是参考第一条命令做的。与第一条命令不同的是，第三条命令在 "%" 与宽度（width）之间多了一个 "-" 的符号。这个符号将 printf 默认的右对齐改为左对齐。

注释 4：10.5g 限制了该字段输出至少为 10 个字符。精度数字 5 则限制了数字的有效数字为 5。对于小数则采用四舍五入的方法。

注释 5：与 4 不同的是，宽度（width）和精度（precision）可以通过星号代替实际的值来动态设置。如命令中，我们使用参数来读入变量，给宽度和精度赋值。

8.5.2　字符串函数

awk 被设计成字符串处理语言，它的很多功能都起源于字符串处理函数。我们来看一下 awk 支持哪些字符串处理内置函数。

[①] 默认情况下，precision 值为%.6g。
[②] 在例 8.27 中，我们输出一个 "|" 符号来指示输出域的真实长度。

awk 函数	描述
sub(/reg/,newsubstr,str)	只替换第一个匹配字符串
gsub(/reg/,newsubstr,str)	替换字符串 str 中所有的符合/reg/正则的子串替换为字符串 newsubstr
index(str,substr)	返回子串 substr 在串 str 中的索引
length(str)	返回字符串的长度
match(str,/reg/)	如果在串 str 中找到正则/reg/匹配的串则返回出现的位置，未找到则返回 0
split(str,array,sep)	使用分隔符 sep 把字符串分解成数组 array
substr(str,position[,length])	返回 str 中从 position 开始的 length 个字符
tolower(str)	将 str 中的字符转换为小写字母
toupper(str)	把字符串进行大小写转换
sprintf("fmt", expr)	对 expr 使用 printf 格式说明

表 8-5　　　　　awk 中的字符串处理内置函数

在这些函数中，sprintf 函数已经在格式化输出该小节介绍过，它允许你对变量格式化输出，并赋值给一个变量。

下面将讨论 3 个最基本的内置函数：index()、substr()和 length()。

1. 子字符串查找

awk 中的 index()和 substr()函数都用于处理子字符串。index(s, t)返回 t 在 s 中第一次出现的位置。例如：

```
pos = index("hello,ollir", "ollir")
```

代码运行后，pos 将被赋值为 7。如果 index 函数在字符串 s 中没有找到 t，则返回 0。

NOTE:

awk 中的 index 函数字符串开始位置为 1。这和 C 语言是不同的，C 语言中字符串的起始位置为 0。并且，如果没有找到字符串的话，awk 返回数值 0，C 语言返回数值-1。

大部分时候，index()函数已经够用。但是，有时我们希望从后往前查找字符串，直到找到指定的字符串为止。awk 标准库中并没有提供这样一个字符串查找函数，但是我们可以自己实现。

例 8.28　反向查找字符串

```
alloy@ubuntu:~/LinuxShell/ch8$ cat rindex.awk
function rindex(string, find,    k, ns, nf)
{
  # 返回 string 中最后一个出现的 find 索引
  # 如果没有找到 find，则返回 0
  ns = length(string)
  nf = length(find)
  for(k = ns+1-nf; k>=1; k--)
    if(substr(string,k,nf) == find)
      return k
  return 0
}
{
  string = $1
  find = $2
  printf("Reverse index of %s in %s is: %d\n", find, string, rindex(string, find))
}
```

```
alloy@ubuntu:~/LinuxShell/ch8$ echo "123456789012345 123" | awk-f rindex.awk
Reverse index of 123 in 123456789012345 is: 11
alloy@ubuntu:~/LinuxShell/ch8$
```

例 8.28 中，循环从 k 开始。对齐字符串 string 与字符串 find 的结尾，然后从 string 中提取与 find 等长的字符串来与 find 比较。如果匹配成功，则返回当前子字符串在 string 中的索引 k。否则，我们将指针 k 往前移动一个字符，再次提取与 find 等长的字符，尝试匹配。循环这个过程，直到 k 退回到 string 的开始。

如果整个过程都无法成功匹配 find，则返回数值 0，表示查找字符串 find 失败。

需要注意的是，在这段代码中，还使用了另一个字符串函数 length()。length()函数返回字符串的长度。例如，length("ollir")返回数值 5。

2．子字符串提取

给定字符串 s，substr(s, p)返回从位置 p 开始的字符。例如，例 8.29 去除记录的编号。

例 8.29　awk 截断字符

```
alloy@ubuntu:~/LinuxShell/ch8$ cat info.txt
1.first
2.second
3.third
alloy@ubuntu:~/LinuxShell/ch8$ awk '{print substr($1, 3)}' info.txt
first
second
third
alloy@ubuntu:~/LinuxShell/ch8$
```

substr()还可以提供第三个参数来表示返回字符的个数。下一个例子截取电话号码。

```
alloy@ubuntu:~/LinuxShell/ch8$ cat info2.txt
025-587-49079:Li Lei
025-587-49070:Uncle Wang
025-587-49071:Han Meimei
alloy@ubuntu:~/LinuxShell/ch8$ awk '{print substr($1, 5, 9)}' info2.txt
587-49079
587-49070
587-49071
alloy@ubuntu:~/LinuxShell/ch8$
```

这个例子中，substr 包含了 3 个参数。前两个参数和上面一样，第三个参数表示返回字符的个数。

3．字符串匹配

awk 中有函数名为 match(string, regexp)。它将 string 与正则表达式 regexp 匹配，如果匹配上了，则返回匹配 string 的索引，如果无法匹配，则返回数值 0。

match()函数返回与正则表达式匹配的子字符串的开始位置。你可能觉得它和 index()函数的行为很像，index()函数是查找固定字符串的位置，而 match()则支持正则表达式查询。例如，我们看下面这行命令：

```
match("My id is 12345" /[0-9]+/)
```

函数将返回 10，即字符串中第一个数字"1"出现的位置。

awk 除了返回子字符串的索引外，还有副作用：设置系统变量 RSTART 和 RLENGTH。RSTART 在 match()函数运行后被设置为匹配上正则表达式的字符串的起始位置，而 RLENGTH 则被设置为匹配上正则表达式的子字符串的长度。如果无法完成匹配，则 RSTART 被设置为 0，而 RLENGTH 被设置为-1。

我们来看一下例 8.30，演示 match()的行为。

例 8.30　将大写字母替换成小写字母

```
alloy@ubuntu:~/LinuxShell/ch8$ echo "" |awk '{start=match("this is a test",/[a-z]+$/); \
print start}'                                                    #注释 1
11
alloy@ubuntu:~/LinuxShell/ch8$ echo "" | awk '{start=match("this is a test",/[a-z]+$/); \
print start, RSTART, RLENGTH }'                                  #注释 2
11 11 4
alloy@ubuntu:~/LinuxShell/ch8$
```

例 8.30 的解释如下。

注释 1：第一个实例打印以连续小写字符结尾的开始位置，这里是 11。

注释 2：第二个实例还打印 RSTART 和 RLENGTH 变量，这里是 11(start), 11(RSTART), 4(RLENGTH)。

4．子字符串替换

字符串操作怎能少了替换功能。awk 为此提供了两个函数：sub(regexp, replacement, target)和 gsub(regexp, replacement, target)。

sub 函数将 target 与正则表达式 regexp 进行匹配，将 target 中左边最长的匹配部分替换成 replacement。如果没有给定 target，则 sub 函数默认使用整个记录。gsub()函数和 sub()函数不同的是，gsub()将替换所有匹配的字符串，这和在 sed 的替换中加上字母 g 类似。

sub 函数的格式如下：

```
sub (regular expression, substitution string):
sub (regular expression, substitution string, target string)
```

我们来看两个 sub()函数的实例。

例 8.31　awk 中的替换

```
alloy@ubuntu:~/LinuxShell/ch8$ echo "testthisistest test" | \
awk '{gsub(/test/, "mytest");print}'       # 注释 1
mytestthisismytest mytest
alloy@ubuntu:~/LinuxShell/ch8$ echo "testthisistest test" | \
awk '{sub(/test/, "mytest",$1);print}'     # 注释 2
mytestthisistest test
alloy@ubuntu:~/LinuxShell/ch8$
```

例 8.31 的解释如下。

注释 1：此处运行的是全局替换 gsub()。因为没有传入第三个参数，awk 默认将整条记录都作为匹配内容 target。因此，记录中所有的 test 都被替换为 mytest。

注释 2：此处运行的替换 sub()仅仅替换第一个匹配上的字符串，故第一个字段最后的 test 没有被替换。此处传入了第三个参数，awk 只尝试匹配第一个字段中的字符串。因此，第二个字段 test 并没有被替换。

值得注意的是，在 sub(regexp, replacement, target)和 gsub(regexp, replacement, target)的调用中，每个 replacement 里面的字符&都会被替换成 target 中与 regexp 匹配的字符串。使用转义字符 "\" 会关闭此功能，即输入 "\&"。

更多字符串替换相关的案例，请参照本章的案例分析。

5．大小写转换

POSIX awk 提供了两个函数用于完成字符串中字符的大小写转换，分别是 tolower(string)和 toupper(string)。他们将传入的参数 string 进行转换（分别是大写变小写，小写变大写），然后返回该字符串的一个备份。

这两个函数很简单，我们来看一组实例。

例 8.32 字符串大小写转换

```
alloy@ubuntu:~/LinuxShell/ch8$ cat string.txt                    #测试用例
Hello, Kugoo.
This is Zhang Hao speaking.
1,2,3 Let's GO!
alloy@ubuntu:~/LinuxShell/ch8$ cat translate.awk                 #awk 源代码
{
  printf("lower: %s\n", tolower($0))
  printf("UPPER: %s\n", toupper($0))
}
alloy@ubuntu:~/LinuxShell/ch8$ awk-f translate.awk string.txt    #运行结果
lower: hello, kugoo.
UPPER: HELLO, KUGOO.
lower: this is zhang hao speaking.
UPPER: THIS IS ZHANG HAO SPEAKING.
lower: 1,2,3 let's go!
UPPER: 1,2,3 LET'S GO!
alloy@ubuntu:~/LinuxShell/ch8$
```

例 8.32 很简单，就是将输入文本转换为大写（toupper）或小写（tolower）。

6. 字符串分割

在本章的基本语法小节中，我们讲到 awk 自动将输入记录($0)分割为$1、$1、$2、…、$n。这件事也可以通过函数来实现。awk 中提供的字符串分割函数 split(string, array, regexp)将 string 切割为片段，并存储到数组 array 中。在数组里，片段放置在正则表达式 regexp 的子字符串之间。如果 regexp 省略，则使用内建字段分隔符 FS 的当前默认值。函数会返回 array 里的元素数量。

下面的例子中展示了 split()函数的用法。

例 8.33 split 函数的使用

```
alloy@ubuntu:~/LinuxShell/ch8$ cat split.awk
{
  print "\nField seperator = FS = \"" FS "\""
  n = split($0, array)                                #分割操作
  for(k = 1; k<=n; k++)
    print "array[" k "] = " array[k]                  #打印分割后的字段
}
alloy@ubuntu:~/LinuxShell/ch8$ echo "this is zhanghao speaking." | awk-f split.awk
#分割字符串

Field seperator = FS = " "
array[1] = this
array[2] = is
array[3] = zhanghao
array[4] = speaking.
alloy@ubuntu:~/LinuxShell/ch8$
```

例 8.33 中，split()函数传入两个参数。第一个参数是要分割的字符串，此处为整行记录。第二个参数是用来保存分割后字符串的数组 array。split()函数返回分割后的字符串个数，存放在变量 n 中。遍历这 n 个字符串并打印。

此处我们使用的是默认的字段分隔符 FS 作为 split()函数的分隔符。用户也可以自定义分隔符，且看下面的例子。

例 8.34 修改 split 的分隔符

```
alloy@ubuntu:~/LinuxShell/ch8$ cat split2.awk
{
```

```
   print "\nField seperator = :"
  n = split($0, array, ":")
  for(k = 1; k<=n; k++)
    print "array[" k "] = "  array[k]
}
```
alloy@ubuntu:~/LinuxShell/ch8$ **head-n2 /etc/passwd |awk-f split2.awk**   #分割passwd文件
```
Field seperator = :
array[1] = root
array[2] = x
array[3] = 0
array[4] = 0
array[5] = root
array[6] = /root
array[7] = /bin/bash

Field seperator = :
array[1] = bin
array[2] = x
array[3] = 1
array[4] = 1
array[5] = bin
array[6] = /bin
array[7] = /sbin/nologin
```
alloy@ubuntu:~/LinuxShell/ch8$

例 8.34 中，split()函数获取了第三个参数 ":"。第三个参数是一个正则表达式，它匹配了 split 函数采用的分割符。此处我们简单地使用冒号(:)来作为 split()函数的分割符。

程式读取了/etc/passwd 文件的前两行。使用冒号(:)作为字符串分割符，将 passwd 文件各个字段分割开。然后打印。

提到 awk 的 split()函数，在删除数组的时候，split()函数有妙用，可以高效地删除数组中的所有元素。使用方法是：
```
split("", array)
```
如果使用循环来实现相同的功能，程序要这样写：
```
for (key in array)
delete array[key]
```

7．字符串重建

除了将字符串分割查找、匹配、替换等需求外，我们常常还需要将字符串拼接到一起。awk 提供的最简单的拼接方式就是将多个字符串或字符串变量列在一起，中间通过空格隔开。例如：
```
s1 = "Hello, "
s2 = "ollir."
s = s1 s2
print s
```
这段代码就是将字符串 s1，s2 拼接到一起并打印。awk 中的 print 函数即采用这种工作方式。

除了直接拼接外，通过 sprintf()函数，awk 还提供了字符串的格式化输出。例如，上面的例子可以这样写：
```
s1 = "Hello, "
s2 = "ollir."
s = sprintf("%s%s", s1, s2)
print s
```
这种拼接方式给字符串定制带来极大的灵活性，因为可以通过 sprintf()的第一个参数来制定字符串的格式。

有时，我们还需要将数组中的多个字符串拼接到一起，即 split()函数的反置处理。虽然 awk 没有提供这样的实现，但是我们可以轻易实现一个。

例 8.35　拼接字符串

```
function join(array, n, fs,        k, s)
{
  # 重新将 array 中各个字符串拼接成一个字符串
  # 并以 fs 分割数组元素
  if (n >= 1)
  {
    s = array[1]
    for(k=2;k<=n;k++)
      s = s fs array[k]
  }
  return s
}
```

这个函数按照一定的格式，通过循环，将 array 中的所有元素列在一起，使用 fs 作为分割符。

8.5.3　算术函数

作为一门强大的脚本处理语言，常常被用于报表处理，基本的算术函数是必须要支持的。我们来看 awk 支持哪些算术函数，如表 8-6 所示。

表 8-6　　　　　　　　　　　　　　　awk 支持的算术函数

函数名称	函数解释
sin(x)	正弦函数，x 是弧度
cos(x)	余弦函数，x 是弧度
atan2(x,y)	x, y 范围内的余切
int(x)	取整，过程没有舍入
exp(x)	求幂
log(x)	自然对数
sqrt(x)	平方根
rand()	产生一个 ≥0 而 <1 的随机数
srand(x)	x 是 rand() 函数的种子

1. 常用函数

三角函数 sin()，cos() 的行为是将用弧度表示的角度作为参数，返回计算这个角度的正弦值和余弦值。数学中，角度到弧度的转换方式为：n*pi/180[①]。除了 sin 和 cos，三角函数 atan2() 有两个参数，并返回这两个参数商的反正切。例如：

```
atan2(0,-1)
```

结果为 pi。

函数 exp() 是自然指数，它是以 e 为底数的指数。例如：

```
exp(1)
```

返回值为 2.71828，即自然对数的底 e。因此 exp(x) 就是 e 的 x 次幂。

函数 log() 是 exp() 函数的反函数，即 x 的自然对数。函数 sqrt() 的参数只有一个并返回这个数的平方根。

2. 取整函数

函数 int() 会取实型数字的整数部分，而忽略它的小数部分。这不是采用四舍五入的方法，而

---

① pi = 3.1415926…

是直接将小数部分丢弃。看下面的例子：

```
print 100/3
print int(100/3)
print int(10.6)
```

这些语句的输出如下：

```
33.3333
33
10
```

如果有四舍五入的需求，可以用 printf 来实现，传递格式为"%.0f"。[①]

3. 随机数

在 awk 中，函数 rand()生成一个在 0 和 1 之间的浮点型的伪随机数[②]。函数 srand(x)为随机数发生器设置一个种子，种子数值为 x。如果未传入参数，则 srand()函数将当前时间作为种子。

NOTE:

随机数有伪随机和真随机两种。首先需要声明的是，计算机不会产生绝对随机的随机数，计算机只能产生"伪随机数"。其实绝对随机的随机数只是一种理想的随机数，即使计算机怎样发展，它也不会产生一串绝对随机的随机数。计算机只能生成相对的随机数，即伪随机数。

伪随机数并不是假随机数，这里的"伪"是有规律的意思，就是计算机产生的伪随机数既是随机的又是有规律的。怎样理解呢？产生的伪随机数有时遵守一定的规律，有时不遵守任何规律；伪随机数有一部分遵守一定的规律；另一部分不遵守任何规律。例如，"世上没有两片形状完全相同的树叶"，这正是点到了事物的特性，即随机性，但是每种树的叶子都有近似的形状，这正是事物的共性，即规律性。从这个角度讲，你大概就会接受这个事实了：计算机只能产生伪随机数而不能产生绝对随机数（严格地说，这里的计算机是指由冯诺依曼思想发展起来的电子计算机。而未来的量子计算机有可能产生基于自然规律的不可重现的"真"随机数）。

那么计算机中的随机数是怎样产生的呢？有人可能会说，随机数是由"随机种子"产生的。没错，随机种子是用来产生随机数的一个数，在计算机中，"随机种子"是一个无符号整形数。

如果没有调用 srand()来设置随机种子的话，awk 在开始执行程序前默认以某个常量作为参数调用 srand()，使程序在每次运行时都以同一个随机种子开始。这样所得的随机数序列每次运行都相同，可用于重复测试相同的操作。但是，如果程式每次运行获得的随机数序列都不同，则不合适。我们看下面的例子。

例 8.36　随机数生成测试

```
alloy@ubuntu:~/LinuxShell/ch8$ cat rand.awk
BEGIN {
 print rand()
 print rand()
 srand()
 print rand()
 print rand()
}
{}
alloy@ubuntu:~/LinuxShell/ch8$ echo "" |awk-f rand.awk        #第一次随机数生成
0.237788
0.291066
```

---

① 参见 8.5.1 小节"格式化输出"。
② 相对于真随机数，计算机无法产生真随机数。

```
0.714462
0.597701
alloy@ubuntu:~/LinuxShell/ch8$ echo "" |awk-f rand.awk          #第二次随机数生成
0.237788
0.291066
0.429649
0.387792
alloy@ubuntu:~/LinuxShell/ch8$
```

例8.36值得注意的是两条命令的输出。两条命令输出的前两个数字是相同的，分别是0.237788、0.291066。这是因为，程序在每次运行的开始，都以相同的数作为随机种子。如果不显式调用srand()函数来设置随机种子，则每次输出的随机数序列都一样。

在 BEGIN 代码块中，我们在 4 个输出之间通过 srand() 函数来设置种子，不传递参数的情况就是使用当前时间作为种子。这样，对于后两个输出而言，因为种子的不同，使得两条命令的随机数序列不同。

NOTE:

实际上，随机数的生成一般都是由前一个随机数通过某种固定算法算出后一个数值。而第一个随机数就是给定的随机种子。因此，对于两个随机序列而言，只要他们的随机算法相同，并且某次序列中两个值相同，则两个值后面的随机序列就相同。

我们可以自己编写随机命令生成函数。最简单的随机数生成算法是LCG，线性同余发生器。例如：

```
X' = (a*X+b) mod m
```

形式的伪随机序列发生器，其中X'是序列的第n个数，X是序列的第$n-1$个数，变量a, b, m是常数。这种发生器的周期不会超过m。如果a, b, m都是可选的，那么发生器将可能成为一个最大周期发生器，并且其周期为m。例如，IMSL采用了和a=16807，b=0 和 m=2^31−1。

在有限位长的计算机上，我们还可以直接利用计算机的有限精度特性加速线性同余发生器。例如，在32位的计算机上，取m=2^32，可以用加运算代替模运算，将发生器形式简化为：

```
X' = a*X+c
```

Knuth 和 H.W. Lewis 给出 a = 1664525，c = 1013904223 的一个组合，其性能与 32 位标准线性同余发生器一样好。

我们来看一个 awk 的实现，这个函数随机生成 0～2^31 之间的随机数。

例 8.37　随机数生成器

```
function myrand()                    #注释 1
{
  x = 16807*x % (2^31-1)
  return x
}
function mysrand(xx)                  #注释 2
{
  if(xx)
    x = xx
  else
    x = systime()
}
{
  mysrand($1)                        #注释 3
  print myrand()
  print myrand()
```

```
    mysrand()                              #注释 4
    print myrand()
    print myrand()
}
```

接上例，让我们运行 rand2.awk，运行结果如下：

```
alloy@ubuntu:~/LinuxShell/ch8$ cat num.txt
120
9999
alloy@ubuntu:~/LinuxShell/ch8$ awk-f rand2.awk num.txt
2016840
1684775175
1660577401
626902195

168053193
529018946
1660577401
626902195

alloy@ubuntu:~/LinuxShell/ch8$
```

例 8.37 的解释如下。

注释 1：这是设置随机函数。函数中使用程序生成的上一个随机数 x，用线性同余的方法生成下一个随机数 x。并返回 x。

注释 2：此处的函数是设置随机种子。如果函数调用未通过参数传递随机种子，函数就调用 systime()函数获取系统当前时间作为随机种子。systime()函数返回从 1970 年 1 月 1 日开始到当前时间（不计闰年）的整秒数。

注释 3：此处设定随机种子为记录第一个字段。从输出结果可以看出，因为记录字段不同，随机种子不同，产生的随机数序列不同。

注释 4：此处调用 mysrand()函数，没有使用参数传递。这种行为将让函数设置当前时间为随机种子。因为两次运行的间隔时间很短（<1s），导致两次通过时间来设置种子，时间都一样。因此，后两个随机序列相同。

 8.6 案例分析

在这一节里，将给出 awk 的多个实例。涵盖 awk 中变量、数组的使用，用户自定义函数，字符串函数等。并且给出一些实用脚本。

8.6.1 生成数据报表

我们来看一下要处理的数据文件。这个数据文件是某位业务员的客户 3 个月的交易统计。

datafile 文件中存储的数据是客户 3 个月内的消费记录。我们需要通过 awk 程序完成以下内容：

生成可读的数据报表，格式清晰；

生成每位客户（每行记录）的 3 个月消费总数，以及这个业务员每个月的营业额。

看看处理这个数据文件的 awk 脚本是如何实现的。

```
alloy@ubuntu:~/LinuxShell/ch8$ cat report.awk
#/usr/bin/awk-f(这一行可以不要)
```

```
BEGIN {
FS=":"; OFS="\t"                                        #注释 1
    print "name\tphone\t\tJan\tFeb\tMar\t\tTotal"
    print "_____"
};
{$6 = $3 + $4 + $5}
{print $1"\t"$2"\t"$3"\t"$4"\t"$5"\t\t"$6}              #注释 2
{total3 +=$3}                                           #注释 3
{total4 +=$4}
{total5 +=$5}
END {
print "_____"
    print "this is Jan total: " total3
    print "this is Feb total: " total4
    print "this is Mar total: " total5
}
alloy@ubuntu:~/LinuxShell/ch8$
```

关于这段代码的解释如下。

注释 1：设置 FS（字段分隔符）为冒号（:）。因为 datafile 中的所有字段都是以冒号分隔。设置 OFS（输出字段分隔符）为制表符（\t）。

注释 2：格式化输出，将每个字段的每条记录格式化后打印出来。需要注意的是，第 6 个字段$6 被设置为$3、$4、$5 的和，表示某位客户 3 个月的消费总数。

注释 3：在程序运行过程中，统计每个月所有客户的消费总数，通过累加的方式，存放在 total3、total4、total5 中。

下面是脚本的执行结果：

```
alloy@ubuntu:~/LinuxShell/ch8$ awk-f report.awk datafile
name    phone           Jan     Feb     Mar             Total

M H     (424)2222233    250     890     102323111       102324251
Y U     (433)3334443    250     890     124234          125374
M H     (424)4444433    250     890     12222           13362
M H     (424)2222888    250     890     100             1240
M H     (424)6666633    250     830     100             1180
M H     (424)7777233    250     890     134             1274
M H     (424)2222833    250     890     103             1243
M H     (424)9999933    250     890     100             1240
M H     (424)0000003    250     890     100             1240
_____

this is Jan total: 2250
this is Feb total: 7950
this is Mar total: 102460204
alloy@ubuntu:~/LinuxShell/ch8$
```

输出也很简单，没有出乎意料的行为。注意，此处存在一个小问题：输出文件不够合理，total 的行不够整齐。下面的程序使用 printf 给出了解决方案。

```
alloy@ubuntu:~/LinuxShell/ch8$ cat report2.awk
#!/usr/bin/awk-f
BEGIN {
FS=":"; OFS="\t"
    print "***             modified from report.awk       ***"
    print "name\tphone\t\tJan\tFeb\tMar\t\tTotal"
#printf {"%-20s%-20s%-20s%-20s%-20s%20s\n",name,phone,Jan,Feb,Mar,Total};
    print "_____"
};
{$6 = $3 + $4 + $5}
#{print "\t" $1"\t"$2"\t"$3"\t"$4"\t"$5"\t"$6}
{printf "%-8s%-15s%-8s%-8s%-15s%-10s\n", $1,$2,$3,$4,$5,$6}
{total3 +=$3}
```

```
{total4 +=$4}
{total5 +=$5}
END {
    print "_____"
    print "is Jan total; " total3
    print "is Feb total: " total4
    print "is Mar total: " total5
}
alloy@ubuntu:~/LinuxShell/ch8$
```

和 report.awk 不同的是,这个例子使用 printf 来限定字段的宽度和限制左对齐。这样输出的结果更漂亮。下面是输出结果:

```
alloy@ubuntu:~/LinuxShell/ch8$ awk-f report2.awk  datafile
***           modified from report.awk        ***
name     phone          Jan     Feb     Mar              Total

M H      (424)2222233   250     890     102323111        102324251
Y U      (433)3334443   250     890     124234           125374
M H      (424)4444433   250     890     12222            13362
M H      (424)2222888   250     890     100              1240
M H      (424)6666633   250     830     100              1180
M H      (424)7777233   250     890     134              1274
M H      (424)2222833   250     890     103              1243
M H      (424)9999933   250     890     100              1240
M H      (424)0000003   250     890     100              1240
                                      _____

is Jan total; 2250
is Feb total: 7950
is Mar total: 102460204
alloy@ubuntu:~/LinuxShell/ch8$
```

因为字体的问题,此处采用等宽字体显示(所有字符一样宽),可以看出数字的左对齐,以及字段的宽度一致。

8.6.2　多文件联合处理

在本小节要展示的两个例子中,都涉及多个文件。在部分应用场景下,必须联合多个文件来完成数据处理和输出。此处就是这样的情况展现。

1. 用某一文件的一个域替换另一个文件中的的特定域

在 Linux 文件系统中有两个文件,一个是 passwd 文件,另一个是 shadow 文件。passwd 文件维护了用户信息,包括账户、密码的字段,但是以 x 代替。真正的密码保存在 shadow 文件中。现在,我们要用 shadow 文件中的密文部分替换 passwd 中的 "x",产生一个新 passwd 文件,如下所示:

```
alloy@ubuntu:~/LinuxShell/ch8$ cat /etc/passwd
s2002408030068:x:527:527::/home/dz02/s2002408030068:/bin/pw
s2002408032819:x:528:528::/home/dz02/s2002408032819:/bin/pw
s2002408032823:x:529:529::/home/dz02/s2002408032823:/bin/pw
alloy@ubuntu:~/LinuxShell/ch8$cat /etc/shadow
s2002408030068:$1$d8NwFclG$v4ZTacfR2nsbC8BnVd3dn1:12676:0:99999:7:::
s2002408032819:$1$UAvNbHza$481Arvk1FmixCP6ZBDWHh0:12676:0:99999:7:::
s2002408032823:$1$U2eJ3oO1$bG.eKO8Zupe0TnyFhWX9Y.:12676:0:99999:7:::
alloy@ubuntu:~/LinuxShell/ch8$
```

我们要求生成的文件如下所示:

```
s2002408030068:$1$d8NwFclG$v4ZTacfR2nsbC8BnVd3dn1:527:527::\
/home/dz02/s2002408030068:/bin/pw
s2002408032819:$1$UAvNbHza$481Arvk1FmixCP6ZBDWHh0:528:528::\
/home/dz02/s2002408032819:/bin/pw
s2002408032823:$1$U2eJ3oO1$bG.eKO8Zupe0TnyFhWX9Y.:529:529::\
/home/dz02/s2002408032823:/bin/pw
```

我们先看 awk 的实现：

```
alloy@ubuntu:~/LinuxShell/ch8$ cat join.awk
BEGIN {
  OFS=FS=":"
}
NR==FNR {                    # 正在处理第一个文件 shadow
  a[$1]=$2
}
NR>FNR {                     # 正在处理第二个文件 passwd
  $2=a[$1];
  print
}
```

```
awk-f join.awk /etc/shadow /etc/passwd
s2002408030068:$1$d8NwFclG$v4ZTacfR2nsbC8BnVd3dn1:527:527::\
/home/dz02/s2002408030068:/bin/pw
s2002408032819:$1$UAvNbHza$481Arvk1FmixCP6ZBDWHh0:528:528::\
/home/dz02/s2002408032819:/bin/pw
s2002408032823:$1$U2eJ3oO1$bG.eKO8Zupe0TnyFhWX9Y.:529:529::\
/home/dz02/s2002408032823:/bin/pw
alloy@ubuntu:~/LinuxShell/ch8$
```

在这个例子中，我们使用了两个参数：NR 和 FNR。

➢ NR 保存的是在工作(job)中的记录数。

➢ FNR 保存的是当前输入文件的记录数。

➢ NR==FNR 的情况对应于 awk 在处理第一个文件 shadow 的时候。此时以$1 为下标，将
$2 的值赋给数组 a。

➢ NR>FNR 的情况对应于 awk 在处理第二个文件 passwd 的时候。将文件 shadow $2 的值
赋值给文件 passwd。

除了两个环境变量外，还需要注意的是数组下标的使用。程序中的数组 a 存放的内容是
/etc/shadow 中第二个字段的情况，但是却以/etc/shadow 的第一个字段作为下标。这样就在第一个
字段和第二个字段之间通过数组建立了一一映射的关系。处理/etc/passwd 文件时，也就能够直接
使用第一个字段检索 shadow 中的第二个字段。

2．文件联合

这个例子来自一个真实的应用。当时我所在的公司小组为了应用方便，将中国的大多数城市
使用全局唯一的编号标示起来。但是后来发现，其他公司小组采用的是全国唯一的城市编号方式。
我们在系统拼接的时候，需要将同一城市的不同编号对应上。这个需求使得我们要联合文件。

当时我们小组采用的编号方法（a.txt）如下：

```
1000 南京市 地级 南京市 南京市
1100 天津市 地级 天津市 天津市
1210 石家庄市 地级 石家庄市 河北省
1210 晋州市 县级 石家庄市 河北省
1243 滦县 县级 唐山市 河北省
1244 滦南县 县级 唐山市 河北省
```

这种编号方法的第一列是城市编号，第二列是城市名称。其他列是跟这个城市相关的信息。

其他小组采用的编号方式（b.txt）为：

```
110000,南京市
120000,天津市
130000,河北省
130131,平山县
130132,元氏县
```

第一列是城市（地区）编号，第二列是城市（地区）名称。需要注意的是，a.txt 中第二列在 b.txt 中可能有也可能没有。

我们需要把有的匹配起来生成新的包含 a 和 b 的一列。没有匹配的按照 b 原来的格式进行输出。

实现此功能的 awk 程序如下：

```
alloy@ubuntu:~/LinuxShell/ch8$ cat join2.awk
BEGIN {
  FS="[ |,]";                              #注释 1
  OFS=","
}
NR <= FNR {                                #注释 2
  a[$2]=$1
}
NR>FNR {                                   #注释 3
  print $1,$2,a[$2]
}
alloy@ubuntu:~/LinuxShell/ch8$ awk-f join2.awk a.txt b.txt
110000,南京市,1000
120000,天津市,1100
130000,河北省,
130131,平山县,
130132,元氏县,
alloy@ubuntu:~/LinuxShell/ch8$
```

关于这个例子的解释如下。

注释 1：此处设定字段分隔符。这边采用的是正则表达式的表现形式，为了适应两个文件的不同格式，此处的字段分隔符被设置为空格或者逗号。

注释 2：NR<=FNR 当 awk 处理第一个输入文件时满足。

注释 3：NR>FNR 当 awk 处理第二个输入文件时满足。

通过这个脚本，我们就能将两种不同的城市编号格式组织到一起。

8.6.3　检验 passwd 格式的正确性

在这个例子里，我们要通过一个 awk 脚本检验 passwd 文件中的所有记录是否合法。不合法的情况包括以下几项。

记录域的数量不为 7。

用户姓名违规，不包含任何字母或数字。

未设置密码，密码段字符是“*”而不是“x”。

我们来看一组错误的例子：

```
privoxy:x:42:42::/var/spool/privoxy:/bin/false      #注释 1
http:*:33:33::/srv/http:/bin/false                  #注释 2
@#$#:x:102:101:PolicyKit:/:/sbin/nologin            #注释 3
tomcat:x:66:/opt/tomcat:/bin/false                  #注释 4
```

它们的错误方式如下。

注释 1：完全正确。

注释 2：未设置密码。

注释 3：用户名违规。

注释 4：记录域的数量少于 7。

为了纠正这个错误，我们编写了 awk 的程序。程序会尝试匹配各种错误情形，并格式化打印出提示信息。来看一下我们的 awk 代码。

```
alloy@ubuntu:~/LinuxShell/ch8$ cat passwd.check.awk
BEGIN {
  FS = ":"                                                      #注释1
}
NF != 7 {                                                       #注释2
  printf("line %d, does not have 7 fields:%s\n",NR,$0)
}
$1 !~ /[A-Za-z0-9]/{                                            #注释3
  printf("line %d, non alpha and numeric user id: %s\n",NR,$0)
}
$2 == "*" {                                                     #注释4
  printf("line %d, no password: %s\n",NR,$0)
}
alloy@ubuntu:~/LinuxShell/ch8$
```

程序的名称是 passwd.check.awk。关于这段程序的解释如下。

注释 1：设置字段分隔符为冒号(:)。

注释 2：检验记录域小于 7 的情况。NF 保存了 awk 正在处理的当前记录的字段数，如果字段数小于 7，表示该行记录不合法。

注释 3：检验第一个字段（用户名）违规的情况。如果用户名中不包含任何字母或数字，则该用户名不合法。

注释 4：如果密码未设置，密码字段为"*"。此时该记录不合法。

这段代码的运行效果如下：

```
alloy@ubuntu:~/LinuxShell/ch8$ cat passwd
root:x:0:0:root:/root:/bin/zsh
bin:*:1:1:bin:/bin:/bin/false
daemon:x:2:2:daemon:/sbin:/bin/false
mail:x:8:12:mail:/var/spool/mail:/bin/false
ftp:*:14:11:ftp:/home/ftp:/bin/false
nobody:x:99:99:nobody:/:/bin/false
prince:x:100:ollir,13914796669:/home/prince:/bin/zsh
dbus:*:81:81:System message bus:/:/bin/false
hal:x:82:82:HAL daemon:/:/bin/false
avahi:x:84:Avahi daemon:/:/bin/false
mysql:x:89:89::/var/lib/mysql:/bin/false
fetchmail:x:90:99:Fetchmail daemon:/var/run/fetchmail:/bin/bash
privoxy:x:42:42::/var/spool/privoxy:/bin/false
http:*:33:33::/srv/http:/bin/false
@#$#:x:102:101:PolicyKit:/:/sbin/nologin
tomcat:x:66:/opt/tomcat:/bin/false
alloy@ubuntu:~/LinuxShell/ch8$ awk-f passwd.check.awk passwd
line 2, no password: bin:*:1:1:bin:/bin:/bin/false
line 5, no password: ftp:*:14:11:ftp:/home/ftp:/bin/false
line 7, does not have 7 fields:prince:x:100:ollir,13914796669:/home/prince:/bin/zsh
line 8, no password: dbus:*:81:81:System message bus:/:/bin/false
line 10, does not have 7 fields:avahi:x:84:Avahi daemon:/:/bin/false
line 14, no password: http:*:33:33::/srv/http:/bin/false
line 15, non alpha and numeric user id:
@#$#:x:102:101:PolicyKit:/:/sbin/nologin
line 16, does not have 7 fields:tomcat:x:66:/opt/tomcat:/bin/false
alloy@ubuntu:~/LinuxShell/ch8$
```

8.6.4　sed/awk 单行脚本

在日常使用中，大部分情况下并不需要编写长长的 awk 代码来实现复杂功能。我们的需求往往很简单，甚至不用编写文件，而是用单行命令就可以解决。

在 Linux 下，sed 和 awk 都是常用的流编辑器，它们各有各的特色，但是，大部分情况下，都可以实现相同的功能。本节我们就常用的文本处理需求列出 sed 和 awk 的版本。如不特殊说明，前面是 sed 版本，后面紧跟 awk 版本。

1. 文本间隔

（1）在每一行后面增加一空行。

```
sed G
awk '{printf("%s\n\n",$0)}'
```

（2）将原来的所有空行删除并在每一行后面增加一空行，这样在输出的文本中每一行后面将有且只有一空行。

```
sed '/^$/d;G'
awk '!/^$/{printf("%s\n\n",$0)}'
```

（3）在每一行后面增加两行空行。

```
sed 'G;G'
awk '{printf("%s\n\n\n",$0)}'
```

（4）将第一个脚本所产生的所有空行删除（即删除所有偶数行）。

```
sed 'n;d'
awk '{f=!f;if(f)print $0}'
```

（5）在匹配式样"regex"的行之前插入一空行。

```
sed '/regex/{x;p;x;}'
awk '{if(/regex/)printf("\n%s\n",$0);else print $0}'
```

（6）在匹配式样"regex"的行之后插入一空行。

```
sed '/regex/G'
awk '{if(/regex/)printf("%s\n\n",$0);else print $0}'
```

（7）在匹配式样"regex"的行之前和之后各插入一空行。

```
sed '/regex/{x;p;x;G;}'
awk '{if(/regex/)printf("\n%s\n\n",$0);else print $0}'
```

2. 编号

（1）为文件中的每一行进行编号（简单的左对齐方式）。这里使用了"制表符"（Tab）而不是空格来对齐边缘。

```
sed = filename | sed 'N;s/\n/\t/'
awk '{i++;printf("%d\t%s\n",i,$0)}'
```

（2）对文件中的所有行进行编号（行号在左，文字右端对齐）。

```
sed = filename | sed 'N; s/^/    /; s/ *\(.\{6,\}\)\n/\1 /'
awk '{i++;printf("%6d  %s\n",i,$0)}'
```

（3）对文件中的所有行进行编号，但只显示非空白行的行号。

```
sed '/./=' filename | sed '/./N; s/\n/ /'
awk '{i++;if(!/^$/)printf("%d %s\n",i,$0);else print}'
```

（4）计算行数（模拟 "wc-l"）。

```
sed-n '$='
awk '{i++}END{print i}'
```

3. 文本转换和替代

（1）Unix 环境：转换 DOS 的新行符（CR/LF）为 Unix 格式。

```
sed 's/.$//'              # 假设所有行以 CR/LF 结束
sed 's/^M$//'            # 在 bash/tcsh 中，将按快捷键"Ctrl+M"改为按快捷键"Ctrl+V"
sed 's/\x0D$//'         # ssed、gsed 3.02.80，及更高版本
awk '{sub(/\x0D$/,"");print $0}'
```

（2）Unix 环境：转换 Unix 的新行符（LF）为 DOS 格式。

```
sed "s/$/`echo -e \\\r`/"      # 在 ksh 下所使用的命令
sed 's/$'"/`echo \\\r`/"       # 在 bash 下所使用的命令
```

```
sed "s/$/`echo \\\r`/"          # 在 zsh 下所使用的命令
sed 's/$/\r/'                    # gsed 3.02.80 及更高版本
awk '{printf("%s\r\n",$0)}'
```

（3）DOS 环境：转换 Unix 新行符（LF）为 DOS 格式。

```
sed "s/$//"                      # 方法1
sed-n p                          # 方法2
```

（4）DOS 环境：转换 DOS 新行符（CR/LF）为 Unix 格式。下面的脚本只对 UnxUtils sed 4.0.7 及更高版本有效。要识别 UnxUtils 版本的 sed 可以通过其特有的 "–text" 选项。你可以使用帮助选项（"–help"）看其中有无一个 "–text" 项，以此来判断所使用的是否为 UnxUtils 版本。其他 DOS 版本的 sed 则无法进行这一转换。但可以用 "tr" 来实现这一转换。

```
sed "s/\r//" infile >outfile    # UnxUtils sed v4.0.7 或更高版本
tr-d \r <infile >outfile         # GNU tr 1.22 或更高版本
DOS 环境的略过
```

（5）将每一行前导的"空白字符"（空格，制表符）删除，使之左对齐。

```
sed 's/^[ \t]*//'               # 见本文末尾关于 '\t'用法的描述
awk '{sub(/^[ \t]+/,"");print $0}'
```

（6）将每一行拖尾的"空白字符"（空格，制表符）删除。

```
sed 's/[ \t]*$//'               # 见本文末尾关于 '\t'用法的描述
awk '{sub(/[ \t]+$/,"");print $0}'
```

（7）将每一行中的前导和拖尾的空白字符删除。

```
sed 's/^[ \t]*//;s/[ \t]*$//'
awk '{sub(/^[ \t]+/,"");sub(/[ \t]+$/,"");print $0}'
```

（8）在每一行开头处插入 5 个空格（使全文向右移动 5 个字符的位置）。

```
sed 's/^/     /'
awk '{printf("     %s\n",$0)}'
```

（9）以 79 个字符为宽度，将所有文本右对齐（78 个字符外加最后的一个空格）。

```
sed-e :a-e 's/^.\{1,78\}$/ &/;ta'
awk '{printf("%79s\n",$0)}'
```

（10）以 79 个字符为宽度，使所有文本居中。在方法 1 中，为了让文本居中，每一行的前面和后面都填充了空格。在方法 2 中，在居中文本的过程中只在文本的前面填充空格，并且最终这些空格将有一半会被删除。此外每一行的后面并未填充空格。

```
sed -e :a-e 's/^.\{1,77\}$/ & /;ta'                    # 方法 1
sed -e :a-e 's/^.\{1,77\}$/ &/;ta'-e 's/\( *\)\1/\1/'  # 方法 2
awk '{for(i=0;i<39-length($0)/2;i++)printf(" ");printf("%s\n",$0)}'  #相当于上面的
方法2
```

（11）在每一行中查找字串 "foo"，并将找到的 "foo" 替换为 "bar"。

```
sed 's/foo/bar/'                     # 只替换每一行中的第一个"foo"字串
sed 's/foo/bar/4'                    # 只替换每一行中的第四个"foo"字串
sed 's/foo/bar/g'                    # 将每一行中的所有"foo"都换成"bar"
sed 's/\(.*\)foo\(.*foo\)/\1bar\2/'  # 替换倒数第二个"foo"
sed 's/\(.*\)foo/\1bar/'             # 替换最后一个"foo"
awk '{gsub(/foo/,"bar");print $0}'   # 将每一行中的所有"foo"都换成"bar"
```

（12）只在行中出现字串 "baz" 的情况下将 "foo" 替换成 "bar"。

```
sed '/baz/s/foo/bar/g'
awk '{if(/baz/)gsub(/foo/,"bar");print $0}'
```

（13）将 "foo" 替换成 "bar"，并且只在行中未出现字串 "baz" 的情况下替换。

```
sed '/baz/!s/foo/bar/g'
awk '{if(/baz$/)gsub(/foo/,"bar");print $0}'
```

（14）不管是 "scarlet" "ruby" 还是 "puce"，一律换成 "red"。

```
sed 's/scarlet/red/g;s/ruby/red/g;s/puce/red/g'   #对多数的 sed 都有效
gsed 's/scarlet\|ruby\|puce/red/g'                 # 只对 GNU sed 有效
awk '{gsub(/scarlet|ruby|puce/,"red");print $0}'
```

（15）倒置所有行，第一行成为最后一行，依次类推（模拟"tac"）。由于某些原因，使用下面命令时 sed v1.5 会将文件中的空行删除。

```
sed '1!G;h;$!d'                # 方法 1
sed-n '1!G;h;$p'               # 方法 2
awk '{A[i++]=$0}END{for(j=i-1;j>=0;j--)print A[j]}'
```

（16）将行中的字符逆序排列，第一个字成为最后一字，依次类推（模拟"rev"）。

```
sed '/\n/!G;s/\(.\)\(.*\n\)/&\2\1/;//D;s/.//'
awk '{for(i=length($0);i>0;i--)printf("%s",substr($0,i,1));printf("\n")}'
```

（17）将每两行连接成一行（类似"paste"）。

```
sed '$!N;s/\n/ /'
awk '{f=!f;if(f)printf("%s",$0);else printf(" %s\n",$0)}'
```

（18）如果当前行以反斜杠（\）结束，则将下一行并到当前行末尾，并去掉原来行尾的反斜杠。

```
sed-e :a-e '/\\$/N; s/\\\n//; ta'
awk '{if(/\\$/)printf("%s",substr($0,0,length($0)-1));else printf("%s\n",$0)}'
```

（19）如果当前行以等号（=）开头，将当前行并到上一行末尾，并以单个空格代替原来行头的等号。

```
sed-e :a-e '$!N;s/\n=/ /;ta'-e 'P;D'
awk '{if(/^=/)printf(" %s",substr($0,2));else printf("%s%s",a,$0);a="\n"}END{printf("\n")}'
```

（20）为数字字符串增加逗号（,）分隔符号，将"1234567"改为"1,234,567"。

```
gsed ':a;s/\B[0-9]\{3\}\>/,&/;ta'                       # GNU sed
sed-e :a-e 's/\(.*[0-9]\)\([0-9]\{3\}\)/\1,\2/;ta'      # 其他 sed
awk '{while(match($0,/[0-9][0-9][0-9][0-9]+/))   {$0=sprintf("%s,%s",   substr($0,0,RSTART + RLENGTH-4), substr($0,RSTART+RLENGTH-3))}print $0}'
```

（21）为带有小数点和负号的数值增加逗号，分隔符（GNU sed）。

```
gsed-r ':a;s/(^|[^0-9.])([0-9]+)([0-9]{3})/\1\2,\3/g;ta'
awk '{while(match($0, /[^\.0-9][0-9][0-9][0-9][0-9]+/)){$0=sprintf("%s,%s", substr($0, 0, RSTART + RLENGTH-4), substr($0,RSTART+RLENGTH-3))}print $0}'
```

（22）在每 5 行后增加一行空白行（在第 5 行，10 行、15 行、20 行等行后增加一行空白行）。

```
gsed '0~5G'                          # 只对 GNU sed 有效
sed 'n;n;n;n;G;'                     # 其他 sed
awk '{print $0;i++;if(i==5){printf("\n");i=0}}'
```

4. 选择性地显示特定行

（1）显示文件中的前 10 行（模拟"head"的行为）。

```
sed 10q
awk '{print;if(NR==10)exit}'
```

（2）显示文件中的第一行（模拟"head-1"命令）。

```
sed q
awk '{print;exit}'
```

（3）显示文件中的最后 10 行（模拟"tail"命令）。

```
sed-e :a-e '$q;N;11,$D;ba'
awk '{A[NR]=$0}END{for(i=NR-9;i<=NR;i++)print A[i]}'
```

（4）显示文件中的最后两行（模拟"tail-2"命令）。

```
sed '$!N;$!D'
awk '{A[NR]=$0}END{for(i=NR-1;i<=NR;i++)print A[i]}'
```

（5）显示文件中的最后一行（模拟"tail-1"命令）。

```
sed '$!d'                        # 方法 1
sed-n '$p'                       # 方法 2
awk '{A=$0}END{print A}'
```

（6）显示文件中的倒数第二行。

```
sed-e '$!{h;d;}'-e x              # 当文件中只有一行时，输出空行
sed-e '1{$q;}'-e '$!{h;d;}'-e x    # 当文件中只有一行时，显示该行
sed-e '1{$d;}'-e '$!{h;d;}'-e x    # 当文件中只有一行时，不输出
awk '{B=A;A=$0}END{print B}'      # 存两行（当文件中只有一行时，输出空行）
```

（7）只显示匹配正则表达式的行（模拟"grep"命令）。

```
sed-n '/regexp/p'                # 方法 1
sed '/regexp/!d'                 # 方法 2
awk '/regexp/{print}'
```

（8）只显示"不"匹配正则表达式的行（模拟"grep-v"命令）。

```
sed-n '/regexp/!p'               # 方法 1   与前面的命令相对应
sed '/regexp/d'                  # 方法 2   类似的语法
awk '!/regexp/{print}'
```

（9）查找"regexp"并将匹配行的上一行显示出来，但并不显示匹配行。

```
sed-n '/regexp/{g;1!p;};h'
awk '/regexp/{print A}{A=$0}'
```

（10）查找"regexp"并将匹配行的下一行显示出来，但并不显示匹配行。

```
sed-n '/regexp/{n;p;}'
awk '{if(A)print;A=0}/regexp/{A=1}'
```

（11）显示包含"regexp"的行及其前后行，并在第一行之前加上"regexp"所在行的行号（类似"grep-A1-B1"）。

```
sed-n-e '/regexp/{=;x;1!p;g;$!N;p;D;}'-e h
awk '{if(F)print;F=0}/regexp/{print NR;print b;print;F=1}{b=$0}'
```

（12）显示包含"AAA""BBB"和"CCC"的行（任意次序）。

```
sed '/AAA/!d; /BBB/!d; /CCC/!d'    # 字串的次序不影响结果
awk '{if(match($0,/AAA/) && match($0,/BBB/) && match($0,/CCC/))print}'
```

（13）显示包含"AAA""BBB"和"CCC"的行（固定次序）。

```
sed '/AAA.*BBB.*CCC/!d'
awk '{if(match($0,/AAA.*BBB.*CCC/))print}'
```

（14）显示包含"AAA""BBB"或"CCC"的行（模拟"egrep"）。

```
sed-e '/AAA/b'-e '/BBB/b'-e '/CCC/b'-e d    # 多数 sed
gsed '/AAA\|BBB\|CCC/!d'                     # 对 GNU sed 有效
awk '/AAA/{print;next}/BBB/{print;next}/CCC/{print}'
awk '/AAA|BBB|CCC/{print}'
```

（15）显示包含"AAA"的段落（段落间以空行分隔）。

HHsed v1.5 必须在"x;"后加入"G;"，接下来的 3 个脚本都是这样。

```
sed-e '/./{H;$!d;}'-e 'x;/AAA/!d;'
awk 'BEGIN{RS=""}/AAA/{print}'
awk-vRS= '/AAA/{print}'
```

（16）显示包含"AAA""BBB"和"CCC"3 个字串的段落（任意次序）。

```
sed-e '/./{H;$!d;}'-e 'x;/AAA/!d;/BBB/!d;/CCC/!d'
awk-vRS= '{if(match($0,/AAA/) && match($0,/BBB/) && match($0,/CCC/))print}'
```

（17）显示包含"AAA""BBB""CCC"3 者中任意一个字串的段落（任意次序）。

```
sed-e '/./{H;$!d;}'-e 'x;/AAA/b'-e '/BBB/b'-e '/CCC/b'-e d
gsed '/./{H;$!d;};x;/AAA\|BBB\|CCC/b;d'          # 只对 GNU sed 有效
awk-vRS= '/AAA|BBB|CCC/{print "";print}'
```

（18）显示包含 65 个或以上字符的行。

```
sed-n '/^.\{65\}/p'
cat ll.txt | awk '{if(length($0)>=65)print}'
```

（19）显示包含 65 个以下字符的行。

```
sed-n '/^.\{65\}/!p'              # 方法1  与上面的脚本相对应
sed '/^.\{65\}/d'                 # 方法2  更简便一点的方法
awk '{if(length($0)<=65)print}'
```

（20）显示部分文本——从包含正则表达式的行开始到最后一行结束。

```
sed-n '/regexp/,$p'
awk '/regexp/{F=1}{if(F)print}'
```

（21）显示部分文本——指定行号范围（从第8行~12行，含第8行和第12行）。

```
sed-n '8,12p'                     # 方法1
sed '8,12!d'                      # 方法2
awk '{if(NR>=8 && NR<12)print}'
```

（22）显示第52行。

```
sed-n '52p'                       # 方法1
sed '52!d'                        # 方法2
sed '52q;d'                       # 方法3  处理大文件时更有效率
awk '{if(NR==52){print;exit}}'
```

（23）从第3行开始，每7行显示一次。

```
gsed-n '3~7p'                     # 只对GNU sed有效
sed-n '3,${p;n;n;n;n;n;n;}'       # 其他sed
awk '{if(NR==3)F=1;if(F){i++;if(i%7==1)print}}'
```

（24）显示两个正则表达式之间的文本（包含）。

```
sed-n '/Iowa/,/Montana/p'         # 区分大小写方式
awk '/Iowa/{F=1}{if(F)print}/Montana/{F=0}'
```

5. 选择性地删除特定行

（1）显示通篇文档，除了两个正则表达式之间的内容。

```
sed '/Iowa/,/Montana/d'
awk '/Iowa/{F=1}{if(!F)print}/Montana/{F=0}'
```

（2）删除文件中相邻的重复行（模拟"uniq"），只保留重复行中的第一行，其他行删除。

```
sed '$!N; /^\(.*\)\n\1$/!P; D'
awk '{if($0!=B)print;B=$0}'
```

（3）删除文件中的重复行，不管有无相邻。注意，hold space所能支持的缓存大小，或者使用GNU sed。

```
sed-n 'G; s/\n/&&/; /^\([-~]*\n\).*\n\1/d; s/\n//; h; P'
awk '{if(!($0 in B))print;B[$0]=1}'
```

（4）删除除重复行外的所有行（模拟"uniq-d"）。

```
sed '$!N; s/^\(.*\)\n\1$/\1/; t; D'
awk '{if($0==B && $0!=l){print;l=$0}B=$0}'
```

（5）删除文件中开头的10行。

```
sed '1,10d'
awk '{if(NR>10)print}'
```

（6）删除文件中的最后一行。

```
sed '$d'
# awk在过程中并不知道文件一共有几行，所以只能通篇缓存，大文件可能不适合，下面两个也一样
awk '{B[NR]=$0}END{for(i=0;i<=NR-1;i++)print B[i]}'
```

（7）删除文件中的最后两行。

```
sed 'N;$!P;$!D;$d'
awk '{B[NR]=$0}END{for(i=0;i<=NR-2;i++)print B[i]}'
```

（8）删除文件中的最后10行。

```
sed-e :a-e '$d;N;2,10ba'-e 'P;D'   # 方法1
sed-n-e :a-e '1,10!{P;N;D;};N;ba'  # 方法2
awk '{B[NR]=$0}END{for(i=0;i<=NR-10;i++)print B[i]}'
```

（9）删除8的倍数行。

```
gsed '0~8d'                                  # 只对 GNU sed 有效
sed 'n;n;n;n;n;n;n;d;'                        # 其他 sed
awk '{if(NR%8!=0)print}' |head
```

（10）删除匹配式样的行。

```
sed '/pattern/d'                             # 删除含 pattern 的行。当然 pattern 可以换成任何有效的
                                                正则表达式
awk '{if(!match($0,/pattern/))print}'
```

（11）删除文件中的所有空行（与"grep'.'"效果相同）。

```
sed '/^$/d'                                   # 方法 1
sed '/./!d'                                   # 方法 2
awk '{if(!match($0,/^$/))print}'
```

（12）只保留多个相邻空行的第一行。并且删除文件顶部和尾部的空行。（模拟"cat-s"）

```
sed '/./,/^$/!d'                             #方法 1  删除文件顶部的空行，允许尾部保留一行空行
sed '/^$/N;/\n$/D'                           #方法 2  允许顶部保留一行空行，尾部不留空行
awk '{if(!match($0,/^$/)){print;F=1}else{if(F)print;F=0}}'  #同上面的方法 2
```

（13）只保留多个相邻空行的前两行。

```
sed '/^$/N;/\n$/N;//D'
awk '{if(!match($0,/^$/)){print;F=0}else{if(F<2)print;F++}}'
```

（14）删除文件顶部的所有空行。

```
sed '/./,$!d'
awk '{if(F || !match($0,/^$/)){print;F=1}}'
```

（15）删除文件尾部的所有空行。

```
sed -e :a -e '/^\n*$/{$d;N;ba'-e '}'         # 对所有 sed 有效
sed -e :a -e '/^\n*$/N;/\n$/ba'              # 同上，但只对 gsed 3.02.*有效
awk '/^.+$/{for(i=l;i<NR-1;i++)print "";print;l=NR}'
```

（16）删除每个段落的最后一行。

```
sed -n '/^$/{p;h;};/./{x;/./p;}'
awk -vRS= '{B=$0;l=0;f=1;while(match(B,/\n/)>0){print substr(B,l,RSTART-l-f);l=RSTART;
sub(/\n/,"",B);f=0}; print ""}'
```

6. 特殊应用

（1）移除手册页（man page）中的 nroff 标记。在 Unix System V 或 bash Shell 下使用"echo"
命令时可能需要加上-e 选项。

```
sed "s/.`echo \\\b`//g"    # 外层的双括号是必须的(Unix 环境)
sed 's/.^H//g'             # 在 bash 或 tcsh 中，按快捷键"Ctrl+V"再按快捷键"Ctrl+H"
sed 's/.\x08//g'           # sed 1.5, GNU sed, ssed 所使用的十六进制的表示方法
awk '{gsub(/.\x08/,"",$0);print}'
```

（2）提取新闻组或 e-mail 的邮件头。

```
sed '/^$/q'                                  # 删除第一行空行后的所有内容
awk '{print}/^$/{exit}'
```

（3）提取新闻组或 e-mail 的正文部分。

```
sed '1,/^$/d'                                # 删除第一行空行之前的所有内容
awk '{if(F)print}/^$/{F=1}'
```

（4）从邮件头提取"Subject"（标题栏字段），并移除开头的"Subject:"字样。

```
sed '/^Subject: */!d; s///;q'
awk '/^Subject:.*/{print substr($0,10)}/^$/{exit}'
```

（5）从邮件头获得回复地址。

```
sed '/^Reply-To:/q; /^From:/h; /./d;g;q'
awk '/^Reply-To:.*/{print;exit}/^$/{exit}'
```

（6）获取邮件地址。在脚本（5）所产生的那一行邮件头的基础上进一步的将非电邮地址的部
分剔除。（见脚本（5））。

```
sed 's/ *(.*)//; s/>.*//; s/.*[:<] *//'
awk -F'[<>]+' '{print $2}'                   #取尖括号里的内容
```

（7）在每一行开头加上一个尖括号和空格（引用信息）。

```
sed 's/^/> /'
awk '{print "> " $0}'
```

（8）将每一行开头处的尖括号和空格删除（解除引用）。

```
sed 's/^> //'
awk '/^> /{print substr($0,3)}'
```

（9）移除大部分的 HTML 标签（包括跨行标签）。

```
sed -e :a -e 's/<[^>]*>//g;/</N;//ba'
awk '{gsub(/<[^>]*>/,"",$0);print}'
```

（10）将分成多卷的 uuencode 文件解码。移除文件头信息，只保留 uuencode 编码部分。文件必须以特定顺序传给 sed。下面第一种版本的脚本可以直接在命令行下输入；第二种版本则可以放入一个带执行权限的 Shell 脚本中。

```
sed '/^end/,/^begin/d' file1 file2 ... fileX | uudecode    # vers. 1
sed '/^end/,/^begin/d' "$@" | uudecode          # vers. 2
awk '/^end/{F=0}{if(F)print}/^begin/{F=1}' file1 file2 ... fileX
```

（11）将文件中的段落以字母顺序排序。段落间以（一行或多行）空行分隔。GNU sed 使用字元 "\v" 来表示垂直制表符，这里用它来作为换行符的占位符——当然你也可以用其他未在文件中使用的字符来代替它。

```
sed '/./{H;d;};x;s/\n/={NL}=/g' file | sort | sed '1s/={NL}=//;s/={NL}=/\n/g'
gsed '/./{H;d};x;y/\n/\v/' file | sort | sed '1s/\v//;y/\v/\n/'
awk -vRS=      '{gsub(/\n/,"\v",$0);print}'      ll.txt    |    sort    |    awk
'{gsub(/\v/,"\n",$0);print;print ""}'
```

（12）分别压缩每个 .TXT 文件，压缩后删除原来的文件并将压缩后的 .ZIP 文件命名为与原来相同的名字（只是扩展名不同）。（DOS 环境："dir /b" 显示不带路径的文件名）

```
echo @echo off >zipup.bat
dir /b *.txt | sed "s/^\(.*\)\.TXT/pkzip -mo \1 \1.TXT/" >>zipup.bat
```

 小结

在本章中，我们讲解了 awk 语言的基本知识。

➢ awk 在文本处理时，将文本分成一条条记录。awk 允许通过匹配代码匹配记录，然后对不同的记录施行不同的程序代码。

➢ 每条记录都包含多个字段。awk 可以修改字段分隔符来灵活地隔开字段。并且 awk 提供了方便的方式($0, $1, ...)访问各个字段。

➢ awk 作为一门语言，包含语言相关的基本属性：变量、顺序、条件、循环。并且，awk 还能够自定义函数，支持值传递和引用传递，并且函数支持递归调用。这些都使得 awk 作为一门语言更加强大。当然，awk 中也包含一些内建函数。

➢ awk 在字符串处理方面功能很强大，集成了许多字符串处理函数。

➢ 在本章的最后，我们列举了多个案例来复习 awk 这门语言，并且也看到了一些神奇的应用，为了展现 awk 的功能，我们甚至将 awk 与 sed 命令做对比，实现相同的功能。

awk 虽然很古老，但是被广泛地使用着。我们应该在实战中不断摸索和学习 awk 的使用，只有实践才出真知。

第9章 进程

在前面的章节里，我们对 Linux 下的 Shell 编程做了详细的介绍。内容主要集中在两方面，一方面是 Shell 编程的基础知识，例如，变量、函数、条件、循环等；另一方面是文本处理相关的知识，例如，正则表达式、基本文本处理、sed、awk 等。

Shell 作为一门语言，基本的语言要素必不可少。在这方面，Shell 的支持丝毫不逊色于高级程序语言。

与高级程序语言相比较，如 Java、C/C++，文本处理是 Shell 的优势，它能够快速地使用文本处理语言，结合管道、重定向实现需求。

从本章开始，我们就要集中在 Linux 操作系统对 Shell 的支持上，Linux 操作系统提供了 Shell 控制 OS 的部分接口。

本章的主题是进程。在本章里，你将学习到以下知识。

（1）如何创建新的进程，如何杀死进程。

（2）如何管理进程，如何查看进程状态。

（3）系统是如何调度进程的。

（4）如何定时运行进程。

本章涉及的命令有：ps, grep, kill, top, nice, pstree, fg, bg, jobs, crontab, at。

9.1 进程的含义与查看

在这一节里，我们将讲解进程的含义，以及如何查看进程。

9.1.1 理解进程

程序是为了完成某种任务而设计的软件，例如，vim 是程序。什么是进程呢？进程就是运行中的程序。一个运行着的程序，可能有多个进程。

例如，Web 服务器是 Apache 服务器，当管理员启动服务后，可能会有好多人访问，也就是说许多用户同时请求 httpd 服务，Apache 服务器将会创建多个 httpd 进程来对其进行服务。

首先，我们看看进程的定义。进程是一个具有独立功能的程序关于某个数据集合的一次可以并发执行的运行活动，是处于活动状态的计算机程序。进程作为构成系统的基本细胞，不仅是系统内部独立运行的实体，而且是独立竞争资源的基本实体。了解进程的本质，对于理解、描述和设计操作系统有着极为重要的意义。了解进程的活动、状态，也有利于编制复杂程序。

进程既然是运行中的程序，则必定有它的开始和结束。对于 Linux 系统来说，新进程由 fork() 与 execve() 等系统调用开始，然后执行，直到它们下达 exit() 系统调用为止。在这里，fork(), execve(), exit() 这些都是 Linux 提供给 C 语言的控制进程的接口。

现代的操作系统几乎都支持多进程。UNIX/Linux 也不例外。对于用户来说，似乎可以在计算机上同时做许多事（听音乐、上网、聊天，等等），这并非是计算机拥有多个 CPU，可以同时处理多个事情。计算机的一个 CPU 在一个时间点只能处理一个进程，它的做法是先使用极短的时间处理一个进程，然后将这个进程搁置，将 CPU 的资源让给其他进程执行。这个极短的时间称为时间片。时间片很短（通常只有几微秒），并且切换很迅速，所以让我们感觉似乎计算机可以同时运行多个程序。

关于时间片的调度，在操作系统内核中，有个模块称为调度器（scheduler），它负责管理进程的执行和切换。在现在的计算机中，双核甚至四核已经很普及，一个优秀的调度器算法（例如，Linux）会尝试着将工作负载分摊到每个 CPU 核心上。这样，用户只会觉得计算机运行更快。

对于调度算法来说，它需要决定接下来运行哪个进程。有些时候，等待运行的进程很多，这就需要给这些进程排定优先级。幸好，Linux 的进程都有优先权，高优先权的进程获得 CPU 资源的可能性会更大。nice 与 renice 命令可以调整进程的优先权。

9.1.2 创建进程

fork 函数在 Linux 下产生新的进程的系统调用，这个函数名是英文中"分叉"的意思。为什么叫这个名字呢？一个进程在运行中时，如果使用了 fork 函数，就产生了另一个进程，于是进程就"分叉"了，所以这个名字取得很形象。fork 的语法：

```
#include <unistd.h>
#include <sys/types.h> pid_t fork();
```
说明本系统调用产生一个新的进程，叫子进程，调用进程叫父进程。

在 Linux 网络编程中经常用到 fork()系统调用。例如，在一个客户机/Web 服务器构建的网络环境中，Web 服务器往往可以满足许多客户端的请求。如果一个客户机要访问 Web 服务器，需要发送一个请求，此时由服务器生成一个父进程，然后父进程通过 fork()系统调用产生一个子进程，此时客户机的请求由子进程完成。父进程可以再度回到等待状态不断服务其他客户端。原理如图 9-1 所示。

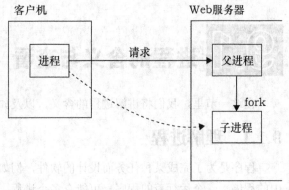

图 9-1　fork()的作用示意

父进程和子进程的关系是管理和被管理的关系，当父进程终止时，子进程也随之而终止。但子进程终止时，父进程并不一定终止。例如，httpd 服务器运行时，我们可以杀掉其子进程，父进程并不会因为子进程的终止而终止。

9.1.3　查看进程

我们已经知道，对于用户来说，在同一时间，系统里有很多进程通过时间片的方式获得 CPU 资源，并一起运行。那么，用户如何查看这些进程呢？

查看系统正在运行的进程最重要的命令便是进程状态（process status）命令：ps。例如，在正在运行的系统的[①]终端中输入 ps 命令后显示结果如下。

例 9.1　ps 命令

```
alloy@ubuntu:~/LinuxShell/ch9$ ps
  PID TTY          TIME CMD
 9833 pts/0    00:00:00 bash
10078 pts/0    00:00:00 ps
alloy@ubuntu:~/LinuxShell/ch9$
```

在系统中，ps 命令显示当前有两个进程正在运行。此时，如果你不理解 ps 输出的 4 个字段（PID, TTY, TIME, CMD）的含义没关系，我们下面会进行详细讲解。

ps 和 ls 命令的输出很像。回想 ls 命令，当不使用任何参数时，ls 命令返回当前目录下的所有文件名。但是我们可以添加参数使得 ls 命令的输出结果包含更多信息，也更加冗长。例如，ls-l。在此处，ps 命令也一样。为了得到详细的输出，我们可以使用 ps 命令的其他选项，如例 9.2 所示。

例 9.2　ps 的详细输出(由于输出较多，所以选取了部分输出)

```
alloy@ubuntu:~/LinuxShell/ch9$ ps aux
USER       PID %CPU %MEM    VSZ   RSS TTY      STAT START   TIME COMMAND
root         1  0.0  0.0  24440  2408 ?        Ss   May14   0:00 /sbin/init
root         2  0.0  0.0      0     0 ?        S    May14   0:00 [kthreadd]
root         3  0.0  0.0      0     0 ?        S    May14   0:03 [ksoftirqd/0]
root         5  0.0  0.0      0     0 ?        S<   May14   0:00 [kworker/0:0H]
root         7  0.3  0.0      0     0 ?        S    May14  36:55 [migration/0]
root         8  0.0  0.0      0     0 ?        S    May14   0:00 [rcu_bh]
root         9  0.0  0.0      0     0 ?        S    May14   0:00 [rcuob/0]
root        10  0.0  0.0      0     0 ?        S    May14   0:00 [rcuob/1]
root        11  0.0  0.0      0     0 ?        S    May14   0:00 [rcuob/2]
root        12  0.0  0.0      0     0 ?        S    May14   0:00 [rcuob/3]
root        13  0.0  0.0      0     0 ?        S    May14   0:00 [rcuob/4]
root        14  0.0  0.0      0     0 ?        S    May14   0:00 [rcuob/5]
```

---

① 此时运行的系统是 Mac OS X 10.5。

```
    root        15  0.0  0.0      0     0 ?         S   May14   0:00 [rcuob/6]
    root        16  0.0  0.0      0     0 ?         S   May14   0:00 [rcuob/7]
    ......
    alloy     1846   0.0  0.1 403488 11172 ?          Ssl   May14    0:00
gnome-session--session=ubuntu
    alloy     1877  0.0  0.0      0     0 ?        Z    May14   0:00 [lightdm-session]
<defunct>
    alloy     1885  0.0  0.0 12576   320 ?          Ss   May14   0:03 /usr/bin/ssh-agent
/usr/bin/dbus-launch--exit-wit
    alloy     1888   0.0   0.0 26568       544 ?         S      May14    0:00
/usr/bin/dbus-launch--exit-with-session gnome-ses
    alloy     1889   0.0  0.0 27452  3184 ?         Ss   May14   0:30
//bin/dbus-daemon--fork--print-pid 5--print-add
    alloy     1897   0.0  0.2 908788 20432 ?          Sl   May14   2:46
/usr/lib/gnome-settings-daemon/gnome-settings-daem
    alloy     1907 0.0  0.0 52548 2572 ?        S   May14   0:00 /usr/lib/gvfs/gvfsd
    alloy     1909   0.0   0.0 285912      3608 ?         Sl   May14    0:00
/usr/lib/gvfs//gvfs-fuse-daemon-f /home/alloy/.gv
    alloy     1916  0.1 0.8 1175388 72004 ?       Sl   May14  18:06 compiz
    alloy     1925   0.0  0.0  58256  3820 ?         S     May14   0:01
/usr/lib/x86_64-Linux-gnu/gconf/gconfd-2
    alloy     1926 0.0  0.0 20192   936 ?       S   May14   8:37 syndaemon-i 2.0-K-R-t
    alloy     1930   0.0  0.0 46232  2344 ?         S     May14   0:00
/usr/lib/gvfs/gvfsd-metadata
    alloy     1933   0.0  0.0 363032  5956 ?          S<l   May14   0:00
/usr/bin/pulseaudio--start--log-target=syslog
    alloy     1934  0.0 0.5 1117268 41256 ?       Sl   May14   0:49 nautilus-n
    alloy     1935   0.0  0.1 315508  9604 ?          Sl   May14   0:00
/usr/lib/policykit-1-gnome/
    ......
    alloy@ubuntu:~/LinuxShell/ch9$
```

或者使用另外一种参数（同样也只是给出了部分输出）：

```
alloy@ubuntu:~/LinuxShell/ch9$ ps-elf
F S UID        PID PPID C PRI NI ADDR SZ WCHAN STIME TTY       TIME CMD
4 S root         1    0  0 80  0-  6110 poll_s May14 ?    00:00:00 /sbin/init
1 S root         2    0  0 80  0-     0 kthrea May14 ?    00:00:00 [kthreadd]
1 S root         3    2  0 80  0-     0 smpboo May14 ?    00:00:03 [ksoftirqd/0]
1 S root         5    2  0 60-20-    0 worker May14 ?    00:00:00 [kworker/0:0H]
1 S root         7    2  0-40  --    0 smpboo May14 ?    00:36:55 [migration/0]
1 S root         8    2  0 80  0-     0 rcu_gp May14 ?    00:00:00 [rcu_bh]
1 S root         9    2  0 80  0-     0 rcu_no May14 ?    00:00:00 [rcuob/0]
1 S root        10    2  0 80  0-     0 rcu_no May14 ?    00:00:00 [rcuob/1]
1 S root        11    2  0 80  0-     0 rcu_no May14 ?    00:00:00 [rcuob/2]
    ......
0 S alloy      2010    1  0 80  0- 130527 poll_s May14 ?       00:00:02
/usr/lib/indicator-appmenu/hud-service
0 S alloy      2021    1  0 80  0- 126367 poll_s May14 ?       00:00:00
/usr/lib/indicator-printers/indicator-pr
0 S alloy      2023    1  0 80  0- 135169 poll_s May14 ?       00:00:03
/usr/lib/indicator-session/indicator-ses
0 S alloy      2025    1  0 80  0- 105428 poll_s May14 ?       00:00:00
/usr/lib/indicator-application/indicator
0 S alloy      2031    1  0 80  0- 136410 poll_s May14 ?       00:00:00
/usr/lib/indicator-sound/indicator-sound
0 S alloy      2032    1  0 80  0- 164074 poll_s May14 ?       00:00:00
/usr/lib/indicator-messages/indicator-me
0 S alloy      2034    1  0 80  0- 159696 poll_s May14 ?       00:00:00
/usr/lib/indicator-datetime/indicator-da
0 S alloy      2068    1  0 80  0- 11967 poll_s May14 ?        00:00:00
/usr/lib/geoclue/geoclue-master
0 S alloy      2070    1  0 80  0- 84854 poll_s May14 ?        00:00:11
/usr/lib/ubuntu-geoip/ubuntu-geoip-provi
```

```
   4 S root      2088   1002   0   80    0-   1818 poll_s  May14 ?          00:00:00
/sbin/dhclient-d-4-sf /usr/lib/Networ
   0 S alloy     2123      1   0   80    0-  94101 poll_s  May14 ?          00:00:00
/usr/lib/notify-osd/notify-osd
   0 S alloy     2143      1   0   80    0-  80669 poll_s  May14 ?          00:00:59
/usr/bin/gnome-screensaver--no-daemon
   0 S alloy     2147      1   0   80    0-  68513 poll_s  May14 ?          00:00:00
/usr/bin/ibus-daemon--xim
   ......
alloy@ubuntu:~/LinuxShell/ch9$
```

在例 9.2 第一条命令 ps aux 中，采用的是 BSD 的输出风格。而 ps–elf 则采用 System V 的输出风格。这两种输出方式在运行的 Ubuntu 12.04 LTS 下均可以使用。

下面我们将依次解释 ps 输出中各个字段的含义。

表 9-1   ps 中字段的含义

字段名称	字段含义及解释
USER	进程的拥有者，当发现进程悬于系统中不动时，此时的 USER 为重要信息
PID	进程的 ID 值(process ID)。对于 Linux 系统来说，每个进程的 PID 都是全局唯一的。在 Shell 中，这个数字可以通过$$来表示。进程的 ID 指定自 0 开始，每遇到一个新的进程就增加 1，直到系统停止。当系统分配的 ID 达到了系统允许的最大值时，进程编号会再次从 0 开始，但是会避开已经被其他进程占用的值 对于传统的单用户系统来说，一般活跃进程只有几个。但是对于大型多用户操作系统来说，同时活跃的进程数就可能数以千计了
PPID	PPID 为父进程的 ID 值(parent process ID)，它的含义是创建了此进程的哪个进程 ID。在 Linux 系统中，除了第一个进程，其他进程都会含有一个或多个子进程，所以进程的结构是树形结构。Linux 下的 pstree 命令可以查看进程树。我们下面有这个命令的实例。 进程编号 0 通常被称为 kernel、sched 或 swapper，而进程编号 1 称为 init。init 是所有进程的父进程或祖先进程。在系统中，对于父进程过早消亡(die)的进程，它的父进程会被重新指定为 init。 在关机时，进程的退出是根据 ID 由大到小的顺序依次执行，直到 init。当 init 进程结束后，系统便终止
%CPU	进程占用的 CPU 百分比。通常，在单用户系统中，大部分进程的 CPU 占用率都为 0，只有几个活跃进程占用了 CPU
%MEM	占用内存的百分比
NI	进程的 NICE 值，数值大，表示较少占用 CPU 时间，而进程的优先级也低，参见 nice 命令
VSZ	进程虚拟大小
RSS	驻留中页的数量
TTY	终端 ID
STAT	进程状态，具体状态信息参见表 9-2
WCHAN	正在等待的进程资源
START	启动进程的时间
TIME	进程消耗 CPU 的时间
COMMAND	进程的名称和参数

在这个表格中，给出了 ps 的冗长输出中各个参数的定义。进程在从被创建到被消亡的过程中，存在多个状态。进程就在这多个状态之间不断转换。一般说来，ps 输出中的 STAT 字段说明了进程的当前字段，我们来看看 STAT 字段可能有的状态，如表 9-2 所示。

LINUX

表 9-2   STAT 对应的进程状态

STAT	描述
D	不可打断的休眠状态（通常是 I/O 进程）
R	正在运行可中在队列中可过行的
S	处于休眠状态
T	停止或被追踪
W	进入内存交换（从内核 2.6 开始无效）
X	死掉的进程
Z	僵尸进程
<	优先级高的进程
N	优先级较低的进程
L	有些页被锁进内存
s	进程的领导者（在它之下有子进程）
l	多线程进程（使用 CLONE_THREAD 函数创造）
+	位于后台的进程组

　　ps 命令输出的是当前这个时间点上系统进程的状况。但是系统中的进程是在不断变化的，前一秒钟的输出和后一秒钟的输出就可能完全不同。对于 ps 的输出，命令并不保证输出是按照特定顺序显示的，如果想要按照特定顺序，你可以通过管道用 sort 命令排序。

　　如果想要查看系统一段时间进程的动态信息，就需要调用 top 命令。许多的 UNIX/Linux 版本都包含这个命令，top 监控着一段时间内系统的运行状态，包括负载、cpu 使用状况、内存使用状况、进程状况等。

　　让我们来看一下此时系统的 top 快照（snapshot）。

例 9.3 top 的输出

```
alloy@ubuntu:~/LinuxShell/ch9$ top
top- 09:47:06 up 6 days, 22:07, 2 users, load average: 0.01, 0.02, 0.05
Tasks: 203 total,  1 running, 201 sleeping,  0 stopped,  1 zombie
Cpu(s): 0.2%us, 0.2%sy, 0.0%ni, 99.7%id, 0.0%wa, 0.0%hi, 0.0%si, 0.0%st
Mem:  8054888k total, 1938984k used, 6115904k free, 250772k buffers
Swap: 4609056k total,      0k used, 4609056k free,  923068k cached

  PID USER     PR NI  VIRT  RES  SHR S %CPU %MEM   TIME+  COMMAND
 1133 root     20  0 160m  10m 2324 S   0  0.1 10:12.31 wicd
 1229 root     20  0 273m  56m  38m S   0  0.7 21:50.29 Xorg
 2256 alloy    20  0 411m  15m  11m S   0  0.2  0:16.59 update-notifier
 8959 root     20  0    0    0    0 S   0  0.0  0:00.72 kworker/u16:2
    1 root     20  0 24440 2408 1352 S   0  0.0  0:00.80 init
    2 root     20  0    0    0    0 S   0  0.0  0:00.13 kthreadd
    3 root     20  0    0    0    0 S   0  0.0  0:03.64 ksoftirqd/0
    5 root     0-20   0    0    0 S   0  0.0  0:00.00 kworker/0:0H
    7 root     RT  0    0    0    0 S   0  0.0 36:57.07 migration/0
    8 root     20  0    0    0    0 S   0  0.0  0:00.00 rcu_bh
    9 root     20  0    0    0    0 S   0  0.0  0:00.00 rcuob/0
   10 root     20  0    0    0    0 S   0  0.0  0:00.00 rcuob/1
   11 root     20  0    0    0    0 S   0  0.0  0:00.00 rcuob/2
   12 root     20  0    0    0    0 S   0  0.0  0:00.00 rcuob/3
   13 root     20  0    0    0    0 S   0  0.0  0:00.00 rcuob/4
...
```

在这个输出[①]中，top 命令输出了当前系统中所有的进程统计、内存统计、CPU 统计、硬盘统计等。并且这些都实时变化。在下面，top 命令列出了当前打开的所有系统进程，你可以通过各种操作来改变这些输出的格式，例如，按照 CPU 占用大小排序等。默认情况下，第一个进程总是当前占用 CPU 最多的进程，它往往是你想要查看的进程。你能够在 top 运行状态下键入，来查看你的 top 版本支持哪些操作。

一般来说，不同的 UNIX/LINUX 系统也会有些图形界面的查看进程和管理进程的工具。事实上，它们都只不过是 top 命令的一个 GUI 封装而已。

在前面讲解 ps 命令输出时，我们提到进程的结构是树形结构。Linux 下由一条命令可以打印这种树形结构，pstree。

例 9.4　pstree 打印进程结构

```
alloy@ubuntu:~/LinuxShell/ch9$ pstree |head
init-+-NetworkManager-+-2*[dhclient]
     |                 |-dnsmasq
     |                 `-2*[{NetworkManager}]
     |-accounts-daemon---{accounts-daemon}
     |-acpid
     |-atd
     |-avahi-daemon---avahi-daemon
     |-bamfdaemon---2*[{bamfdaemon}]
     |-bluetoothd
     |-colord---2*[{colord}]
......
alloy@ubuntu:~/LinuxShell/ch9$
```

如打印结果所示，在这个进程树中，父进程是 init 进程，有多个子进程。例如，NetworkManager、acpid、atd 等。

我们来看看 pstree 的命令 manpage。

---

pstree

使用权限：

所有用户。

语法格式：

pstree [-acGhlnpuUV][-H <程序识别码>][<程序识别码>/<用户名称>]

使用说明：

pstree 指令用 ASCII 字符显示树状结构，清楚地表达程序间的相互关系。

如果不指定程序识别码或用户名称，则会把系统启动时的第一个程序视为基层，并显示之后的所有程序。

若指定用户名称，便会以隶属该用户的第一个程序当作基层，然后显示该用户的所有程序。

主要参数：

-a　显示每个程序的完整指令，包含路径、参数或是常驻服务的标示。

-c　不使用精简标示法。

---

① 现在运行的 top 版本基于 ubuntu 12.04LTS。

- -G 使用 VT100 终端机的列绘图字符。
- -h 列出树状图时，特别标明现在执行的程序。
- -H <程序识别码> 此参数的效果和指定"-h"参数类似，但特别标明指定的程序。
- -l 采用长列格式显示树状图。
- -n 用程序识别码排序。预设是以程序名称来排序。
- -p 显示程序识别码。
- -u 显示用户名称。
- -U 使用 UTF-8 列绘图字符。
- -V 显示版本信息。

9.1.4 进程的属性

一个进程是一个程序的一次执行的过程，程序是静态的，它是一些保存在磁盘上的可执行的代码和数据集合，进程是一个动态的概念。一个进程由如下元素组成。

➤ 程序的读取上下文，它表示程序读取执行的状态。

➤ 程序当前执行目录。

➤ 程序服务的文件和目录。

➤ 程序的访问权限。

➤ 内存和其他分配给进程的系统资源。

Linux 中一个进程在内存里有 3 部分数据，就是"数据段""堆栈段"和"代码段"，基于 I386 兼容的中央处理器，都有上述 3 种段寄存器，以方便操作系统的运行。如图 9-2 所示。

| 代码段 | 数据段 | 堆栈段 |

图 9-2 Linux 进程的结构

代码段是存放了程序代码的数据，假如机器中有数个进程运行相同的一个程序，那么它们就可以使用同一个代码段。而数据段则存放程序的全局变量、常数及动态数据分配的数据空间。堆栈段存放的就是子程序的返回地址、子程序的参数及程序的局部变量。堆栈段包含在进程控制块 PCB(Process Control Block)中。PCB 处于进程核心堆栈的底部，不需要额外分配空间。

9.2 进程管理

在 9.1 节中，我们介绍了进程的基本概念。如何查看进程，进程是怎样被创建的，如何通过 top 命令动态获取当前系统的状态。在本节里，我们将介绍如何管理进程。

9.2.1 进程的状态

现在我们来看看，进程在生存周期中的各种状态及状态的转换。表 9-3 是 Linux 系统的进程状态模型的各种状态。

表 9-3　　　　　　　　　　　　　进程的状态描述

进程状态	描述
用户状态	进程在用户状态下运行的状态。
内核状态	进程在内核状态下运行的状态。
内存中就绪	进程没有执行，但处于就绪状态，只要内核调度它，就可以执行。
内存中睡眠	进程正在睡眠并且进程存储在内存中，没有被交换到 SWAP 设备。
就绪且换出	进程处于就绪状态，但是必须把它换入内存，内核才能再次调度它运行。
睡眠且换出	进程正在睡眠，且被换出内存。
被抢先	进程从内核状态返回用户状态时，内核抢先于它做了上下文切换，调度了另一个进程。原先这个进程就处于被抢先状态。
创建状态	进程刚被创建。该进程存在，但既不是就绪状态，也不是睡眠状态。这个状态是除了进程 0 以外的所有进程的最初状态。
僵死状态(zombie)	进程调用 exit 结束，进程不再存在，但在进程表项中仍有记录，该记录可由父进程收集。现在我们从进程的创建到退出来看进程的状态转化。需要说明的是，进程在它的生命周期里并不一定要经历所有的状态。

　　一个进程在其生存期内，可处于一组不同的状态下，称为进程状态，如图 9-3 所示。进程状态保存在进程任务结构的 state 字段中。当进程正在等待系统中的资源而处于等待状态时，则称其处于睡眠等待状态。在 Linux 系统中，睡眠等待状态分为可中断的和不可中断的等待状态。

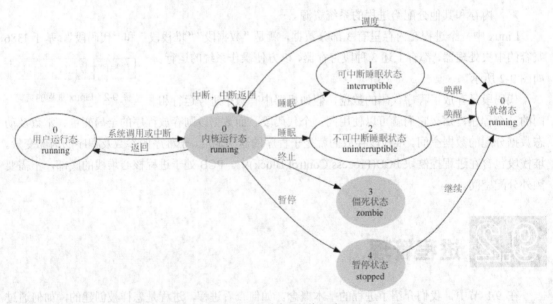

图 9-3　进程状态及转换关系

　　关于这张图的解释如下。

➢　运行状态(TASK_RUNNING)。当进程正在被 CPU 执行，或已经准备就绪随时可由调度程序执行，则称该进程为处于运行状态(running)。若此时进程没有被 CPU 执行，则称其处于就绪运行状态。见图 9-3 中 3 个标号为 0 的状态。进程可以在内核态运行，也可以在用户态运行。当一个进程在内核代码中运行时，我们称其处于内核运行态，或简称为内核态；当一个进程正在执行用户自己的代码时，我们称其处于用户运行态或简称用户态。当系统资源已经可用时，进程就被唤醒而进入准备运行状态，该状态称为就绪态。这些状态(图 9-3 中中间一列)在内核中表示方法相同，都处于 TASK_RUNNING 状态。当一个新进程刚被创建出后就处于本状态中(最下一个 0 处)。

➢ 可中断睡眠状态(TASK_INTERRUPTIBLE)。当进程处于可中断睡眠(等待)状态时，系统不会调度该进程执行。当系统产生中断或者释放了进程正在等待的资源，或者进程收到信号，都可以唤醒进程转换到就绪状态(即可运行状态)。

➢ 不可中断睡眠状态(TASK_UNINTERRUPTIBLE)。除了不会因为收到信号而被唤醒，该状态与可中断睡眠状态类似。但处于该状态的进程只有被使用 wake_up()函数明确唤醒时才能转换到可运行的就绪状态。该状态通常在进程需要不受干扰地等待或者所等待事件会很快发生时使用。

➢ 暂停状态(TASK_STOPPED)。当进程收到信号 SIGSTOP、SIGTSTP、SIGTTIN 或 SIGTTOU 时就会进入暂停状态。可向其发送 SIGCONT 信号让进程转换到可运行状态。进程在调试期间接收到任何信号均会进入该状态。在 Linux 0.12 中，还未实现对该状态的转换处理。处于该状态的进程将被作为进程终止来处理。

➢ 僵死状态(TASK_ZOMBIE)。当进程已停止运行，但其父进程还没有调用 wait()询问其状态时，则称该进程处于僵死状态。为了让父进程能够获取其停止运行的信息，此时子进程的任务数据结构信息还需要保留着。一旦父进程调用 wait()取得了子进程的信息，则处于该状态进程的任务数据结构就会被释放。

当一个进程的运行时间片用完，系统就会使用调度程序强制切换到其他的进程去执行。另外，如果进程在内核态执行时需要等待系统的某个资源，此时该进程就会调用 sleep_on()或 interruptible_sleep_on()自愿地放弃 CPU 的使用权，而让调度程序去执行其他进程。进程则进入睡眠状态(TASK_UNINTERRUPTIBLE 或 TASK_INTERRUPTIBLE)。

只有当进程从"内核运行态"转移到"睡眠状态"时，内核才会进行进程切换操作。在内核态下运行的进程不能被其他进程抢占，而且一个进程不能改变另一个进程的状态。为了避免进程切换时造成内核数据错误，内核在执行临界区代码时会禁止一切中断。

9.2.2　Shell 命令的执行

Shell 命令分成内置命令和外部命令。

内置命令（builtin command）是 Shell 解释程序内建的，由 Shell 直接执行，不需要派生新的进程。有一些内部命令可以用来改变当前的 Shell 环境。

常见的内部命令有：.（点命令）、bg、cd、continue、echo、exec、exit、export、fg、jobs、pwd、read、return、set、shift、test、times、trap、umask、unset 和 wait。

外部命令（external command）有两种，分别为二进制代码和 Shell 脚本（script）。

对于外部命令，Shell 会创建一个新的进程来执行命令。当命令的进程运行时，默认 Shell 将等待直到该进程结束。

常见的外部命令有：grep、more、cat、mkdir、rmdir、ls、sort、ftp、telnet、ssh、ps 等。

在 9.1 节中，我们介绍过 UNIX/Linux 能通过 fork()调用来创建一个新的进程，fork 会创建原有进程的贮存的精确复制。从"fork"后面的语句开始，两个进程继续运行。如图 9-4 所示。

调用 fork 的进程是父进程，而由 fork 创建的进程是子进程。在这里，一个父进程通过 fork 创造了一个和它一模一样的子进程。

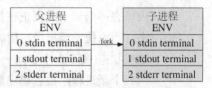

图 9-4　通过 fork 调用创建新的进程

为了执行外部的二进制命令，需要一种机制以允许子进程转换为将要被执行的命令。UNIX/Linux 调用 exec 可以做到这些。它允许一个进程用其他命令的可执行代码覆盖自己。二进制代码需要由磁盘装入内存执行。Shell 解释程序会调用 fork 自身的复制，然后用 exec 系列函数来执行外部命令，最后外部命令就取代了先前 fork 的子 Shell。

Shell 脚本的执行与二进制文件略有不同。对于 Shell 脚本（script）来说，Shell 解释程序会 fork 一个子 Shell 进程，子 Shell 进程会检查脚本的第一行（如，#!/bin/sh），找到用来执行脚本的解释程序，然后装入这个解释程序，由它解释执行脚本程序。解释程序可能有很多种，如 Shell(Bourne Shell，Korn Shell cShell，rc 及其变体 ash，dash，bash，zShell，pdksh，tcsh，es...)，awk，tcl/tk，expect，perl，python，等等。在此，解释程序显然是当前 Shell 的子进程。如果这个解释程序与当前使用的 Shell 是同一种 Shell，例如，都是 bash，那么它就是当前 Shell 的子 Shell，脚本中的命令都是在子 Shell 环境中执行的，不会影响当前 Shell 的环境。

图 9-5 用一个执行 grep 的例子来表现二进制进程和的实现。

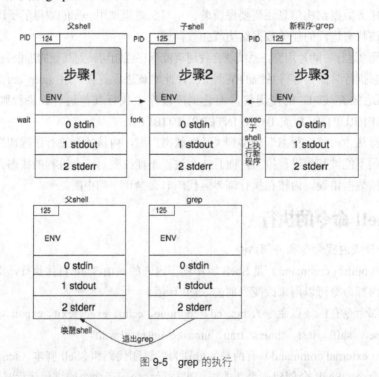

图 9-5　grep 的执行

图 9-5 的解释如下。

（1）父 Shell 通过系统调用 fork 创建自己的一个副本。这个副本称为子 Shell。

（2）子 Shell 有一个新的 PID，是父进程的副本。它将和父进程共享 CPU。

（3）内核把 grep 程序载入内存，并且执行（exec）它，替换掉子 Shell。grep 程序继承了子 Shell 的已打开文件和工作环境。

（4）grep 程序退出，内核负责清理工作，父进程被唤醒。

9.2.3　进程与任务调度

对于 Linux Shell 来说，输入需要运行的程序的程序名，执行一个程序，其实也就是启动了一个进程。在 Linux 系统中，每个进程都具有一个进程号（PID），用于系统识别和调度进程。启动一个进程主要有两个途径：手工启动和调度启动。后者是事先进行设置，根据用户要求自行启动。由用户输入命令，直接启动一个进程便是手工启动进程。手工启动进程又可以分为两种：前台启动和后台启动。

1．前台启动

前台启动是手工启动一个进程的最常用的方式。用户键入一个命令"df"，就已经启动了一个进程，而且是一个前台的进程。这时候系统其实已经处于多进程状态。有许多运行在后台的进程，系统启动时就已经自动启动并悄悄运行着。有的用户在键入"df"命令以后赶紧使用"ps-x"查看，却没有看到 df 进程，会觉得很奇怪。其实这是因为 df 这个进程结束太快，使用 ps 查看时该进程已经执行结束了。如果启动一个比较耗时的进程，例如，在根命令下运行 find，然后使用 ps aux 查看，就会看到在里面有一个 find 进程。执行前台进程的格式如下：

```
command
```

对于从前台启动的程序，Shell 会等待进程执行完毕，然后再会出现命令行提示符，让你输入下一个命令。在这整个执行过程中，Shell 进程（父进程）等待前台启动的进程（子进程）执行完毕，并返回执行结果，然后父进程才会继续运行，如图 9-6 所示。

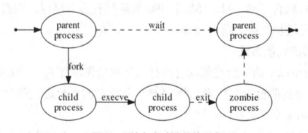

图 9-6　前台启动进程的示意

2．后台启动

直接从后台手工启动一个进程用得比较少一些，除非是该进程甚为耗时，且用户也不急着需要结果。假设用户要启动一个需要长时间运行的格式化文本文件的进程。为了不使整个 Shell 在格式化过程中都处于"瘫痪"状态，从后台启动这个进程是明智的选择。

在 Shell 中，启动后台进程的方法是直接在命令的末尾增加一个&符号。这个&符号会告诉 Shell 你将要执行一个后台进程，这样进程运行后 Shell 就直接返回。如下所示：

```
command &
```

对于从后台启动的程序，Shell 并不等待进程的执行完毕。在 Shell 进程启动子进程来运行后台进程后，Shell 进程继续运行。若此时后台进程尚未运行结束，你可以在 top 命令中看到它，如图 9-7 所示。

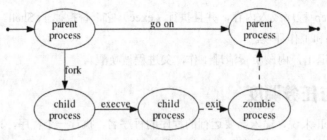

图 9-7　后台启动进程的示意

3. 前后台进程调度

前台进程和后台进程的启动方式不同，对它们的调度方式也有差异。

当需要中断一个前台进程的时候，通常使用"Ctrl+C"组合键。

但是对于一个后台进程，就不是一个组合键所能解决的了，这时就必须使用 kill 命令。该命令可以终止后台进程。至于终止后台进程的原因很多，或许是该进程占用的 CPU 时间过多；或许是该进程已经挂死。这种情况是经常发生的。kill 命令的工作原理是向 Linux 系统的内核发送一个系统操作信号和某个程序的进程标识号，然后系统内核就可以对进程标识号指定的进程进行操作。

前台进程和后台进程可以相互转换，换句话说，我们可以将一个前台进程转变成后台进程，反之亦然。

前台进程转后台进程的操作方法是在前台进程运行中，按"Ctrl+Z"组合键，这个组合键会将当前进程挂起。当进程被挂起时，就相当于暂停了进程的运行。此时 Shell 再次出现命令提示符，提示输入命令。输入 bg 命令，刚刚被挂起的进程再次开始运行，不同的是，它由前台转到了后台运行，不影响你继续使用终端。

后台转前台的方式稍有不同。对于 Shell 中如果运行着后台进程，则直接在 Shell 中输入 fg 命令，就会立即将后台进程转换为前台进程。

4. 多个后台进程的调度方法

有时 Shell 中有两个以上的后台进程同时运行。此时当你运行 fg 命令的时候，Shell 如何知道应该把哪个后台进程带到前台呢？或者当你想把一个特定的后台进程带到前台，你应该怎么做呢？此时就需要用到 jobs 命令。

jobs 命令显示当前 Shell 被挂起的进程和后台进程的状况。下面我们来看一个例子。

例 9.5　jobs 命令的演示

```
alloy@ubuntu:~/LinuxShell/ch9$ jobs                    # 注释 1
[1] - suspended  sleep 101
[2]   running    sleep 102
[3]   running    sleep 103
[4] + suspended  sleep 104
alloy@ubuntu:~/LinuxShell/ch9$ jobs-l                  # 注释 2
[1] - 17888 suspended  sleep 101
[2]   17891 running    sleep 102
[3]   17896 running    sleep 103
[4] + 17905 suspended  sleep 104
alloy@ubuntu:~/LinuxShell/ch9$ bg                      # 注释 3
[4] - continued  sleep 104
alloy@ubuntu:~/LinuxShell/ch9$ jobs                    # 注释 4
[1] + suspended  sleep 101
[2]   running    sleep 102
```

```
[3]    running    sleep 103
[4] - running    sleep 104
alloy@ubuntu:~/LinuxShell/ch9$ bg %1                                    # 注释 5
[1]    continued  sleep 101
alloy@ubuntu:~/LinuxShell/ch9$ jobs                                     # 注释 6
[1]    running    sleep 101
[2]    running    sleep 102
[3] - running    sleep 103
[4] + running    sleep 104
alloy@ubuntu:~/LinuxShell/ch9$
```

　　如果系统中有多个后台进程，那么 Shell 会标识当前进程和前一个进程。fg 命令会将当前进程带到前台，而 bg 命令会把当前进程恢复到后台执行。jobs 命令就是用来判断所有被挂起（停止）的进程、后台进程的作业号以及哪一个是当前进程。

　　例 9.5 的解释如下。

　　注释 1：jobs 命令可以查看当前所有的后台进程和被挂起（停止）的进程。jobs 命令的输出分成四列，分别是"任务编号""当前进程""进程状态""命令内容"。在这里，有两个任务被挂起（快捷键为"Ctrl+Z"），编号分别是 1 和 4。两个进程正在后台运行，编号是 2 和 3。在"当前进程"一栏中，+标示该进程为当前进程，此处编号为 4，-标示该进程为前一个进程，此处编号为 1。

　　注释 2：jobs 可以添加参数。最常用的参数是-l。此参数可以显示任务的 PID。

　　注释 3：bg 命令将当前作业带入后台。对于当前被挂起的进程，运行 bg 后，就被转到后台继续执行。

　　注释 4：jobs 命令查看在运行了 bg 后任务的状况。上面的当前进程 4 已经被恢复到后台继续运行。比较第一条命令和第四条命令的执行结果，第四个作业任务的运行状态由 suspended 转变成了 running。此外，第一条命令中当前进程是 4，前一个进程是 1，现在刚好反之。

　　注释 5：bg 命令如果带参数的话，可以将指定进程带往后台。参数的格式是%N。N 是作业号。bg 可以一次将多个进程带往后台，只要在命令后面跟随多个参数。

　　注释 6：再来看一下 jobs，此时多个进程的状态都是 running。

　　ok，我们来看下 jobs，fg，bg 命令的 manpage。

　　下面是 jobs 命令的 manpage。

---

jobs

用途：

显示当前会话的作业状态。

语法：

```
jobs [ -l | -n | -p ] [ JobID ... ]
```

描述：

　　jobs 命令显示了当前 Shell 环境中已启动的作业状态。如果 JobID 参数没有指定特定作业，就显示所有的活动的作业的状态信息。如果报告了一个作业的终止，Shell 从当前的 Shell 环境已知的列表中删除作业的进程标识。

　　/usr/bin/jobs 命令在自己的命令执行环境下执行就不会工作，因为此环境没有适用的作业来处理。基于这个原因，jobs 命令实现为一个 Korn Shell 或 POSIX Shell 的常规内建命令。

　　如果指定了-p 标志，对于每一个进程标识，输出构成一行。如果没有指定标志，标准输出为带以下字段的几行：

---

job-number 指出进程组号，以和 wait、fg、bg 和 kill 命令一起使用。当和这些命令一起使用时，在作业号前面加上一个 "%"（百分号）标志。

current 一个 "+"（加号）标识了将被 fg 或 bg 命令作为默认值使用的作业。这个作业标识也能够使用 %+（百分号、加号）或 %%（双百分号）来指定。

如果当前默认作业退出，就用一个 "−"（减号）标志来标识将要成为默认的作业。这个作业标识也可以用 %−（百分号、减号）来指定。

对于其他的作业，current 字段是一个空格字符。仅一个作业能够用 "+" 来标识，并且仅一个作业能够用一个 "−" 来标识。如果有一个单一挂起作业，它就成为当前作业。如果存在至少两个挂起的作业，那么前面的作业被挂起。

State 显示以下值之一（在 POSIX 的语言环境下）：

Running 表示此作业没有被信号挂起并没有退出。

Done 表示此作业已经完成并返回退出状态 0。

Done (code) 表示此作业已经正常完成和退出并返回指定的非零退出状态代码。这个代码用一个十进制数来表示。

Stopped 表示此作业已经挂起。

Stopped (SIGTSTP) 表示 SIGTSTP 信号挂起作业。

Stopped (SIGSTOP) 表示 SIGSTOP 信号挂起作业。

Stopped (SIGTTIN) 表示 SIGTTIN 信号挂起作业。

Stopped (SIGTTOU) 表示 SIGTTOU 信号挂起作业。

Command 此任务所执行的命令。

此外，如果 jobs 命令指定了 -l 标志，输出就会把一包含进程组标识的字段插入到 state 字段之前。

标志：

-l （小写 L）提供了更多的关于列出的每一个作业的信息。此信息包括了作业号、当前作业、进程组标识、状态和启动作业的命令。

-n 显示自从最后一次通知后停止或退出的作业。

-p 显示了所选定的作业的进程组引导符的进程标识。

在默认情况下，jobs 命令显示了所有已停止作业的状态、所有的在后台正在运行的作业和那些状态已经更改但没有被 Shell 报告的作业。

退出状态：

命令可能返回下面的退出值，分别表示不同含义：0 命令成功完成；>0 发生一个错误。

下面是 fg 命令的 manpage。

fg

用途：

在前台运行作业。

语法：

```
fg [JobID]
```

描述：

fg 命令移动当前环境中的后台作业到前台来。使用 JobID 参数来指明在前台下要运行的特定作业。如果此参数没有提供，fg 命令使用最近在后台被暂挂的作业，或者作为后台作业运行。

JobID 参数可以是进程的标识号，或者可以使用如下的符号组合：

%Number　通过作业编号引用作业。

%String　引用名称以特定字符串开头的作业。

%?String　引用名称中包含特定字符串的作业。

%+ OR %%　引用当前作业。%-引用前一个作业。

使用 fg 命令把作业放到前台将导致从列表中除去作业进程的标识符，此列表是那些当前外壳环境所知道的。

/usr/bin/fg 命令在它自己的命令执行环境下操作时不工作，因为此环境没有可使用的合适的作业。因为这个原因，fg 命令作为 Korn 或者 POSIX 外壳常规内置命令被执行。

退出状态：

命令可能返回下面的退出值，分别表示不同含义：0　成功结束；>0　发生错误。

如果禁用作业控制，fg 命令将出错退出，前台不放任何作业。

下面是 bg 命令的 manpage。

bg

用途：

在后台运行作业。

语法：

```
bg [ JobID ... ]
```

描述：

bg 命令通过将暂挂的作业作为后台作业运行来在当前环境中重新执行这些作业。如果指定的作业已经在后台运行，bg 命令不起作用并成功退出。如果未提供 JobID 参数，bg 命令会使用最近暂挂的作业。

JobID 参数可以是进程标识号，或者可以使用以下符号组合之一：

%Number　用作业号指代作业。

%String　指代以指定的字符串作为其名称的开头的作业。

%?String　指代其名称包含指定字符串的作业。

%+ OR %%　指代当前作业。

%-　指代前一个作业。

使用 bg 命令将作业放入后台，使该作业的进程标识在当前 Shell 环境中被知晓。bg 命令输出显示作业号和与该作业相关的命令。作业号可与 wait、fg 和 kill 命令一起使用，只要在作业号前加上%（百分号）前缀。例如，kill %3。

使用快捷键"Ctrl+Z"就可以暂挂作业。使用 bg 命令就可在后台重新启动该作业。当作业无需终端输入且作业输出被重定向至非终端文件时，这么做是有效的。如果后台作业具有终端输出，可输入以下命令强制停止该作业：

```
stty tostop
```

输入以下命令可停止后台作业：

```
kill-s stop JobID
```

/usr/bin/bg 命令在自己的命令执行环境中操作时无效，因为该环境没有可处理的暂挂作业。可以这样来使用：

```
command | xargs bg
```

每个 /usr/bin/bg 命令在不同环境中运行并且无法共享父 Shell 的作业理解。由于此原因，bg 命令作为 Korn Shell 或 POSIX Shell（经常是内置的）实行。

退出状态：

命令可能返回下面的退出值，分别表示不同含义：0 成功完成；>0 发生错误。

如果禁用作业控制，bg 命令会在发生错误的情况下退出，并且没有作业被放至后台。

9.3 信号

本节将讲解 Linux 中一个重要的概念：信号。信号与进程的状态转换息息相关。

9.3.1 信号的基本概念

为了理解信号，先从我们最熟悉的场景说起：

（1）用户输入命令，在 Shell 下启动一个前台进程；

（2）用户按快捷键 "Ctrl+C"，这个键盘输入将产生硬件中断；

（3）如果 CPU 当前正在执行这个进程的代码，则该进程的用户空间代码暂停执行，CPU 从用户态切换到内核态处理硬件中断；

（4）终端驱动程序将 "Ctrl+C" 组合键操作解释成一个 SIGINT 信号，记在该进程的 PCB 中（也可以说发送了一个 SIGINT 信号给该进程）；

（5）当某个时刻要从内核返回到该进程的用户空间代码继续执行之前，首先处理 PCB 中记录的信号，发现有一个 SIGINT 信号待处理，而这个信号的默认处理动作是终止进程，所以直接终止进程而不再返回它的用户空间代码执行。

NOTE:

快捷键 "Ctrl+C" 产生的信号只能发给前台进程。Shell 可以同时运行一个前台进程和任意多个后台进程，只有前台进程才能接到像快捷键 "Ctrl+C" 这种控制键产生的信号。前台进程在运行过程中用户随时可能按下快捷键 "Ctrl+C" 而产生一个信号，也就是说该进程的用户空间代码执行到任何地方都有可能收到 SIGINT 信号而终止，所以信号相对于进程的控制流程来说是异步(Asynchronous)的。

用 kill-l 命令可以查看系统定义的信号列表。

例 9.6 查看系统中支持的信号

```
alloy@ubuntu:~/LinuxShell/ch9$ kill-l                    # 显示所有系统支持的信号
 1) SIGHUP      2) SIGINT       3) SIGQUIT      4) SIGILL  5) SIGTRAP      6) SIGABRT
 7) SIGBUS      8) SIGFPE   9) SIGKILL     10) SIGUSR1     11) SIGSEGV    12) SIGUSR2    13)
SIGPIPE    14) SIGALRM    15) SIGTERM     16) SIGSTKFLT   17) SIGCHLD     18) SIGCONT    19)
SIGSTOP    20) SIGTSTP    21) SIGTTIN     22) SIGTTOU     23) SIGURG      24) SIGXCPU    25)
```

```
SIGXFSZ    26) SIGVTALRM  27) SIGPROF    28) SIGWINCH 29) SIGIO     30) SIGPWR     31)
SIGSYS     34) SIGRTMIN   35) SIGRTMIN+1 36) SIGRTMIN+2 37) SIGRTMIN+3 38) SIGRTMIN+4 ...
    alloy@ubuntu:~/LinuxShell/ch9$
```

在这里，每个信号都有一个编号和一个宏定义名称，这些宏定义可以在 signal.h 中找到、例如，其中有定义#define SIGINT 2。编号 34 以上的是实时信号，本章只讨论编号 34 以下的信号，不讨论实时信号。这些信号各自在什么条件下产生，默认的处理动作是什么，在 signal 的 manpage 中都有详细说明。下面见表 6-4 常见 signal 的含义。

表 9-4   常见 signal 的含义

名字	默认操作	描述
SIGHUP	终止进程	终端线路挂断
SIGINT	终止进程	中断进程
SIGQUIT	建立 CORE 文件终止进程，并且生成 CORE 文件	退出进程
SIGILL	建立 CORE 文件	非法指令
SIGTRAP	建立 CORE 文件	跟踪自陷
SIGFPE	建立 CORE 文件	浮点异常
SIGKILL	终止进程	杀死进程
SIGBUS	建立 CORE 文件	总线错误
SIGSEGV	建立 CORE 文件	段非法错误
SIGPIPE	终止进程	向一个没有读进程的管道写数据
SIGTERM	终止进程	软件终止信号
SIGURG	忽略信号	I/O 紧急信号
SIGSTOP	停止进程	非终端来的停止信号
SIGTSTP	停止进程	终端来的停止信号
SIGCONT	忽略信号	继续执行一个停止的进程
SIGCHLD	忽略信号	当子进程停止或退出时通知父进程
SIGTTIN	停止进程	后台进程读终端
SIGTTOU	停止进程	后台进程写终端
SIGIO	忽略信号	描述符上可以进行 I/O
SIGXFSZ	终止进程	文件长度过长
SIGVTALRM	终止进程	虚拟计时器到时
SIGPROF	终止进程	统计分布图用计时器到时
SIGWINCH	忽略信号	窗口大小发生变化
SIGUSR1	终止进程	用户定义信号 1
SIGUSR2	终止进程	用户定义信号 2
SIGALARM	终止进程	计时器到时
SIGIOT	建立 CORE 文件	执行 I/O 自陷
SIGXGPU	终止进程	CPU 时限超时

表 9-4 中第一列是各信号的宏定义名称，第二列是默认处理动作，第三列是信号描述。

下面是关于信号更详尽的解释。

SIGHUP   本信号在用户终端连接（正常或非正常）结束时发出，通常是在终端的控制进程结束时，通知同一 session 内的各个作业，这时它们与控制终端不再关联。

SIGINT   程序终止（interrupt）信号，在用户输入 INTR 字符（通常是快捷键"Ctrl+C"）时发出。

SIGQUIT   和 SIGINT 类似，但由 QUIT 字符（通常是 Ctrl-）来控制。进程在因收到 SIGQUIT 信号退出时会产生 core 文件，在这个意义上类似于一个程序错误信号。

SIGILL   执行了非法指令。通常是因为可执行文件本身出现错误，或者试图执行数据段。堆栈溢出时也有可能产生这个信号。

SIGTRAP   由断点指令或其他 trap 指令产生。由 debugger 使用。

SIGABRT   程序自己发现错误并调用 abort 时产生。

SIGIOT   在 PDP-11 上由 iot 指令产生，在其他机器上和 SIGABRT 一样。

SIGBUS   非法地址，包括内存地址对齐（alignment）出错。例如，访问一个四字长的整数，但其地址不是 4 的倍数。

SIGFPE   在发生致命的算术运算错误时发出。不仅包括浮点运算错误，还包括溢出及除数为 0 等其他所有的算术的错误。

SIGKILL   用来立即结束程序的运行。本信号不能被阻塞、处理和忽略。

SIGUSR1   留给用户使用。

SIGSEGV   试图访问未分配给自己的内存，或试图在没有写入权限的内存地址写入数据。

SIGUSR2   留给用户使用。

SIGPIPE   Broken pipe。

SIGALRM   时钟定时信号，计算的是实际的时间或时钟时间。Alarm 函数使用该信号。

SIGTERM   程序结束（terminate）信号，与 SIGKILL 不同的是该信号可以被阻塞和处理。通常用来要求程序自己正常退出。Shell 命令 kill 默认产生这个信号。

SIGCHLD   子进程结束时，父进程会收到这个信号。

SIGCONT   让一个停止（stopped）的进程继续执行。本信号不能被阻塞。可以用一个 handler 来让程序在由 stopped 状态变为继续执行时完成特定的工作。例如，重新显示提示符。

SIGSTOP   停止（stopped）进程的执行。注意它和 terminate 以及 interrupt 的区别：该进程还未结束，只是暂停执行。本信号不能被阻塞，处理或忽略。

SIGTSTP   停止进程的运行，但该信号可以被处理和忽略。用户输入 SUSP 字符时（通常是"Ctrl+Z"组合键）发出这个信号。

SIGTTIN   当后台作业要从用户终端读数据时，该作业中的所有进程会收到 SIGTTIN 信号。默认时这些进程会停止执行。

SIGTTOU   类似于 SIGTTIN，但在写终端（或修改终端模式）时收到。

SIGURG   有"紧急"数据或 out-of-band 数据到达 socket 时产生。

SIGXCPU   超过 CPU 时间资源限制。这个限制可以由 getrlimit/setrlimit 来读取、改变。

SIGXFSZ   超过文件大小资源限制。

SIGVTALRM   虚拟时钟信号。类似于 SIGALRM，但是计算的是该进程占用的 CPU 时间。

SIGPROF 类似于 SIGALRM/SIGVTALRM，但包括该进程用的 CPU 时间以及系统调用的时间。

SIGWINCH 窗口大小改变时发出信号。

SIGIO 文件描述符准备就绪，可以开始进行输入或输出操作。

SIGPWR Power failure。

产生信号的条件主要有以下几个方面。

（1）用户在终端按下某些键时，终端驱动程序会发送信号给前台进程，例如，快捷键"Ctrl+C"产生 S IGINT 信号，快捷键"Ctrl+\"产生 SIGQUIT 信号，快捷键"Ctrl+Z"产生 SIGTSTP 信号（可使前台进程停止）。

（2）硬件异常产生信号，这些条件由硬件检测到并通知内核，然后内核向当前进程发送适当的信号。例如，当前进程执行了除以 0 的指令，CPU 的运算单元会产生异常，内核将这个异常解释为 SIGFPE 信号发送给进程；当前进程访问了非法内存地址，MMU 会产生异常，内核将这个异常解释为 SIGSEGV 信号发送给进程。

（3）一个进程调用 kill(2)函数可以发送信号给另一个进程。

（4）可以用 kill(1)命令发送信号给某个进程，kill(1)命令也是调用 kill(2)函数实现的，如果不明确指定信号则发送 SIGTERM 信号，该信号的默认处理动作是终止进程。

（5）当内核检测到某种软件条件发生时也可以通过信号通知进程，例如，闹钟超时产生 SIGALRM 信号，向读端已关闭的管道写数据时产生 SIGPIPE 信号。

如果不想按默认动作处理信号，用户程序可以调用 sigaction(2)函数告诉内核如何处理某种信号。可选的处理动作有以下 3 种。

➤ 忽略此信号。

➤ 执行该信号的默认处理动作。

➤ 提供一个信号处理函数，要求内核在处理该信号时切换到用户态执行这个处理函数，这种方式称为捕捉(Catch)信号。

9.3.2 产生信号

在 9.3.1 小节中，我们提到，Linux 系统中运行的进程可以接收信号，默认情况下会有相应的行为与信号对应。如果不愿意按照默认动作处理信号，则进程能够按照自己的意愿对信号做相应处理。

那么，Linux 系统中是如何产生信号呢？如何向某个特定进程发送信号？一般有两种方法：通过终端按键产生信号和通过系统调用产生信号。

1．通过终端按键产生信号

当用户在终端按下特定组合键时，终端将向前台进程发送信号。这种方式只对前台进程有效。常见的组合键有以下几种，如表 9-5 所示。

表 9-5　　　　　　　　　　产生信号的组合键

组合键	产生信号
Ctrl+C	SIGINT
Ctrl+\	SIGQUIT
Ctrl+Z	SIGTSTP

当我们按下这些组合键时，Shell 就会向前台进程发送一个信号，前台进程捕获这些信号后就会执行相应的动作。

我们常常按"Ctrl+Z"组合键来挂起进程，按"Ctrl+C"组合键来中断进程，按"Ctrl+\"组合键来杀死进程。

2. 通过系统调用产生信号

我们在前面说通过终端可以产生信号，但是这种方法有局限性：一是只能产生少数几种信号；二是只能对前台进程发送信号。如果要对后台进程发送信号，必须用 bg 命令将之带到前台来，然后再发信号。但是如果进程是系统守护进程，这种方式就无能为力了。

为了解决这种局限性，在此处我们要介绍 Shell 中一个重要的工具：kill。kill 命令被设计用来向指定进程发送信号，它的名字设计得不够合理（听起来像是杀死进程的命令）。但是它被设计成可以向任何进程发送任何信号，只要你有足够的权限。

我们来看一组 kill 命令的实例。

例 9.7　使用 kill 命令

```
alloy@ubuntu:~/LinuxShell/ch9$ jobs-l                          # 注释 1
[1]  23896 Running              sleep 1000 &
[2]- 23904 Running              sleep 1001 &
[3]+ 23905 Running              sleep 1002 &
alloy@ubuntu:~/LinuxShell/ch9$ kill-SIGTSTP 23904              # 注释 2
[2]+  Stopped                   sleep 1001
alloy@ubuntu:~/LinuxShell/ch9$ jobs-l                          # 注释 3
[1]  23896 Running              sleep 1000 &
[2]+ 23904 Suspended            sleep 1001
[3]- 23905 Running              sleep 1002 &
alloy@ubuntu:~/LinuxShell/ch9$ kill-SIGINT 23896              # 注释 4
alloy@ubuntu:~/LinuxShell/ch9$ jobs-l                          # 注释 5
[1]  23896 Interrupt            sleep 1000
[2]+ 23904 Suspended            sleep 1001
[3]- 23905 Running              sleep 1002 &
alloy@ubuntu:~/LinuxShell/ch9$ jobs-l                          # 注释 6
[2]+ 23904 Suspended            sleep 1001
[3]- 23905 Running              sleep 1002 &
alloy@ubuntu:~/LinuxShell/ch9$ kill-SIGQUIT 23905             # 注释 7
alloy@ubuntu:~/LinuxShell/ch9$ jobs-l                          # 注释 8
[2]+ 23904 Suspended            sleep 1001
[3]- 23905 Quit                 sleep 1002
alloy@ubuntu:~/LinuxShell/ch9$ jobs-l                          # 注释 9
[2]+ 23904 Suspended            sleep 1001
alloy@ubuntu:~/LinuxShell/ch9$
```

例 9.7 的注释如下。

注释 1：查看当前后台进程。当前共有 3 个后台进程，并且都处于 running 状态。

注释 2：向 PID 为 23904 的进程发送 SIGTSTP 信号。这个信号标示着挂起进程，和按"Ctrl+Z"组合键产生的信号是一样的。

注释 3：此时查看后台进程列表。发现 23904 进程的状态由 running 转到了 suspended。

注释 4：向 PID 为 23896 的进程发送 SIGINT 信号。这个信号是中断进程的信号，相当于按"Ctrl+C"组合键产生的信号一样。

注释 5：通过查看进程状态，发现 PID 为 23896 的进程的状态由 running 变成了 interrupt，interrupt 是临时状态。

注释 6：当你再次使用 jobs-l 参数来查看当前后台进程时，发现 PID 为 23896 的进程已经消亡了。

注释 7：向 PID 为 23905 的进程发送 SIGQUIT 信号。这种信号和在键盘上按组合键 "Ctrl+\" 产生的信号是一样的。将终止进程。

注释 8：查看后台进程，发现 PID 为 23905 的进程的状态已经变成了 Quit。这也是个临时状态。

注释 9：再次查看后台进程，此时只留下一个进程了。

除了产生信号，kill 命令还能这样用，如例 9.8 所示。

例 9.8 强制杀死进程

```
alloy@ubuntu:~/LinuxShell/ch9$ jobs-l
[1]  + 24272 running    sleep 1000
alloy@ubuntu:~/LinuxShell/ch9$ kill-9 24272        # 向 PID 为 24272 的进程发出信号
[1]  + killed     sleep 1000
alloy@ubuntu:~/LinuxShell/ch9$ jobs-l
alloy@ubuntu:~/LinuxShell/ch9$
```

在这个例子中，kill 使用了一个参数 9。如果查询 signal 的 manpage 就会发现，编号为 9 的信号对应于 SIGKILL。这个信号会强制杀死进程，即使这个进程是僵尸进程或者处于资源等待状态。实际上，这条命令还被常用于那种抢占资源（CPU、内存）等过于凶猛的进程，这些进程有时赖着不走，无法正常结束。

9.4 Linux 的第一个进程 init

我们来说说 Linux 的开机过程。init 是 Linux 系统执行的第一个进程，进程 ID 为 1，是系统所有进程的起点，主要用来执行一些开机初始化脚本和监视进程。Linux 系统在完成内核引导以后就开始运行 init 程序，init 程序需要读取配置文件/etc/inittab。inittab 是一个不可执行的文本文件，它由若干行命令组成。在 RHEL4 系统中（在 Ubuntu 中不存在 inittab 文件，但是该文件在许多 Linux 发行版中都在使用，故在此进行简要介绍），inittab 配置文件的内容如下所示。

```
#
# inittab      This file describes how the INIT process should set up
#              the system in a certain run-level.
#
# Author:      Miquel van Smoorenburg,
#              Modified for RHS Linux by Marc Ewing and Donnie Barnes
#
# Default runlevel. The runlevels used by RHS are:
#   0- halt (Do NOT set initdefault to this)
#   1- Single user mode
#   2- Multiuser, without NFS (The same as 3, if you do not have networking)
#   3- Full multiuser mode
#   4- unused
#   5- X11
#   6- reboot (Do NOT set initdefault to this)
#
# 表示当前默认运行级别为 5，启动系统进入图形化界面
id:5:initdefault:
# 启动时自动执行/etc/rc.d/rc.sysinit 脚本
# System initialization.
si::sysinit:/etc/rc.d/rc.sysinit
l0:0:wait:/etc/rc.d/rc 0
```

```
l1:1:wait:/etc/rc.d/rc 1
l2:2:wait:/etc/rc.d/rc 2
l3:3:wait:/etc/rc.d/rc 3
l4:4:wait:/etc/rc.d/rc 4
# 当运行级别为 5 时，以 5 为参数运行/etc/rc.d/rc 脚本，init 将等待其返回
l5:5:wait:/etc/rc.d/rc 5
l6:6:wait:/etc/rc.d/rc 6
# 在启动过程中允许按 "Ctrl+Alt+Delete" 组合键重启系统
# Trap CTRL-ALT-DELETE
ca::ctrlaltdel:/sbin/shutdown-t3-r now
# When our UPS tells us power has failed, assume we have a few minutes
# of power left. Schedule a shutdown for 2 minutes from now.
# This does, of course, assume you have powerd installed and your
# UPS connected and working correctly.
pf::powerfail:/sbin/shutdown-f-h +2 "Power Failure; System Shutting Down"
# If power was restored before the shutdown kicked in, cancel it.
pr:12345:powerokwait:/sbin/shutdown-c "Power Restored; Shutdown Cancelled"
# 在运行级别 2、3、4、5 上以 ttyX 为参数执行/sbin/mingetty 程序，打开 ttyX 终端用于用户登录，如果进
程退出则再次运行 mingetty 程序
# Run gettys in standard runlevels
1:2345:respawn:/sbin/mingetty tty1
2:2345:respawn:/sbin/mingetty tty2
3:2345:respawn:/sbin/mingetty tty3
4:2345:respawn:/sbin/mingetty tty4
5:2345:respawn:/sbin/mingetty tty5

# 在级别 5 上运行 xdm 程序，提供 xdm 图形方式登录界面，并在退出时重新执行
# Run xdm in runlevel 5
x:5:respawn:/etc/X11/prefdm-nodaemon
```

inittab 配置文件每行的基本格式如下。

id:runlevels:action:process

其中，某些部分可以为空，下面我们逐一介绍。

Id 1~2 个字符，配置行的唯一标识，在配置文件中不能重复。

runlevels 配置行适用的运行级别，在这里可填入多个运行级别，例如，12345 或者 35 等。

Linux 有以下 7 个运行级别。

➤ L 0：关机。

➤ L 1：单用户字符界面。

➤ L 2：不具备网络文件系统(NFS)功能的多用户字符界面。

➤ L 3：具有网络功能的多用户字符界面。

➤ L 4：保留不用。

➤ L 5：具有网络功能的图形用户界面。

➤ L 6：重新启动系统。

action init 有如下几种行为，如表 9-6 所示。

表 9-6　　　　　　　　　　　　　　　　　　　init 行为

行为	描述
respawn	启动并监视第 4 项指定的 process，若 process 终止则重启它
wait	执行第 4 项指定的 process，并等待它执行完毕
once	执行第 4 项指定的 process
boot	不论在哪个执行等级，系统启动时都会运行第 4 项指定的 process

续表

行为	描述
bootwait	不论在哪个执行等级，系统启动时都会运行第 4 项指定的 process，且一直等它执行完备
off	关闭任何动作，相当于忽略该配置行
ondemand	进入 ondemand 执行等级时，执行第 4 项指定的 process
initdefault	系统启动后进入的执行等级，该行不需要指定 process
sysinit	不论在哪个执行等级，系统会在执行 boot 及 bootwait 之前执行第 4 项指定的 process
powerwait	当系统的供电不足时执行第 4 项指定的 process，且一直等它执行完毕
powerokwait	当系统的供电恢复正常时执行第 4 项指定的 process，且一直等它执行完毕
powerfailnow	当系统的供电严重不足时执行第 4 项指定的 process
ctrlaltdel	当用户按【Ctrl+Alt+Del】组合键时执行的操作
kbrequest	当用户按下特殊的组合键时执行第 4 项指定的 process，此组合键需在 keymaps 文件定义

process

process 为 init 执行的进程，这些进程都保存在目录/etc/rc.d/rcX 中，其中的 X 代表运行级别，rc 程序接收 X 参数，然后运行/etc/rc.d/rc.X 下面的程序。使用如下命令可以查看/etc/rc.d 目录内容。

例 9.9　查看系统 rc 文件夹（在 Ubuntu 中同样不存在/etc/rc.d 文件夹，但是在其他许多发行版中都有这个文件夹）

```
alloy@ubuntu:~/LinuxShell/ch9$ ls-l /etc/rc.d/
总用量 112
drwxr-xr-x 2 root root 4096 3 月 15 14:44 init.d
-rwxr-xr-x 1 root root 2352 2008-03-17 rc
drwxr-xr-x 2 root root 4096 3 月 15 17:42 rc0.d
drwxr-xr-x 2 root root 4096 3 月 15 17:42 rc1.d
drwxr-xr-x 2 root root 4096 3 月 15 17:42 rc2.d
drwxr-xr-x 2 root root 4096 3 月 15 17:42 rc3.d
drwxr-xr-x 2 root root 4096 3 月 15 17:42 rc4.d
drwxr-xr-x 2 root root 4096 3 月 15 17:42 rc5.d
drwxr-xr-x 2 root root 4096 3 月 15 17:42 rc6.d
-rwxr-xr-x 1 root root  220 2008-06-24 rc.local
-rwxr-xr-x 1 root root 27411 2008-08-03 rc.sysinit
alloy@ubuntu:~/LinuxShell/ch9$
```

使用如下命令查看/etc/rc.d/rc5.d 的内容。

```
alloy@ubuntu:~/LinuxShell/ch9$ ls-l /etc/rc.d/rc5.d
总用量 432
lrwxrwxrwx 1 root root 21 4 月 29 15:11 K01tog-pegasus-> ../init.d/tog-pegasus
lrwxrwxrwx 1 root root 24 4 月 29 14:20 K02NetworkManager-> ../init.d/NetworkManager
lrwxrwxrwx 1 root root 17 4 月 29 15:29 K02oddjobd-> ../init.d/oddjobd
lrwxrwxrwx 1 root root 14 4 月 29 15:31 K05innd-> ../init.d/innd
lrwxrwxrwx 1 root root 19 4 月 29 14:17 K05saslauthd-> ../init.d/saslauthd
lrwxrwxrwx 1 root root 19 4 月 29 14:21 K10dc_server-> ../init.d/dc_server
lrwxrwxrwx 1 root root 16 4 月 29 14:21 S09pcmcia-> ../init.d/pcmcia
lrwxrwxrwx 1 root root 17 4 月 29 14:17 S10network-> ../init.d/network
lrwxrwxrwx 1 root root 16 4 月 29 14:17 S12syslog-> ../init.d/syslog
......
alloy@ubuntu:~/LinuxShell/ch9$
```

这些文件都是符号链接，以 S 打头的标识启动该程序，而以 K 打头的标识终止该程序。后面的数字标识执行顺序，越小越先执行，剩下的标识程序名。系统启动或者切换到该运行级别时会执行以 S 打头的程序，系统切换到该运行级别时会执行以 K 打头的程序。

这个目录下的程序可通过 chkconfig 程序进行管理，当然这个目录下的程序需要符合一定规范，如果了解 Shell 编程，可以查看这些符号链接所指向程序的源代码。

init 也是一个进程，和普通的进程具有一样的属性。例如，修改了/etc/inittab，想让修改马上生效，可通过运行 "kill-SIGHUP 1" 来实现，也可通过运行 "init q" 来实现。

9.5 案例分析：Linux 系统中管道的实现

在前面的章节里，我们曾经提到管道在 UNIX/Linux 系统中的地位。管道是 UNIX/Linux 系统中连接不同工具的纽带。支持管道的程序被称为过滤器，数据流从过滤器的标准输入流入，经过处理后，输出，通过管道流入下一个过滤器。利用管道，我们能用简单的工具搭建起复杂的应用。

那么，在 UNIX/Linux 下，这种神奇的管道是怎么实现的呢？这是我们本节将要讲解的知识。

在此之前，我们提到管道可以连接不同的程序。我们拿最简单的程序来举例说明，如例 9.10 所示。

例 9.10　使用管道

```
alloy@ubuntu:~/LinuxShell/ch9$ ls |wc
      5       5      78
alloy@ubuntu:~/LinuxShell/ch9$
```

在这个程序中，我们使用管道来连接两个外部命令程序：ls 和 wc。为了理解管道的运作方法，我们来看一段 C 代码[①]。

例 9.11　管道的 C 代码举例

```
#include <unistd.h>

int fd[2];
void run_ls()
{
    dup2(fd[1],1);
    close(fd[0]);
    close(fd[1]);
    execve("/bin/ls",NULL,NULL);
}
void run_wc()
{
    dup2(fd[0],0);
    close(fd[0]);
    close(fd[1]);
    execve("/usr/bin/wc",NULL,NULL);
}
int main()
{
    pipe(fd);                      # 创建管道
if(fork()==0)                      # 这是子进程
        run_ls();
    else
        run_wc();                  # 这是父进程
    return 0;
}
```

[①] 关于 C 代码中部分函数调用的含义，请参见 *The Art of Unix Programming*。

这个程序的执行结果等效于 ls|wc，从代码上可以看出，主程序调用 pipe 来创建一个管道，如图 9-8 所示。

对 fd[1]进行写入操作时会把数据写入内核中的 pipe 对应的 buffer 中，而对 fd[0]进行读取操作时，就是从 pipe 的 buf 中读取数据，这样就把 fd[0]和 fd[1]连接成一个"管道"。

继续看 main 函数中的代码，fork 调用创建出子进程，子进程会继承父进程的文件描述符表，创建子进程后管道的状态如图 9-9 所示。

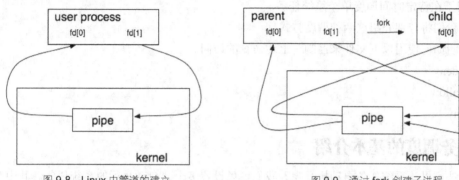

图 9-8 Linux 中管道的建立   图 9-9 通过 fork 创建子进程

两个进程中的 fd[0]、fd[1]的值是相同的，它们所指向的内核中的表示文件的结构体也是相同的。先不看 dup2 调用，在子进程关闭 fd[1]，父进程关闭 fd[0]后，状态如图 9-10 所示。

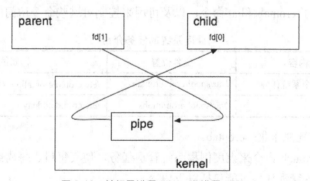

图 9-10 关闭子进程 fd[1]、父进程 fd[0]

这样在子进程和父进程之间就建立起一个管道，子进程向 fd[1]写入的数据，父进程可以通过 fd[0]读取。再看 dup2 调用，父进程中又把标准输入对应的文件结构体复制成了 fd[0]对应的，子进程中把标准输出对应的文件结构体复制成了 fd[1]对应的，这个结构体中包含了对文件的操作函数。这样子进程中写 0 号文件描述符的数据实际就会写到内核中的 pipe 的 buf 中，而父进程从 1 这个文件描述符对应的文件读取数据，现在 1 已经不再指向标准输出，而是指向了 pipe 的 buf。

虽然这个例子很简单，但已经可以说明 bash 中管道的原理。从上面的分析我们可以看出，Linux 中创建进程是从父进程"fork"出来，然后再 execve，而不是在创建时就指定它要运行的函数，完成独立地创建，这样天然的进程的继承关系，为管道的实现提供了很大的方便，因为管道的实现利用了子进程继承父进程的文件描述符表这一特性。

9.6 调试系统任务

本节介绍如何使用 crontab 和 at 命令来调度例程或单个（一次）系统任务。在 UNIX/Linux 中，调度任务的方式很多，其中主要有通过 cron 和 at 两种方式。cron 是用于调度重复性系统任务，而 at 是用于在特定时间调度单个系统任务。

接下来，我们将分别介绍这两种调度方式。

本节还说明如何使用以下文件来控制对上述命令的访问。

➢ cron.deny

➢ cron.allow

➢ at.deny

9.6.1 任务调度的基本介绍

有什么方法可以让系统任务自动执行呢？我们可以设置多个要自动执行的系统任务。其中有些任务应该以固定间隔进行。其他任务只需运行一次，可能是在晚间或周末等非高峰时间。

本节包含有关 crontab 和 at 这两个命令的概述信息，使用这两个命令可以调度要自动执行的例程任务。crontab 命令用于调度重复性任务。at 命令则用于调度只执行一次的任务。

表 9-7 概括说明了 crontab 和 at 命令，以及可用来控制对这些命令访问的文件。

表 9-7　　　　　　　　　　　　　　调度系统的任务介绍

命令	调度内容	文件位置	控制访问的文件
crontab	固定间隔的多个系统任务	/var/spool/cron/crontabs	/etc/cron.d/cron.allow 和/etc/cron.d/cron.deny
at	单个系统任务	/var/spool/cron/atjobs	/etc/cron.d/at.deny

（1）用于调度重复性作业：crontab。

我们可以使用 crontab 命令来调度例程系统管理任务，使其每日、每周或每月执行一次。

每日 crontab 系统管理任务可能包括以下内容。

➢ 从临时目录中删除几天前的文件。

➢ 执行记账摘要命令。

➢ 使用 df 和 ps 命令捕获系统快照。

➢ 执行每日安全监视。

➢ 运行系统备份。

每周 crontab 系统管理任务可能包括以下内容。

➢ 重新生成 catman 数据库以供 man-k 命令使用。

➢ 运行 fsck-n 命令以列出任何磁盘问题。

每月 crontab 系统管理任务可能包括以下内容。

➢ 列出在特定月份中未使用的文件。

➢ 生成每月记账报告。

此外，用户还可以调度 crontab 命令以执行其他例程系统任务。例如，发送提醒和删除备份文件。表 9-8 展现了 crontab 的相关操作。

表 9-8   crontab 任务图

任务	说明	参考
创建或编辑 crontab 文件	使用 crontab-e 命令来创建或编辑 crontab 文件。	如何创建或编辑 crontab 文件
验证 crontab 文件是否存在	使用 ls-l 命令验证/var/spool/cron/crontabs 文件的内容。	如何验证 crontab 文件是否存在
显示 crontab 文件	使用 ls-l 命令显示 crontab 文件。	如何显示 crontab 文件
删除 crontab 文件	crontab 文件设置时使用了受限权限。使用 crontab-r 命令而不是 rm 命令删除 crontab 文件。	如何删除 crontab 文件
拒绝 crontab 访问	要拒绝用户对 crontab 命令的访问，请通过编辑 /etc/cron.d/cron.deny 文件将用户名添加到该文件中。	如何拒绝 crontab 命令访问
将 crontab 访问限制于指定的用户	要允许用户访问 crontab 命令，请将用户名添加到 /etc/cron.d/cron.allow 文件中。	如何将 crontab 命令访问限制于指定的用户

（2）用于调度单个作业：at。

通过 at 命令可以调度要在以后执行的作业。该作业可由单个命令或脚本组成。

与 crontab 类似，使用 at 命令可以调度例程任务的自动执行。但与 crontab 文件不同的是，at 文件只执行一次任务。然后，便从目录中删除这些文件。因此，在运行将输出定向到独立文件中以供以后检查的单个命令或脚本时，at 命令很有用。

提交 at 作业包括输入命令并按照 at 命令语法指定选项来调度执行作业的时间。

at 命令在/var/spool/cron/atjobs 目录中存储运行的命令或脚本以及当前环境变量的副本。at 作业文件名是一个长数字，用于指定该文件在 at 队列中的位置，后面跟.a 扩展名，例如 793962000.a。

cron 守护进程在启动时检查 at 作业并侦听是否提交了新作业。cron 守护进程执行 at 作业后，将从 atjobs 目录中删除 at 作业的文件。

9.6.2 调度重复性系统任务（cron）

以下将介绍如何创建、编辑、显示和删除 crontab 文件，以及如何控制对这些文件的访问。

1. crontab 文件介绍

cron 守护进程会根据在每个 crontab 文件中找到的命令来调度系统任务。crontab 文件由命令组成，每个命令占据一行，这些命令将以固定间隔执行。每行开头包含相关的日期和时间信息，以告知 cron 守护进程何时执行命令。

例如，在系统安装期间将提供名为 root 的 crontab 文件。该文件的内容包括的命令行如例 9.12 所示。

例 9.12 crontab 文件

```
10 3 * * * /usr/sbin/logadm (1)
15 3 * * 0 /usr/lib/fs/nfs/nfsfind (2)
10 2 * * * [-x /usr/sbin/rtc ] && /usr/sbin/rtc-c > /dev/null 2>&1 (3)
30 3 * * * [-x /usr/lib/gss/gsscred_clean ] && /usr/lib/gss/gsscred_clean (4)
```

例 9.12 的解释如下。

第一行 在每天凌晨 3:10 运行 logadm 命令。

第二行　在每个星期日凌晨 3:15 执行 nfsfind 脚本。

第三行　在每天凌晨 2:10 运行用于检查夏时制时间（并根据需要进行更正）的脚本。如果没有 RTC 时区，也没有/etc/rtc_config 文件，则此项不执行任何操作[①]。

第四行　在每天凌晨 3:30 检查（并删除）通用安全服务表/etc/gss/gsscred_db 中的重复项。

crontab 文件存储在/var/spool/cron/crontabs 目录中。在软件安装期间，会提供包括 root 在内的若干个 crontab 文件。请参见表 9-9。

表 9-9　　　　　　　　　　　　　　　　　　默认 crontab 文件

crontab 文件	功能
adm	记账
lp	打印
根	一般系统功能和文件系统清除
sys	性能数据收集
uucp	一般 uucp 清除

除了默认的 crontab 文件之外，用户还可以创建 crontab 文件，以调度自己的系统任务。其他 crontab 文件按用来创建它们的用户账户名称（如 bob、mary、smith 或 jones）命名。

要访问属于 root 或其他用户的 crontab 文件，需要具有超级用户权限。

2．cron 守护进程处理调度的方法

cron 守护进程可管理 crontab 命令的自动调度。cron 守护进程将检查/var/spool/cron/crontab 目录中是否存在 crontab 文件。

cron 守护进程在启动时执行以下任务。

➢ 检查新的 crontab 文件。

➢ 阅读文件中列出的执行时间。

➢ 在适当时间提交执行命令。

➢ 侦听来自 crontab 命令的有关更新的 crontab 文件的通知。

cron 守护进程以几乎相同的方式来控制 at 文件的调度。这些文件存储在/var/spool/cron/atjobs 目录中。cron 守护进程还侦听来自 crontab 命令的有关已提交的 at 作业的通知。

3．显示 crontab 文件

crontab-l 命令显示 crontab 文件内容的方式与 cat 命令显示其他类型文件内容的方式非常相似。无需转到/var/spool/cron/crontabs 目录（crontab 文件所在的目录），便可使用此命令。

默认情况下，crontab-l 命令显示我们自己的 crontab 文件。要显示属于其他用户的 crontab 文件，必须是超级用户。

如何显示 crontab 文件呢？

如果你是超级用户或承担等效角色，可以显示属于 root 或其他用户的 crontab 文件。角色包含授权和具有一定权限的命令。如果你不是超级用户或等效角色，只能显示自己的 crontab 文件。我们可以这样显示 crontab 文件。

```
alloy@ubuntu:~/LinuxShell/ch9$ crontab-l [username]
```

① 仅适用于 x86 - /usr/sbin/rtc 脚本只能在基于 x86 的系统上运行。

其中，username 指定了要为其显示 crontab 文件的用户账户的名称。显示其他用户的 crontab 文件需要超级用户权限。

例 9.13　显示当前用户的 crontab 文件

```
alloy@ubuntu:~/LinuxShell/ch9$ crontab-l
13 13 * * * chmod g+w /home1/documents/*.book > /dev/null 2>&1
alloy@ubuntu:~/LinuxShell/ch9$
```

例 9.13 说明如何使用 crontab-l 命令来显示用户的默认 crontab 文件的内容。

例 9.14　显示默认的 root crontab 文件（这是一个基于 sun 服务器的 crontab 文件，在 Ubuntu 下无法获取）

```
alloy@ubuntu:~/LinuxShell/ch9$ su
Password:
Sun Microsystems Inc.    SunOS 5.10      s10_51  May 2004
# crontab-l
#ident  "@(#)root      1.19    98/07/06 SMI"   /* SVr4.0 1.1.3.1      */
#
# The root crontab should be used to perform accounting data collection.
#
#
10 3 * * * /usr/sbin/logadm
15 3 * * 0 /usr/lib/fs/nfs/nfsfind
30 3 * * * [-x /usr/lib/gss/gsscred_clean ] && /usr/lib/gss/gsscred_clean
#10 3 * * * /usr/lib/krb5/kprop_script ___slave_kdcs___
```

例 9.14 展现了如何显示 root 的 crontab 文件。

例 9.15　显示其他用户的 crontab 文件

```
alloy@ubuntu:~/LinuxShell/ch9$ su
Password:
Sun Microsystems Inc.    SunOS 5.10      s10_51  May 2004
alloy@ubuntu:~/LinuxShell/ch9$ crontab-l jones
13 13 * * * cp /home/jones/work_files /usr/backup/. > /dev/null 2>&1
```

例 9.15 展现了如何使用 root 权限显示其他用户的 crontab 文件。

NOTE:

　　如果意外输入了无选项的 crontab 命令，请按下编辑器的中断字符。使用此字符将退出而不会保存更改。如果保存了更改并退出文件，现有的 crontab 文件将被空文件覆盖。

4．crontab 文件项的语法

　　crontab 文件由命令组成，每个命令占据一行，这些命令将按每个命令行的前 5 个字段指定的时间自动执行。表 9-10 中介绍了这 5 个字段，它们以空格分隔。

表 9-10　　　　　　　　　　　crontab 时间字段的可接受值

时间字段	取值范围
分钟	0～59
小时	0～23
月中某日	1～31
月份	1～12
星期中某日	0～6(0 = 星期日)

在 crontab 时间字段中使用特殊字符时请遵循以下规则。

➢ 使用空格分隔每个字段。

➢ 使用逗号分隔多个值。

➢ 使用连字符指定某一范围的值。

➢ 使用星号作为通配符来包括所有可能值。

➢ 在一行开头使用注释标记(#)来表示注释或空白行。

例如，如果要在每月第一天和第十五天下午 4 点在用户的控制台窗口中显示提醒，crontab 的记录应该如例 9.16 所示。

例 9.16 crontab 记录

```
0 16 1,15 * * echo Timesheets Due > /dev/console
```

crontab 文件中的每个命令必须只占据一行，即使这一行非常长也如此。crontab 文件不识别额外的回车内容。

5. 创建和编辑 crontab 文件

创建 crontab 文件的最简单方法是使用 crontab-e 命令。此命令会调用已为系统环境设置的文本编辑器。系统环境的默认编辑器在 EDITOR 环境变量中定义。如果尚未设置此变量，crontab 命令将使用默认编辑器 ed。最好选择熟悉的编辑器。

例 9.17 说明如何确定是否已定义编辑器，以及如何将 vi 设置为默认值。

例 9.17 定义默认编辑器

```
alloy@ubuntu:~/LinuxShell/ch9$ which $EDITOR

alloy@ubuntu:~/LinuxShell/ch9$ EDITOR=vim
alloy@ubuntu:~/LinuxShell/ch9$ export EDITOR
```

创建 crontab 文件时，该文件会自动放入/var/spool/cron/crontabs 目录，并以您的用户名命名。如果具有超级用户权限，则可为其他用户或 root 创建或编辑 crontab 文件。

如何创建或编辑 crontab 文件呢？

如果要创建或编辑属于 root 或其他用户的 crontab 文件，必须成为超级用户或承担等效角色。如果只需要创建属于自己的 crontab 任务，则无需成为超级用户，便可编辑自己的 crontab 文件。

我们可以这样创建新的 crontab 文件，或编辑现有文件。

```
alloy@ubuntu:~/LinuxShell/ch9$ crontab-e [username]
```

其中，username 指定您要为其创建或编辑 crontab 文件的用户账户的名称。无需具有超级用户权限便可创建自己的 crontab 文件，但如果要为 root 或其他用户创建或编辑 crontab 文件，则必须具有超级用户权限。

然后我们可以向 crontab 文件中添加命令行。按照 crontab 文件项的语法中所述的语法操作。将 crontab 文件放入/var/spool/cron/crontabs 目录。修改完后，通过 crontab-l 命令验证 crontab 文件更改。

```
alloy@ubuntu:~/LinuxShell/ch9$ crontab-i [username]
```

例 9.18 为 jones 添加自动任务

下面这个例子将为用户 jones 添加一个任务。这个任务将在每个星期日的凌晨 1:00 自动删除用户起始目录中的所有日志文件。我们要编辑 jones 的 crontab 文件，可以使用 root 账户执行下面命令：

```
alloy@ubuntu:~/LinuxShell/ch9$ crontab-e jones
```

这样可以为用户名为 jones 的用户创建 crontab 文件。由于我们要添加的任务项不重定向输出，因此将重定向字符添加到*.log 之后的命令行中。这样可以确保正常执行命令。这条命令项如下所示：

```
# This command helps clean up user accounts.
1 0 * * 0 rm /home/jones/*.log > /dev/null 2>&1
```

在添加并保存之后，我们如何验证 crontab 文件是否存在呢？要验证用户的 crontab 文件是否存在，可以在/var/spool/cron/crontabs 目录中使用 ls-l 命令。例如，以下输出说明用户 jones 和 smith 的 crontab 文件存在。

```
alloy@ubuntu:~/LinuxShell/ch9$ ls-l /var/spool/cron/crontabs
-rw-r--r-- 1 root     sys          190 Feb 26 16:23 adm
-rw------- 1 root     staff        225 Mar  1  9:19 jones
-rw-r--r-- 1 root     root        1063 Feb 26 16:23 lp
-rw-r--r-- 1 root     sys          441 Feb 26 16:25 root
-rw------- 1 root     staff         60 Mar  1  9:15 smith
-rw-r--r-- 1 root     sys          308 Feb 26 16:23 sys
```

在知道哪些用户存在 crontab 文件后，可以使用 crontab-l 命令验证用户的 crontab 文件的内容。在之前我们已经介绍过。

6．删除 crontab 文件

默认情况下，会设置 crontab 文件保护，以防止使用 rm 命令意外删除 crontab 文件。我们可以改用 crontab-r 命令删除 crontab 文件。默认情况下，crontab-r 命令会删除自己的 crontab 文件。并且，无需转到/var/spool/cron/crontabs 目录（crontab 文件所在的目录），便可使用此命令。

删除 crontab 文件需要相应权限。如果你是超级用户或等效角色，你可以删除属于 root 或其他用户的 crontab 文件。如果不是超级用户或等效角色，可以删除自己的 crontab 文件。

删除 crontab 文件的方法是：

```
alloy@ubuntu:~/LinuxShell/ch9$ crontab-r [username]
```

其中，username 指定要为其删除 crontab 文件的用户账户的名称。为其他用户删除 crontab 文件需要超级用户权限。

在删除 crontab 文件后，我们可以运行 ls /var/spool/cron/crontabs 来验证删除 crontab 文件是否成功。

例 9.19　删除 crontab 文件

```
alloy@ubuntu:~/LinuxShell/ch9$ ls /var/spool/cron/crontabs
adm     jones     lp     root     smith     sys     uucp
alloy@ubuntu:~/LinuxShell/ch9$ crontab-r
alloy@ubuntu:~/LinuxShell/ch9$ ls /var/spool/cron/crontabs
adm     jones     lp     root     sys     uucp
```

例 9.19 说明用户 smith 如何使用 crontab-r 命令删除 crontab 文件。可以看到，原来在列出包含 crontab 文件的用户时，存在用户 smith，但是在运行了 crontab–r 之后，smith 的 crontab 文件消失了。

7．控制对 crontab 命令的访问

我们可以使用/etc/cron.d 目录中的以下两个文件来控制对 crontab 命令的访问：cron.deny 和 cron.allow。这些文件只允许指定的用户执行 crontab 命令任务，例如，创建、编辑、显示或删除自己的 crontab 文件。

cron.deny 和 cron.allow 文件包含用户名的列表，每行一个用户名。这些访问控制文件按以下方式协同工作。

➤　如果存在 cron.allow，则只有此文件中列出的用户可以创建、编辑、显示或删除 crontab

文件。

> 如果不存在 cron.allow，则所有用户都可以提交 crontab 文件（cron.deny 中列出的用户除外）。

> 如果 cron.allow 和 cron.deny 都不存在，则运行 crontab 命令需要超级用户权限。

编辑或创建 cron.deny 和 cron.allow 文件需要超级用户权限。

例如，默认的 cron.deny 文件包含以下用户名：

```
alloy@ubuntu:~/LinuxShell/ch9$ cat /etc/cron.d/cron.deny
daemon
bin
smtp
nuucp
listen
nobody
noaccess
```

默认 cron.deny 文件中的用户名都不能访问 crontab 命令。我们可以编辑此文件，以添加被拒绝访问 crontab 命令的其他用户名。

因为 UNIX/Linux 未提供默认的 cron.allow 文件。因此，在安装系统后，所有用户（默认 cron.deny 文件中列出的用户除外）都可以访问 crontab 命令。如果创建 cron.allow 文件，则只有这些用户可以访问 crontab 命令。

例 9.20　如何拒绝 crontab 命令访问

为了拒绝部分用户使用 crontab，我们必须编辑/etc/cron.d/cron.deny 文件并添加用户名，每个用户占据一行。将拒绝访问 crontab 命令的用户包括在内。这个操作需要超级用户权限。

```
alloy@ubuntu:~/LinuxShell/ch9$ echo "username1" >>/etc/cron.d/cron.deny
alloy@ubuntu:~/LinuxShell/ch9$ echo "username2" >>/etc/cron.d/cron.deny
alloy@ubuntu:~/LinuxShell/ch9$ echo "username3" >>/etc/cron.d/cron.deny
```

上述命令将 username1、username2、username3 三个用户加入到 crontab 的禁止列表中。然后，我们可以验证/etc/cron.d/cron.deny 文件是否包含新项：

```
alloy@ubuntu:~/LinuxShell/ch9$ cat /etc/cron.d/cron.deny
daemon
bin
smtp
nuucp
listen
nobody
noaccess
username1
username2
username3
```

8．如何将 crontab 命令访问限制于指定的用户

如果要将 crontab 命令访问限制于指定用户，我们必须拥有超级用户权限。使用超级用户权限创建/etc/cron.d/cron.allow 文件，然后将 root 用户名添加到 cron.allow 文件中[①]。我们需要添加用户名，每行一个用户名，这样将允许使用 crontab 命令的用户包括在内。

查看 cron.allow 文件如下：

```
alloy@ubuntu:~/LinuxShell/ch9$ cat /etc/cron.d/cron.allow
root
username1
username2
username3
```

---

① 如果未将 root 添加到该文件中，则会拒绝超级用户访问 crontab 命令。

例 9.21 将 crontab 命令访问限制于指定的用户

以下示例显示一个 cron.deny 文件，该文件用于禁止用户名 jones、temp 和 visitor 访问 crontab 命令。

```
alloy@ubuntu:~/LinuxShell/ch9$ cat /etc/cron.d/cron.deny
daemon
bin
smtp
nuucp
listen
nobody
noaccess
jones
temp
visitor
```

以下示例显示一个 cron.allow 文件。用户 root、jones、lp 和 smith 是仅有的可以访问 crontab 命令的用户。

```
alloy@ubuntu:~/LinuxShell/ch9$ cat /etc/cron.d/cron.allow
root
jones
lp
smith
```

9. 如何验证受限的 crontab 命令访问

要验证特定用户是否可以访问 crontab 命令，可以在使用该用户账户登录后执行 crontab-l 命令。如果用户可以访问 crontab 命令并已创建 crontab 文件，则会显示该文件。否则，如果用户可以访问 crontab 命令但不存在 crontab 文件，则会显示与以下类似的消息：

```
alloy@ubuntu:~/LinuxShell/ch9$ crontab-l
crontab: can't open your crontab file
```

这条信息表示此用户已列在 cron.allow 文件中（如果存在该文件），或者该用户未列在 cron.deny 文件中。如果用户不能访问 crontab 命令，则无论是否存在以前的 crontab 文件，都会显示以下消息：

```
alloy@ubuntu:~/LinuxShell/ch9$ crontab-l
crontab: you are not authorized to use cron. Sorry.
```

此消息表明，该用户未列在 cron.allow 文件（如果该文件存在）中，或者该用户已列在 cron.deny 文件中。

9.6.3 使用 at 命令

和 crontab 不同，at 命令往往用于在特定时间执行单个任务。at 命令的任务表如表 9-11 所示。

表 9-11   at 命令的任务表

任务	说明	参考
创建 at 作业	使用 at 命令执行以下操作 从命令行启动 at 实用程序 输入要执行的命令或脚本，每行一个 退出 at 实用程序并保存作业	如何创建 at 作业
显示 at 队列	使用 atq 命令显示 at 队列	如何显示 at 队列
验证 at 作业	使用 atq 命令确认属于特定用户的 at 作业已提交至队列	如何验证 at 作业
显示 at 作业	使用 at-l [job-id]显示已提交至队列的 at 作业	如何显示 at 作业
删除 at 作业	使用 at-r [job-id]命令从队列中删除 at 作业	如何删除 at 作业
拒绝访问 at 命令	要拒绝用户访问 at 命令，请编辑/etc/cron.d/at.deny 文件	如何拒绝对 at 命令的访问

1. 调度单个系统任务(at)

以下将介绍如何使用 at 命令来执行下列任务。

➤ 调度作业(命令和脚本)以供以后执行。

➤ 如何显示和删除这些作业。

➤ 如何控制对 at 命令的访问。

默认情况下，用户可以创建、显示和删除自己的 at 作业文件。要访问属于 root 或其他用户的 at 文件，必须具有超级用户权限。

提交 at 作业时，会为该作业分配作业标识号和.a 扩展名。此指定将成为该作业的文件名，以及其队列编号。提交 at 作业文件需执行以下步骤。

➤ 调用 at 实用程序并指定命令执行时间。

➤ 键入以后要执行的命令或脚本。

NOTE:

如果此命令或脚本的输出很重要，请确保将输出定向到一个文件中，以便以后检查。

例如，以下 at 作业将在 7 月的最后一天接近午夜时删除用户账户 smith 的 core 文件。

```
alloy@ubuntu:~/LinuxShell/ch9$ at 11:45pm July 31
at> rm /home/smith/*core*
at> Press Control-d
commands will be executed using /bin/csh
```

2. 控制对 at 命令的访问

您可以设置一个文件来控制对 at 命令的访问，只允许指定的用户创建、删除或显示有关 at 作业的队列信息。控制对 at 命令的访问的文件/etc/cron.d/at.deny 由用户名列表构成，每个用户名占据一行。此文件中列出的用户不能访问 at 命令。

默认情况下，系统安装时 at.deny 文件包含以下用户名：

```
daemon
bin
smtp
nuucp
listen
nobody
noaccess
```

使用超级用户权限，我们可以编辑 at.deny 文件，以添加要限制其对 at 命令访问的其他用户名。

3. 如何创建 at 作业

我们要创建 at 作业，方法是先启动 at 实用程序，指定所需的作业执行时间。指定时间的格式如下所示：

```
alloy@ubuntu:~/LinuxShell/ch9$ at [-m] time [date]
```

关于这条命令格式的解释如下。

-m 在作业完成后发送邮件。

time 指定要调度作业的时间。如果不按 24 小时制指定时间，请添加 am 或 pm。可接受的关键字包括 midnight、noon 和 now。分钟是可选的选项。

date 指定月份的前三个或更多字母、一周中的某日或关键字 today 或 tomorrow。

当我们指定时间并回车后，在 at 提示符下，输入要执行的命令或脚本，每行一个。at 通过在每行结尾处按回车键，可以输入多个命令。

按"Ctrl+D"组合键，以退出 at 实用程序并保存 at 作业。那么这个 at 作业将被分配一个队列编号，它也是该作业的文件名。退出 at 实用程序时将显示该编号。

例 9.22 创建 at 作业

以下示例显示了用户 jones 创建的 at 作业，该作业用于在下午 7:30 删除其备份文件。由于使用了 -m 选项，因此会在该作业完成后收到电子邮件。

```
alloy@ubuntu:~/LinuxShell/ch9$ at-m 1930
at> rm /home/jones/*.backup
at> Press Control-D
job 897355800.a at Thu Jul 12 19:30:00 2004
```

这样，当 at 命令执行后，就会收到一封确认已执行 at 作业的电子邮件，提示信息如下：

```
Your"at"job"rm /home/jones/*.backup"
completed.
```

我们再来举一个例子。例 9.23 说明 jones 如何调度在星期六凌晨 4:00 执行的大型 at 作业。该作业输出被定向到名为 big.file 的文件中。

例 9.23 at 示例

```
alloy@ubuntu:~/LinuxShell/ch9$ at 4 am Saturday
at> sort-r /usr/dict/words > /export/home/jones/big.file
```

4．如何显示 at 队列

要检查在 at 队列中等待的作业，请使用 atq 命令。此命令可以显示我们已创建的 at 作业的状态信息。

```
alloy@ubuntu:~/LinuxShell/ch9$ atq
```

5．如何验证 at 作业

要验证是否已创建了 at 作业，请使用 atq 命令。在以下示例中，atq 命令确认已将属于 jones 的 at 作业提交至队列。

```
alloy@ubuntu:~/LinuxShell/ch9$ atq
Rank   Execution Date    Owner    Job          Queue   Job Name
 1st   Jul 12, 2004 19:30   jones  897355800.a    a      stdin
 2nd   Jul 14, 2004 23:45   jones  897543900.a    a      stdin
 3rd   Jul 17, 2004 04:00   jones  897732000.a    a      stdin
```

6．如何显示 at 作业

要显示有关 at 作业的执行时间信息，请使用 at-l 命令。

```
alloy@ubuntu:~/LinuxShell/ch9$ at-l [job-id]
```

其中，-l job-id 选项表示要显示其状态的作业的标识号。

例 9.24 显示 at 作业

以下示例显示 at-l 命令的输出，该输出提供有关用户已提交的所有作业的状态信息。

```
alloy@ubuntu:~/LinuxShell/ch9$ at-l
897543900.a  Sat Jul 14 23:45:00 2004
897355800.a  Thu Jul 12 19:30:00 2004
897732000.a  Tue Jul 17 04:00:00 2004
```

以下示例显示使用 at-l 命令指定单个作业时所显示的输出。

```
alloy@ubuntu:~/LinuxShell/ch9$ at-l 897732000.a
897732000.a      Tue Jul 17 04:00:00 2004
```

7．如何删除 at 作业

如果你具有超级用户权限，你可以删除主机上任何一个账户的 at 作业。如果你没有超级用户权限，你只能删除自己的 at 作业。

以下命令在作业执行之前从队列中删除 at 作业。

```
alloy@ubuntu:~/LinuxShell/ch9$ at-r [job-id]
```

其中，-r job-id 选项指定要删除作业的标识号。

在删除 at 任务后，我们可以使用 at-l（或 atq）命令，验证是否已删除 at 作业。at-l 命令显示 at 队列中剩余的作业。不应显示已指定标识号的作业。

```
alloy@ubuntu:~/LinuxShell/ch9$ at-l [job-id]
```

例 9.25 删除 at 作业

在以下示例中，用户要删除计划在 7 月 17 日凌晨 4 点执行的 at 作业。首先，该用户显示 at 队列，以找到作业标识号。然后，用户从 at 队列中删除此作业。最后，该用户验证是否已从队列中删除此作业。

```
alloy@ubuntu:~/LinuxShell/ch9$ at-l
897543900.a  Sat Jul 14 23:45:00 2003
897355800.a  Thu Jul 12 19:30:00 2003
897732000.a  Tue Jul 17 04:00:00 2003
alloy@ubuntu:~/LinuxShell/ch9$ at-r 897732000.a
alloy@ubuntu:~/LinuxShell/ch9$ at-l 897732000.a
at: 858142000.a: No such file or directory
```

8. 如何拒绝对 at 命令的访问

必须具有超级用户权限，才能禁止其他用户对 at 命令的访问。编辑/etc/cron.d/at.deny 文件并添加要禁止其使用 at 命令的用户名，每行一个用户名。例如：

```
alloy@ubuntu:~/LinuxShell/ch9$ cat /etc/cron.d/at.deny
daemon
bin
smtp
nuucp
listen
nobody
noaccess
username1
username2
username3
```

例 9.26 拒绝 at 访问

以下示例显示了一个 at.deny 文件，该文件已被编辑过，因此用户 smith 和 jones 无法访问 at 命令。

```
alloy@ubuntu:~/LinuxShell/ch9$ cat /etc/cron.d/at.deny
daemon
bin
smtp
nuucp
listen
nobody
noaccess
jones
smith
```

9. 如何验证 at 命令访问已被拒绝

要验证是否已将用户名正确添加到/etc/cron.d/at.deny 文件，请在以该用户身份登录后使用 at-l 命令。如果用户 smith 不能访问 at 命令，则将显示以下消息：

```
alloy@ubuntu:~/LinuxShell/ch9$ sudo smith
密码：
alloy@ubuntu:~/LinuxShell/ch9$ at-l
```

```
at: you are not authorized to use at.  Sorry.
```
类似地，如果该用户尝试提交 at 作业，则将显示以下消息：
```
alloy@ubuntu:~/LinuxShell/ch9$ at 2:30pm
at: you are not authorized to use at.  Sorry.
```
此消息确认该用户已列在 at.deny 文件中。

如果允许访问 at 命令，则 at-l 命令不会返回任何内容。

9.7 进程的窗口/proc

Linux 内核提供了一种通过/proc 文件系统，在运行时访问内核内部数据结构、改变内核设置的机制。尽管在各种硬件平台上的 Linux 系统的/proc 文件系统的基本概念都是相同的，但本文只讨论基于 intel x86 架构的 Linux /proc 文件系统。

9.7.1 proc—虚拟文件系统

/proc 文件系统是一种内核和内核模块用来向进程（process）发送信息的机制（所以叫做/proc）。这个伪文件系统让你可以和内核内部数据结构进行交互，获取有关进程的有用信息，在运行中（onthefly）改变设置（通过改变内核参数）。与其他文件系统不同，/proc 存在于内存之中而不是硬盘上。如果你查看文件/proc/mounts（和 mount 命令一样列出所有已经加载的文件系统），你会看到其中一行是这样的：
```
alloy@ubuntu:~/LinuxShell/ch9$ grep proc /proc/mounts
/proc /proc proc rw 0 0
```
/proc 由内核控制，没有承载/proc 的设备。因为/proc 主要存放由内核控制的状态信息，所以大部分信息的逻辑位置位于内核控制的内存。对/proc 进行一次'ls-l'操作，可以看到大部分文件都是 0 字节的；不过查看这些文件的时候，确实可以看到一些信息。这怎么可能？这是因为/proc 文件系统和其他常规的文件系统一样把自己注册到虚拟文件系统层（VFS）了。

然而，直到当 VFS 调用它，请求文件、目录的 i-node 的时候，/proc 文件系统才根据内核中的信息建立相应的文件和目录。

如果系统中还没有加载 proc 文件系统，可以通过如下命令加载 proc 文件系统：
```
alloy@ubuntu:~/LinuxShell/ch9$ mount-t proc proc /proc
```
上述命令将成功加载 proc 文件系统。更多细节内容请阅读 mount 命令的 manpage。

9.7.2 查看/proc 的文件

/proc 的文件可以用于访问有关内核的状态、计算机的属性、正在运行的进程的状态等信息。大部分/proc 中的文件和目录提供系统物理环境最新的信息。尽管/proc 中的文件是虚拟的，但它们仍可以使用任何文件编辑器或像"more""less"或"cat"这样的程序来查看。当编辑程序试图打开一个虚拟文件时，这个文件就通过内核中的信息被凭空（onthefly）创建了。这是一些系统中的一些有趣结果：

例 9.27 查看 proc 文件
```
alloy@ubuntu:~/LinuxShell/ch9$ ls-l /proc/cpuinfo
-r--r--r-- 1 root root 0  5 月 21 10:36 /proc/cpuinfo
alloy@ubuntu:~/LinuxShell/ch9$ file /proc/cpuinfo
```

```
/proc/cpuinfo: empty
alloy@ubuntu:~/LinuxShell/ch9$ cat /proc/cpuinfo
processor : 0        #第一颗 CPU
vendor_id : GenuineIntel
cpu family : 6
model   : 42
model name : Intel(R) Core(TM) i5-2520M CPU @ 2.50GHz
stepping : 7
microcode : 0x23
cpu MHz  : 800.000
cache size : 3072 KB
physical id : 0
siblings : 4
core id  : 0
cpu cores : 2
apicid   : 0
initial apicid : 0
fpu   : yes
fpu_exception : yes
cpuid level : 13
wp   : yes
flags   : fpu vme de pse tsc msr pae mce cx8 apic sep mtrr pge mca cmov pat pse36 clflush
dts acpi mmx fxsr sse sse2 ss ht tm pbe syscall nx rdtscp lm constant_tsc arch_perfmon pebs
bts nopl xtopology nonstop_tsc aperfmperf eagerfpu pni pclmulqdq dtes64 monitor ds_cpl vmx
smx est tm2 ssse3 cx16 xtpr pdcm pcid sse4_1 sse4_2 x2apic popcnt tsc_deadline_timer aes xsave
avx lahf_lm ida arat epb xsaveopt pln pts dtherm tpr_shadow vnmi flexpriority ept vpid
bogomips : 4983.88
clflush size : 64
cache_alignment : 64
address sizes : 36 bits physical, 48 bits virtual
power management:

processor : 1        #第二颗 CPU
vendor_id : GenuineIntel
cpu family : 6
model   : 42
model name : Intel(R) Core(TM) i5-2520M CPU @ 2.50GHz
stepping : 7
microcode : 0x23
cpu MHz  : 800.000
cache size : 3072 KB
physical id : 0
siblings : 4
core id  : 0
cpu cores : 2
apicid   : 1
initial apicid : 1
fpu   : yes
fpu_exception : yes
cpuid level : 13
wp   : yes
flags   : fpu vme de pse tsc msr pae mce cx8 apic sep mtrr pge mca cmov pat pse36 clflush
dts acpi mmx fxsr sse sse2 ss ht tm pbe syscall nx rdtscp lm constant_tsc arch_perfmon pebs
bts nopl xtopology nonstop_tsc aperfmperf eagerfpu pni pclmulqdq dtes64 monitor ds_cpl vmx
smx est tm2 ssse3 cx16 xtpr pdcm pcid sse4_1 sse4_2 x2apic popcnt tsc_deadline_timer aes xsave
avx lahf_lm ida arat epb xsaveopt pln pts dtherm tpr_shadow vnmi flexpriority ept vpid
bogomips : 4983.88
clflush size : 64
cache_alignment : 64
address sizes : 36 bits physical, 48 bits virtual
power management:

processor : 2        #第三颗 CPU
......
```

```
processor : 3     #第四颗 CPU
......
```

这是一个从四核 CPU 的系统中得到的结果，上述大部分的信息十分清楚地给出了这个系统有用的硬件信息。有些/proc 的文件是经过编码的，不同的工具可以被用来解释这些编码过的信息并输出成可读的形式。这样的工具包括"top""ps""apm"等。

9.7.3　从 proc 获取信息

proc 虚拟文件系统是用户和内核之间的接口。保存了系统当前的状态和进程状态。我们可以查看 proc 文件系统下的内容。

```
alloy@ubuntu:~/LinuxShell/ch9$ ls /proc
1       1153   18     1941   2034   2256   294    389   58    8500    cpuinfo
latency_stats  sysrq-trigger
10      1155   1835   1951   2068   2275   295    39    59    878     crypto    loadavg
sysvipc
1002    1181   1846   1955   2070   2282   296    41    590   882     devices   locks
timer_list
1027    1198   1877   1959   2088   2283   3      42    60    8959    diskstats mdstat
timer_stats
10389   12     1885   1962   21     2284   30     43    61    9       dma       meminfo
tty
1066    1229   1888   1966   2123   23     3028   44    62    906     dri       misc
uptime
1084    13     1889   1968   2143   2328   3032   45    677   929     driver    modules
version
1090    1361   1897   1973   2147   2342   3052   46    681   941     execdomains mounts
version_signature
1091    1369   19     1982   2148   2363   31     47    684   9654    fb        mtrr
vmallocinfo
1096    1386   1907   1992   2150   24     31718  49    7     97      filesystems net
vmstat
1097    14     1909   1993   2152   25     32     5     7001  98      fs
pagetypeinfo   zoneinfo
10988   14765  1916   2      2159   259    3278   50    74    9831    interrupts
partitions
11      1498   1925   20     2166   26     3296   51    77    9833    iomem
sched_debug
11008   15     1926   2003   2172   260    33     52    78    99      ioports   schedstat
1101    1502   1930   2008   2178   261    3317   53    786   acpi    irq       scsi
1107    16     1933   2010   2183   262    3343   5381  788   asound  kallsyms  self
1111    1633   1934   2021   22     263    34     5396  796   buddyinfo kcore   slabinfo
1112    1647   1935   2023   2206   264    36     54    8     bus     key-users softirqs
1120    1678   1936   2025   2213   27     37     548   805   cgroups kmsg      stat
1128    17     1937   2031   2222   28     38     56    807   cmdline kpagecount swaps
1133    1701   1940   2032   2229   29     385    57    823   consoles kpageflags sys
```

除了一些包含了系统信息的文件外，其中每个数字就是一个系统进程。我们也可以查看该文件夹，需要注意的是该命令需要 root 权限，所以以需要加上 sudo 命令：

```
alloy@ubuntu:~/LinuxShell/ch9$ sudo ls /proc/1153
[sudo] password for alloy:
attr    cmdline    environ  latency  mem    ns      pagemap  sessionid status
autogroup comm     exe      limits   mountinfo numa_maps personality smaps
syscall
auxv    coredump_filter fd   loginuid mounts  oom_adj root     stack
task
cgroup  cpuset     fdinfo   map_files mountstats oom_score sched  stat
timers
clear_refs cwd      io       maps     net     oom_score_adj schedstat statm
wchan
```

1. 得到有用的系统/内核信息

proc 文件系统可以被用于收集有用的关于系统和运行中的内核的信息。下面是一些重要的文件。

/proc/cpuinfo	CPU 的信息（型号、家族、缓存大小等）
/proc/meminfo	物理内存、交换空间等的信息
/proc/mounts	已加载的文件系统的列表
/proc/devices	可用设备的列表
/proc/filesystems	被支持的文件系统
/proc/modules	已加载的模块
/proc/version	内核版本
/proc/cmdline	系统启动时输入的内核命令行参数

proc 中的文件远不止上面列出的这么多。想要进一步了解的读者可以对/proc 的每一个文件都"more"一下或获取更多的有关/proc 目录中的文件的信息。我建议使用"more"而不是"cat"，除非你知道这个文件很小，因为有些文件（如 kcore）可能会非常长。

2. 有关运行中的进程的信息

/proc 文件系统可以用于获取运行中的进程的信息。在/proc 中有一些编号的子目录。每个编号的目录对应一个进程 id（PID)。这样，每一个运行中的进程/proc 中都有一个用它的 PID 命名的目录。这些子目录中包含可以提供有关进程的状态和环境的重要细节信息的文件。让我们试着查找一个运行中的进程。

例 9.28 查找进程信息

```
$ ps-aef | grep mozilla
alloy   11116  9833  0 10:47 pts/0    00:00:00 grep--color=auto mozilla
```

上述命令显示有一个正在运行的 mozilla 进程的 PID 是 9833。相对应的，/proc 中应该有一个名叫 9833 的目录：

```
alloy@ubuntu:~/LinuxShell/ch9$ ls-l /proc/9833
总用量 0
dr-xr-xr-x 2 alloy alloy 0  5月 21 11:00 attr
-rw-r--r-- 1 alloy alloy 0  5月 21 11:00 autogroup
-r-------- 1 alloy alloy 0  5月 21 11:00 auxv
-r--r--r-- 1 alloy alloy 0  5月 21 11:00 cgroup
--w------- 1 alloy alloy 0  5月 21 11:00 clear_refs
-r--r--r-- 1 alloy alloy 0  5月 21 09:41 cmdline
-rw-r--r-- 1 alloy alloy 0  5月 21 11:00 comm
-rw-r--r-- 1 alloy alloy 0  5月 21 11:00 coredump_filter
-r--r--r-- 1 alloy alloy 0  5月 21 11:00 cpuset
lrwxrwxrwx 1 alloy alloy 0  5月 21 11:00 cwd-> /home/alloy/LinuxShell/ch9
-r-------- 1 alloy alloy 0  5月 21 11:00 environ
lrwxrwxrwx 1 alloy alloy 0  5月 21 11:00 exe-> /bin/bash
dr-x------ 2 alloy alloy 0  5月 21 09:29 fd
dr-x------ 2 alloy alloy 0  5月 21 11:00 fdinfo
-r-------- 1 alloy alloy 0  5月 21 11:00 io
-r--r--r-- 1 alloy alloy 0  5月 21 11:00 latency
-r--r--r-- 1 alloy alloy 0  5月 21 11:00 limits
-rw-r--r-- 1 alloy alloy 0  5月 21 11:00 loginuid
dr-x------ 2 alloy alloy 0  5月 21 11:00 map_files
-r--r--r-- 1 alloy alloy 0  5月 21 11:00 maps
-rw------- 1 alloy alloy 0  5月 21 11:00 mem
-r--r--r-- 1 alloy alloy 0  5月 21 11:00 mountinfo
```

```
-r--r--r-- 1 alloy alloy 0  5月 21  11:00  mounts
-r-------- 1 alloy alloy 0  5月 21  11:00  mountstats
dr-xr-xr-x 5 alloy alloy 0  5月 21  11:00  net
dr-x--x--x 2 alloy alloy 0  5月 21  11:00  ns
-r--r--r-- 1 alloy alloy 0  5月 21  11:00  numa_maps
-rw-r--r-- 1 alloy alloy 0  5月 21  11:00  oom_adj
-r--r--r-- 1 alloy alloy 0  5月 21  11:00  oom_score
-rw-r--r-- 1 alloy alloy 0  5月 21  11:00  oom_score_adj
-r--r--r-- 1 alloy alloy 0  5月 21  11:00  pagemap
-r--r--r-- 1 alloy alloy 0  5月 21  11:00  personality
lrwxrwxrwx 1 alloy alloy 0  5月 21  11:00  root-> /
-rw-r--r-- 1 alloy alloy 0  5月 21  11:00  sched
-r--r--r-- 1 alloy alloy 0  5月 21  11:00  schedstat
-r--r--r-- 1 alloy alloy 0  5月 21  11:00  sessionid
-r--r--r-- 1 alloy alloy 0  5月 21  11:00  smaps
-r--r--r-- 1 alloy alloy 0  5月 21  11:00  stack
-r--r--r-- 1 alloy alloy 0  5月 21  09:39  stat
-r--r--r-- 1 alloy alloy 0  5月 21  09:46  statm
-r--r--r-- 1 alloy alloy 0  5月 21  09:39  status
-r--r--r-- 1 alloy alloy 0  5月 21  11:00  syscall
dr-xr-xr-x 3 alloy alloy 0  5月 21  09:48  task
-r--r--r-- 1 alloy alloy 0  5月 21  11:00  timers
-r--r--r-- 1 alloy alloy 0  5月 21  09:43  wchan
```

文件"cmdline"包含启动进程时调用的命令行。"envir"进程的环境变量"status"是进程的状态信息,包括启动进程的用户的用户 ID(UID)、组 ID(GID)、父进程 ID(PPID),还有进程当前的状态,例如"Sleelping"和"Running"。每个进程的目录都有几个符号链接,"cwd"是指向进程当前工作目录的符号链接,"exe"指向运行进程的可执行程序,"root"指向被这个进程看作是根目录的目录(通常是"/")。

目录"fd"包含指向进程使用的文件描述符的链接。"cpu"仅在运行 SMP 内核时出现,里面是按 CPU 划分的进程时间。

/proc/self 是一个有趣的子目录,它使得程序可以方便地使用/proc 查找本进程的信息。/proc/self 是一个链接到/proc 中访问/proc 的进程所对应的 PID 的目录符号链接。

9.7.4 通过/proc 与内核交互

上面讨论的大部分/proc 的文件是只读的。而实际上/proc 文件系统通过/proc 中可读写的文件提供了对内核的交互机制。写这些文件可以改变内核的状态,因而要慎重改动这些文件。/proc/sys 目录存放所有可读写的文件的目录,可以被用于改变内核行为。

/proc/sys/kernel-这个目录包含反通用内核行为的信息。

/proc/sys/kernel/{domainname,hostname}存放着机器/网络的域名和主机名。这些文件可以用于修改这些名字。

例 9.29 与内核交互

```
alloy@ubuntu:~/LinuxShell/ch9$ hostname
ubuntu
alloy@ubuntu:~/LinuxShell/ch9$ cat /proc/sys/kernel/domainname
(nome)
alloy@ubuntu:~/LinuxShell/ch9$ cat /proc/sys/kernel/hostname
ubuntu
```

这样，通过修改/proc 文件系统中的文件，我们可以修改主机名。很多其他可配置的文件存在于/proc/sys/kernel/。这里不可能列出所有文件，读者可以自己在此目录下查看以得到更多细节信息。

另一个可配置的目录是 /proc/sys/net。这个目录中的文件可以用于修改机器或网络的网络属性。例如，简单修改一个文件，你可以在网络上隐藏你的计算机：

```
alloy@ubuntu:~/LinuxShell/ch9$ echo 1 > /proc/sys/net/ipv4/icmp_echo_ignore_all
```
这将在网络上隐藏你的机器，因为它不响应 icmp_echo。主机将不会响应其他主机发出的 ping 查询。
```
alloy@ubuntu:~/LinuxShell/ch9$ ping ubuntu
no answer from ubuntu
```
要改回默认设置，只要输入以下命令：
```
alloy@ubuntu:~/LinuxShell/ch9$ echo 0 > /proc/sys/net/ipv4/icmp_echo_ignore_all
```
/proc/sys 下还有许多其他命令可以用于改变内核属性。

/proc 文件系统提供了一个基于文件的 Linux 内部接口。它可以用于确定系统的各种不同设备和进程的状态。对他们进行配置。因而，理解和应用有关这个文件系统的知识是理解你的 Linux 系统的关键。

9.8 Linux 的线程简介

本节，我们将介绍 Linux 中的线程。线程和进程都用于并行处理，但是它们的实现和应用场景不同。

9.8.1 Linux 线程的定义

线程（thread）是在共享内存空间中并发的多道执行路径，它们共享一个进程的资源，如文件描述和信号处理。在两个普通进程（非线程）间进行切换时，内核准备从一个进程的上下文切换到另一个进程的上下文要花费很大的开销。这里上下文切换的主要任务是保存老进程 CPU 状态并加载新进程的保存状态，用新进程的内存映像替换进程的内存映像。线程允许你的进程在几个正在运行的任务之间进行切换，而不必执行前面提到的完整的上下文。另外，本文介绍的线程是针对 POSIX 线程，也就是 pthread。也因为 Linux 对它最为支持。相对进程而言，线程是一个更加接近于执行体的概念，它可以与同进程中的其他线程共享数据，但拥有自己的栈空间，拥有独立的执行序列。在串行程序基础上引入线程和进程是为了提高程序的并发度，从而提高程序运行效率和响应时间。也可以将线程和轻量级进程（LWP）视为等同的，但其实在不同的系统/实现中有不同的解释，LWP 更恰当的解释为一个虚拟 CPU 或内核的线程。它可以帮助用户态线程实现一些特殊的功能。pthread 是一种标准化模型，它用来把一个程序分成一组能够同时执行的任务。

9.8.2 pthread 线程的使用场合

一般来说，下列 3 种场合会使用 pthread 线程。
➢ 在返回前阻塞的 I/O 任务能够使用一个线程处理 I/O，同时继续执行其他处理任务。
➢ 在有一个或多个任务受不确定性事件，如网络通信的可获得性影响的场合，能够使用线程处理这些异步事件，同时继续执行正常的处理。

> 如果某些程序功能比其他的功能更重要，可以使用线程以保证所有功能都出现，但那些时间密集型的功能具有更高的优先级。

以上 3 点可以归纳为：在检查程序中潜在的并行性时，也就是说在要找出能够同时执行任务时使用 pthread。上面已经介绍了，Linux 进程模型提供了执行多个进程的能力，已经可以进行并行或并发编程，可是线程能够让你对多个任务的控制程度更好、使用资源更少，因为一个单一的资源，如全局变量，可以由多个线程共享。而且，在拥有多个处理器的系统上，多线程应用会比用多个进程实现的应用执行速度更快。

9.8.3　Linux 进程和线程的发展

1999 年 1 月发布的 Linux 2.2 内核中，进程是通过系统调用 fork 创建的，新的进程是原来进程的子进程。需要说明的是，在 Linux 2.2 中，不存在真正意义上的线程（Thread）。Linux 中常用的线程 pthread 实际上是通过进程来模拟的。也就是说 Linux 中的线程也是通过 fork 创建的，是"轻"进程。Linux 2.2 默认只允许 4 096 个进程或线程同时运行。高端系统同时要服务上千的用户，所以这显然是一个问题，这个问题一度是阻碍 Linux 进入企业级市场的一大因素。

2001 年 1 月发布的 Linux 2.4 内核消除了这个限制，并且允许在系统运行中动态调整进程数上限。因此，进程数现在只受制于物理内存的多少。在高端服务器上，即使只安装了 512MB 内存，现在也能轻而易举地同时支持 16 000 个进程。

2003 年 12 月发布的 Linux 2.6 内核，进程调度经过重新编写，去掉了以前版本中效率不高的算法。以前，为了决定下一步要运行哪一个任务，进程调度程序要查看每一个准备好的任务，并且经过计算来决定哪一个任务相对来说更为重要。进程标识号（PID）的数目也从 32 000 上升到 10 亿。内核内部的重大改变之一就是 Linux 的线程框架被重写，以使 NPTL(Native POSIX Thread Library）可以运行于其上。对于运行负荷繁重的线程应用的 Pentium Pro 及更先进的处理器而言，这是一个主要的性能提升，也是企业级应用中的很多高端系统一直以来所期待的变化。线程框架的改变包含 Linux 线程空间中的许多新的概念，包括线程组、线程各自的本地存储区、POSIX 风格信号，以及其他改变。改进后的多线程和内存管理技术有助于更好地运行大型多媒体应用软件。

线程和进程在使用上各有优缺点：线程执行开销小，但不利于资源的管理和保护；而进程正相反。同时，线程适合于在对称多处理器的计算机上运行，而进程则可以跨机器迁移。另外进程可以拥有资源，线程共享进程拥有的资源。进程间的切换必须保存在进程控制块 PCB(Process Control Block）中。同个进程的多个线程间的切换不用那么麻烦。

最后以一个实例来作为本文的结束：当你在一台 Linux PC 上打开两个 OICQ，每一个 OICQ 是一个进程；而当你在一个 OICQ 上和多人聊天时，每一个聊天窗口就是一个线程。

9.9　小结

在本章，我们介绍了进程的含义、创建、查看、管理以及如何使用信号操作进程。由于 UNIX/Linux 中的进程位于私有地址空间里，所以它们不会互相干扰。

进程可以捕获大部分信号。根据进程的实现，它可以选择忽略，或者响应期待的操作。但是，有两个信号进程无法捕捉，它们是 KILL 和 STOP。这两个信号可以立即杀死或暂停进程，而被杀死或暂停的进程无法忽略它。

　　发出信号可以使用 kill 命令。

　　我们还介绍了任务调度的执行方式。UNIX/Linux 中存在两种任务调度方式，一种是 crontab，一种是 at。前一种是调度重复性系统任务，后一种是在特定时间调用单个系统任务。

　　虚拟文件系统 proc 也是一大重点。proc 在用户与内核之间开设了接口，展现当前系统状态。用户能从 proc 中获取系统和进程信息，也能够通过 proc 操纵系统。

　　Linux 下可以使用线程。通过 pthread 库，能够开设线程。进程和线程各有优缺点。

　　更多关于进程的知识，需要在实战中不断积累。

LINUX

　　UNIX/Linux 和 Windows 有很大的一个不同，Windows 上的工具大都臃肿且功能繁杂，每个工具都支持特定的专属的格式，工具之间无法交互。而 UNIX/Linux 中的一些工具是几十年来千锤百炼出来的，功能单一但健壮，很多都成为该工具作用域范围内的标准。工具与工具之间可以方便地交互，灵活组合成强大的应用。

　　在本章，我们就要介绍 UNIX/Linux 下的超级工具，这些工具有些能够完成神奇的功能，有些能够大大提高编程的效率。

　　本章涉及的命令有：bash, zsh, ssh, screen, vi, vim。

10.1 不同的 Shell

一般来说，每个 UNIX/Linux 都提供了多种 Shell。其中比较常见的有 Bourne、C 和 Korn Shell。Bash、TC 和 Z Shell 相对比较新，受到许多 UNIX/Linux 新用户的欢迎。当用户登入系统时，一个特定的 Shell 开始执行，这个 Shell 被称为登录 Shell。你可以指定或修改你的登录 Shell，超级用户权限也可以修改主机上其他用户的登录 Shell，或者将登录 Shell 设置为 nologin 禁止该用户登录。

请看下面的 passwd 文件。

```
alloy@ubuntu:~/LinuxShell/ch10$ cat /etc/passwd
root:x:0:0:root:/root:/bin/zsh                              # 解释 1
bin:x:1:1:bin:/bin:/bin/false                               # 解释 2
daemon:x:2:2:daemon:/sbin:/bin/false
mail:x:8:12:mail:/var/spool/mail:/bin/false
ftp:x:14:11:ftp:/home/ftp:/bin/false
nobody:x:99:99:nobody:/:/bin/false
prince:x:1000:100:ollir,13914796669:/home/prince:/bin/zsh
dbus:x:81:81:System message bus:/:/bin/false
hal:x:82:82:HAL daemon:/:/bin/false
avahi:x:84:84:Avahi daemon:/:/bin/false
mysql:x:89:89::/var/lib/mysql:/bin/false
fetchmail:x:90:99:Fetchmail daemon:/var/run/fetchmail:/bin/bash
privoxy:x:42:42::/var/spool/privoxy:/bin/false
http:x:33:33::/srv/http:/bin/false
policykit:x:102:101:PolicyKit:/:/sbin/nologin              # 解释 3
tomcat:x:66:66::/opt/tomcat:/bin/false
snort:x:29:29:Snort user:/var/log/snort:/bin/false
```

alloy@ubuntu:~/LinuxShell/ch10$

关于 passwd 的文件解释如下。

解释 1：此处显示 root 用户的登录 Shell 是 zsh。

解释 2：当把登录 Shell 设置为 false 时，标示禁止此用户在该主机上活动。

解释 3：此处把登录 Shell 指向 nologin。nologin 同样禁止用户在该主机上登录，与 false 不同的是，nologin 并不禁止此用户使用特定系统服务，例如，当管理员想禁止 FTP 用户登录系统时，即可把 FTP 用户设置为 nologin。

10.1.1 修改登录 Shell 和切换 Shell

UNIX/Linux 允许 root 账户修改用户的登录 Shell。修改方式是将/etc/passwd 中该用户对应的记录行最后一个字段修改为其他 Shell。例如，如果我们要将用户 prince 的登录 Shell 修改为 bash，可以这样做，如例 10.1 所示。

例 10.1 修改登录 Shell

```
alloy@ubuntu:~/LinuxShell/ch10$ cat /etc/passwd |grep prince        # 关于 prince 用户的
记录只有 1 条
prince:x:1000:100:ollir,13914796669:/home/prince:/bin/zsh
alloy@ubuntu:~/LinuxShell/ch10$ cp /etc/passwd /etc/passwd.bak
alloy@ubuntu: ~ /LinuxShell/ch10$ cat /etc/passwd | sed '/prince/s/zsh/bash/g'
>/etc/passwd # 解释 1
```

```
alloy@ubuntu:~/LinuxShell/ch10$ cat /etc/passwd |grep prince
prince:x:1000:100:ollir,13914796669:/home/prince:/bin/bash    # 解释 2
alloy@ubuntu:~/LinuxShell/ch10$
```

例 10.1 的解释如下。

解释 1：此处使用了 sed 命令。读取 passwd 文件，使用 sed 的/prince/匹配包含 prince 的行（在第一条命令中已经验证过这样的记录只有一条）。然后用替换命令 s 将 zsh 替换成 bash。最后用重定向覆盖/etc/passwd 文件。需要注意的是在此之前要备份 passwd 文件。

解释 2：此处再次查看 prince 记录，zsh 换成了 bash。

如果已经使用某一个 Shell 作为登录 Shell 登入系统，而你因为某种原因不喜欢这个 Shell，你可以通过命令修改你的 Shell。例如，通过 zsh 命令，你可以将 Shell 转变为 Z Shell。但是此处的 Z Shell 是运行在你的登录的 Shell 上的，即你的登录 Shell 并没有因为这条命令而改变。

我们来看例 10.2。这个例子展示了切换 Shell 的实质。

例 10.2　切换 Shell

```
alloy@ubuntu:~/LinuxShell/ch10$ echo $SHELL          # 显示当前用户的登录 Shell
/bin/zsh                                             # 登录 Shell 为 zsh
alloy@ubuntu:~/LinuxShell/ch10$ echo $0              # 显示当前使用的 Shell 类型
-zsh                                                 # 当前使用的 Shell 也是 zsh
alloy@ubuntu:~/LinuxShell/ch10$ pstree |grep sh      # 查看当前系统中的 Shell 进程结构
    |-login---zsh
    |-sshd-+-sshd---sshd---zsh
    |       `-sshd---sshd---zsh---pstree
alloy@ubuntu:~/LinuxShell/ch10$ bash                 # 使用 bash 命令，切换到 bash
$> echo $SHELL
/bin/zsh                                             # 当前用户的登录 Shell 未变
$> echo $0
bash                                                 # 当前使用的 Shell 变了，从 zsh 边到了
bash
$> pstree |grep sh                                   # 查看当前系统中的 Shell 进程结构
    |-login---zsh
|-sshd-+-sshd---sshd---zsh
    |       `-sshd---sshd---zsh---bash-+-grep
$>
```

例 10.2 揭示了一些切换 Shell 的实质。

➤ 临时切换 Shell 的方法是显式地调用 Shell 命令。例如，想要切换到 bash，则在 Shell 中执行 "bash" 命令。

➤ 查看用户登录 Shell（即 passwd 文件中该用户的最后一个字段对应的 Shell）的命令是"echo $SHELL"，而查看用户当前使用的 Shell 类型的命令是 "echo $0"；

➤ 临时切换 Shell 并不影响用户登录 Shell，换句话说并不修改 passwd 文件，用户下次登录时还是登录到 passwd 文件中指定的 Shell；而用户当前使用的 Shell 会随着命令而改变。

➤ 使用 pstree 查看 Shell 显示了这种临时切换 Shell 的实质。在登录 Shell 上新创建 fork 进程，来执行这个临时 Shell。然后，这个临时 Shell 会接管原来的登录 Shell，控制当前终端的输入、输出。在例 10.2 中，login 进程创建了 Z Shell 进程（登录 Shell），在终端程序中，zsh 创建了临时 shell—bash，用户第二次执行 pstree/grep 时就是在 bash 中执行，故两次 pstree 的打印结果不同。

➤ 所谓的 Shell，其实和 UNIX/Linux 中的 ls、pstree、grep 等命令没什么不同，只是一些可执行程序而已。运行方式和其他外部命令并无二致。

我们能够通过 whereis 命令查看"Shell 可执行文件"的存放位置。

```
alloy@ubuntu:~/LinuxShell/ch10$ whereis bash
bash: /bin/bash /etc/bash.bashrc /usr/share/man/man1/bash.1.gz
alloy@ubuntu:~/LinuxShell/ch10$ whereis zsh
zsh: /bin/zsh /usr/lib/zsh /usr/share/zsh /usr/man/man1/zsh.1 /usr/share/man/man1/
zsh.1.gz
alloy@ubuntu:~/LinuxShell/ch10$
```

10.1.2　选择 Shell

我们曾经提过 Shell 的含义。Shell 本质上是一个解释程序。这可能使你明白为什么有这么多不同的 Shell。程序由于用户的需要，会随着时间增长进行进化和分支，以满足不同需求的客户。Shell 程序就是这种进化的典型。

图 10-1 展现了 Shell 的进化史。在这张图中，列出了常见的 Shell 以及它们在 Shell 进化史中的位置，按照层级的不同显示 Shell 的家谱。Bourne Shell(sh)位于主 Shell 家族中"祖母"的位置，它的功能是最弱的。在层级近顶的是 Korn Shell(ksh)，它包含了所有 Bourne Shell 的功能，并且支持了更多的其他功能。而 rc Shell 和 Z Shell(zsh)和 sh 家族关联比较少，所以位于主家族之外。

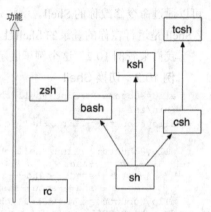

图 10-1　Shell 家族图谱

表 10-1 包含了最常用的 Shell 以及它们在系统中的位置和这些 Shell 的程序名。

表 10-1　Shell 的位置与程序名称

常用的 Shell	系统中的位置	程序（命令）名称
rc	/bin/rc	rc
Bourne Shell	/bin/sh	sh
C Shell	/bin/csh	csh
Bourne Again Shell	/bin/bash	bash
Z Shell	/bin/zsh	zsh
Korn Shell	/bin/ksh	ksh
TC Shell	/bin/tcsh	tcsh

NOTE:

图 10-1 中提到的 Shell 位置对于绝大多数系统来说都是典型的。如果你在该位置没有找到这个 Shell，有两种可能：一是系统没有安装该 Shell，你需要去网络上下载并安装；二是你的系统版本可能修改了 Shell 的默认位置，请用 whereis 命令查询。例如：

```
alloy@ubuntu:~/LinuxShell/ch10$ whereis zsh
/bin/zsh
```

通过此命令系统会告诉你 Shell 的安装位置。

这么多的 Shell 种类，哪种 Shell 适合你呢？

实际上，大部分 Shell 完成的都是相似的功能。对于初学者来说，它们并没有本质的区别。但是对于某种特定任务来说，使用何种特定 Shell 是重要的。并且，在一次会话中使用多种 Shell 也是常见的，特别对于 Shell 程序员来说。有经验的程序员认为 Bourne 或 Korn Shell 的编程能力较强，因此执行 Shell 脚本时使用他们。而在执行单个命令时，使用 C Shell 或者 Z Shell 是不错的选择。

主要 Shell 的功能的相似点在表 10-2 中。

表 10-2　　　　　　　　　　　　　　Shell 功能的相似点

功能	描述
执行	执行程序和命令的能力
输入、输出	控制程序和命令的输入和输出
编程	执行程序和命令序列的能力

表 10-3 展现了不同 Shell 之间功能支持的差异，这些功能可能是让你选择某一个，而不选择另一个的原因。这张表并不是包含了所有 Shell 可能的特性，不同操作系统和同一 Shell 的不同 Shell 版本都可能对其所支持的功能做些删减和修改。

表 10-3　　　　　　　　　　　　Shell 支持的功能列表及比较

功能\Shell	sh	csh	ksh	bash	tcsh	zsh	rc	es
任务控制	N	Y	Y	Y	Y	Y	N	N
别名	N	Y	Y	Y	Y	Y	N	N
Shell 函数	Y[1]	N	Y	Y	N	Y	Y	Y
强大的 I/O 重定向	Y	N	Y	Y	N	Y	Y	Y
目录栈	N	Y	Y	Y	Y	Y	F	F
命令历史记录	N	Y	Y	Y	Y	Y	L	L
命令行编辑	N	N	Y	Y	Y	Y	L	L
vi-like 的命令行编辑	N	N	Y	Y	Y[3]	Y	L	L
Emacs-like 的命令行编辑	N	N	Y	Y	Y	Y	L	L
可重新绑定的命令行编辑	N	N	N	Y	Y	Y	L	L
用户名查询	N	Y	Y	Y	Y	Y	L	L
登入/登出监视	N	N	N	N	Y	Y	F	F
文件名自动补全	N	Y[1]	Y	Y	Y	Y	L	L
用户名自动补全	N	Y[2]	Y	Y	Y	Y	L	L
主机名自动补全	N	Y[2]	Y	Y	Y	Y	L	L
历史命令自动补全	N	N	N	Y	Y	Y	L	L
可编程的补全方式	N	N	N	N	Y	Y	N	N
邮箱补全	N	N	N	N[4]	N[6]	N[6]	N	N
Co Processes 支持	N	N	Y	N	N	Y	N	N
内建计算支持	N	N	Y	Y	Y	Y	N	N
自动跳转符号链接	N	N	Y	Y	Y	Y	N	N
周期性执行命令	N	N	N	N	Y	Y	N	N

续表

功能\Shell	sh	csh	ksh	bash	tcsh	zsh	rc	es
提示符定制	N	N	Y	Y	Y	Y	Y	Y
键盘键位修改	N	N	N	N	N	Y	N	N
拼写检查	N	N	N	N	Y	Y	N	N
过程替换	N	N	N	Y[2]	N	Y	Y	Y
语法高亮	sh	csh	sh	sh	csh	sh	rc	rc
随时可用	N	N	N[5]	Y	Y	Y	Y	Y
检查邮箱	N	Y	Y	Y	Y	Y	F	F
tty 检查	N	N	N	N	Y	Y	N	N
操作长参数列表	Y	N	Y	Y	Y	Y	Y	Y
使用非交互启动文件	N	Y	Y[7]	Y[7]	Y	Y	N	N
使用非登录启动文件	N	Y	Y[7]	Y	Y	Y	N	N
避免用户启动文件	N	Y	N	N	N	N	Y	Y
可指定启动文件	N	N	Y	Y	N	N	N	N
低层命令重定义	N	N	N	N	N	N	N	Y
包含同步函数	N	N	N	N	N	N	Y	N
参数列表	N	Y	Y	Y	Y	Y	Y	Y
完整的信号处理	Y	N	Y	Y	Y	Y	Y	Y
文件保护	N	Y	Y	Y	Y	Y	N	F
本地参数	N	N	Y	Y	Y	Y	Y	Y
处理异常	N	N	N	N	N	N	N	Y

关于表 10-3 中字母的含义如下。

Y   此 Shell 支持该功能

N   此 Shell 不支持该功能

F   此功能必须通过 Shell 的函数机制实现

L   必须连接 readline 库才能支持这个功能

关于表 10-3 的部分注释（使用[ ]括起）如下。

[1] 这个特性在原始版本中并不支持，但是现在已经几乎称为标准。

[2] 这个特性非常新，以至于许多 Shell 版本中找不到这个功能，但是，它正逐渐被标准发行版本所吸收。

[3] 许多人认为这个 Shell 命令行编辑对 vi 行为的模拟不够完整。

[4] 这个特性并不是标准，而是由第三方的补丁包提供支持。

[5] 你可以免费获得一个叫"pdksh"的版本，但是这个版本并不包含 AT&T 版本的全部功能。

[6] 这个功能能够通过 Shell 的可编程补全机制实现。

[7] 这个功能只能通过设置 Shell 环境，指定特定文件实现。

10.2 SSH

作为 Shell 程序员，大部分时间都需要登录到远程主机上进行操作。这就必须用到 SSH。传统的网络服务程序，如 ftp、pop 和 telnet 在本质上都是不安全的，因为它们在网络上用明文传送口令和数据，别有用心的人非常容易就可以截获这些口令和数据。而且，这些服务程序的安全验证方式也是有其弱点，很容易受到"中间人"（man-in-the-middle）这种方式的攻击。所谓"中间人"的攻击方式，就是"中间人"冒充真正的服务器接收你的传给服务器的数据，然后再冒充你把数据传给真正的服务器。服务器和你之间的数据传送被"中间人"一转手做了手脚之后，就会出现很严重的问题。

SSH 的英文全称是 Secure Shell。通过使用 SSH，你可以把所有传输的数据进行加密，这样"中间人"这种攻击方式就不可能实现了，而且也能够防止 DNS 和 IP 欺骗。还有一个额外的好处就是传输的数据是经过压缩的，所以可以加快传输的速度。SSH 有很多功能，它既可以代替 telnet，又可以为 ftp、pop、甚至 ppp 提供一个安全的"通道"。

最初，SSH 是由芬兰的一家公司开发的。但是因为受版权和加密算法的限制，现在很多人都转而使用 OpenSSH。OpenSSH 是 SSH 的替代软件，而且是免费的，可以预计将来会有越来越多的人使用它而不是 SSH。

SSH 是由客户端和服务端的软件组成的，有两个不兼容的版本分别是 1.x 和 2.x。用 SSH 2.x 的客户程序是不能连接到 SSH 1.x 的服务程序上去的。OpenSSH 2.x 同时支持 SSH 1.x 和 2.x。

10.2.1 SSH 的安全验证机制

从上面我们知道，SSH 是在本地主机（客户机）和远程主机（服务器）之间建立安全稳定的连接，从而使本地用户能够操作远程主机。那么，SSH 是如何来完成安全验证的呢？

从客户端来看，SSH 提供两种级别的安全验证。

第一种级别（基于口令的安全验证）只要你知道自己账号和口令，就可以登录到远程主机。所有传输的数据都会被加密，但是不能保证你正在连接的服务器就是你想连接的服务器。可能会有别的服务器在冒充真正的服务器，也就是受到"中间人"方式的攻击。

第二种级别（基于密匙的安全验证）需要依靠密匙，也就是你必须为自己创建一对密匙，并把公用密匙放在需要访问的服务器上。如果你要连接到 SSH 服务器上，客户端软件就会向服务器发出请求，请求用你的密匙进行安全验证。服务器收到请求之后，先在你在该服务器的家目录下寻找你的公用密匙，然后把它和你发送过来的公用密匙进行比较。如果两个密匙一致，服务器就用公用密匙加密"质询"（challenge）并把它发送给客户端软件。客户端软件收到"质询"之后就可以用你的私人密匙解密再把它发送给服务器。

用第二种方式登录，本地用户必须知道自己密匙的口令。但是，与第一种级别相比，第二种级别不需要在网络上传送口令。

第二种级别不仅加密所有传送的数据，而且"中间人"这种攻击方式也是不可能奏效的（因为他没有你的私人密匙）。同时，你付出的代价是整个登录的过程可能需要 10 秒。

10.2.2 使用 SSH 登录远程主机

在很多 Linux 的发行版中都没有包括 OpenSSH。但是，我们可以从网络上下载并安装 OpenSSH。

1. 基于口令的登录方法

安装完 OpenSSH 之后，用下面命令测试一下（此处我们使用第一种登录方法）。

例 10.3 安装和测试 OpenSSH

```
alloy@ubuntu:~/LinuxShell/ch10$ ssh-l ollir bugeiqian.com    # 解释 1
The authenticity of host 'bugeiqian.com(a.b.c.d)' can't be established.
RSA key fingerprint is 03:eb:80:fe:07:d9:9d:00:1c:15:37:93:d1:d3:8e:6d.
Are you sure you want to continue connecting (yes/no)? yes    # 解释 2
Warning: Permanently added 'bugeiqian.com' (RSA) to the list of known hosts.
ollir@bugeiqian.com's password:                              # 解释 3
Last login: Wed Apr 11 11:29:04 2007 from localhost.localdomain
$>                                                           # 解释 4
```

例 10.3 的解释如下。

解释 1：通过 ssh 命令连接远程主机。此处的参数-l 指定了远程主机的登录账号为 ollir，而远程主机的域名为 bugeiqian.com。

解释 2：第一次登录如果 OpenSSH 工作正常，你会看到这个提示信息。这是 OpenSSH 告诉你它不知道这台主机，但是你不用担心这个问题，因为你是第一次登录这台主机。输入"yes"。这将把这台主机的"识别标记"加到"~/.ssh/know_hosts"文件中。第二次访问这台主机的时候就不会再显示这条提示信息了。

解释 3：此时，SSH 提示你输入远程主机上你的账号的口令。输入完口令之后，按回车键。

解释 4：这就建立了 SSH 连接，此时命令行返回远程主机 bugeiqian.com 上 ollir 用户的命令行提示符，你就能够像本地 Shell 一样调用这台主机了。

例 10.3 采用了第一种安全验证方式，即直接通过账户和密码登录。但是，这种方式难以避免"中间人"这种形式的攻击。我们可以采用第二种安全验证方式，即使用密匙对。

2. 基于密匙对的登录方法

相比较第一种安全验证方式而言，第二种安全验证方式有如下优势。

➢ 可以只用一个口令就登录到所有你想登录的服务器上。

➢ 可以绕开"中间人"攻击，比第一种验证方式更安全。

使用密匙对的登录方式需要 4 个步骤。本小节我们将对这种登录方式的步骤做简单的介绍，详细的步骤原理，我们将在 10.2.3 小节里为读者介绍。

（1）第一步，生成密钥对。

在这一步骤中，我们将通过 ssh-keygen 生成一对密钥。

例 10.4 生成密匙对

```
alloy@ubuntu:~/LinuxShell/ch10$ ssh-keygen -d                # 解释 1
Generating public/private dsa key pair.
Enter file in which to save the key (/home/ollir/.ssh/id_dsa):
Enter passphrase (empty for no passphrase):                  # 解释 2
Enter same passphrase again:
Your identification has been saved in /home/ollir/.ssh/id_dsa.  # 解释 3
Your public key has been saved in /home/ollir/.ssh/id_dsa.pub.
The key fingerprint is:
77:d1:4f:fb:c0:a2:fe:5b:8f:58:db:f2:12:66:61:bd
```

```
zhangollir@zhang-ollirmatoMacBook-Pro.local
    The key's randomart image is:
    +--[ DSA 1024]----+
    |                 |
    |          .   |
    |           . ...|
    |            oooo|
    |       S . o.ooo|
    |        . o .+E.|
    |          oo..|
    |        .  +o= |
    |           ..+.o++|
    +-----------------+
alloy@ubuntu:~/LinuxShell/ch10$
```

例 10.4 的解释如下。

解释 1：这里使用的是 dsa 格式①的密钥，也可以使用-t rsa 参数指定 rsa 格式。不带参数是针对 ssh1 的密钥格式，现在应该很少人用 ssh1 了。

解释 2：提示输入 passphrase（其实相当于私钥的密码）的时候，按回车键表示不设密码，在这里设置的是非空的密码。

解释 3：这条命令生成两个文件：一个是公钥，另一个是密钥。如果没有修改默认存放路径的话，它们都存放在用户根目录下的.ssh 文件夹中。这两把密钥是一一匹配的。一般而言，公钥被命名为 id_dsa.pub，密钥被命名为 id_dsa。只有当服务器端的公钥和客户机端的密钥匹配上了，才可以建立 SSH 连接。关于具体这两个文件如何使用，我们将会在下面进行讲解。

（2）第二步，把公钥上传到服务器上去。

在这一步骤中，我们会将公钥传到 SSH 服务器上，并将之放置到恰当的位置，以保证当客户端想要建立一个 SSH 连接时，服务器端能够找到正确的公钥与服务器端的密钥进行匹对。如例 10.5 所示。

例 10.5　上传公钥

```
alloy@ubuntu:~/LinuxShell/ch10$ ssh-copy-id-i /home/ollir/.ssh/id_dsa.pub bugeiqian.com
30
ollir@bugeiqian.com password:
Now try logging into the machine, with "ssh 'bugeiqian.com'", and check in:

.ssh/authorized_keys

to make sure we haven't added extra keys that you weren't expecting.
```

一个命令搞定。这条命令将/home/ollir/.ssh /id_dsa.pub 上传到 bugeiqian.com 上，并放置于恰当的位置。当然此时我们仍然需要服务器 ssh 的密码，才能把 pub key 传上去，ssh-copy-id 命令会直接把 key 添加到.ssh/authorized_keys 文件中，这和下面的做法效果是一样的：

```
alloy@ubuntu:~/LinuxShell/ch10$ scp /home/ollir/.ssh/id_dsa.pub ollir@bugeiqian.com
# 解释 1
...
alloy@ubuntu:~/LinuxShell/ch10$ ssh ollir@bugeiqian.com
# 解释 2
...
alloy@ubuntu:~/LinuxShell/ch10$ cat /home/ollir/.ssh/id_dsa.pub >> ~/.ssh/ authorized_keys
# 解释 3
```

关于这个例子的解释如下。

---

① DSA/RSA 的知识将在 10.2.3 小节介绍。

解释 1：我们使用 scp 命令将本地的 id_dsa.pub 文件复制到 bugeiqian.com 服务器上 ollir 用户目录中。

解释 2：使用 ssh 命令，并且使用第一种验证方式登录 bugeiqian.com。

解释 3：将 id_dsa.pub 文件追加到 .ssh/authorized_keys 文件中，服务器下次在客户机要求匹对密钥时，将从 authorized_keys 文件中查找。

（3）第三步，测试自动登录。

我们在终端运行如下命令：

```
alloy@ubuntu:~/LinuxShell/ch10$ ssh bugeiqian.com
Enter passphrase for key '/home/ollir/.ssh/id_dsa':
......（登录成功）
```

这就是使用密匙对登录远程主机的方法。在此，你只需要提供第一步骤时输入的 passphrase 就可以了，而不需要输入 ollir@bugeiqian.com 的账户密码。因此，你能够对许多主机采用相同的 passphrase。

（4）第四步，去掉 passphrase。

在第三步中，ssh 虽然无须再输入用户密码，但仍然要输入私钥的 passphrase，这和输入 ssh 密码一样麻烦，我们可以回到第一步，生成一对没有 passphrase 的密钥来用，虽然安全性下降了些，倒是非常方便。

关于采用密匙对登录远程主机的方式，有如下安全建议。

➢ 如果条件允许，使用带有 passphrase 的密钥，配合 ssh-agent 和 keychain 使用。

➢ 如果需要从不同的计算机登录服务器，最好使用不一样的密钥对。

➢ 记得定期更换密钥对，切记。

10.2.3　OpenSSH 密钥管理

我们在 10.2.2 小节中介绍生成密匙对时，调用 ssh-keygen 曾经使用 -d 参数。这表明使用的是 dsa 格式的密钥。当然，也能够使用 -t rsa 参数来生成 RSA 格式的密钥。那么，此处的 RSA/DSA 分别表示什么含义呢？

1．什么是 RSA/DSA 认证

SSH，特别是 OpenSSH（完全免费的 SSH 的实现），是一个不可思议的工具。类似于 telnet 或 rsh，ssh 客户程序也可以用于登录到远程机器。所要求的只是该远程机器正在运行 sshd，即 ssh 服务器进程。但是，与 telnet 不同的是，ssh 协议非常安全。加密数据流，确保数据流的完整性，甚至安全可靠的进行认证它都使用了专门的算法。

然而，虽然 ssh 的确很棒，但还是有一个 ssh 功能组件常常被忽略、被危险的误用或者简直就是被误解。这个组件就是 OpenSSH 的 RSA/DSA 密钥认证系统，它可以代替 OpenSSH 默认使用的标准安全密码认证系统。

OpenSSH 的 RSA 和 DSA 认证协议的基础是一对专门生成的密钥，分别叫做专用密钥和公用密钥。使用这些基于密钥的认证系统的优势在于，在许多情况下，不必手工输入密码就能建立起安全的连接。

尽管基于密钥的认证协议相当安全，但是当用户并不完全了解这些简化操作对安全性的影响，为了方便而使用某些简化操作时，就会出现问题。本文中，我们将详细讨论如何正确使用 RSA 和

DSA 认证协议，使我们不会冒任何不必要的安全性风险。在后面我们将讲解如何使用 ssh-agent 隐藏已经解密的专用密钥，还将介绍 keychain，它是 ssh-agent 的前端，可以在不牺牲安全性的前提下提供许多便利。

我们中有许多人把优秀的 OpenSSH 用作古老的 telnet 和 rsh 命令的替代品，OpenSSH 不仅是安全的而且是加密的。OpenSSH 更加吸引人的特性之一是它能够使用基于一对互补的数字式密钥的 RSA 和 DSA 认证协议来认证用户。RSA 和 DSA 认证承诺不必提供密码就能够同远程系统建立连接，这是它的主要魅力之一。虽然这非常吸引人，但是 OpenSSH 的新用户们常常以一种快速却不完善的方式配置 RSA/DSA，结果虽然实现了无密码登录，却也在此过程中开了一个很大的安全漏洞。

2. RSA/DSA 密钥的工作原理

下面从整体上简单介绍了 RSA/DSA 密钥的工作原理。让我们从一种假想的情形开始，假定我们想用 RSA 认证允许一台本地的 Linux 工作站（称作 localbox）打开 remotebox 上的一个远程 Shell，remotebox 是我们的 ISP 的一台机器。此刻，当我们试图用 ssh 客户程序连接到 remotebox 时，我们会得到如下提示：

```
alloy@ubuntu:~/LinuxShell/ch10$ ssh ollir@remotebox        # 使用 ssh 连接 remotebox
主机
ollir@remotebox's password:
alloy@ubuntu:~/LinuxShell/ch10$
```

此处我们看到的是 ssh 处理认证的默认方式的一个示例。换句话说，它要求我们输入 remotebox 上的 ollir 这个账户的密码。如果我们输入我们在 remotebox 上的密码，ssh 就会用安全密码认证协议，把我们的密码传送给 remotebox 进行验证。但是，和 telnet 的情况不同，这里我们的密码是加密的，因此它不会被偷看到我们数据连接的人截取。当 remotebox 把我们提供的密码同它的密码数据库相对照进行认证，成功的话，我们就会被允许登录，还会有一个 remotebox 的 Shell 提示欢迎我们。虽然 ssh 默认的认证方法相当安全，RSA 和 DSA 认证却为我们开创了一些新的潜在的机会。

但是，与 ssh 安全密码认证不同的是，RSA 认证需要一些初始配置。我们只需要执行这些初始配置步骤一次。之后，localbox 和 remotebox 之间的 RSA 认证就毫不费力了。要设置 RSA 认证，首先得生成一对密钥，一把专用密钥和一把公用密钥。这两把密钥有一些非常有趣的性质。公用密钥用于对消息进行加密，只有拥有专用密钥的人才能对该消息进行解密。公用密钥只能用于加密，而专用密钥只能用于对由匹配的公用密钥编码的消息进行解密。RSA（和 DSA）认证协议利用密钥对的这些特殊性质进行安全认证，并且不需要在网上传输任何保密的信息。

要应用 RSA 或者 DSA 认证，我们要执行一步一次性的配置步骤。我们把公用密钥复制到 remotebox。公用密钥之所以被称作是"公用的"有一个原因。因为它只能用于对那些传递给我们的消息进行加密，所以，不需要太担心它会落入其他人手中。一旦我们的公用密钥已经被复制到 remotebox 并且为了 remotebox 的 sshd 能够定位它而把它放在一个专门的文件（～/.ssh/authorized_keys）里，我们就为使用 RSA 认证登录到 remotebox 上做好准备了。

用 RSA 登录的时候，我们只要在 localbox 的控制台输入 ssh ollir@remotebox，就像我们常做的一样。可这一次，ssh 告诉 remotebox 的 sshd，它想使用 RSA 认证协议。接下来发生的事情非常有趣。Remotebox 的 sshd 会生成一个随机数，并用我们先前复制过去的公用密钥对这个随机数进行加密。然后，sshd 把加密了的随机数发回给正在 localbox 上运行的 ssh。接下来，ssh 用专用密钥对这个随机数进行解密，再把它发回给 remotebox，实际上等于在说："瞧，我确实有匹配的专用密钥，我能成功的对您的消息进行解密！"最后，sshd 得出结论，既然持有匹配的专用密钥，就应当允许登录。因此，我们有匹配的专用密钥这一事实授权我们访问 remotebox。

3．两项注意事项

关于 RSA 和 DSA 认证有两项重要的注意事项。第一项是我们只需要生成一对密钥。我们可以把我们的公用密钥复制到想要访问的那些远程机器上，它们都会根据我们的那把专用密钥进行恰当的认证。换句话说，我们并不需要为想要访问的每个系统都准备一对密钥。只要一对就足够了。

另一项注意事项是专用密钥不应落入其他人手中。正是专用密钥授权我们访问远程系统，任何拥有我们的专用密钥的人都会被授予和我们完全相同的特权。如同我们不想让陌生人有我们的住处的钥匙一样，我们应该保护我们的专用密钥以防未授权的使用。在比特和字节的世界里，这意味着没有人是本来就应该能读取或是复制我们的专用密钥的。

ssh 的开发者们当然知道专用密钥的重要性，而且他们已经在 ssh 和 ssh-keygen 里加入了一些防范措施，以防止我们的专用密钥被滥用。首先，ssh 被设置成了如果我们的密钥的文件权限允许除我们之外的任何人读取密钥，就打印出一条大大的警告消息。其次，在我们用 ssh-keygen 创建公用/专用密钥对的时候，ssh-keygen 会要求我们输入一个密码短语。如果我们输入了密码短语，ssh-keygen 就会用该密码短语加密我们的专用密钥，这样，即使专用密钥被盗，对于那些碰巧不知道密码短语的人而言，这把专用密钥也是毫无用处的。具备了这一知识后，让我们看一下如何设置 ssh 以应用 RSA 和 DSA 认证协议。

4．ssh-keygen 细探

设置 RSA 认证的第一步从生成一对公用和专用密钥对开始。RSA 认证是 ssh 密钥认证的最初形式，因此 RSA 应该可以用于 OpenSSH 的所有版本，尽管这样，还是推荐安装可用的最新版本。生成一对 RSA 密钥的方法如例 10.6 所示。

例 10.6　生成 RSA 密钥对

```
alloy@ubuntu:~/LinuxShell/ch10$ ssh-keygen          # 默认情况下，生成的是 RSA 密钥对
Generating public/private rsa1 key pair.
Enter file in which to save the key (/home/ollir/.ssh/identity): (hit enter)
Enter passphrase (empty for no passphrase): (enter a passphrase)
Enter same passphrase again: (enter it again)
Your identification has been saved in /home/ollir/.ssh/identity.
Your public key has been saved in /home/ollir/.ssh/identity.pub.
The key fingerprint is:
a4:e7:f2:39:a7:eb:fd:f8:39:f1:f1:7b:fe:48:a1:09 ollir@localbox
alloy@ubuntu:~/LinuxShell/ch10$
```

当 ssh-keygen 要求输入存放密钥的默认位置时，我们按回车键接受默认的位置：/home/ollir/.ssh/identity。ssh-keygen 将把专用密钥保存在此路径中，公用密钥就存在于紧临它的一个叫做 identity.pub 的文件里。

注意，ssh-keygen 还提示过我们输入密码短语（passphrase）。当时我们输入了一个好的密码短语（七位或者更多位难以预测的字符）。然后 ssh-keygen 用这个密码短语加密了我们的专用密钥（~/.ssh/identity），以使我们的专用密钥对于那些不知道这个密码短语的人将变得毫无用处。

5. 追求快速的折衷方案

当我们指定密码短语（passphrase）时，虽然这使得 ssh-keygen 保护我们的专用密钥以防误用，但是也带来了一点小小的不便。现在，每当我们试图用 ssh 连接到 ollir@remotebox 账户时，ssh 都会提示我们输入该密码短语以便它能对我们的专用密钥进行解密，并使用我们的专用密钥进行 RSA 认证。此外，我们输入的不是 remotebox 上 ollir 账户的密码，而是在本地机器上对专用密钥进行解密所需的密码短语。一旦我们的专用密钥被解密，我们的 ssh 客户程序就会处理其余的事情。虽然使用我们的远程密码和使用 RSA 密码短语的机制完全不同，但实际上还是会提示我们输入一个"保密的短语"给 ssh。

```
alloy@ubuntu:~/LinuxShell/ch10$ ssh ollir@remotebox
Enter passphrase for key '/home/ollir/.ssh/identity': (enter passphrase)   # 要求密码
短语
Last login: Thu Jun 28 20:28:47 2001 from localbox.gentoo.org

Welcome to remotebox!

alloy@ubuntu:~/LinuxShell/ch10$          # 登录成功，此处已经是 remotebox 上的 Shell 提示符
```

这就是人们经常会被误导而导致追求快速的折衷方案的地方。很多时候，仅仅是为了不必输入密码，人们就会创建不加密的专用密钥（使用 ssh-keygen 命令时，要求输入 passphrase 步骤，直接按回车键）。那样的话，他们只要输入 ssh 命令，立刻就会通过 RSA（或是 DSA）认证并登录。就像这样：

```
alloy@ubuntu:~/LinuxShell/ch10$ ssh ollir@remotebox
# 此处未被要求输入 passphrase
Last login: Thu Jun 28 20:28:47 2001 from localbox.gentoo.org

Welcome to remotebox!

alloy@ubuntu:~/LinuxShell/ch10$          # 已经成功登录
```

然而，尽管这样很方便，但是在还没有完全理解这种方法对安全性的影响时，不建议使用。如果有人在某一时刻闯入了 localbox，一把不加密的专用密钥使得他们也有权访问 remotebox 以及其他所有用这把公用密钥配置过的系统。

我知道你在想些什么。无密码认证，虽然有点冒险，可看起来的确很诱人。我完全同意。但是，还有更好的办法！请相信我，下面将展示如何既可以享受到无密码认证的好处，又不必牺牲专用密钥的安全性。在下面的章节里，我还将向您展示如何熟练的使用 ssh-agent（正是它最先使得安全无密码认证成为可能）。我们在 10.2.2 小节已经介绍了如何生成密钥对，并将公用密钥上传到服务器，使用 SSH 登录服务器。现在，我们已经为 ssh-agent 做好了准备。

6. 介绍 ssh-agent

ssh-agent 是专门为令人愉快又安全的处理 RSA 和 DSA 密钥而设计的特殊程序，它包括在 OpenSSH 软件包中。不同于 ssh，ssh-agent 是个长时间持续运行的守护进程（daemon），设计它的唯一目的就是对解密的专用密钥进行高速缓存。

ssh 包含的内建支持允许它同 ssh-agent 通信，允许 ssh 不必每次新连接时都提示您要密码才能获取解密的专用密钥。对于 ssh-agent，您只要使用 ssh-add 把专用密钥添加到 ssh-agent 的高速缓存中。这是个一次性过程；用过 ssh-add 之后，ssh 将从 ssh-agent 中获取你的专用密钥，而不会提示输入密码短语了。

（1）使用 ssh-agent。

让我们看一下整个 ssh-agent 密钥高速缓存系统的工作过程。ssh-agent 启动时，在脱离 Shell（外壳程序）并继续在后台运行之前它会输出一些重要的环境变量。以下是 ssh-agent 开始时生成的输出的一些示例。

例 10.7　运行 ssh-agent

```
alloy@ubuntu:~/LinuxShell/ch10$ ssh-agent          # 运行 ssh-agent，输出两个变量值
SSH_AUTH_SOCK=/tmp/ssh-XX4LkMJS/agent.26916; export SSH_AUTH_SOCK;
SSH_AGENT_PID=26917; export SSH_AGENT_PID;
echo Agent pid 26917;
alloy@ubuntu:~/LinuxShell/ch10$
```

正如我们所看到的，事实上 ssh-agent 的输出是一系列 bash 命令；如果这些命令被执行，则将设置两个环境变量：SSH_AUTH_SOCK 和 SSH_AGENT_PID。内含的 export 命令使这些环境变量对之后运行的任何附加命令都可用。唔，如果 Shell 真对这些行进行计算，这一切才会发生，但是此时它们只是被打印到标准输出（stdout）而已。要使之确定，我们可以像下面这样调用 ssh-agent：

```
alloy@ubuntu:~/LinuxShell/ch10$ eval `ssh-agent`
```

这个命令先让 bash 运行 ssh-agent 后对 ssh-agent 的输出进行计算（通过 eval 命令）。Shell 以这种调用方式（使用反引号，而不是普通的单引号）设置并导出 SSH_AGENT_PID 及 SSH_AUTH_SOCK 变量，使这些变量对于我们在登录会话期间启动的所有新进程都可用。

启动 ssh-agent 的最佳方式就是把上面这行添加到～/.bash_profile 中；这样，在登录 Shell 中启动的所有程序都将看到环境变量，而且能够定位 ssh-agent，并在需要的时候向其查询密钥。尤其重要的环境变量是 SSH_AUTH_SOCK；SSH_AUTH_SOCK 包含有 ssh 和 scp 可以用来同 ssh-agent 建立对话的 UNIX 域套接字的路径。

（2）使用 ssh-add。

但是 ssh-agent 启动时高速缓存当然是空的，里面不会有解密的专用密钥。在我们真能使用 ssh-agent 之前，首先还需要使用 ssh-add 命令把我们的专用密钥添加到 ssh-agent 的高速缓存中。例 10.8，使用 ssh-add 把～/.ssh/identity 专用 RSA 密钥添加到 ssh-agent 的高速缓存中：

例 10.8　添加密钥到 ssh-agent 缓存中

```
alloy@ubuntu:~/LinuxShell/ch10$ ssh-add ~/.ssh/identity       # 添加 RSA 密钥到
ssh-agent 缓存中
Need passphrase for /home/drobbins/.ssh/identity
Enter passphrase for /home/drobbins/.ssh/identity
(enter passphrase)
alloy@ubuntu:~/LinuxShell/ch10$
```

正如我们所看到的，ssh-add 要密码短语来对专用密钥进行解密并存储在 ssh-agent 的高速缓存中以备使用。一旦已经用 ssh-add 把专用密钥（或多个密钥）添加到 ssh-agent 的高速缓存中，并在当前的 Shell 中（如果在～/.bash_profile 中启动 ssh-agent，情况应当是这样）定义 SSH_AUTH_SOCK，那么就可以使用 scp 和 ssh 同远程系统建立连接而不必提供密码短语。

10.2.4　配置 SSH

配置 SSH 分成两个部分：一部分是客户端的 SSH 配置，另一部分是服务器端 SSH 配置。

1．配置客户端的软件

OpenSSH 有 3 种配置方式：命令行参数、用户配置文件和系统级的配置文件（/etc/ssh/ssh_config）。

命令行参数优先于配置文件，用户配置文件优先于系统配置文件。所有的命令行的参数都能在配置文件中设置。因为在安装的时候没有默认的用户配置文件，所以要把"/etc/ssh/ssh_config"复制并重新命名为"~/.ssh/config"。

标准的配置文件是这样的：

```
[lots of explanations and possible options listed]
# Be paranoid by default
# Host 下面会讲解
Host *
# 设置连接是否经过验证代理（如果存在）转发给远程计算机
ForwardAgent no               # 设置代理程序转发
# 设置 X11 连接是否被自动重定向到安全的通道和显示 DISPLAY
ForwardX11 no                 # 设置图形界面（X11）转发
# 如果用 ssh 连接出现错误是否自动使用 rsh
FallBackToRsh no
```

还有很多选项的设置可以用"man ssh"查看"CONFIGURATION FILES"这一章。

配置文件是按顺序读取的。先设置的选项先生效。

我们举一个例子来讲解客户端 ssh 的配置。假定你在 www.foobar.com 上有一个名为"Bilbo"的账号。而且你要把"ssh-agent"和"ssh-add"结合起来使用并且使用数据压缩来加快传输速度。因为主机名太长了，你懒得输入这么长的名字，用"fbc"作为"www.foobar.com"的简称。你的配置文件可以是这样的：

```
Host *fbc
HostName www.foobar.com
User bilbo
ForwardAgent yes
Compression yes
# Be paranoid by default
Host *
ForwardAgent no
ForwardX11 no
FallBackToRsh no
```

输入"ssh fbc"之后，SSH 会自动从配置文件中找到主机的全名（根据 Hostame），用你的用户名登录并且用"ssh-agent"管理的密匙进行安全验证。这样很方便吧！

用 SSH 连接到其他远程计算机用的还是"paranoid"（偏执）默认设置。如果有些选项没有在配置文件或命令行中设置，那么还是使用默认的"paranoid"设置。

在上面举的例子中，对于到 www.foobar.com 的 SSH 连接中，"ForwardAgent"和"Compression"被设置为"Yes"；其他的设置选项（如果没有用命令行参数），如"ForwardX11"和"FallBackToRsh"都被设置成"No"。

以下是一些需要注意的其他设置选项。

➤ CheckHostIP yes 这个选项用来进行 IP 地址的检查以防止 DNS 欺骗。

➤ CompressionLevel 压缩的级别从"1"（最快）到"9"（压缩率最高）。默认值为"6"。

➤ ForwardX11 yes 为了在本地运行远程的 X 程序必须设置这个选项。

➤ LogLevel DEBUG 当 SSH 出现问题的时候，这选项就很有用了。默认值为"INFO"。

2．配置服务端的软件

SSH 服务器的配置使用的是"/etc/ssh/sshd_config"配置文件，这些选项的设置在配置文件中已经有了一些说明而且用"man sshd"也可以查看帮助。请注意 OpenSSH 对于 SSH 1.x 和 SSH 2.x 没有不同的配置文件。

在默认的设置选项中需要注意的有以下内容。

➤ PermitRootLogin yes　最好把此选项设置成 "PermitRootLogin without-password"，这样 "root" 用户就不能从没有密匙的计算机上登录。将此选项设置成 "no" 将禁止 "root" 用户登录，只能用 "su" 命令从普通用户转成 "root" 用户。

➤ X11Forwarding no　把此选项设置成 "yes" 允许用户运行远程主机上的 X 程序。就算禁止这个选项也不能提高服务器的安全因为用户可以安装他们自己的转发器（forwarder），请参看 "man sshd"。

➤ PasswordAuthentication yes　把此选项设置为 "no" 只允许用户用基于密匙的方式登录。这当然会给那些经常需要从不同主机登录的用户带来麻烦，但是这能够在很大程度上提高系统的安全性。基于口令的登录方式有很大的弱点。

➤ Subsystem /usr/local/sbin/sftpd　把路径名设置成 "/usr/bin/sftpserv"，用户就能使用 "sftp"（安全的 FTP，sftpserv 在 sftp 软件包中）了。因为很多用户对 FTP 比较熟悉而且 "scp" 用起来也有一些麻烦，所以 "sftp" 还是很有用的。而且 2.0.7 版本以后的图形化的 ftp 工具 "gftp" 也支持 "sftp"。

10.2.5　使用 SSH 工具套装复制文件

SSH 提供了本地登录远程主机操作的方法。同时，SSH 也提供在客户端和服务器端复制文件的方式。一般来说，共有 4 种方法可以达到文件复制的目的。

1. 用 "scp" 复制文件

SSH 提供了一些命令和 Shell 用来登录远程服务器。在默认情况下它不允许你复制文件，但还是提供了一个 "scp" 命令。

假定要把本地计算机当前目录下的一个名为 "dumb" 的文件复制到远程服务器 www.foobar.com 上家的目录下。而且远程服务器上的账号名为 "Bilbo"。可以用这个命令，如例 10.9 所示。

例 10.9　使用 scp 复制文件

```
# 将 dumb 文件复制到 www.foobar.com 主机上 bilbo 账户的根目录
alloy@ubuntu:~/LinuxShell/ch10$ scp dumb bilbo@www.foobar.com:.
```

把文件复制回来用这个命令：

```
# 将 dumb 文件从 www.foobar.com 主机上 bilbo 账户的根目录下复制到本地
alloy@ubuntu:~/LinuxShell/ch10$ scp bilbo@www.foobar.com:dumb .
```

"scp" 调用 SSH 进行登录，然后复制文件，最后调用 SSH 关闭这个连接。

当然，这样的命令有点麻烦。但是如果在你的 "~/.ssh/config" 文件中已经为 www.foobar.com 做了这样的配置（参见 10.2.4 小节 "配置 SSH"）：

```
Host *fbc
HostName www.foobar.com
User bilbo
ForwardAgent yes
```

那么你就可以用 "fbc" 来代替 "bilbo@www.foobar.com"，命令就简化为 "scp dumb fbc:."。

"scp" 假定你在远程主机上的家目录为你的工作目录。如果你使用相对目录就要相对于家目录。用 "scp" 命令的 "-r" 参数允许递归地复制目录。"scp" 也可以在两个不同的远程主机之间复制文件。

有时候你可能会试图做这样的事：用 SSH 登录到 www.foobar.com 上之后，输入命令 "scp [local machine]:dumb ." 想用它把本地的 "dumb" 文件复制到当前登录的远程服务器上。这时候你会看到下面的出错信息：

```
ssh: secure connection to [local machine] refused
```

之所以会出现这样的出错信息是因为你运行的是远程的"scp"命令，它试图登录到在你本地计算机上运行的 SSH 服务程序。所以，最好在本地运行"scp"，除非你的本地计算机也运行 SSH 服务程序。

2．用"sftp"复制文件

如果你习惯使用 ftp 的方式复制文件，可以试着用"sftp"。"sftp"建立用 SSH 加密的安全的 FTP 连接通道，允许使用标准的 ftp 命令。另一个好处就是"sftp"允许你通过"exec"命令运行远程的程序。从 2.0.7 版以后，图形化的 ftp 客户软件"gftp"就支持"sftp"。

如果远程的服务器没有安装 sftp 服务器软件"sftpserv"，可以把"sftpserv"的可执行文件复制到远程的家目录中（或者在远程计算机的 $PATH 环境变量中设置的路径）。"sftp"会自动激活这个服务软件，你没有必要在远程服务器上有什么特殊的权限。

3．用"rsync"复制文件

"rsync"是用来复制、更新和移动远程和本地文件的一个有用的工具，很容易就可以用"-e ssh"参数和 SSH 结合起来使用。"rsync"的一个优点就是，不会复制全部的文件，只会复制本地目录和远程目录中有区别的文件。而且它还使用很高效的压缩算法，这样复制的速度就很快。

4．用"加密通道"的 ftp 复制文件

如果你坚持要用传统的 FTP 客户软件。SSH 可以为几乎所有的协议提供"安全通道"。FTP 是一个有点奇怪的协议（例如，需要两个端口）而且不同的服务程序和服务程序之间、客户程序和客户程序之间还有一些差别。

实现"加密通道"的方法是使用"端口转发"。你可以把一个没有用到的本地端口（通常大于1 000）设置成转发到一个远程服务器上，然后只要连接本地计算机上的这个端口就可以。有一点复杂，是吗？

其实一个基本的做法就是，转发一个端口，让 SSH 在后台运行，命令为：

```
alloy@ubuntu: ~/LinuxShell/ch10$ ssh [user@remote host]-f-L 1234:[remote host]:21
tail-f /etc/motd
```

接着运行 FTP 客户，把它设置到指定的端口：

```
alloy@ubuntu:~/LinuxShell/ch10$ lftp-u [username]-p 1234 localhost
```

当然，用这种方法很麻烦而且很容易出错。所以最好使用前三种方法。

10.3　screen 工具

你是不是经常需要 SSH 或者 telent 远程登录到 Linux 服务器？你是不是经常为一些长时间运行的任务而头疼，如系统备份、ftp 传输，等等。通常情况下我们都是为每个这样的任务开一个远程终端窗口，因为他们执行的时间太长了。必须等待它执行完毕，在此期间可不能关掉窗口或者断开连接，否则这个任务就会被杀掉，最终一切半途而废了。

10.3.1　任务退出的元凶：SIGHUP 信号

让我们来看看为什么关掉窗口或断开连接会使得正在运行的程序死掉。

Linux/Unix 中的进程组和会话期。

➢ 进程组（process group）：一个或多个进程的集合，每一个进程组有唯一一个进程组 ID，即进程组长进程的 ID。

➢ 会话期（session）：一个或多个进程组的集合，有唯一一个会话期首进程（session leader）。会话期 ID 为首进程的 ID。

会话期可以有一个单独的控制终端（controlling terminal）。与控制终端连接的会话期首进程叫做控制进程（controlling process）。当前与终端交互的进程称为前台进程组。其余进程组称为后台进程组。

根据 POSIX.1 定义：

➢ 挂断信号（SIGHUP）默认的动作是终止程序；

➢ 当终端接口检测到网络连接断开，将挂断信号发送给控制进程（会话期首进程）；

➢ 如果会话期首进程终止，则该信号发送到该会话期前台进程组；

➢ 一个进程退出导致一个孤儿进程组产生时，如果任意一个孤儿进程组进程处于 STOP 状态，发送 SIGHUP 和 SIGCONT 信号到该进程组中的所有进程。

因此，当网络断开或终端窗口关闭后，控制进程收到 SIGHUP 信号退出时，会导致该会话期内其他进程退出。我们来看一个例子。

例 10.10　为什么连接终端则任务退出

打开两个 SSH 终端窗口，在其中一个上运行 top 命令。

```
alloy@ubuntu:~/LinuxShell/ch10$ top
```

在另一个终端窗口，找到 top 的进程 ID 为 5180，其父进程 ID 为 5128，即登录 Shell。

```
alloy@ubuntu:~/LinuxShell/ch10$ ps-ef|grep top
root     5180  5128  0 01:03 pts/0    00:00:02 top
root     5857  3672  0 01:12 pts/2    00:00:00 grep top
```

使用 pstree 命令可以更清楚地看到这个关系。

```
alloy@ubuntu:~/LinuxShell/ch10$ pstree-H 5180|grep top
|-sshd-+-sshd---bash---top
```

使用 ps-xj 命令可以看到，登录 Shell（PID 5128）和 top 在同一个会话期，Shell 为会话期首进程，所在进程组 PGID 为 5128，top 所在进程组 PGID 为 5180，为前台进程组。

```
alloy@ubuntu:~/LinuxShell/ch10$ ps-xj|grep 5128
 5126  5128  5128  5128 pts/0    5180 S       0  0:00-bash
 5128  5180  5180  5128 pts/0    5180 S       0  0:50 top
 3672 18095 18094  3672 pts/2   18094 S       0  0:00 grep 5128
```

关闭第一个 SSH 窗口，在另一个窗口中可以看到 top 也被杀掉了。

```
alloy@ubuntu:~/LinuxShell/ch10$ ps-ef|grep 5128
 root    18699  3672  0 04:35 pts/2    00:00:00 grep 5128
```

如果我们可以忽略 SIGHUP 信号，关掉窗口应该就不会影响程序的运行了。nohup 命令可以达到这个目的，如果程序的标准输出或标准错误是终端，nohup 默认将其重定向到 nohup.out 文件。值得注意的是 nohup 命令只是使得程序忽略 SIGHUP 信号，还需要使用标记&把它放在后台运行。

```
alloy@ubuntu:~/LinuxShell/ch10$ nohup <command> [argument…] &
```

虽然 nohup 很容易使用，但还是比较“简陋”的，对于简单的命令能够应付过来，对于复杂的需要人机交互的任务就麻烦了。

其实我们可以使用一个更为强大的实用程序 screen 来解决这个问题，在 ubuntu 中可以使用 apt-get install 命令来安装 screen 软件，其安装过程说明如下：

```
alloy@ubuntu:~/LinuxShell/ch10$ sudo apt-get install screen
[sudo] password for alloy:
正在读取软件包列表... 完成
正在分析软件包的依赖关系树
正在读取状态信息... 完成
建议安装的软件包:
  byobu
下列【新】软件包将被安装:
  screen
升级了 0 个软件包，新安装了 1 个软件包，要卸载 0 个软件包，有 13 个软件包未被升级。
需要下载 611 KB 的软件包。
解压缩后会消耗掉 1,077 KB 的额外空间。
获取: 1 http://cn.archive.ubuntu.com/ubuntu/ precise/main screen amd64 4.0.3-14ubuntu8
[611 KB]
下载 611 KB，耗时 11 秒 （52.7 KB/s）
Selecting previously unselected package screen.
（正在读取数据库 ... 系统当前共安装有 317 700 个文件和目录。）
正在解压缩 screen（从 .../screen_4.0.3-14ubuntu8_amd64.deb）...
正在处理用于 ureadahead 的触发器...
正在处理用于 install-info 的触发器...
......
```

10.3.2　开始使用 screen

简单来说，screen 是一个可以在多个进程之间多路复用一个物理终端的窗口管理器。screen 中有会话的概念，用户可以在一个 screen 会话中创建多个 screen 窗口，在每一个 screen 窗口中就像操作一个真实的 telnet/SSH 连接窗口那样。在 screen 中创建一个新的窗口有以下几种方式。

1. 直接在命令行输入 screen 命令

```
alloy@ubuntu:~/LinuxShell/ch10$ screen
```

screen 将创建一个执行 Shell 的全屏窗口。屏幕如下:

```
Screen version 4.00.03 (FAU) 23-Oct-06

Copyright (c) 1993-2002 Juergen Weigert, Michael Schroeder
Copyright (c) 1987 Oliver Laumann

This program is free software; you can redistribute it and/or modify it under
the terms of the GNU General Public License as published by the Free Software
Foundation; either version 2, or (at your option) any later version.

This program is distributed in the hope that it will be useful, but WITHOUT
ANY WARRANTY; without even the implied warranty of MERCHANTABILITY or FITNESS
FOR A PARTICULAR PURPOSE. See the GNU General Public License for more details.

You should have received a copy of the GNU General Public License along with
this program (see the file COPYING); if not, write to the Free Software
Foundation, Inc., 59 Temple Place- Suite 330, Boston, MA  02111-1307, USA.

Send bugreports, fixes, enhancements, t-shirts, money, beer & pizza to
screen@uni-erlangen.de

                    [Press Space or Return to end.]
```

按回车键，然后出现 Shell 提示符。你可以执行任意 Shell 程序，就像在 ssh 窗口中那样。在该窗口中单击 exit 按钮退出该窗口，如果这是该 screen 会话的唯一窗口，该 screen 会话退出，否则 screen 自动切换到前一个窗口。

2. screen 命令后跟你要执行的程序

```
alloy@ubuntu:~/LinuxShell/ch10$ screen vim test.c
```

通过这条命令，screen 创建一个执行 vi mtest.c 的单窗口会话，退出 vi 将退出该窗口或会话。

3. 在 screen 会话中创建新的窗口

以上两种方式都创建新的 screen 会话。我们还可以在一个已有 screen 会话中创建新的窗口。在当前 screen 窗口中输入 C-a c，即按"Ctrl+A"组合键，之后再按下 C 键，screen 在该会话内生成一个新的窗口并切换到该窗口。

screen 还有更高级的功能。你可以不中断 screen 窗口中程序的运行而暂时断开（detach）screen 会话，并在随后时间重新连接（attach）该会话，重新控制各窗口中运行的程序。例如，我们打开一个 screen 窗口编辑/tmp/abc 文件：

```
alloy@ubuntu:~/LinuxShell/ch10$ screen vim /tmp/abc
```

之后我们想暂时退出做点别的事情，例如，出去散散步，那么在 screen 窗口输入 C-a d，Screen 会给出 detached 提示：

```
alloy@ubuntu:~/LinuxShell/ch10$ screen-d
[deteched]
```

一段时间后，我们想要找回原来的 screen 会话：

```
alloy@ubuntu:~/LinuxShell/ch10$ screen-ls
There is a screen on:       16582.pts-1.tivf06     (Detached)
1 Socket in /tmp/screens/S-root.
```

重新连接会话：

```
alloy@ubuntu:~/LinuxShell/ch10$ screen-r 16582
```

看看出现什么了，太棒了，一切都在。继续干吧。

NOTE:

如果你只开启了一个 screen 会话，则不需要制定 screen 会话号。直接使用"screen–r"就能将你之前 detach 掉的 screen 会话找回来。

你可能注意到给 screen 发送命令使用了特殊的键组合 C-a。这是因为我们在键盘上输入的信息是直接发送给当前 screen 窗口，必须用其他方式向 screen 窗口管理器发出命令。默认情况下，screen 接收以 C-a 开始的命令。这种命令形式在 screen 中叫做键绑定（key binding），C-a 叫做命令字符（command character）。

可以通过 C-a ?来查看所有的键绑定，常用的键绑定如表 10-4 所示。

表 10-4   screen 命令的键绑定

键位	解释
C-a ?	显示所有键绑定信息
C-a w	显示所有窗口列表
C-a C-a	切换到之前显示的窗口
C-a c	创建一个新的运行 Shell 的窗口并切换到该窗口
C-a n	切换到下一个窗口
C-a p	切换到前一个窗口（与 C-a n 相对）
C-a 0..9	切换到窗口 0..9

续表

键位	解释
C-a a	发送 C-a 到当前窗口
C-a d	暂时断开 screen 会话
C-a k	杀掉当前窗口
C-a [	进入复制/回滚模式

10.3.3 screen 常用选项

screen 支持一些常用的命令选项。使用键绑定 C-a ?命令可以看到，默认的命令字符（Command key）为 C-a，转义 C-a（literal ^a）的字符为 a：

例 10.11 查看 screen 的默认常用选项

```
Screen key bindings, page 1 of 2.

               Command key: ^A  Literal ^A: a

  break       ^B b      license     ,          reset      Z
  clear       C         lockscreen  ^X x        screen     ^C c
  colon       :         log         H           select     '
  copy        ^[ [      meta        a           silence    _
  detach      ^D d      monitor     M           split      9 S
  digraph     ^V        next        ^@ ^N sp n  suspend    ^Z z
  displays    *         number      N           time       ^T t
  dumptermcap .         only        Q           title      A
  fit         F         other       ^A          vbell      ^G
  flow        ^F f      pow_break   B           version    v
  focus       ^I        pow_detach  D           width      W
  hardcopy    h         prev        ^H ^P p ^?  windows    ^W w
  help        ?         quit        ^\ \        wrap       ^R r
  history     { }       readbuf     <           writebuf   >
  info        i         redisplay   ^L l        xoff       ^S s
  kill        K k       remove      0 X         xon        ^Q q

            [Press Space for next page; Return to end.]
```

因为 screen 把 C-a 看作是 screen 命令的开始，所以如果你想要 screen 窗口接收到 C-a 字符，就要输入 C-a a。screen 也允许你使用-e 选项设置自己的命令字符和转义字符，其格式为：

```
alloy@ubuntu:~/LinuxShell/ch10$ screen-exy   x 为命令字符，y 为转义命令字符
```

下面命令启动的 screen 会话指定了命令字符为 C-t，转义 C-t 的字符为 t，通过 C-t ?命令可以看到该变化。

```
alloy@ubuntu:~/LinuxShell/ch10$ screen-e^tt
```

自定义命令字符和转义字符后，C-t ?命令的显示如下：

```
Screen key bindings, page 1 of 2.

               Command key: ^T  Literal ^T: t

  break       ^B b      license     ,          reset      Z
  clear       C         lockscreen  ^X x        screen     ^C c
  colon       :         log         H           select     '
  copy        ^[ [      meta        a           silence    _
  detach      ^D d      monitor     M           split      9 S
  digraph     ^V        next        ^@ ^N sp n  suspend    ^Z z
  displays    *         number      N           time       ^T t
  dumptermcap .         only        Q           title      A
```

```
fit        F          other      ^A          vbell      ^G
flow       ^F f       pow_break  B           version    v
focus      ^I         pow_detach D           width      W
hardcopy   h          prev       ^H ^P p ^?  windows    ^W w
help       ?          quit       ^\ \        wrap       ^R r
history    { }        readbuf    <           writebuf   >
info       i          redisplay  ^L l        xoff       ^S s
kill       K k        remove     0 X         xon        ^Q q

                [Press Space for next page; Return to end.]
```

screen 还包含一些其他常用参数。见表 10-5。

表 10-5   screen 的常见参数

screen 参数	含义
-c file	使用配置文件 file，而不使用默认的$HOME/.screenrc
-d|-D [pid.tty.host]	不开启新的 screen 会话，而是断开其他正在运行的 screen 会话
-h num	指定历史回滚缓冲区大小为 num 行
-list|-ls	列出现有 screen 会话，格式为 pid.tty.host
-d-m	启动一个开始就处于断开模式的会话
-r sessionowner/ [pid.tty.host]	重新连接一个断开的会话。多用户模式下连接到其他用户 screen 会话需要指定 sessionowner，需要 setuid-root 权限
-S sessionname	创建 screen 会话时为会话指定一个名字
-v	显示 screen 版本信息
-wipe [match]	同-list，但删掉那些无法连接的会话

我们来看一个例子，使用参数选项恢复断开的 screen 连接。这个例子中有两个处于 detached 状态的 screen 会话，你可以使用 screen-r <screen_pid>重新连接上。

例 10.12 重新连接 screen 会话

```
alloy@ubuntu:~/LinuxShell/ch10$ screen-ls          # 列出所有的 screen 会话
There are screens on:
8736.pts-1.tivf18     (Detached)
8462.pts-0.tivf18     (Detached)
2 Sockets in /root/.screen.

alloy@ubuntu:~/LinuxShell/ch10$ screen-r 8736      # 重新连接 pid 为 8736 的 screen 会话
```

如果由于某种原因其中一个会话死掉了（例如，人为杀掉该会话），这时 screen-list 会显示该会话为 dead 状态。使用 screen-wipe 命令清除该会话。

例 10.13 清除死去的 screen 会话

```
alloy@ubuntu:~/LinuxShell/ch10$ kill-9 8462        # 杀死 PID 为 8462 的 screen 会话
alloy@ubuntu:~/LinuxShell/ch10$ screen-ls          # 查看当前 screen 会话
There are screens on:
8736.pts-1.tivf18     (Detached)
8462.pts-0.tivf18     (Dead ???)        # 此处 PID 为 8462 的 screen 会话状态为 DEAD
Remove dead screens with 'screen-wipe'.
2 Sockets in /root/.screen.

alloy@ubuntu:~/LinuxShell/ch10$ screen-wipe        # 清除已死的 screen 会话
There are screens on:
8736.pts-1.tivf18     (Detached)
8462.pts-0.tivf18     (Removed)          # 状态变为 Removed
1 socket wiped out.
1 Socket in /root/.screen.
```

```
alloy@ubuntu:~/LinuxShell/ch10$ screen-ls
There is a screen on:
8736.pts-1.tivf18      (Detached)           # 此处只剩下一个 screen 会话
1 Socket in /root/.screen.

alloy@ubuntu:~/LinuxShell/ch10$
```

在 screen 中，-d–m 选项是一对很有意思的搭档。他们启动一个开始就处于断开模式的会话。你可以在随后需要的时候连接上该会话。有时候这是一个很有用的功能，例如，我们可以使用它调试后台程序。该选项一个更常用的搭配是：-dmS sessionname。

例 10.14　启动一个初始状态断开的 screen 会话

```
alloy@ubuntu:~/LinuxShell/ch10$ screen-dmS mygdb gdb execlp_test   # 启动断开的会话
alloy@ubuntu:~/LinuxShell/ch10$ screen-r mygdb                      # 连接该会话
```

除了这些常用选项外，screen 还提供了丰富强大的定制功能。你可以在 screen 的默认两级配置文件/etc/screenrc 和$HOME/.screenrc 中指定更多，例如，设定 screen 选项、定制绑定键、设定screen 会话自启动窗口、启用多用户模式、定制用户访问权限控制，等等。如果你愿意的话，也可以自己指定 screen 配置文件。

10.3.4　实例：ssh+screen 管理远程会话

我们来看一个具体应用。当使用 SSH 登录远程主机时，有时会需要执行长时间的任务。例如，现在我们要 wget 下载一个大文件。如果按老的办法，SSH 登录到系统，直接用 wget 命令开始传输，之后，如果网络速度还可以，恭喜你，不用等太长时间了；如果网络不好，那就老老实实等着吧，只能传输完毕再断开 SSH 连接。让我们使用 screen 来试试。

例 10.15　使用 ssh+screen 管理远程会话

（1）你在公司通过命令 SSH 登录到远程主机，在命令行输入 screen。

（2）在 screen Shell 窗口中输入 wget 命令，登录，开始传输。不愿意等了？OK，在窗口中输入 C-a d。

（3）此时命令行提示 screen 会话被 "detached"，回到了运行 screen 前的 Shell。

（4）下面干什么？在远程主机上等待还是断开连接退出 SSH？都可以！此处我们假设断开 SSH连接。

（5）你一觉醒来，觉得远程主机上 wget 任务应该完成了，觉得可以上去看看。

（6）你在家连接上互联网，通过 SSH 命令登录远程主机，能否看看 wget 命令是否完成？OK！你运行 "screen-r" 命令。将昨天晚上运行的 screen 会话 "挂过来"。你发现，屏幕显示和你在公司运行 screen 会话退出时的场景一模一样，上次运行的 wget 命令返回了提示符，wget运行完成。

使用 screen 管理远程会话有什么好处呢？一般来说，有如下优点：

（1）断开 SSH 连接时不会终止 screen 会话中运行的任务；

（2）下次挂载 screen 会话时完全恢复到上次退出时的场景；

（3）你可以在任意地点、任意主机、任意操作系统上通过 SSH 连接，将 screen 会话挂载过来，执行操作。

NOTE:

如果操作系统是 Windows 的话，常用的 SSH 登录软件叫做 putty。

10.4 文本编辑工具 Vim

至今为止，我们已经讲解了使用 Shell 编程的大部分内容。本节，将向大家介绍一个强大的文本编辑工具：Vim。

许多人都认为 vi 非常难学。需要记忆的东西太多，而许多的命令都很少用到。这是他们的观点。真要深入学习的话，大多数的前辈都认为 vi 比 emacs/xemcas 还难学。但谁又真的需要熟悉编辑器所有的功能呢？你大可以边用边学啊！需要用到的先学，其他的就先放一边，只要能善用一些常用到的功能，又何必要那么深入呢？而且在使用当中我们会经常发现一些新功能。

10.4.1 为什么选择 Vim

VIM 的全称是 Vi IMproved。实际上，Vim 是在 vi 的基础上做了额外的一些支持。在 vi 上做支持形成的软件很多，但是现在最常用的还是 Vim。为什么选择 Vim 呢？

最重要的原因是可以正确处理中文！其他，如 elvis, vile, nvi 等工具在中文方面都会有问题（nvi-m17n 的版本已可以正确处理 Big5 中文，但功能仍不及 Vim 完整）。另外就是许多作业系统都有 Vim 可用。当然如果你不需要中文支援的话，也建议使用 elvis。vile 则有 emacs 的味道，而 nvi 大概是最忠于原味的了！至于原始 vi 的书已有中文翻译（O'Reilly）。所以选定 Vim 做对象，兼述及 elvis，至少它不"排斥"中文。

另一个原因，Vim 不仅是自由软件（Free Software），也是慈善软件（CharityWare）。

另外，Vim 的规则表示式（regular express）颇完整，也可借这个机会学 regexp，因为在 sed, awk, perl, less, grep…中也是要用到，早点习惯 regexp，会使我们在 Linux（Un*x）的世界里更美好。

由于是慈善软件，广结善缘，因此连中文繁体都支援，不简单。但也因此最新的版本有点"肥"，但又不会"太肥"（比 xemacs 好多啦！）。这么可爱的软体，能不用它吗？

10.4.2 何处获取 Vim

获取 Vim 一般有两种常见方法，直接通过 Linux 发行版本获取或者下载 Vim 的源代码编译。

1. 通过 Linux 发行版本获取 Vim

实际上，大部分 UNIX/Linux 操作系统都自带了 Vim 软件。可以尝试着在你的终端上输入 Vim 命令，然后按回车键，看看是否出现下面的提示界面：

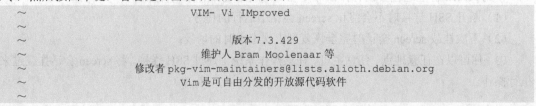

```
~                          VIM- Vi IMproved
~
~                             版本 7.3.429
~                         维护人 Bram Moolenaar 等
~              修改者 pkg-vim-maintainers@lists.alioth.debian.org
~                     Vim 是可自由分发的开放源代码软件
~
```

```
~                            帮助乌干达的可怜儿童！
~                  输入  :help iccf<Enter>        查看说明
~
~                  输入  :q<Enter>               退出
~                  输入  :help<Enter> 或 <F1>   查看在线帮助
~                  输入  :help version7<Enter>   查看版本信息
```

如果出现此界面，则说明 Vim 已经在你的系统中安装成功了。此处显示的 Vim 版本是 7.2.108。目前最新的版本是 7.3.429。如果你发现系统的 Vim 不是最新版，通常你有两种途径将 Vim 升级到最新版本。一种就是使用 LINUX 发行版的软件包管理器。例如，在 Ubuntu 下可以运行下面的命令升级 Vim：

```
alloy@ubuntu:~/LinuxShell/ch10$ sudo apt-get install vim      # apt-get 是 Ubuntu
Linux 的软件包管理器
...
```

或者，你可以采用第二种方法。下面我们将介绍这种方法。

2. 通过源程序编译生成 Vim

第二种方法是通过源程序编译生成 Vim。如果你不熟悉 Linux 下编译软件的方法，或者从来没有尝试过自己编译运行软件，建议你选用第一种方法安装升级 Vim。

编译配置 Vim 需要 6 个步骤。

（1）首先，我们要下载 Vim 源文件。一般说来，你可以在以下网址找到最新的 Vim 版本。

➤ http://www.vim.org/

➤ http://vim.sf.net/download.php

➤ ftp://ftp.vim.org/pub/vim/

你可以找个自己中意的 mirror 站抓取最新的 Vim 版本。或许也可以顺便抓 Windows 32 的可执行档回来在 Windows 系统中使用。别忘了 runtime 档也要抓，否则会无法找到需要的档案来执行。

（2）配置。

如果想编译出 gvim，要用下面配置命令：

```
alloy@ubuntu:~/LinuxShell/ch10$ ./configure \
--prefix=/usr/local/vim7 \           # 安装目录
--with-x--enable-gui=gtk2 \          # 编译 gvim
--with-features=big
alloy@ubuntu:~/LinuxShell/ch10$
```

（3）编译、安装。

和大部分 Linux 软件一样，编译安装 Vim 的方式如下：

```
alloy@ubuntu:~/LinuxShell/ch10$ make
# 记得用 root 运行，安装好后可执行文件在/usr/local/vim7/bin/ 中
alloy@ubuntu:~/LinuxShell/ch10$ make install
```

（4）安装到系统中来。

此时 Vim 就安装完了，但是当你运行 vi、Vim 或者 vimdiff 的时候打开是还是原来系统自带的 vi 版本，是因为你的新版本的 Vim 的安装路径/usr/local/vim7/bin 不在系统的 PATH 环境变量内，现在只要用将要用的可执行文件创建一个符号链接到系统的 PATH 内就行了。下面命令是链接到/usr/bin 中：

```
# 先将原来的 vi 版本改名
alloy@ubuntu:~/LinuxShell/ch10$ mv /usr/bin/vim /usr/bin/vim61
# 再将 vim 7.2 链接过来
```

```
# ln-s /usr/local/vim7/bin/vim /usr/bin/vim
```

此时运行 vi、Vim、gvim 就可以看到新编译的 7.0 版本了

（5）Vim 的配置。

如果你运行的是 Windows，运行 gvim 时会发现菜单中都是乱码，需要在你的根目录下新建一个文件~/.vimrc，在其中添加一段命令：

```
:set encoding=gb2312
```

然后重启 gvim 就可以看到中文的菜单了。

.vimrc 是 vi 的启动配置文件，可以在其中设置很多启动参数，网上可以找到很多人写的各种版本的.vimrc 文件，下面是一个简单的.vimrc 文件：

```
set encoding=gb2312
syn on                  " 打开语法高亮
set guifont=Luxi\ Mono\ 9 " 设置字体、字体名称和字号
set tabstop=4           " 设置 Tab 键的宽度
set shiftwidth=4        " 换行时行间交错使用 4 个空格
set autoindent          " 自动对齐
set backspace=2         " 设置退格键可用
set smartindent         " 智能对齐方式
set ai!                 " 设置自动缩进
set nu!                 " 显示行号
set showmatch           " 设置匹配模式，类似当输入一个左括号时会匹配相应的那个右括号
set ruler               " 在编辑过程中，在右下角显示光标位置的状态行
set incsearch           " 查询时非常方便，如要查找 book 单词，当输入到/b 时，会自动找到第一个
b 开头的单词，当输入到/bo 时，会自动找到第一个 bo 开头的单词，依次类推，进行查找时，使用此设置会快速找到答
案，当你找要匹配的单词时，别忘记按回车键
set vb t_vb=            " Vim 进行编辑时，如果命令错误，会发出响声，该设置去掉响声
```

好了，Vim 已经成功地安装配置了。现在让我们开始 Vim 之旅吧。

10.4.3　Vim 工作的模式

Vim 最基本的工作模式（basic mode）可有 3 种。

常态模式（Normal mode）　一进入 Vim 就是处于这常态模式，只能下按键指令，不能输入编辑文字。这些指令可能是游标移动的指令，也可能是编辑指令或寻找替换指令。

插入模式（Insert mode）　按 i 就会进入插入模式，此时才可以键入文字，按 Esc 键又会回到正常模式。此时在状态列会有 "- INSERT–" 字样。

命令列模式（Cmdline mode or Command-line mode）　按冒号（别忘了 Shift 键）就会进入命令列模式，左下角会有一个冒号出现，此时可下 ex1.6 指令。按 Esc 返回命令列模式。正常状态都是处于常态模式，这样才不会把我们辛苦打的文章搞乱。搜寻时的 "/" 及 "?" 按键也是属于命令列模式。

其他还有一些额外模式（additional mode）！这里不准备说明。反正，使用 Vim 的无上心法就是，有问题先考虑按 Esc 键回到常态模式再说。

10.4.4　首次接触: step by step

本节，我们将介绍 Vim 最基本的交互方式。

1．打开文档

打开文件的方式有两种，一种是由命令行直接打开文档进行编辑，另一种是进入 Vim 后再打

开文档。

用命令行直接打开文档进行编辑的方式是直接调用 Vim 命令。Vim 的参数是文档名，例如，vim test.txt 或 gvim test.txt 就表示调用 Vim 或 gvim 打开 test.txt 文件。如果您的系统 vi 是 Vim 的连结档话，就可以直接用 vi test.txt。

先进入 Vim 后打开问档的方式是进入 Vim 后，使用冒号命令:e test.txt，就可以编辑 test.txt 文档。如果 test.txt 不存在的话，就会开一个以 test.txt 为名的新档案。

如果是 gvim，可由 icon（gtk 版本才有）或功能表来叫出 file browser 来选看看您要编辑哪一个档，但如果是初学者的话不建议这么做，vi 就是以按键快速闻名，这是它的优点，还是学起来吧，不然没有 GUI 的时候会很不习惯。

2．编写文档

进入 Vim 后，按 I 键进入插入模式，就可以编写文件了。在 Vim 游标的移动可以由方向键来控制。Backspace 键可消去前一个字元，中文的话是一个中文字。Delete 键可删除游标所在处的字元（中文字）。

原始 vi 是不能在插入模式随意移动游标的，要进入正常模式才能移动，因此就常常要按 Esc 键来变换模式。Vim 及 elvis 都打破了这个规矩。

3．存档、离开

如果写好文件，就可以按 Esc 键返回到正常模式，然后:w 就会存档（注意，是冒号命令），但还不会离开 Vim，要离开可按:q，就可以了！也可以合起来用，:wq，就样就会存档后离开。怎么样，也不会很难吧！只不过操作方式和别的编辑器不一样罢了，这样岂不是很有个性。

尽量记住按键的意义，才能避免死记硬背，如 e 是 edit（编辑），w 是 write（写入），q 是 quit（停止、离开）。

NOTE:

许多 distributions 中会编译一个小型的 Vim，启动会比较快一点，但缺乏许多本文要用到的功能，因此，建议使用 Vim/gvim，而暂时避免使用 vi，或者就把 vi 直接连结到正常的 Vim 上去。Slackware Linux 的 vi 是连结到 elvis 的，也请使用 Vim/gvim 为指令，或改变 vi 的连结。而*BSD 系统，使用的很可能就是 nvi，这些请使用时注意一下，以免和文中内容所述不符。

如果不确定自己是使用哪一种版本的 vi，可以进入 vi 后按冒号（:）后再输入 ver，然后按 Enter 键，就会得知是哪一种版本的 vi，如果是 Vim 的话，还会显示前有+/-号的各功能，有+号的，表示有编译进去，-号的表示没有这项功能。

好了，这是就编辑的整个过程。下一小节开始详述各部分的功能，把 Vim 解剖开来讲，马上可以现学现用。vi/Vim 的操作方式很有个性，因此，往往用了一次就会记住有这么一个功能，但有时按键难免会忘记，查了几次指令就可以记住了。

10.4.5　鼠标的移动

本节所述皆是在正常模式（common-mode，c-mode，在 Vim 又名 normal-mode，就是刚进入 Vim，不能输入文字的状态）下的移动，原始的 vi 只能在 c-mode 下移动鼠标，在 insert-mode 下只做文字的输入，而不能移动鼠标。当然 Vim 及 elvis 的方向键是不论在哪一种 mode 下皆可移动自如。

1．基本的光标移动

Vim 支持一些默认的移动操作。这些操作的含义见表 10-6。

表 10-6　　　　　　　　　　　　　　　Vim 的默认操作

按键	含义
H	左，或 Backspace 键或方向键。
J	下，或 Enter 键或+（要 Shift 键），或方向键。
K	上，或方向键或-（不必 Shift 键）。
L	右，或 Space 键或方向键。
Ctrl+F	即 PageDown 键翻页（Forward，向前、下翻页）。
Crtl+B	即 PageUp 键翻页（Backward，向后、上翻页）。

你可能会觉得疑惑：键盘已经存在了上、下、左、右键了，为什么还要使用“H”“J”“K”“L”键来移动呢？这是因为 Vim 的设计初衷是高效工作，而使用“H”“J”“K”“L”来移动可以使手不必离开打字区（键盘中央的部位），以加快打字的速度。

当然，Vim 同样支持使用上、下、左、右键位来移动光标。如果你不习惯使用“H”“J”“K”“L”，那就使用方向键吧！一旦习惯“H”“J”“K”“L”以后，对于编辑工作的效率会有很大的帮助，而且有许多工作站的 vi 只能使用“H”“J”“K”“L”的移动方式，因此可能的话，尽量熟悉“H”“J”“K”“L”的鼠标移动。

“Backspace”及“Space”的移动方式是到了行首或行尾时会折行，但方向键或“H”“L”键的移动则在行首或行尾时继续按也不会折行。转折换行的功能是 Vim 的扩充功能，elvis 无此功能。

“J”“K”及使用方向键的上、下键移动鼠标会尽量保持在同一栏位。使用 Enter 键，+或-键上下移动，鼠标会移至上或下一行的第一个非空白字元处。

好像有点复杂，各位就暂时使用方向键来移动就简单明白了！等你爱上了 Vim 后再来研究吧。

2．进阶的光标移动

“H”“J”“K”“L”键是 Vim 支持的基本移动光标的方式。实际上，Vim 还支持多种光标移动的操作键位。例如，表 10-7 所展示的这些进阶操作。

表 10-7　　　　　　　　　　　　　　　光标的进阶操作

按键	含义
0	是数目字 0 而不是英文字母 o。或是 Home 键，移至行首，（含空白字元）。
^	移至行首第一个非空白字元，注意，要同时按 Shift 键。
$	移至行尾，或 End 键。要同时按 Shift 键。
G	移至档尾（全文最后一行的第一个非空白字元处）
gg	移至档首（全文第一行之第一个非空白字元处）。 在规则表示式（regular expression）中，^是匹配行首，$ 是匹配行尾。 gg 是 Vim 的扩充功能，在 elvis 或原始 vi 中可用 1G 来移至档首（是数字 1 不是英文字 I）。G 之原意是 goto，指移至指定数目行之行首，如不指定数目，则预设是最后一行。

续表

按键	含义
w	移至次一个字（word）字首。当然是指英文单字。
W	同上，但会忽略一些标点符号
e	移至后一个字字尾
E	同上，但会忽略一些标点符号
b	移至前一个字字首
B	同上，但会忽略一些标点符号
H	移至屏幕顶第一个非空白字元
M	移至屏幕中间第一个非空白字元
L	移至屏幕底第一个非空白字元。这和使用 PageDown 键，PageUp 键不一样，内文内容并未动，只是鼠标在动而已
n|	移至第 n 个字元（栏）处。注意，要用 Shift 键。n 是从头起算的
:n	移至第 n 行行首。或 nG

3. 特殊的移动

有些时候，我们移动的需求比较特别。例如，当我们在句中时，想要移动到句首、句尾、段首、段尾，或者，我们在程序中想要找到某个括号对应的位置。Vim 可以满足这方面的需求。表10-8 为 Vim 里特殊的光标移动。

表 10-8　　　　　　　　　　　特殊的光标移动

按键	含义
)	移至下一个句子（sentence）同首。
(	移至上一个句子（sentence）同首。sentence（句子）是以 .!? 为区格。
}	移至下一个段落（paragraph）段首。
{	移至上一个段落（paragraph）段首。paragraph（段落）是以空白行为区格。
%	这是匹配 {}，[]，()用的。例如，鼠标在{上只要按%，就会跑到相匹配的}上。

另还有一些 Vim 的特殊按键，但是要等你习惯 Vim 的基本操作后再慢慢摸索，否则你恐怕会感到头昏眼花了。

10.4.6　基本编辑指令

本小节就开始进入主题了。下编辑指令都是在常态模式下，就是当我们进入 Vim 时，只能下指令，不能输入文字。如果印象模糊，请翻看一下之前讲 Vim 工作模式的内容。本小节说的是基本的编辑指令，有些编辑指令比较特殊，所以单独说明。

1. 操作等待模式（operator-pending mode）

这其实和一般的常态模式一样，只不过是指在常态模式下了某些编辑指令，等待其他动作的状态。

➢ 取代模式（replace mode）

指下 R 指令时所处的状态。在这种模式下，输入的字符会取代在光标处原有的字符。这种模式中在状态列会有"- REPLACE-"字样。

> 插入常态模式（insert normal mode）

这是一个很特殊的模式，在插入模式时，进入输入状态，但按"Ctrl+O"组合键就会进入插入常态模式，和常态模式一样，只不过执行完所下的指令后又会马上返回原来的插入模式继续输入文字。状态列会有"- (insert)-"字样，是小写有小号的。

> 插入反白模式（insert visual mode）

这和插入常态模式一样，只不过在按"Ctrl+O"组合键后所执行的是反白的"Ctrl+V"（V 或 v）而进入反白模式，等反白模式结束又会返回原来的插入模式。状态列会有"- (insert) VISUAL-"字样。

> 插入选择模式（insert select mode）

这和插入反白模式一样，只不过进入的是选择模式，而非反白模式。状态列会有"- (insert) SELECT-"字样。

2．进入插入模式

Vim 支持许多种方法可以进入插入常态模式。Vim 设计这么多种进入方式是为了面向不同的需求。这么做的最终目的只有一个：高效编辑。我们来看看都支持哪些进入方式，如表 10-9 所示。

表 10-9　　　　　　　　　　　　　　　　进入插入模式

按键	含义
i	在游标所在字元前开始输入文字（insert）
a	在游标所在字元后开始输入文字（append）
o	在游标所在行下开一新行来输入文字（open）
I	在行首开始输入文字。此之行首指第一个非空白字元处，要从真正的第一个字元处开始输入文字，可使用 0i 或 gI（Vim 才有）
A	在行尾开始输入文字。这个好用，不必管游标在此行的什么地方，只要按 A 键就会在行尾等着输入文字
O	在游标所在行上开一新行来输入文字
J	将下一行整行接至本行（Joint）

Vim 并无与 Joint 相对的 split 功能。split 功能可在插入模式下按 Enter 键来达成，当然如果你熟悉 macro 的话，可自行定义。使用 J 时，预设会消去本行的 EOL（End Of Line）字元，且上下行接缝间会留下一个空白字元，这符合英文习惯，但会对中文会造成困扰。想要删除空白字元，可使用 gJ（大写 J）指令，但这是 Vim 的扩充功能，elvis 不适用。要和中文相容，可参考下面对重排功能的 Vim script 的说明。

想要熟悉这些指令，可以找一个档案来操作试看看，光看文字说明太抽象了。

3．删除指令

对于删除操作，Vim 也支持多种操作方式。如表 10-10 所示。

表 10-10   Vim 支持的删除指令

按键	含义
x	删除游标所在处之字元，在中文指一个中文字。在 Vim 及 elvis 也可用 Delete 键
X	删除游标前之字元。不可使用 Backspace 键，除非是在插入模式。中文中，Vim 正确使用以上两个指令，会删去一个中文字。elvis 则不行，一个中文字要删两次，即使用 xx
dd	删除一整行（delete line）
dw	删除一个字（delete word）。不能适用于中文
dG	删至档尾
d1G	删至档首。或 dgg（只能用于 Vim）
D	删至行尾，或 d$（含游标所在处的字元）
d0	删至行首，或 d^（不含游标所在处的字元）。回忆一下$及^所代表的意义，就可以理解 d$及 d^的动作

4. 取代和还原指令

Vim 支持的取代和还原指令操作按键如表 10-11 所示。

表 10-11   取代和还原

按键	含义
r	取代游标所在处之字符
R	进入取代模式（replace mode），取代字元至按 Esc 键为止
cc	取代整行内容。或大写 S 亦可
cw	替换（change）一个英文字（word），中文不适用
~	游标所在处字元之大小写互换。当然不能用于中文。别忘了 Shift 键
C	取代至行尾，即游标所在处以后的字都会被替换。或 c$
c0	取代至行首，或 c^
s	替换一个字元为你所输入的字串。和 R 不同，R 是覆盖式的取代，s 则是插入式的取代，你可亲自实验看看。乁！是小写的 s
u	这个太重要了，就是 undo，传统的 vi 仅支援一次 undo，Vim 及 elvis 就不只一次了，Vim 几乎是没有限制的
U	在游标没离开本行之前，回复所有编辑动作
Crtl+r	这个也是很重要，就是 redo 键

NOTE:

Vim 中的替换操作 r 可用于中文字，也就是可以替换一个中文字，elvis 则不行。

值得一提的是，你不需要去使劲记忆这些操作。Vim 在按键设置上是很合理的。例如，小写字母 r 表示 replace。而大写字母 R 呢？肯定比小写 r 更强大，表示可以连续不断地 replace 啦！去挖掘一下这些字母深层次的含义。

5. 与数目字组合

嘿嘿，我们这要提的是 Vim 一个非常骚包的功能，只此一家别无分号（当然同源的 ed, sed 等不在此限）。就是你可以在大部分的指令前加上数目字，代表要处理几次的意思。我们来看一组例子你就知道啦！

例 10.16　操作前加上数字

```
# 删除游标所在处（含）起算以下 5 行内容。
5dd
# 按了 3r 后，输入一个英文字，则 3 个字元皆会被你所输入的英文取代。只要 locale 设定正确，中文也通用！
3r
# 将 5 行合并成一行。
5J
# 删除 3 个字元。中文也通用。
3x
# 然后按 Ecs 键，插入 5 个 A。中文也可以！
5i A
# 插入 syssys。中文也可以！
2i sys Esc
# 游标移至第 5 行，是从档首开始起算。和 :5 作用相同。
5G
# 移至右第 5 个字元处，当然 j 是可以用方向键取代的。
5l
```

　　所有移动指令都可以加上数字来控制，中文也通用。其他的指令和数目字结合，就留待各位去发掘吧，最重要的是要亲自操作看看。有人说，学电脑的人，动脑筋就是为了偷懒。使用 Vim 常动动脑筋，会发现更奇妙的操作方式！

6．简单重排功能

　　常见的 Vim 重排功能如表 10-12 所示

表 10-12　　　　　　　　　　　　　　　　　　　文本重排

按键	含义
»	整行向右移一个 shiftwidth（预设是 8 个字元，可重设）
«	整行向左移一个 shiftwidth（预设是 8 个字元，可重设）。:set shiftwidth? 可得知目前的设定值。:set shiftwidth=4 可马上重设为 4 个字元。shiftwidth 可简写成 sw。ㄟ，别忘了 Shift 键
:ce(nter)	本行文字置中。注意是冒号命令
:ri(ght)	本行文字靠右
:le(ft)	本行文字靠左。所谓置中、靠左右，是参考 textwidth（tw）的设定。如果 tw 没有设定，预设是 80，就是以 80 个字元为总宽度为标准来置放。当然你也可以如 sw 一样马上重设
gqap	整段重排，或 gqip，在段落中位何地方都可以使用。和中文的配合见下述
gqq	本行重排
gqG	全文重排，是以游标所在处的段落开始重排至档尾。以空白行为段落的间隔

　　重排的依据也是 textwidth。这里的重排是指输入文字时没有按 Enter 键，就一直在 keyin，这样会形成很长的一行（虽然屏幕上会替您做假性折行），重排后，则会在每一行最后加入 EOL。gq 重排功能是 Vim 才有的功能。

　　如果是利用 visual mode 所标记起来的部分，只要按 gq 就会只重排被标记的部分。

　　基本上 gq 就是一个独立的重排指令，就像 d 或 y 是独立的删除、复制的指令一样，所以，当然是可以加上数字加以控制，或和其他指一起用的，我们看下面的例子。

例 10.17　gq 命令的组合使用

```
# 重排三行
gq3q
# 重排两个段落
```

```
gq2ap
# 重排游标以下 5 行（别忘了 j 是向下移动，5j 就是向下移动 5 行，包括游标所在处就是 6 行）
gq5j
# well，这是什么？
gq}
# 这又是什么？请你亲自实验一下。在中文文稿中，通常就是一个段落重排。
gq}
```

重排的功能本不是编辑器的主要功能，而是文书排版软体的工作，Vim 只是个文字编辑器，如果要做进一步的排版，需要由 office 类的文书处理软体，或更进一步的专业排版软件如 Tex，LaTex，texinfo，troff，groff 等来处理。

10.4.7 复制（yank）

yank 是什么意思？有疑问的请查一下字典吧！就是中医治疗中的"拔罐"的意思！在 Vim 中，表示复制（copy）的意思。这在 Vim 的思考逻辑里，就是拔（yank）起来，放（put）上去。其实复制的指令就是 y 一个而已，为什么要独立成一个小节来说明呢？因为 Vim 复制、粘贴的功能实在太独特了，再配合 10.4.6 小节介绍的数目字，及 Vim 内部的缓冲区来使用的话，就会发现，原来 Vim 肚子里还暗藏着秘密武器。

1. 指令说明

多说无益。我们直接举一些实例来说明复制操作，如表 10-13 所示。

表 10-13　　　　　　　　　　　　　常用的复制指令举例

按键	含义
yy	复制游标所在行整行。或大写一个 Y
2yy	复制两行，y2y 也可以
y^	复制至行首，或 y0。不含游标所在处字符
y$	复制至行尾。含游标所在处字符
yw	复制一个 word
y2w	复制两个字
yG	复制至档尾
y1G	复制至档首
p	小写 p 代表粘贴至游标后（下）
P	大写 P 代表贴至游标前（上）。整行的复制，按 p 或 P 时是插入式的粘贴在下（上）一行。非整行的复制则是粘贴在游标所在处之后（前）
"ayy	将本行文字复制到 a 缓冲区。 a 可为 26 个英文字母中的一个，如果是小写的话，原先的内容会被清掉，如果是大写的话是 append 的作用，会把内容附加到原先内容之后。"是 Enter 键隔壁的那一个同上符号（ditto marks），当然是要和 shift 键同时按的
"ap	将 a 缓冲区的内容粘贴上 这个缓冲区的术语在 Vim 称为 registers，Vim 扩充了相当多的功能。用 d、c、s、x、y 等指令改变或删除的内容都是放在 registers 中的。例如，用 dd 删除的一行，也是可以使用 p 来粘贴上的。只要是在缓冲区的内容都可以使用 p 来粘贴上，不是一定要 y 起来的内容才能用 p。因此认为 p 是 paste 也可以，认为是 put 可能较正确
5"ayy	复制 5 行内容至 a 缓冲区
5"Ayy	再复制 5 行附在 a 内容之后，现在 a 中有 10 行内容了

需要注意的是，不要因为一直用 a 举例说明，你就认为只有 a 可以用。26 个英文字母都是可以的，交叉运用下，你会发觉 Vim 肚量不小。

现在问题来了！忘记谁是谁的时候怎么办？:reg（冒号命令）就会列出所有 registers 的代号及内容。您现在就试着按按看。咦！怎么还有数目字、特殊符号的缓冲区，原来刚刚删除（复制）的内容就预设放在 "这个缓冲区，然后依序是 0,1,2,...9。也就是说按 p 不加什么的话，是取出" 缓冲区的内容。%指的是目前编辑的档案，#指的是前一次编辑的档案。当然还有其他的！我们会在下一小节做介绍。

"Tab" 补全的功能，elvis 也有，但叫出 registers 列表的命令则没有，需要自行记忆。而且 elvis 的补全能力并没 Vim 强。

2．Register 缓冲区

在 Vim 里，有许多不同种类的缓冲区，例如，置放一整个档案的 buffers 缓冲区；档案内容操作，如删除、yank、置换，给 Put 要用的 registers 缓冲区；另外还有给书签要用的 marks 缓冲区。虽然这些内容不一定是放在 RAM 记忆体内，有的是置于硬盘档案上，需要时才从档案存取，但这里通通把它们当做是缓冲区，以方便理解。

3．重复上一条操作

我们要介绍一个重要的命令："."。这是什么？没错，就是英文句点。它可以重复前次的编辑动作。这个指令太高明了，只要是编辑动作（移动游标不算，冒号命令也不算）都可以按英文句点来重复，要重复几次都可以。

例如，按 yy，然后按 p 就会复制、粘贴一整行，如果要重复这个动作的话，就可以按 "."，也可以把游标移到其他地方后再按。其他如 dd，dw，r，cw 等编辑指令都可以这样来重复。如果要重复做某些编辑动作时，一定要想到有这么一个英文句点可以重复指令。一定要经常练习使用这个指令，它会帮你省去很多麻烦。

4．关于复制的其他问题

有人会问，那鼠标中键的剪贴功能还有吗？

答案是当然还有，不管在 console 或 X terminal 中都照用不误。当然在 Windows 下的话就不能用了，可以用 "Shift+Insert" 组合键来代替。"Ctrl+V" 组合键在 Vim 中另有作用，在 Windows 下就不必去麻烦它了。

另外有些人发现，在软体间互相 copy 时，格式经常会很混乱！这要怎么解决呢？

我们需要将 Vim 要设成:set paste。这是 Vim 的扩充功能。只要开个档案，亲自操作一下就能心领神会。那用鼠标不是更方便吗？不见得！yyp 来复制粘贴一整行比较快，还是用鼠标比较快？你可以试看看。

10.4.8 搜寻、替换

搜寻、替换的功能几乎是每个编辑器必备的功能，那在 Vim 中有没有特殊的地方呢？当然有，别忘了，Vim 是个性十足的编辑器！它最特殊的地方是和规则表示式（regular expression, regexp）结合在一起。简单的说它是一种 pattern 的表示法，在执行动作，如搜寻或替换时，就会依据这个 pattern 去找，所有符合 pattern 的地方就会执行你所下的动作。在这里暂不讨论 regexp，以免搞得头昏脑胀。我们暂不使用 regexp，要找什么就直接输入什么。

1．搜寻

我们来看 Vim 中是如何实现搜寻操作的，如表 10-14 所示。

表 10-14　　　　　　　　　　　　　　搜寻

按键	含义
/	在 c-mode 的情形下，按/就会在左下方出现一个/，然后输入要寻找的字串，按个 Enter 键就会开始找
?	?和/功能相同，搜索方向刚好相反，只是/是向前（下）搜索，?则是向后（上）搜索
n	继续寻找
N	继续寻找（反向）

怎么样？很简单吧，还不赶快去试试！

2．更方便的搜寻操作（Vim 支持）

VIM 除了在表 10-14 中列出的一些操作支持外，还支持一些更方便的搜寻操作。如表 10-15 所示。

表 10-15　　　　　　　　　　　　　更方便的搜寻操作

按键	含义
*	寻找游标所在处之 word（要完全符合）
#	同上，但*是向前（下）找，#则是向后（上）找
g*	同*，但部分符合即可
g#	同#，但部分符合即可。n, N 之继续寻找键仍适用

3．替换（substitute）

Vim 中替换的命令格式如下：

```
:[range]s/pattern/string/[c,e,g,i]5.1
```

range　　指的是范围，例如，"1,7"指从第一行～第七行，"1,$"指从第一行～最后一行，也就是整篇文章，也可以用"%"符号代表。还记得吗？%符号是目前编辑的文章，#符号是前一次编辑的文章。

pattern　就是要被替换掉的字串，可以用 regexp 来表示。

string　　将 pattern 由 string 所取代。

c　confirm，每次替换前会询问。

e　不显示 error。

g　globe，不询问，整行替换。

i　ignore 不分大小写。

g 一般都是要加的，否则只会替换每一行的第一个符合字串。可以合起来用，如 cgi，表示不分大小写，整行替换，替换前要询问是否替换。

例 10.18　替换举例

```
:%s/Edwin/Edward/g
```

这样整篇文章的 Edwin 就会替换成 Edward。

更进阶的搜寻、替换的例子在说明 regexp 的时候还会再详述。目前只知道最基本的用法就可以了！

4．书签功能

书签功能是 Vim 的另一个秘密武器，简单地说，你可以在文章中的某处做个记号（marks），然后到其他地方去编辑，在呼叫这个 mark 时又会回到原处。妙吧！

我们来看看书签功能相关的操作，如表 10-16 所示。

表 10-16 书签命令

按键	含义
mx	x 代表 26 个小写英文字母，这样游标所在处就会被 mark
`x	回到书签原设定位置。` 是 backward quote，就是 Tab 键上面的键
'x	回到书签设定行行首。' 是 forward quote，是 Enter 键左边的键

这里举个简单的例子，请随便打开一个现成的档案，把游标移动到任一个位置，然后按 ma 做个 mark，再按大写 G 移到档案末尾，然后按'a，看现在在游标什么地方？是不是回到了原来的位置？

5．Vim 对于书签的扩充功能

此处我们列举一些标记书签使用不同的字符种类带来的差异：

小写英文字母 只作用于单一档案内。

大写英文字母 可作用于各档案间。例如，mA 会在 viminfo 中记录下这个档案及位置，结束 Vim，然后再启动 Vim，按'A 就会回到当初做标记的那个档案及其所在位置（Vim 会自动开启有 A 标记的档案）。别怀疑，请自行做个实验就知道啦！

阿拉伯数目字 可作用于前次编辑的 10 个档案。数目字的用法比较特殊，'0 是回到前一次编辑档案中离开前的最后位置，'1 则是回到前二次编辑档案的最后位置，依次类推。不必使用 m 来标示，Vim 会自动记忆。很玄吧！其实这是 viminfo 的功能，要认真追究的话，将:h viminfo-file-marks。viminfo 关掉，就没这个功能了！所谓前次指的是前次启动的 Vim。不管是哪一种的书签，到达 mark 处（或档案），想返回原来的位置（或档案），可以按"Ctrl + O"组合键。

当然，如果你忘了曾经都做过哪些书签，Vim 支持用命令查看所有插入的标签。命令是:marks，它可以获得目前所有书签的列表。

10.4.9 其他文本编辑工具

除了 Vim 之外，在 Linux 下还可以使用 Emacs 和 gedit。

1．Emacs

Emacs 是 Linux 下一个功能强大的图形化文本编辑器软件，可以用来编写 C 语言源程序。Emacs，即 Editor Macros（编辑器宏）的缩写，与 Vim 相比，其显著特点是可以使用鼠标进行大部分的操作，对于习惯使用 Windows 系统的用户来说，Emacs 是一个不错的选择，图 10-2 是 Emacs 的运行界面。

Emacs 不仅仅是一个文本编辑器，它更是一个整合环境，或称之为集成开发环境。

Emacs 是目前世界上最具可移植性的重要软件之一，能够在当前大多数操作系统上运行，包括类 UNIX 系统（GNU/Linux、各种 BSD、Solaris、AIX、IRIX、Mac OS X 等）、MS-DOS、Microsoft Windows 以及 OpenVMS 等。

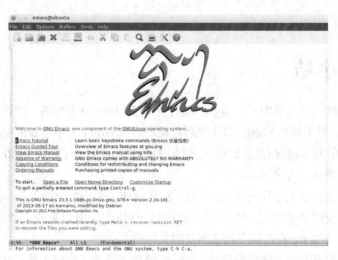

图 10-2 Emacs 的运行界面

Emacs 既可以在文本终端，也可以在图形用户界面（GUI）环境下运行。使用 GUI 环境下的 Emacs 能够提供菜单（Menubar）、工具栏（toolbar）、滚动条（scrollbar）以及上下文菜单（context menu）等交互方式。

Emacs 可以用来编辑文档、收发电子邮件、玩游戏、计算器、浏览网站、查看日历、个人信息管理等。此外，Emacs 支持 Linux 的 Shell 模式，用户可以在 Emacs 中运行 Shell 终端，并在该终端下运行 Shell 命令。也可以直接在 Emacs 的 Shell 模式下运行 Shell 命令。Emacs 还支持对多种编程语言的编译、调试功能，包括 C/C++、Java、Perl、Python、Lisp 等语言。

2. gedit

gedit 是一个 Linux 的 GNOME 桌面环境下兼容 UTF-8 的纯文本编辑器，其使用 GTK+ 编写而成，因此十分简单易用，并且提供了良好的语法高亮显示功能，支持中文，支持包括 gb2312、gbk 在内的多种字符编码，其运行界面如图 10-3 所示。

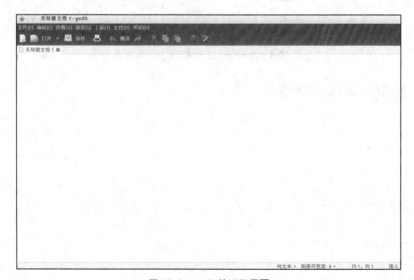

图 10-3 gedit 的运行界面

10.5 小结

　　到这里，我们这一章又讲完了。本章，我们列举了 Linux 下常用的一些超级工具。

　　Linux 下支持许多不同的 Shell。其中比较常见的有 Bourne、C 和 Korn Shell。还有功能强大的 Z Shell。不同的用户会根据需求做出不同的选择。我们还列出了常见 Shell 的功能比对，这些都可能成为你做出选择的考虑因素。

　　程序员常常需要登录到远程主机上。此时，SSH 就成了必不可少的工具。我们介绍了 SSH 的安全验证机制，以及两种 SSH 登录的方法，密码认证和密钥认证。此外，我们还讲解了 SSH 的安装和配置，以及使用 scp 在不同主机之间复制文件的方法。

　　当我们需要同时打开多个终端窗口时，screen 就成了必不可少的工具。它能够在一个终端程序中维护多个窗口。并且，它有一个非常强大的功能是会保存你的会话，并在后台运行。当你下次登录上同一台主机时，能恢复到你上次离开时的样子。

　　screen 和 SSH 是一对好搭档。程序员常常通过 SSH 登录到远程主机上，然后启动 screen 来运行程序。这样就不会因为连接中断而导致任务终止。

　　我们在最后隆重介绍了编辑工具 Vim。Vim 功能之强大，能够帮你高效地完成文本编辑任务。并且，Vim 支持许多插件来增强功能。本章，我们只是介绍了 Vim 最基本的一部分。更多的 Vim 知识需要你在实践中不断摸索，图 10-4 是一个简单的 Vim 操作状态切换示意。

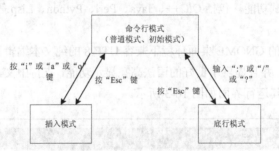

图 10-4　Vim 三种工作模式间的切换方法

Linux 下的超级工具就介绍到这里。

LINUX

本章是收获的一章。

在前面的章节里，我们已经讲完了 Linux 下的 Shell 编程的基本知识，虽然不是面面俱到，但也打下了 Linux Shell 编程的扎实基础，现在，即使你遇到了不太熟悉的内容，也应该可以通过网络搜索获取帮助了吧。

相信你已经跃跃欲试，准备一试身手了。别急，这一章，我们将会讲解几个实例。可别小看了这些例子，在你看到这些例子的同时，他们都正运行在世界上的一些大型 Linux 服务器上，有些甚至已经运行了十几年！

本章涉及的例子包括以下内容。

日志清理程序　这个程序运行在 EMC 公司[1]的 SOHO[2]级别存储产品上。存储设备每天都会产生许多的日志，包括系统运行状态日志，用户行为日志等。这些日志每时每刻都在增长。这个程序的功能就是产出旧日志，保存新日志，将日志总占有空间保持在一定范围内。

系统监控程序这个程序运行于千橡公司的服务器上。千橡的服务器每天需要支撑来自全国各地的访问，特别是傍晚高峰期的时候，每台服务器需要支持 4K～10K 的同时连接数。而当服务器无法正常工作时，哪怕一分钟，带来的损失也是难以估计的。这个程序的作用是时刻监控服务器的健康运行状态，一旦发现了系统出现异常，立刻通过短信客户端向管理员发出警告。这样，哪怕寒冬腊月、大雪纷飞，管理员也能在家中连接上服务器进行危机处理。

这些例子只要稍加改动，就能直接被应用于任何场合。甚至可以用来交 Linux 课程的作业！下面，我们将详细讲解这两个例子。

---

① EMC 是一家以存储见长的全球企业。主页是 http://emc.com
② SOSHO 的全称是 Small Office & Home Office，一般指面向家庭和小型办公场所的解决方案。

11.1　日志清理

这个程序是笔者在 EMC 中国研发中心 SOHO 部门实习阶段所做的一段程序。SOHO 部门的主要产品是小型存储设备，我们在给这样的设备做系统时发现了一个 bug，系统运行一段时间后会自动崩溃。究其原因才发现，是系统存放日志的文件夹被塞曝，导致日志文件夹所在的系统分区无法工作。发现问题后要解决就很简单了，于是就有了这个日志清理程序。

11.1.1　程序行为介绍

这个程序看似简单，但是需要考虑到方方面面。

日志产生目录　在系统的日志刚刚产生时，是存放在/var/log/下的。/var 实际上是一个硬盘上不存在的目录，位于内存中。这个目录下存放了许多日志，系统运行时会首先将日志写入到这个目录下。

日志备份目录　这是在硬盘上真实存在的一个目录。即使系统重启，这个目录中的日志也不会丢失。我们的备份程序就是要将日志备份到这个目录/mnt/soho_storage/log/中。

备份目录最大容量　我们设定一个备份目录的最大容量，例如，500MB。超过这个大小的情况下，程序会不断地将最旧的日志备份删除，直到可以容纳新日志。

白名单　例如，系统产生的日志类型很多。例如，系统日志叫 soho.log，邮件日志叫做 mail.log，用户日志叫做 user.log，等等。许多日志对我们帮助不大，不需备份，直接删除即可。而部分日志很重要，我们需要对其定期进行备份，移动到日志备份文件夹。因此，我们系统中有一份重要日志白名单。

日志文件名格式　新鲜的日志是以.log 结尾的日志，例如，soho.log。这样的日志存在于日志产生目录中。而我们的程序会将白名单中的重要日志加上时间戳，例如，soho.log.20100410052311，表示是 2010-4-10 这一天的 05:23:11 产生的 soho.log 备份文件。

程序行为　程序每隔 10 秒扫描一下/var/log/下新鲜日志的大小.如果发现有大小超过 5MB 的日志文件，如果是白名单中的日志，则会将其备份到日志备份目录中，原日志删除；如果发现它不在白名单中，则直接删除。然后，检查是否超过了备份目录的最大容量，如果超出则将最老的日志备份删除。

NOTE:

你可能会问，如果这样的话，岂不是在某个时刻日志备份目录最大可能超过 500MB？例如，505MB？你答对了。这不是一个严格的控制，容许超出很小的一点容量。但是，如果要超出到 1GB，那是万万不许的。

11.1.2　准备函数

看似简单的一个程序，我们还是需要完成许多事的。下面先从最简单的函数写起，搭建起我们的整个程序。

1. 给文件名打时间戳

这个函数的功能是，给文件名打上时间戳。这样一来可以记录日志备份发生的时间，二来不会发生日志备份重名的情况。除非出现一秒钟（时间戳的最小单位）出现两份日志的情况。不会吧？这应该和时间倒流的概率相当。

我们来看这个函数如何实现。

例 11.1　给文件名打时间戳

```
# Append YEAR.MONTH.DAY and timestamp to log file
filenameConvert()                                        # 注释 1
{
timestamp=$(date +%Y%m%d%H%M%S)                          # 注释 2
timestamp=`echo $timestamp`                              # 注释 3
RETVAL=$1.$timestamp                                     # 注释 4/5/6
}
```

这个函数很简单，注释可不少。因为它设计到了 Linux Shell 函数的各个方面！我们一边来看下面的注释，一边来复习相关知识吧。

注释 1：这个函数的作用是给传入的文件名打上时间戳。函数名是 filenameConvert，你看到，Linux Shell 里的函数并没有像 C 语言一样，将传入的参数包含在括号中，也没有使用 return 返回返回值。马上就能看到它是如何进行参数传递的。

注释 2：这里有两个知识。一个知识是如何获取当前系统时间戳。获取方法是执行命令<date +%Y%m%d%H%M%S>。注意 date 命令和 "+" 之间有一个空格。这个命令看着似乎很别扭。这是 date 命令的一种格式化输出方式，按照 "年月日时分秒" 的格式输出。例如，"%Y" 表示年。另一个知识是如何获取命令执行的返回值。此处的方法是使用 $() 符号，如 $(date +%Y%m%d%H%M%S)。还有另一个方法，在注释 3 中。

注释 3：这里展现了如何获取命令执行结果的另一种方式。采用``符号将命令括起来。这个符号在键盘的左上方，Esc键下方。它的作用是将命令执行的结果返回赋值给变量。例如，此处的`echo $timestamp`。你可能会问，那为什么不从上一行直接赋值呢？问得好！这样做是为了复习获取命令执行返回值的两种方法。

注释 4：另一个赋值。将$1 和 timestamp 连接起来。这没什么好惊讶的。需要注意的是，Linux Shell 函数中获取传入参数的方式和 Linux Shell 脚本本身获取传递参数的方式一样，通过位置变量 $1、$2 的形式。一模一样！不记得了？快去复习下讲过的知识。

注释 5：Linux Shell 和 C 语言很大的一个不同就是，即使是函数中定义的变量，外部也能直接访问！好吧，其实 Linux Shell 中的局部变量不是这样声明的，而是通过关键字 local。此处的 RETVAL 是全局变量！

注释 6：Linux Shell 的函数可以通过 return 返回。如果没有写 return，则是默认返回最后一条命令的退出状态。

NOTE:

Date 命令的格式化输出中，大小写是有区别的。例如，<date +%Y>输出结果是 2010，而<date +%y>的输出结果是 10。我们在格式化输出的时候要注意。具体区别，请参照 date 命令的 man 函数。

我们来测试一下这个函数吧。Linux Shell 编程的一大好处就是，写出的函数能够随时测试，这也是脚本语言的优势。

```
alloy@ubuntu:~/LinuxShell/ch10$ filenameConvert() {
timestamp=$(date +%Y%m%d%H%M%S)
timestamp=`echo $timestamp`
RETVAL=$1.$timestamp
}
alloy@ubuntu:~/LinuxShell/ch10$ filenameConvert /tmp/log-freemarathon-forum
alloy@ubuntu:~/LinuxShell/ch10$ echo $RETVAL
/tmp/log-freemarathon-forum.20100410183050
alloy@ubuntu:~/LinuxShell/ch10$
```

你看，在这个例子中，通过 filenameConvert 函数之后，我们可以在外部直接获取变量 RETVAL 的值。

2．搜索最旧日志

这个函数的功能是搜索目录下的最旧日志。因为我们的日志清理程序会维持日志文件的总大小不超过限额（设定 500MB），当超过限额时，我们需要将最旧的日志删除掉。毕竟过期的牛奶往往是没人喝的。

我们来看一下搜索最旧日志函数的实现。

例 11.2 搜索文件夹下的最老文件

```
# search dir to fetch the oldest log
searchdir() {
    oldestlog=`ls-rt |head-n 1|awk '{print $1}'`
}
```

哈哈，其实你可能注意到了，这个函数只有一行。最终执行的结果存放在 oldestlog 中。那么，我们是如何获得最旧文件的呢？命令是< ls-rt |head-n 1|awk '{print $1}'>。这是一个利用管道拼接在一起的命令！我们已经知道，UNIX/Linux 中的管道将前一条命令的输出作为后一条命令的输入。因此我们把这条命令分成 3 部分：

```
ls-rt
head-n1
awk'{print $1}'
```

这样一看，是不是简单很多呢？

第一条命令：<ls–rt>有两个参数 r 和 t。t 参数表示 ls 的输出按照修改时间排序，r 参数表示将输出倒序。所以，修改时间最早的文件（即最旧的日志备份）被放在了第一个。

第二条命令：<head-n1>是取出文本流的第一行，也就是存放最旧日志备份的那一行。

第三条命令：<awk'{print $1}'>是 awk 命令，awk 对输入的每一行进行处理。print 后跟的参数$1 是位置参数，表示行的第一个字段。因为默认的分隔符是空格，所以第一个字段当然是文件名啦。注意，命令需要用 '{}'括起来。

怎么样？我们又写了一个函数！

3．清除旧日志

Wow！我们连续看了两个简单的函数，让我们来个稍微复杂的函数。这个函数会不断清除目录下的旧日志，直到日志文件夹的大小满足存储限额才罢休。显而易见的是，这个函数需要调用上一个函数 searchdir()。让我们开始吧。

例 11.3 清除旧日志

```
# This is the directory where backup logs are kept
working_dir=/mnt/soho_storage/log                                    #注释1
```

```
#maximum log size
alarmrate=500

# This function clean old logs under working dir if it reaches it's size limitation,
say 500M.
clear_old_log_under_working_dir()
 {
cd $working_dir
    while true;                                                      #注释 2
            do
        logsize=`du-ms $working_dir | awk '{ print $1 }'`            #注释 3
                  if [ $logsize-gt $alarmrate ];                     #注释 4
                  then
              searchdir                                              #注释 5
                  rm-rf $oldestlog
              else
                  break;                                             #注释 6
          fi
   done
}
```

看起来挺长一个函数，其实含金量很低。我们来看看这个函数都干了些什么。

注释 1：此处是两个常量的设置。因为 Linux Shell 编程中常常需要使用一些常量，但是这些常量有可能被手动地修改。例如，我们的日志配额是 500MB，可能明天又有一个工程师跳出来说 500MB 怎么行，我们要 1GB。这种可能会发生改变的常量，我们一般在 Shell 开始处通过变量定义赋值给某个变量。但是，在整个 Shell 脚本中，我们往往不会通过程序去修改这些变量的值。

注释 2：还记得 Linux Shell 中循环语句的写法吗？Linux Shell 中的循环有 for、while 和 until。他们能够实现的功能都类似。此处的 while true 语句则能实现死循环。当然，死循环也是有退出条件的，在循环体中我们可以通过 break 调用来退出循环。马上我们就会看到这个循环的退出条件。

注释 3：又见管道。管道在 Linux Shell 编程中是绝对的灵魂。此处，我们将<du–ms $working_dir>的运行结果通过管道传递给< awk '{ print $1 }'>命令。du 有两个参数，m 表示 du 命令查看大小的单位（block-size）是 MB（兆），显示的数值就是以 MB（兆）为单位的数值。而 s 参数表示大小总计（summarize），用在这里就是查看$working_dir 目录下所有文件的总计大小，以 M 为单位。但是，输出是一行类似于< 498 /mnt/soho_storage/log>字符串，表示 /mnt/soho_storage/log 目录的总计大小是 498MB，我们怎么将后面半段舍去，而只留下 498 这个数字呢？当然是用 awk 命令啦。

注释 4：哇，这是一个 if 语句！此处是比较两个变量的数值大小，当然是$logsize 和$alarmrate 两者 PK 啦。$alarmrate 我们在程序一开始时就设置了 500MB 的限额，而 logsize 就是返回的文件夹的大小。-gt 表示 greater than，如果前者大于后者，if 就执行分支喽。

注释 5：searchdir()用来搜索最旧的文件。

注释 6：此处是函数的退出条件。我们函数的逻辑是，不断去获取文件夹的总大小（$logsize），用来和限额（$alarmrate）对比，如果总大小大于限额，需要去删除旧文件。删除方法是先通过 searchdir()找出最旧的文件，然后删除。如果发现总大小小于等于配额了，OK，我们的目录已经安全了，通过 break 退出 while 循环。

NOTE:

笔者以为，Linux Shell 有一个做得不好的地方是代码块的界定。我们知道，C 语言和 Java 语言里通过大括号（{}）括起代码块，使得人们一下就能分辨上下代码逻辑；Python 通过缩进来区分代码块。但是在 Linux Shell 中，并没有通用的代码块界定符，例如，函数定义需要用大括号括起；while 语句则必须用 do/done 来圈定代码块；if 语句和 case 语句则得用 fi 和 esac 来结束代码块。这些界定怎么看怎么奇怪，却是写 Shell 程序时必须学会的。

这个函数的测试也很简单，这里就不给出了，请读者自行尝试。

11.1.3 日志备份函数

写完上面 3 个函数，做完准备工作后，我们就要进入正题了，开始我们的日志备份工作。在这里，还是用函数 log_process() 来完成。这是个长长的函数，但是其实就是一个纸老虎，很简单。

这个函数的日志备份规则详细描述如下。

生成日志的位置在内存中 var 下(/var/log)，每个日志限制 5MB 大小。当日志文件超过这个限额，我们会判断它是否在白名单中。如果答案是 yes，我们的脚本程序将为它打上时间戳，作为历史日志移动到硬盘上工作目录（/mnt/soho_storage/log）位置下。如果日志文件不在白名单中，则直接删除。

好，我们来看具体的函数实现吧。

例 11.4 日志备份

```
# The max size file can reach
file_max_size=5
# This is the directory where fresh logs are originally written
log_ram_dir=/var/log
# This is the directory where backup logs are kept
working_dir=/mnt/soho_storage/log                              #注释 1

backuplog_process() {
cd $log_ram_dir
for i in * ;do
    file_size=`du-m $i | awk '{print $1}'`
    case $i in                                                 #注释 2
    access.log | error.log | apcupsd.events | evms-engine.log |\
    messages | soho.log | kern.log | lpr.log | mail.err |\
    mail.info | mail.log | mail.warn | news |\
    rsyncd.log | user.log | dmesg | dmesg.0 | dmesg.new)       #注释 3
        if [ !-d $working_dir ]; then
            mkdir-p $working_dir
        fi
        if [ file_size-gz file_max_size ]; then
            filenameConvert $i
            cp $log_ram_dir/$i $working_dir/$RETVAL
            echo "" >$log_ram_dir/$i                           #注释 4
            clear_old_log_under_working_dir                    #注释 5
        fi
        ;;
    *)                                                         #注释 6
        if [ file_size-gz file_max_size ]; then
            echo "" >$log_ram_dir/$i
        fi
    esac
```

```
done
}
```

其实也不长嘛。如果你看懂了这段函数，不要沾沾自喜。如果没有看懂，就要加把劲喽！例11.4 的解释如下。

注释 1：此处是一些常量初始化的设置。一般来说，一个脚本中总有一些常量，它们应该被置于脚本程序的开头。当这些常量被设置后，从设置常量的地方开始，到脚本结束，常量都是有效的。但是如果是在常量设置之前的程序想要调用，那就不能了。毕竟脚本和编译型语言不通，它是从上到下读一行执行一行的。此处为了便于读者理解，我将这些常量置于函数开头。

注释2：这是 case 语句，还记得 case 不？

注释3：好长一句！在 Linux Shell 中，如果一行太长，则可以用反斜杠加在中间，另起一行。这样可以将一行写在多行中。实际上，反斜杠会把行末的换行符注释掉，而 Shell 解释器只有读到换行符才会执行。

注释4：为什么不直接使用 rm 删除文件，而是先 cp 再用 echo " " >file 清除呢？因为，Linux 中的删除文件并不是直接将文件空间释放，当有其他进程在访问文件时，空间还会保留不变，进程结束后才会释放空间。而我们的日志文件很可能同时被多个进程访问。那么，为了释放硬盘空间，我们首先将日志复制到备份目录下（备份），然后将原日志文件内容清空，空间就释放啦。

注释5：此处调用之前定义的函数，限制备份目录大小。

注释6：这里的*匹配所有其他文件。对于我们的程序来说，不在白名单中的文件意味着日志不重要，当超过 5MB 时可以直接删除。

11.1.4　定时运行

现在我们只差最后一步就完成啦！这就是定时运行程序：我们设定每隔 5 秒钟运行一次。

1. 方案一

如果放在 C 程序里，你一定想到，只要我写个 while 循环，每隔 5 秒钟运行一次日志备份函数不就行了吗！对！我们在 Linux Shell 里可以这样写。

例 11.5　间隔运行
```
SLEEPTIME=5

while true ;do
backuplog_process
sleep $SLEEPTIME
done
```

很简单，不是吗？简直和在 C 语言里实现一样！注意此处，SLEEPTIME 这个常量还是独立在 while 循环外面，这样便于以后修改脚本时方便。

这个脚本已经完成了，下面我们只需要运行它，它就会变成我们系统中的一个常驻进程，直到系统关闭或者管理员强制结束它。

这个程序的名字叫做 logrotation.sh。让我们用下面的命令启动它。

例 11.6　后台启动
```
alloy@ubuntu:~/LinuxShell/ch10$ chmod +x logrotation.sh
alloy@ubuntu:~/LinuxShell/ch10$ ./logrotation.sh &
alloy@ubuntu:~/LinuxShell/ch10$
```

启动后，它就会在系统的后台一直运行。第二个命令最后的 "&" 符号含义是置于后台运行。

2. 方案二

你觉得方案一有点奇怪吗？让我们手动启动这个进程，每次重启还要记得把它也再启动一次。让我们用系统自带的 cron 来管理这个程序的运行吧。

cron 在第 9 章"进程"中已经讲过，它是在 Linux 系统中用于定时运行任务的程序。我们下面要做的，就是将这段程序作为任务加入到 cron 的管理。

我们假设 logrotation.sh 脚本放置位置为/opt/bin/logrotation.sh，使它每 1 分钟运行一次，我们的 crontab 可以这样写：

例 11.7　使用 crontab 管理 logrotation.sh

```
alloy@ubuntu:~/LinuxShell/ch10$ chmod +x /opt/bin/logrotation.sh
alloy@ubuntu:~/LinuxShell/ch10$ crontab-e              # 编辑 cron 文件
*/1 * * * * /opt/bin/logrotation.sh                     # 保存退出
alloy@ubuntu:~/LinuxShell/ch10$
```

这样，logrotation.sh 脚本就会每隔 1 分钟运行一次。即使重启后，只要 crond 进程还在，它就还会运行。

当然，如果使用 crontab 来管理 logrotation.sh 脚本的话，我们就不需要写之前的 while 循环了。直接调用 backuplog_process 就可以啦！

11.1.5　代码回顾

最后，为了方便大家对代码有全局观念，我们将完整的代码列在这里：

```
#maximum log size
alarmrate=500
# The max size file can reach
file_max_size=5
# This is the directory where fresh logs are originally written
log_ram_dir=/var/log
# This is the directory where backup logs are kept
working_dir=/mnt/soho_storage/log
# This is the frequency our program runs
SLEEPTIME=5


# Append YEAR.MONTH.DAY and timestamp to log file
filenameConvert()
# 打时间戳
{
timestamp=$(date +%Y%m%d%H%M%S)
timestamp=`echo $timestamp`
RETVAL=$1.$timestamp
}

# search dir to fetch the oldest log
searchdir()
#寻找最旧的日志文件
{
    oldestlog=`ls-rt |head-n 1|awk '{print $1}'`
}

# This function clean old logs under working dir if it reaches it's size limitation,
say 500M.
clear_old_log_under_working_dir()
#删除工作目录下的旧日志
 {
```

```
cd $working_dir
    while true;
            do
        logsize=`du-ms $working_dir | awk '{ print $1 }'`
                    if [ $logsize-gt $alarmrate ];
                    then
                searchdir
                    rm-rf $oldestlog
            else
                break;
        fi
    done
}

# This is the main process of our log backup activity.
backuplog_process()
#主备份程序
{
cd $log_ram_dir
for i in * ;do
    file_size=`du-m $i | awk '{print $1}'`
    case $i in
    access.log | error.log | apcupsd.events | evms-engine.log |\
    messages | soho.log | kern.log | lpr.log | mail.err |\
    mail.info | mail.log | mail.warn | news |\
    rsyncd.log | user.log | dmesg | dmesg.0 | dmesg.new)
        if [ !-d $working_dir ]; then
            mkdir-p $working_dir
        fi
        if [ file_size-gz file_max_size ]; then
            filenameConvert $i
            cp $log_ram_dir/$i $working_dir/$RETVAL
            echo "" >$log_ram_dir/$i
            clear_old_log_under_working_dir
        fi
        ;;
    *)
        if [ file_size-gz file_max_size ]; then
            echo "" >$log_ram_dir/$i
        fi
    esac
done
}

while true ;do
backuplog_process
sleep $SLEEPTIME
done
```

11.2 系统监控

怎么样?看了第一个程序,是不是觉得收获颇多呢?

下面来看看第二个吧!这个程序是笔者在千橡互联工作期间,为千橡人人网的服务器增加的一个监控程序。监控的内容有内存的占用、硬盘空间的占用、CPU 的占用。当他们任何一个超过阀值时,将会向管理员的手机发出报警短信!

如果你在睡梦中收到报警信号,那么赶快爬起来登录服务器看看出现了什么问题吧。

NOTE:

千橡内部提供短信接口，只要把要发送的短信消息和号码通过参数传递给函数就可发出。这里，我们用<sendmessage phone-number message>这样的格式表示发送给 phone-number 短信 message。

11.2.1　内存监控函数

我们要完成的第一个工作是：监控系统的内存健康状况。

我们在服务器上运行程序 erlang[①]程序，erlang 语言的特点是会同时启动很多个线程进行计算和处理，如果线程结束后不释放，将会造成严重的内存泄漏（memory leak）。为了及时发现这种险情并排除，我们要求对系统的内存状态进行实时监控。

我们内存监控的做法很简单，只要发现内存占用率超过 80%，立刻报警。

现在的问题变成：我们怎么才能够获取实时的内存信息呢？

答案在 Linux 系统里提供的一个文件：/proc/meminfo。在前面的章节里，我们介绍过 proc 虚拟文件系统，这个目录下保存着系统运行的实时状态。而 meminfo 这个文件保存了系统实时的内存信息。

我们先来查看一下 meminfo 文件：

```
alloy@ubuntu:~/LinuxShell/ch10$ cat /proc/meminfo
MemTotal:        16592408 kB
MemFree:          2628748 kB
Buffers:           292580 kB
Cached:           8433540 kB
SwapCached:             0 kB
Active:           8157868 kB
Inactive:         5382792 kB
HighTotal:       15854916 kB
HighFree:         2591640 kB
LowTotal:          737492 kB
LowFree:            37108 kB
SwapTotal:        2031608 kB
SwapFree:         2031484 kB
Dirty:                  0 kB
Writeback:              0 kB
Mapped:            261660 kB
Slab:              384588 kB
CommitLimit:     10327812 kB
Committed_AS:      398488 kB
PageTables:          7296 kB
VmallocTotal:      114680 kB
VmallocUsed:        12076 kB
VmallocChunk:      102132 kB
HugePages_Total:        0
HugePages_Free:         0
Hugepagesize:        2048 kB
alloy@ubuntu:~/LinuxShell/ch10$
```

文件中包含了系统的一些状态，例如，MemTotal 表示系统的总共内存大小，MemFree 表示系统当前可用的内存大小，Buffers 表示系统的缓存使用状况等。此处我们需要重点关注的是 MemTotal 和 MemFree 两行，它们反映了物理内存的状况。

① erlang 语言是天生的分布式语言，官方网页是：http://erlang.org。

例 11.8　内存监控

```
# maximum ratio of memory usage
mem_quota=80

# fetch the ratio of memory usage
# @return 1: if larger than $mem_quota
#         0: if less than $mem_quota
watch_memory()
{
mem_total=`cat /proc/meminfo |grep MemTotal | awk'{print $2}'`          #注释1
mem_free=`cat /proc/meminfo |grep MemFree | awk'{print $2}'`            #注释2
mem_usage=$((100-mem_free*100/mem_total))                               #注释3
if [ $mem_usage-gt $mem_quota ]; then
    mem_message="ALARM!!! The memory usage is $mem_usage%!!!"
    return 1
else
    return 0
fi
}
```

啊哈！这就完成了！这个函数似乎没什么技术含量，尤其是当我们了解 meminfo 文件的工作机制之后。让我们详解一下它的实现吧。例 11.8 解释如下。

注释 1：管道。此处我们将 meminfo 文件中的 MemTotal 行取出，通过 awk 命令获取内存的总数值。一般来说，在同一台机器上，MemTotal 的值是不会变的。

注释 2：这里取出的数值是当前 MemFree 的值。

注释 3：这是一个数值计算。值得注意的是，要获取数值计算的结果，必须用 $（()）将之括起来。在运算的内部的变量，可以不使用\$符号。具体数值计算的相关注意点，可以参照前面讲解的"数学计算"的章节。

这个函数，当内存的占用率超过\$mem_quota(80%)时，返回 1；小于\$mem_quota(80%)时，返回 0。这样就便于在主函数里进行逻辑判断。

11.2.2　硬盘空间监控函数

可以想到，硬盘监控应该是和内存监控差不多的东西。硬盘被塞爆的原因也很多，例如日志文件写满等。这种情况，一种方法就是通过第一个程序中所写的，程序监控日志目录大小，超过一定配额则删除最旧日志。另一种方法就是给管理员发送信息，提醒管理员进行备份或删除。

在千橡，我们采用的是后一种。因为日志文件很重要，不能随便删除。我们需要监控的磁盘分区是/dev/sda1，允许的使用比例是 80%。因为和之前的内存判断大同小异，我们直接来看实例。

例 11.9　硬盘监控

```
# maximum ratio of hard disk usage
hd_quota=80

# fetch the ratio of hard disk usage
# @return 1: if larger than $hd_quota
#         0: if less than $hd_quota
watch_hd()
{
    hd_usage=`df |grep /dev/sda1 | awk '{print $5}' | sed 's/%//g'`      #注释1
if [ $hd_usage-gt $hd_quota ]; then
    hd_message="ALARM!!! The hard disk usage is $hd_usage%!!!"
    return 1
else
```

```
        return 0
    fi
}
```

不知道聪明的你有没有发现，在实际有用的代码中，sed 和 awk 的出镜率很高。配合管道使用，简直所向披靡。这里就用到了管道、awk 和 sed 的组合。

Linux 中 df 命令是用来查看设备的文件系统使用状况：

```
alloy@ubuntu:~/LinuxShell/ch10$ df
Filesystem            1K-blocks      Used Available Use% Mounted on
/dev/sda1            3541179680          867238852 2662956340  25% /
/dev/sda2            101105            10007     85877  11% /boot
tmpfs               8296204                  0  8296204   0% /dev/shm
//10.32.101.191/SGH-i780
/dev/sda3              19543040              16764460  2778580  86%
/home/zhangh5/listpro
/dev/loop0            121035             1538   113247   2% /home/zhaob/bootimgmnt
alloy@ubuntu:~/LinuxShell/ch10$
```

在 df 命令中的第 5 栏，表示当前文件文件系统的使用比例。例如，/dev/sda1 文件系统的使用比例是 25%，当它某一天超过$hd_quota(80%)时，系统就要报警啦！

此处，用 grep 取出包含/dev/sda1 的行，用 awk 取出第 5 个字段，再用 sed 去除讨厌的百分号（%），就得到想要的使用比例啦。

11.2.3 CPU 占用监控函数

我们在最后介绍 CPU 占用的监控函数，就像往往最强大的总是留着压轴一样。CPU 监控不同于其他监控函数的地方如下所示。

➤ 很难给 CPU 一个限额，说超过这个限额就说明系统过载。因为单个进程会有突发事件，并且持续一段时间，在这段时间里 CPU 甚至可能占用 100%。因此，程序的策略是，只有当 CPU 占用率持续 1 分钟的平均利用率超过一定限额（80%）时，我们才判定 CPU 过载。

➤ 当出现 CPU 过载时，管理员往往想立即知道是哪个进程或哪些进程干了坏事。我们的程序要能把它揪出来。

要怎么才能获取 CPU 的使用状况呢？有的人会立刻说，既然 proc 下有 meminfo，当然也有 cpuinfo 啦。你别说，还真有这个文件。我们来看一下吧。

```
alloy@ubuntu:~/LinuxShell/ch10$ cat /proc/cpuinfo
…

processor       : 7
vendor_id       : GenuineIntel
cpu family      : 6
model           : 23
model name      : Intel(R) Xeon(R) CPU        E5420  @ 2.50GHz
stepping        : 6
cpu MHz         : 2493.797
cache size      : 6144 KB
physical id     : 1
siblings        : 4
core id         : 3
cpu cores       : 4
fdiv_bug        : no
hlt_bug         : no
f00f_bug        : no
coma_bug        : no
```

```
    fpu                 : yes
    fpu_exception       : yes
    cpuid level         : 10
    wp                  : yes
    flags               : fpu vme de pse tsc msr pae mce cx8 apic sep mtrr pge mca cmov pat
pse36 clflush dts acpi mmx fxsr sse sse2 ss ht tm pbe nx lm constant_tsc pni monitor ds_cpl
vmx est tm2 cx16 xtpr lahf_lm
    bogomips            : 4987.69
alloy@ubuntu:~/LinuxShell/ch10$
```

笔者原来想全部列出来的，无奈机器上有 8 颗 CPU 核心（0～7），一个个列出来太浪费纸张了。你看，这里列出的是最后一颗 CPU，找找看有没有可用的信息呢？

可惜的是，这个 cpuinfo 文件只列出了 CPU 的硬件状况。要想看实时运行的 CPU 情况，得看另一个文件/proc/stat。例如：

```
alloy@ubuntu:~/LinuxShell/ch10$ cat /proc/stat
cpu  9400492 2449081 8568423 1156935001 9214587 52503 64502 0
cpu0 1985378 88847 874871 138489849 6845264 10471 40923 0
cpu1 1248346 123665 691993 145826453 434858 8620 1631 0
cpu2 1150813 404123 1296193 145130940 345571 6345 1581 0
cpu3 1079781 270444 936791 145713706 327078 5997 1768 0
cpu4 992284 304988 1043951 145566253 418965 7296 1828 0
cpu5 956043 509975 1456280 145105255 305681 494 1837 0
cpu6 912446 162159 663048 146321204 259529 3669 13511 0
cpu7 1075397 584875 1605292 144781337 277636 9609 1419 0
intr 591911993 370815949 3 0 8 10 0 0 0 3 0 0 0 3 0 13270734 0 52545690 65945378 0 0
0 89334215 0 0 0 0 0 0 0 0 0 0 0 0 0 0 0 0 0 0 0 0 0 0 0 0 0 0 0 0 0 0 0 0 0 0 0
0 0 0 0 0 0 0 0 0 0 0 0 0 0 0 0 0 0 0 0 0 0 0 0 0 0 0 0 0 0 0 0 0 0 0 0 0 0 0 0
0 0 0 0 0 0 0 0 0 0 0 0 0 0 0 0 0 0 0 0 0 0 0 0 0 0 0 0 0 0 0 0 0 0 0 0 0 0 0 0
0 0 0 0 0 0 0 0 0 0 0 0 0 0 0 0 0 0 0 0 0 0 0 0 0 0 0 0 0 0 0 0 0 0 0 0 0 0 0 0
0 0 0 0 0 0 0 0 0 0 0 0 0 0 0 0 0 0 0 0 0 0 0 0 0
ctxt 548984253
btime 1269939697
processes 30979357
procs_running 1
procs_blocked 0
alloy@ubuntu:~/LinuxShell/ch10$
```

好长的一段文字！不过这一串串数字表示什么呢？

答案就在数字中。对于 stat 文件中的前几行，每一行表示一颗 CPU 的运行状态。每个状态由 8 个字段组成，字段的单位是 0.01 秒。前 7 个字段的含义是：

user　从系统启动开始累计到当前时刻，用户态的 CPU 时间，不包含 nice 值为负进程。

nice　从系统启动开始累计到当前时刻，nice 值为负的进程所占用的 CPU 时间。

system　从系统启动开始累计到当前时刻，核心时间。

idle　从系统启动开始累计到当前时刻，除硬盘 IO 等待时间以外其他等待时间。

iowait　从系统启动开始累计到当前时刻，硬盘 IO 等待时间。

irq　从系统启动开始累计到当前时刻，硬中断时间。

softirq　从系统启动开始累计到当前时刻，软中断时间。

第一行 CPU 是所有 CPU 的统计信息。它的数值几乎是下面单颗 CPU 的数值总和（有一点偏差）。此处，我们不采用这一行的信息，而是单独统计每一颗 CPU。

而 CPU 从系统启动开始到当前时刻运行的总时间的计算方法是：

CPU 总时间=user+system+nice+idle+iowait+irq+softirq

等等。到这里你可能有疑问了。我们要获取 CPU 在 1 分钟内的平均利用率，而不是从开机到现在的平均利用率！别急，我们可以给两个点采样，计算其差值。计算方法是：

```
CPU 占用率=[(user2+sys2+nice2)-(user1+sys1+nice1)]/(total2-total1)*100
```

用后一个时间点的 CPU 使用时间减去前一个时间点的 CPU 使用时间，除以这两个时间点之间的 CPU 总时间，就得到这段时间内的 CPU 平均占用率啦！

此外，因为我们有 8 颗 CPU，计算要将这 8 颗 CPU 加起来除。

好！下面开始我们的代码！

例 11.10　CPU 监控

```
# Maximum ratio of cpu usage
cpu_quota=80
# Time gap between two times fetching cpu status
time_gap=60

# This is a function to fetch cpu status at a time point
# Format used unused
get_cpu_info()                                                    #注释1
{
      cat /proc/stat | grep-i"^cpu[0-9]\+" | \
            awk '{used+=$2+$3+$4; unused+=$5+$6+$7+$8} \
            END{print used,unused}'                               #注释2
}

# This this the main function of watching cpu
# Fetch cpu stat two times, with time gap, then calculate the average status
watch_cpu()                                                       #注释3
{
      time_point_1=`get_cpu_info`
      sleep $time_gap
      time_point_2=`get_cpu_info`
      cpu_usage=`echo $time_point_1 $time_point_2 | \
            awk '{used=$3-$1;total+=$3+$4-$1-$2;\
            print used*100/total}'`                               #注释4
      if [ $cpu_usage > $cpu_quota ];then
            cpu_message="ALARM!!! The cpu usage is over $cpu_usage!!!"
            echo $cpu_usage
            return 1
      else
            echo $cpu_usage
            return 0
      fi
}
```

你有没有被函数中一堆复杂的运算绕晕呢？没关系，我们慢慢来看。

对于多核 CPU 的情况，为了计算 CPU 平均占用率，要将所有 CPU 的数据预先相加进行计算。例如，用户态时间和用户态时间相加，空闲时间和空闲时间相加。

注释 1：get_cpu_info()函数读取/proc/stat 文件，做数据的一些准备工作。它从 stat 文件中获得 CPU 从启动到现在的忙碌时间（user+nice+system），以及 CPU 从启动到现在的空闲时间（idle+iowait+irq+softirq）。函数会累积所有 CPU 的时间总和。

注释 2：这是一个长长的 Shell 语句，当然少不了管道和 awk。第一步，读取/proc/stat 文件；第二步，通过 grep 将包含 CPU 信息的行过滤出来；第三步，使用 awk 统计。统计的内容是将多个 CPU 的忙碌时间和空闲时间分别求和，并在文本流结束时，在 awk 的 END 语句中输出，赋值给 cpu_usage。

注释 3：watch_cpu()函数对 CPU 信息进一步处理。因为 get_cpu_info()函数只能获取从系统启动到现在时间点的CPU时间状态，watch_cpu()在间隔$sleep_gap(60s)中连续两次调用get_cpu_info()函数，取得相隔 1 分钟的 CPU 信息。它能根据这两个时间点的信息计算出这 1 分钟内 CPU 的实时信息。

注释4：此处已经获得了相隔 1 分钟两个时间时间点 CPU 的信息。我们再次使用 awk 求值。第一步，用 echo 将两次求得的 CPU 信息连接；第二步，使用（忙碌 2-忙碌 1）/（忙碌 2+空闲 2-忙碌 1-空闲 1）的计算方法求 CPU 使用率。

这样读者是不是还觉得难以理解呢？如果不大明白，没有关系，下面，我们以命令交互的方式展现关键步骤，帮助你理解！

首先我们要读取 CPU 信息：

```
alloy@ubuntu:~/LinuxShell/ch10$ cat /proc/stat |grep-i "^cpu[0-9]\+"
cpu0 1990802 89643 883321 144878883 7066361 10740 41251 0
cpu1 1251197 124890 701129 152437467 435654 8990 1638 0
cpu2 1154558 404123 1301773 151746292 346031 6602 1585 0
cpu3 1081618 270444 941404 152331096 328465 6166 1770 0
cpu4 994436 304988 1049509 152182978 419671 7550 1830 0
cpu5 957087 509975 1460652 151724881 306035 494 1839 0
cpu6 913355 162164 667245 152940861 259560 3738 14039 0
cpu7 1080173 584875 1609566 151396147 278736 10045 1420 0
alloy@ubuntu:~/LinuxShell/ch10$
```

亮点在 grep 的过滤正则表达式<cpu[0-9]\+>。这个正则表达式匹配开头类似于 cpu0、cpu7、cpu10 这样的行，但是不匹配 CPU。这就把/proc/stat 文件中的第一行统计信息去掉了。也去除了文件中其他的多余信息。

下面，我们要将第二列、第三列、第四列求和，表示 CPU 忙碌时间。将第五列、第六列、第七列、第八列求和，表示 CPU 的空闲时间。做法如下：

```
alloy@ubuntu:~/LinuxShell/ch10$ cat /proc/stat |grep-i "^cpu[0-9]*" | \
awk '{used+=$2+$3+$4;unused+=$5+$6+$7+$8} \
END{print used,unused}'
40978972 2.43925e+09
alloy@ubuntu:~/LinuxShell/ch10$
```

此处使用了 awk 的累积计算功能，在处理数据流的整个过程中不断累积 used 和 unused 变量，最后在 END 语句中输出。输出的格式是<used unused>，中间以空格隔开。

这样我们就获得了 CPU 在一个时间点的状态。下面，我们在间隔 1 分钟时两次调用这个函数，使用 echo 将两次结果输出。这样做是为了使用 awk 处理文本方便。

```
alloy@ubuntu:~/LinuxShell/ch10$ echo $time_point_1 $time_point_2
40978972 2.43925e+09 40978999 2.43966e+09
alloy@ubuntu:~/LinuxShell/ch10$
```

第一列是第一个时间点的 CPU 忙碌时间，第二列是到第一个时间点的空闲时间。第三、第四列是到第二个时间点的忙碌和空闲时间，两行记录相隔 1 分钟。我们要计算的是（第三列-第一列）*100/（第三列+第四列-第一列-第二列）。下面的事情就简单了。

```
alloy@ubuntu:~/LinuxShell/ch10$ echo $time_point_1 $time_point_2 | \
            awk '{used=$3-$1;total+=$3+$4-$1-$2; \
            print used*100/total}'
1.65175
alloy@ubuntu:~/LinuxShell/ch10$
```

依然是 awk 的功劳，统计两个时间点的时间差，截取 1 分钟内 CPU 的使用时间状况进行计算，最后输出。

搞定！

11.2.4 获取最忙碌的进程信息

在获得了 CPU 的占用情况并发出报警时，管理员最关心的恐怕是到底哪个进程在干坏事了。

为何不将它一起输出呢？我们来做一个尝试。

在 Linux 系统中，ps 命令用于输出进程的使用情况：

```
alloy@ubuntu:~/LinuxShell/ch10$ ps aux|head-10
USER       PID %CPU %MEM    VSZ   RSS TTY      STAT START   TIME COMMAND
root         1 0.0  0.0   1992   664 ?        S    Mar30   0:02 init [5]
root         2 0.0  0.0      0     0 ?        S    Mar30   0:03 [migration/0]
root         3 0.0  0.0      0     0 ?        SN   Mar30   0:00 [ksoftirqd/0]
root         4 0.0  0.0      0     0 ?        S    Mar30   0:00 [watchdog/0]
root         5 0.0  0.0      0     0 ?        S    Mar30   0:03 [migration/1]
root         6 0.0  0.0      0     0 ?        SN   Mar30   0:00 [ksoftirqd/1]
root         7 0.0  0.0      0     0 ?        S    Mar30   0:00 [watchdog/1]
root         8 0.0  0.0      0     0 ?        S    Mar30   0:03 [migration/2]
root         9 0.0  0.0      0     0 ?        SN   Mar30   0:00 [ksoftirqd/2]
alloy@ubuntu:~/LinuxShell/ch10$
```

在 ps 查看进程状况中，第三列表示 CPU 的占用率信息。我们需将进程信息按照 CPU 占用倒序排序，取出前 10 名。

```
alloy@ubuntu:~/LinuxShell/ch10$ ps aux| sort-nk 3r |head-11
USER       PID %CPU %MEM    VSZ   RSS TTY           STAT START   TIME COMMAND
root     32214 0.1  0.0      0     0 ?             S    16:10   0:00 [pdflush]
zhaob    18003       0.0    0.3  54284 50232 pts/7              S+          Apr12
0:00 ./x86_64-unknown-linux-gnu-gdb usr/sbin/appweb
zhangt1  21239       0.0    0.3 147888 53328 pts/41             S1          Apr13       2:43
/usr/lib/firefox-1.5.0.1/firefox-bin-UILocale en-US
zhaob    25048 0.0  0.0   9936  3788 pts/34 S+   Apr14   0:00 vim xfs_aops.c
zhangh5  31274 0.0  0.0   9932  3904 pts/46 S+   Apr15   0:00 vim getComment.sh
zhaob     2506 0.0  0.0   9932  3828 pts/33       S+          Apr13       0:00 vim
buildroot/target/soho/initrd_src/linuxrc
zhangt1  15236 0.0  0.0   9928  3772 pts/28       S+          Apr15       0:00 vim
kernel/Intel/Configs/config_ix12
zhangj15 13711 0.0  0.0   9488  3784 ?        S    Mar30   0:00 xterm
zhangj15 13786 0.0  0.0   9488  3028 ?        S    Mar30   0:00 xterm
zhangj15 13240 0.0  0.0   9484  3784 ?            S        Mar30   0:00 xterm-geometry
80x24+10+10-ls-title sohodev2.emc.com:1 (zhangj15) Desktop
alloy@ubuntu:~/LinuxShell/ch10$
```

托 sort 命令的福，Linux Shell 可以轻易地按照某一列进行数值排序。sort 的参数 n 表示按照数值进行排序，而不是按照字符排序，这样就避免了 100 排序时位于 3 之前；参数 k 指定按照第几列进行排序；参数 r 表示倒序。

head-11 表示取出前 11 行。之所以取前 11 行是因为第一行是 ps 的输出格式信息，不是进程项。

将这个命令包装成函数，如下所示。

例 11.11 最忙的进程

```
# This function fetches the top 10 busiest processes
proc_cpu_top10()
{
        proc_busiest=`ps aux| sort-nk 3r | head-11`
```

实际上，我们只要在 CPU 占用率超过 80% 的情况下运行这个函数就可以了。

我们还可以使用同样的方法监控消耗内存最多的进程：

```
alloy@ubuntu:~/LinuxShell/ch10$ ps aux| sort-nk 4r |head-13
USER       PID %CPU %MEM    VSZ   RSS TTY           STAT START   TIME COMMAND
zhaob    18003       0.0    0.3  54284 50232 pts/7              S+          Apr12
0:00 ./x86_64-unknown-linux-gnu-gdb usr/sbin/appweb
zhangt1  21239       0.0    0.3 147888 53328 pts/41             S1          Apr13       2:43
/usr/lib/firefox-1.5.0.1/firefox-bin-UILocale en-US
zhaob    25048 0.0  0.0   9936  3788 pts/34 S+   Apr14   0:00 vim xfs_aops.c
zhangh5  31274 0.0  0.0   9932  3904 pts/46 S+   Apr15   0:00 vim getComment.sh
```

```
    zhaob          2506    0.0    0.0      9932    3828   pts/33      S+      Apr13    0:00  vim
buildroot/target/soho/initrd_src/linuxrc
    zhangt1   15236    0.0    0.0      9928    3772   pts/28      S+      Apr15    0:00  vim
kernel/Intel/Configs/config_ix12
    zhangj15 13711  0.0  0.0    9488  3784  ?          S    Mar30    0:00 xterm
    zhangj15 13786  0.0  0.0    9488  3028  ?          S    Mar30    0:00 xterm
    zhangj15 13240  0.0  0.0    9484  3784  ?          S    Mar30    0:00 xterm-geometry
80x24+10+10-ls-title sohodev2.emc.com:1 (zhangj15) Desktop
    zhangj15 13547  0.0  0.0    9484  3780  ?          S    Mar30    0:00 xterm
    alloy@ubuntu:~/LinuxShell/ch10$
```

11.2.5　结合到一起

结合时间到了！我们将上面的多个监控函数结合到一起，给出系统健康报告。如下所示。

例 11.12　系统监控监控

```
# Generate report every 10 minutes
runtime_gap=600                                      #每隔10分钟生成一次报告

while true; do
    report=""                                        #报告内容
if [ `watch_memory`-eq 1 ]; then                     #内存监控
    report=$report'\n'$mem_message
fi
if [ `watch_hd`-eq 1 ]; then                         #硬盘监控
    report=$report'\n'$hd_message
fi
if [ `watch_cpu`-eq 1 ]; then                        #cpu监控
    report=$report'\n'$cpu_message
    proc_cpu_top10
    report=$report'\n'$proc_busiest
fi
if [-n $report ]; then
    sendmessage phonenumber report                   #发送报告
fi
sleep $((runtime_gap-time_gap))                      #睡眠9分钟
done
```

不断运行监控函数，将监控结果加入到报告内容中。如果最后报告内容不为空，则给管理员发送信息，休眠 9 分钟。

为什么是 9 分钟呢？因为要每隔 10 分钟生成一次报告，在 CPU 监控函数中，已经耗费 1 分钟啦！

11.2.6　代码回顾

又到了代码回顾时间了，看看本节我们都完成了哪些代码。

```
# maximum ratio of memory usage
mem_quota=80
# maximum ratio of hard disk usage
hd_quota=80
# Maximum ratio of cpu usage
cpu_quota=80
# Time gap between two times fetching cpu status
time_gap=60
# Generate report every 10 minutes
runtime_gap=600

# fetch the ratio of memory usage
# @return 1: if larger than $mem_quota
```

```
#                 0: if less than $mem_quota
watch_memory()
{
mem_total=`cat /proc/meminfo |grep MemTotal | awk'{print $2}'`
mem_free=`cat /proc/meminfo |grep MemFree | awk'{print $2}'`
mem_usage=$((100-mem_free*100/mem_total))
if [ $mem_usage-gt $mem_quota ]; then
    mem_message="ALARM!!! The memory usage is $mem_usage%!!!"
    return 1
else
    return 0
fi
}

# fetch the ratio of hard disk usage
# @return 1: if larger than $hd_quota
#           0: if less than $hd_quota
watch_hd()
{
    hd_usage=`df |grep /dev/sda1 | awk '{print $5}' | sed 's/%//g'`
if [ $hd_usage-gt $hd_quota ]; then
    hd_message="ALARM!!! The hard disk usage is $hd_usage%!!!"
    return 1
else
    return 0
fi
}

# This is a function to fetch cpu status at a time point
# Format used unused
get_cpu_info()
{
        cat /proc/stat | grep-i"^cpu[0-9]\+" | \
                awk '{used+=$2+$3+$4; unused+=$5+$6+$7+$8 \
                END{print used,unused}'
}

# This this the main function of watching cpu
# Fetch cpu stat two times, with time gap, then calculate the average status
watch_cpu()
{
        time_point_1=`get_cpu_info`
        sleep $time_gap
        time_point_2=`get_cpu_info`
        cpu_usage=`echo $time_point_1 $time_point_2 | \
                awk '{used=$3-$1;total+=$3+$4-$1-$2;\
                print used*100/total}'`
        if [ $cpu_usage > $cpu_quota ];then
                cpu_message="ALARM!!! The cpu usage is over $cpu_usage!!!"
                echo $cpu_usage
                return 1
        else
                echo $cpu_usage
                return 0
        fi
}

# This function fetches the top 10 busiest processes
proc_cpu_top10()
{
        proc_busiest=`ps aux| sort-nk 3r | head-11`
}
```

```
while true; do
    report=""                                    #报告内容
if [ `watch_memory`-eq 1 ]; then                 #内存监控
    report=$report'\n'$mem_message
fi
if [ `watch_hd`-eq 1 ]; then                      #硬盘监控
    report=$report'\n'$hd_message
fi
if [ `watch_cpu`-eq 1 ]; then                     #cpu 监控
    report=$report'\n'$cpu_message
    proc_cpu_top10
    report=$report'\n'$proc_busiest
fi
if [-n $report ]; then
    sendmessage phonenumber report               #发送报告
fi
sleep $((runtime_gap-time_gap))                   #睡眠 9 分钟
done
```

11.3 小结

又到了小结的时间了，此处也预示着这本书的结束。不知道读者是否感到意犹未尽呢？

本章，我们给出了两个真实存在的例子。

➢ 第一个例子用于服务器常见的日志清理。备份重要的日志，限制日志目录大小，清理老旧日志。

➢ 第二个例子用于服务器健康状况监控，监控内存、硬盘、CPU、进程等，形成状态报告。当系统处于过载情况时，通过短信平台通知管理员。当然，聪明的你也可以尝试着增加其他监控函数，例如，网络流量监控等。

这本书很浅显，但是几乎涵盖了所有的 Linux Shell 的编程知识。更多更深入的知识，就需要读者在实战中慢慢积累经验了！